L'ESPRIT ET LA SCIENCE

Jean E. Charon

PRÉSENTE

L'ESPRIT ET LA SCIENCE

COLLOQUE DE FÈS

AM

Albin Michel

22, rue Huyghens, 75014 Paris

ISBN 978-2-226-32424-5

Sommaire

III. ESPRIT ET SOCIÉTÉ

IV. ESPRIT ET GÉNÉTIQUE

V. INTUITION ET RAISON

X. ONTOLOGIE

POSTFACE EN GUISE DE CONCLUSION

Avertissement

Le présent ouvrage reproduit l'intégralité des communications effectuées au Colloque de Fès, Maroc, dans les locaux du Palais Jamai, du 11 au 15 mai 1983. Après chaque communication s'est tenue une discussion entre les participants sur le sujet venant d'être traité. Il va de soi cependant que, pour ces discussions, représentant plus de vingt heures d'enregistrement sur cassettes magnétiques, nous avons été obligés d'effectuer des « coupures », afin de nous limiter à ce qui nous a semblé le plus essentiel. Cependant, il s'agit bien de « coupures », et non d'une synthèse qui aurait ambitionné de « condenser » la pensée des participants, ce qui aurait présenté le grave danger de déformer cette pensée. C'est pourquoi le lecteur pourra constater parfois, dans le texte relatif aux discussions, des propos qui sont plus près du langage « parlé » que du langage « écrit ». Je pense, personnellement, que cette manière de présenter le déroulement des débats, indépendamment de restituer ce qui s'est « vraiment » dit à Fès (y compris, parfois, des propos un peu « vifs » entre participants), offre l'avantage de rendre la lecture plus « vivante », et rend bien compte finalement de l'ambiance souvent « passionnée » (sinon passionnelle) qui a accompagné notre réunion de Fès.

J. C.

Liste des participants

BERNARD BENSON, Grande-Bretagne
Écrivain

HENRY BONNIER, France
Écrivain

JEAN E. CHARON, France
Physicien et philosophe
président du Colloque de Fès
Directeur scientifique du CERCLE (Centre d'Étude de la Relativité Complexe et de ses Liens à l'Esprit
B.P. 310, 91120 Villebon-sur-Yvette, France.
Tél (6) 010 56 79)

PAUL CHAUCHARD, France
Directeur honoraire à l'École pratique des Hautes Études

RÉMY CHAUVIN, France
Professeur à la Sorbonne, Université René-Descartes

DIANE COUSINEAU, Canada
Docteur ès lettres, Université de Paris

JOSÉ M. R. DELGADO, Espagne
Directeur de recherche
Ramon y Cajal Center, Madrid

HANS J. EYSENCK, Grande-Bretagne
Professeur de psychologie
Université de Londres

DIANE MC GUINNESS, États-Unis
Professeur de psychologie
Stanford University, États-Unis

WILLIS W. HARMAN, États-Unis
Président de l'Institut des sciences noétiques
Sausalito, Californie, États-Unis

MITSUO ISHIKAWA, Japon
Professeur de physique
International Christian University, Tokyo, Japon

TOSHIHIKO IZUTSU, Japon
Professeur de philosophies orientales,
Université Keio, Tokyo, Japon

MORTON A. KAPLAN, États-Unis
Professeur de sciences politiques
Université de Chicago, États-Unis

PAUL KURTZ, États-Unis
Professeur de philosophie
State University of New York, Buffalo, États-Unis

HENRI LABORIT, France
Médecin-biologiste
directeur du laboratoire d'eutonologie, Hôpital Boucicaut, Paris

JEAN LERÈDE, Canada
Docteur d'État en psychologie
chargé de cours à l'Université de Montréal. Québec

KARL H. PRIBRAM, États-Unis
Professeur de neuroscience
Stanford University, États-Unis

J. MARTIN RAMIREZ, Espagne
Département de psychologie
Faculté de philosophie, Université de Séville. Espagne

G. NIANGORAN-BOUAH, Côte-d'Ivoire
Professeur à la Faculté des lettres et sciences humaines
Université d'Abidjan, Côte-d'Ivoire

ELIZABETH A. RAUSCHER, États-Unis
Professeur de physique
J. F. Kennedy University, Orinda, Californie, États-Unis

RICHARD L. RUBENSTEIN, États-Unis
Professeur de religiologie
Florida State University, Tallahassee, Floride, États-Unis

SANDRA SCARR, États-Unis
Professeur de psychologie
Yale University, New Haven, Connecticut, États-Unis

FRANZ SEITELBERGER, Autriche
Professeur de neurologie
Université de Vienne, Autriche

BERNARD VALADE, France
Professeur, Université Paris-V, Paris

EUGENE P. WIGNER, États-Unis
Université de Princeton, États-Unis
Prix Nobel de physique
Président d'honneur du Colloque de Fès

JERZY A. WOJCIECHOWSKI, Canada
Professeur de philosophie, Université d'Ottawa, Canada

SE-WON YOON, Corée du Sud
Professeur de physique
Université de Séoul, Corée du Sud

HANS ZEIER, Suisse
Professeur de biologie du comportement
École polytechnique fédérale, Zurich, Suisse

INTRODUCTION GÉNÉRALE

par

JEAN E. CHARON

Il paraît clair que la science de l'Homme est, en fait, la représentation que l'Homme se fait du Monde au moyen de son Esprit ; en ce sens, et à toute époque, la Science ne s'est jamais complètement désintéressée du problème général de la nature, ou même de la structure et du fonctionnement de l'Esprit.

Mais très longtemps, et encore pendant la première moitié de ce xxe siècle, l'Esprit humain était considéré en Science comme une sorte de « projecteur » venant éclairer une réalité « objective », c'est-à-dire une réalité qui n'était pas tributaire des mécanismes propres à l'Esprit humain. L'ambition ultime des scientifiques était alors que, avec le temps et l'amélioration des moyens d'investigation théoriques et expérimentaux, la Science finirait par « éclairer » *toute* la réalité objective, y compris d'ailleurs l'Esprit lui-même, dont les lois étaient censées appartenir à ce que l'on désignait comme les « lois de la Nature » (c'est-à-dire les lois du Réel objectif).

Cependant, dès le tournant du xxe siècle, et notamment avec une nouvelle approche en Physique des notions fondamentales d'espace et de temps par la Relativité d'Einstein, puis avec le probabilisme associé aux observations au niveau microscopique développé par la Théorie quantique, les physiciens ont commencé à avoir des doutes concernant « l'objectivité » du monde vers lequel se tournaient leurs recherches. Il devenait en effet de plus en plus clair que les mécanismes de l'Esprit interféraient avec les mécanismes de la Nature d'une façon telle qu'il devenait difficile de dire dans quelle mesure ces mécanismes propres à l'Esprit n'étaient pas eux-mêmes une part de ce qu'on nommait les « lois de la Nature ». Ce point de vue a été constamment en se renforçant au cours des dernières décennies, au point qu'aujourd'hui il n'y a plus d'échappatoire logique à la conclusion que l'Esprit « participe » directement aux phénomènes observés ; ou que, inversement, l'étude des phénomènes observés nous renseigne indirectement sur les « mécanismes » profonds de l'Esprit.

L'Esprit est donc aujourd'hui entré à part entière dans le champ d'investigation de la Science, non seulement dans les disciplines qui lui étaient propres comme la Philosophie ou la Psychologie, mais encore en Biologie et en Physique ; avec alors, naturellement, un impact inévitable de la Science sur ce qu'on a coutume de nommer la Spiritualité.

La conséquence immédiate de cette situation est que nous assistons ces années-ci à une remise en cause de la notion de Réel, s'accompagnant de nombreux apports « scientifiques » concernant la connaissance de l'Esprit. On peut d'ores et déjà affirmer que cette fin de siècle sera marquée par de nouveaux développements dans la connaissance de la Matière, principalement dus à l'élaboration d'un meilleur « modèle » scientifique pour représenter *notre Esprit* et ses interactions avec le monde qui nous entoure. C'est certainement là une direction irréversible du chemin de l'évolution scientifique.

Le Colloque de Fès est la première des réunions annuelles, dites réunions CIPRES (Colloque International Pluridisciplinaire sur le Rôle de l'Esprit en Science). Le lieu du Colloque sera modifié chaque année, afin de prendre place chaque fois dans un pays de nationalité différente. Les langues du Colloque sont le français et l'anglais (avec traduction simultanée). CIPRES-1 s'est tenu en mai 1983 à Fès, Maroc ; CIPRES-2 est projeté pour avoir lieu au Pérou.

Les Colloques CIPRES se donnent pour principaux objectifs :

- de réunir pendant cinq jours une trentaine de spécialistes de plusieurs disciplines et de plusieurs nations directement intéressés par les relations entre l'Esprit et la Science afin de faire le point sur les connaissances actuelles et les recherches en cours.

- de mettre à la disposition d'un aussi large public que possible les exposés et les discussions qui prendront place à ce Colloque (publications des actes du Colloque, interviews radio et TV de certains participants, diffusion de ces documents en plusieurs langues dans plusieurs pays...).

Les organisateurs du Colloque espèrent de cette manière, non seulement contribuer à la stimulation des recherches « spirituelles » (c'est-à-dire tournées vers l'étude de l'Esprit) sur un plan scientifique international, mais encore aider chacun de nous à se mieux connaître, ce qui paraît constituer un élément préalable essentiel à l'établissement d'une harmonie dans les relations humaines et une évolution progressive vers une planète où la violence et l'intolérance seraient enfin exclues.

Je veux ici remercier chaleureusement PWPA-International (Professors World Peace Academy-International Department) qui, en mettant à la disposition de CIPRES un substantiel appui financier, ainsi que de nombreux collaborateurs et collaboratrices bénévoles, a rendu possible l'organisation de ces réunions annuelles sur la connaissance de l'Esprit. Je remercie tout particulièrement Didier Rias, secrétaire général de PWPA-France, qui a assuré de manière très efficace avec sa petite équipe la coordination des différentes tâches de traduction et secrétariat durant les dix mois qu'a nécessités la préparation de Fès.

Je tiens enfin à ne pas oublier, dans ces remerciements, tout le personnel de l'hôtel Palais Jamai de Fès, et notamment son directeur général Jean-François Piques : nous avons tous apprécié les qualités d'accueil si réputées de nos amis marocains, dans cette ville aux splendeurs culturelles, artistiques et religieuses fabuleuses où, faut-il le rappeler, fut édifiée la première université du monde (la Quaraouyine), au IXe siècle. Fès, un lieu sans aucun doute prédestiné pour abriter ce premier Colloque sur l'Esprit et la Science.

COMMUNICATION D'OUVERTURE

Eugene P. Wigner

Les limitations du déterminisme

EUGENE P. WIGNER

Je voudrais commencer en disant que, selon moi, la physique d'aujourd'hui a commencé il y a environ trois cents ans et ses bases se trouvent bien incorporées dans le livre d'Isaac Newton *Les Principes mathématiques de la philosophie naturelle*.

Je voudrais ajouter, cependant, une chose sur laquelle on n'insiste généralement pas : c'est le fait que le plus grand accomplissement effectué par Isaac Newton, au moins selon moi, n'est pas la loi de l'attraction gravitationnelle qui est, bien sûr, une chose merveilleuse, mais une proposition très fondamentale et de caractère semi-philosophique : la séparation entre les conditions initiales et les lois de la nature. Les lois de la nature sont, comme Einstein le remarquait, d'une grande simplicité et d'une beauté mathématique. En d'autres mots, vous pouvez formuler ces lois de façon simple si vous connaissez un peu de mathématiques. Prenez, par exemple, la loi de la gravitation, selon laquelle l'attraction gravitationnelle est proportionnelle au produit des deux masses s'attirant l'une l'autre et inversement proportionnelle au carré de leur distance. Cette loi de la nature peut être très simplement formulée et a, comme Einstein le disait, une beauté mathématique en elle-même. Les conditions initiales, d'un autre côté, sont très variées et aussi arbitraires que possible.

Je ne pense pas qu'aucune loi de physique, par exemple, tiendra compte du fait qu'il existe une dame assise ici au premier rang, et ceci est, cependant, une condition initiale dont devrait tenir compte, pour être très précise, une application de la loi de la gravitation. On peut dire que les conditions initiales sont, pour ainsi dire, situées hors du champ de la physique, ou plutôt hors des concepts habituels dont veut tenir compte la physique. Je devrais sans doute mentionner ici que l'accroissement de l'entropie est précisément basé sur ce fait que les conditions initiales sont aussi variées et complexes que possible.

La première question que je voudrais poser ici est celle-ci : cette séparation entre des conditions initiales compliquées et mal connues d'une part et la grande simplicité des lois de la nature d'autre part va-t-elle demeurer pour toujours la méthode fondamentale de description de la nature ? Dans le passé, je pense que nous avons tous pensé que la réponse affirmative était évidente, au point que l'on a à peine salué à sa juste valeur l'accomplissement de Newton sur cette séparation entre conditions initiales et lois de la nature. Mais, cependant, il y a un philosophe autrichien, Ernst Mach, qui a dit que toutes les lois de la physique ne sont que des approximations ; et cela a été récemment réaffirmé par Geoffrey Chew, de l'université de Berkeley en Californie.

Laissez-moi vous dire pourquoi j'ai été intéressé à ce sujet. La mécanique quantique n'obéit pas entièrement à ce principe de séparation entre les lois de la nature d'une part et les conditions initiales : en effet les résultats des observations ont en mécanique quantique un caractère probabiliste et par conséquent il n'est plus possible de rentrer dans une simple loi de la nature des conditions initiales complètes et déterminées. L'exemple que je cite habituellement est la fameuse expérience dite de Stern et Gerlach ; dans cette expérience, un faisceau d'électrons est partagé en deux faisceaux et on peut se poser la question de savoir auquel de ces deux faisceaux va appartenir un électron particulier. En fait, si nous suivons la mécanique quantique, et cela a été confirmé expérimentalement, nous ne sommes pas en droit de dire que cet électron particulier appartient à l'un ou à l'autre des deux faisceaux. En effet, même s'il n'y avait qu'un électron dans le faisceau initial, quand nous ferons s'unir l'un avec l'autre les deux faisceaux séparés, pour les faire interférer, les interférences auront lieu avec cet unique électron présent dans le faisceau initial. Il faut donc, dans l'interprétation de la mécanique quantique, supposer que ce seul électron était en quelque sorte omniprésent dans l'un et dans l'autre des deux faisceaux séparés. Cependant si j'observe dans quel faisceau il est, par exemple en interposant un écran où l'électron laissera, en frappant l'écran, une tache lumineuse, je découvrirai que l'électron était dans le faisceau du haut ou dans le faisceau du bas. Maintenant, si je prends au sérieux ce que va dire la mécanique quantique, je devrai affirmer que la personne qui a observé l'impact lumineux de l'électron est aussi elle-même dans une superposition de deux états. Dans l'un de ces états, elle voit l'électron dans le faisceau du haut, dans l'autre elle le voit dans le faisceau du bas. Et un seul de ces deux états se manifeste effectivement au moment de l'observation. Mais si je veux penser à ce qui se passe en réalité, je n'ai qu'à me demander ce qui arrivera à un de mes amis qui, lui aussi, regarderait l'impact de l'électron sur l'écran : il verra, bien sûr, la même chose que moi ; il faudrait donc supposer que cet ami était aussi personnalisé comme deux états superposés mais que, au moment de l'observation, il était dans le même état que moi, nous faisant tous les deux apercevoir le même impact de l'électron ; il est clair, par conséquent, que la mécanique quantique ne s'applique pas à l'observation de mon ami et plus généralement ne s'applique pas à la vie comme je voudrais le montrer un petit peu plus explicitement. En fait, le point que je voudrais mettre en avant est que la mécanique quantique a des limitations, dès que les objets macroscopiques sont concernés ; la mécanique quantique n'est valable que tant qu'elle s'applique aux systèmes microscopiques.

D'abord une remarque supplémentaire : les lois de la physique et les lois de la mécanique quantique en particulier, mais en fait toutes les lois de la physique, ne s'appliquent seulement qu'à des systèmes isolés. Et ceci est bien clair et évident. Si je considère un système physique et m'efforce de lui appliquer les équations de la mécanique quantique ou de la physique et si, brusquement, il vient interférer dans le système un phénomène venant de l'extérieur, alors mes équations, qui supposent que le système demeure isolé, ne vont pas prendre en compte les faits du système extérieur, et le résultat que je vais obtenir ne sera plus valide. Alors vient la question, et ceci a été mentionné plus particulièrement par un physicien allemand, D. Zeh, est-il possible, dans notre monde, de considérer un système qui serait complètement isolé ? Ce physicien, Zeh, a conclu que ceci n'était pas possible. Je voudrais vous dire un exemple, qui n'est pas celui de Zeh, car il considérait ce qui se passait dans un cm^3 de gaz, et naturellement un cm^3 de gaz ne peut pas être isolé, car il a à être enfermé dans un récipient qui, par nécessité, va interagir avec les molécules de gaz. Ce que je voudrais considérer, c'est un cm^3 de tungstène qui serait placé dans l'espace intergalactique, où on peut espérer que ce bloc rigide de tungstène serait isolé. Cependant, il ne pourra pas être isolé car il y a un rayonnement cosmique fait de photons à une température d'à peu près trois degrés absolus ; à ma surprise, quand j'ai calculé combien de photons sont présents dans un cm^3 à cette température, j'ai constaté que cela en faisait environ 500. Ceci veut dire que le cm^3 de tungstène est frappé par seconde par environ 10^{13} photons.

Bien sûr, tous ces photons de lumière n'influent pas sur l'état du tungstène, car il y a toutes sortes de règles pour l'application des interactions qui entrent ici en jeu. Mais, cependant, si l'on calcule combien de temps ce cube de tungstène microscopique demeurera isolé, c'est-à-dire le temps pendant lequel les vibrations de ses molécules internes ne seront pas influencées par les photons de lumière du rayonnement cosmique qui viennent frapper chaque seconde les atomes de tungstène, on constate que ceci est seulement un millième de seconde environ. Cela signifie que, sur le plan microscopique, dans le sens de la mécanique quantique, les équations dépendantes du temps qui chercheront à prédire l'état microscopique futur de ce bloc de tungstène, à partir d'un instant donné, ne seront valides que pendant un millième de seconde. Naturellement, je dois quand même signaler que ceci se réfère à l'état microscopique du bloc de tungstène, c'est-à-dire concerne les vibrations internes des molécules de tungstène qui pourront être excitées, ou quelles molécules ne seront pas excitées et, d'une manière générale, comment tout ceci va interagir l'un avec l'autre sur le plan microscopique. Macroscopiquement, ceci n'est pas observable. Et c'est pourquoi l'idée de déterminisme vient des observations des états macroscopiques. La description macroscopique n'est pas influencée par la modification des vibrations d'un atome de tungstène. Mais ce que cet exemple montre en tout cas, c'est que les phénomènes probabilistes n'interviennent pas seulement quand un observateur vivant examine les phénomènes microscopiques, comme je l'ai cru moi-même il y a un certain temps, mais que ces phénomènes probabilistes interviennent dès qu'un système macroscopique vient y jouer un rôle. La question qui vient maintenant à l'esprit est celle-ci : pouvons-nous écrire des équations qui décrivent cette situation ? A prime abord on pourrait dire : non, toutes les équations sont déterministes, la dérivée par rapport au temps intervenant dans la description est donnée par une équation. Mais il n'en est pas ainsi. Il y a des quantités qui obéissent à des équations définies mais qui décrivent cependant des résultats probabilistes. Ce sont des équations qui s'appliquent, et ici je suis désolé d'admettre que je deviens tout à fait technique, ce sont des équations qui s'appliquent à ce que l'on appelle la matrice de densité. La matrice de densité, d'une façon générale, décrit une situation dans laquelle on ne sait pas quelle est la description exacte au point de vue mécanique quantique ; mais on peut alors décomposer cette situation en probabilité de différents états. Bien, peut-être que je dévie un petit peu de ce que j'aurais dû vous dire, et je décris peut-être tout ceci un peu trop brutalement et sommairement, mais je veux quand même vous dire deux mots de l'équation que je voudrais proposer. La matrice de densité est, comme toute matrice, un carré de nombres et je propose de décrire les lignes et les colonnes de cette matrice par plusieurs indices : à une paire d'indices correspondra la position du système, à une autre son moment bipolaire, à une troisième son moment quadripolaire, et ainsi en descendant les lignes. Si on voulait effectuer une description classique, on ne considérerait que les éléments diagonaux, car dans une description classique la position, par exemple, est déterminée et il n'y a pas d'interférence entre les différentes positions. La même chose concerne le moment bipolaire, ou le moment quadripolaire, et ainsi de suite. Dans une description classique, l'atome d'argent, par exemple, est soit avec un spin en haut, soit un spin en bas. Dans la description quantique il y a une superposition de ces deux états de sorte que si j'amène ces deux états à se rencontrer, comme je l'ai décrit précédemment, il devient évident que je suis obligé de conclure que l'atome n'est ni dans un état ni dans l'autre. Il est en fait simultanément dans ces deux états à la fois. Il en résulte que je peux obtenir des interférences avec d'autres objets, et ces interférences conduiront graduellement à la description fournie par le modèle classique. Par conséquent, les équations que je propose éliminent les éléments hors des éléments diagonaux, mais ces éléments hors diagonale s'éliminent lentement. Ils s'éliminent plus vite pour les éléments hors diagonale de position par exemple, un petit peu moins vite pour les éléments diagonaux du moment bipolaire, encore moins vite pour les éléments diagonaux du moment quadripolaire et ainsi de suite.

L'équation que je propose de cette manière n'est clairement qu'une approximation, car la situation est certainement très différente selon que je me place dans l'espace intergalactique où le système ne changera pas pendant un millième de seconde, il restera toujours dans le même état, ou si je me situe ici sur terre où le système subira l'influence de vous, messieurs et mesdames, ainsi que de tous les matériaux qui sont autour de nous. Ainsi l'équation dépend en fait de l'environnement, mais dans son principe, cette équation peut être fournie.

Tout ceci a une importante conséquence pour le problème que je mentionnais au début de cet exposé et qui, en fait, a justifié mon intérêt dans un tel sujet : le résultat probabiliste des mesures sur un système donné. Ce que je viens de dire montre qu'il y a déterminisme si l'appareil d'observation ou la personne qui observe est macroscopique. Et les gens sont tous macroscopiques. Par conséquent, il est clair que, pour l'observation, ou pour ce qu'on appelle les processus de mesure, la nature probabiliste des équations joue un rôle important. Je voudrais faire admettre ici, par conséquent, que la physique d'aujourd'hui, et en particulier la mécanique quantique, a une validité limitée et qu'elle devrait être formulée d'une façon qui soit probabiliste, particulièrement dès que le phénomène intervient avec un corps macroscopique. Je dois admettre maintenant que mon équation ne s'applique pas encore aux corps qui seraient vivants.

Mais l'équation peut décrire le comportement de l'appareil de mesure. Selon les équations actuelles de la mécanique quantique, si le résultat des mesures peut admettre, par exemple, deux valeurs correspondant à deux états superposés, la position d'un index exprimant une mesure sera indéterminée. Ce sera une superposition de deux positions dont chacune correspondrait à deux résultats possibles des mesures. Une telle superposition n'est pas équivalente à la situation dans laquelle une seule des deux positions serait prise par l'index avec cependant des probabilités correspondantes — exactement comme, tel que nous l'avons discuté ci-dessus, le passage d'un photon de lumière à travers deux trous n'est pas équivalent à la situation dans laquelle ce photon serait simultanément derrière le premier ou le second trou. Les deux parties de ce quantum de lumière interférant l'une avec l'autre, précisément parce que le photon est représenté comme occupant simultanément deux positions possibles. Mais si l'équation de probabilité discutée ci-dessus est valide, la position de l'index aura une valeur définie — après par exemple un millionième de seconde — de telle sorte que les deux positions ne pourront pas être amenées à interférer l'une avec l'autre — même pas théoriquement.

Ayant défendu cette idée d'une équation probabiliste que j'ai proposée, je dois cependant admettre ici que, en ce qui concerne la conscience, ceci ne fournit aucune description. La conscience est encore terriblement, dans mon opinion, hors du domaine de la physique d'aujourd'hui, et aussi des idées qui ont été formulées avant la mécanique quantique, tel que le matérialisme dialectique : tout ceci, selon moi, n'a aucun sens. Et je dois admettre aussi que ma propre idée est valide seulement si nous acceptons un point de vue extrêmement positiviste. Mais si nous regardons en arrière, vers l'histoire de la physique, le point de vue positiviste apparaît avoir eu beaucoup de succès et avoir été très généralement accepté. Vous savez probablement que Lorentz, qui a créé les transformations de Lorentz, qui constituent la base de la théorie de la Relativité restreinte, ne croyait pas au fait que la simultanéité de deux événements aurait pu dépendre de l'observateur, ce qui est un concept positiviste. Bien, maintenant cependant tous les physiciens acceptent la validité de la théorie de la Relativité restreinte. En fait, la plupart des physiciens acceptent aussi la théorie de la Relativité générale et celle-ci est aussi une illustration de la philosophie positiviste. Je dois dire que la philosophie positiviste signifie que nous n'attribuons une réalité que dans la mesure où nous observons les choses. Et comme je l'ai dit, la théorie de la Relativité a été pendant longtemps considérée comme étant de nature très positiviste.

Ce que je propose est un pas de plus en avant, et peut-être un pas dangereux, dans la direction du positivisme, en n'acceptant pas une pleine causalité des phénomènes, particulièrement pour les corps macroscopiques, car ces phénomènes ne peuvent pas être isolés des influences extérieures. Naturellement, l'univers entier est un « système isolé », il est sans influence extérieure, mais nous ne pouvons certainement pas connaître son état à aucun moment défini, de telle sorte que son comportement causal est ici sans signification. Ceci veut dire que la causalité absolue est elle-même sans signification et il me paraît raisonnable de considérer une description probabiliste des événements qui se déroulent autour de nous.

DISCUSSION

HENRI LABORIT. — *Les biologistes qui sont ici savent que nous pouvons difficilement aborder les problèmes du vivant sans une approche systémique. On ne peut décrire le vivant qu'au moyen de niveaux d'organisation. Je suis d'accord avec Wigner que l'on peut décrire le vivant au moyen de structures, je définis la structure comme l'ensemble des relations entre les éléments du vivant. Mais nous ne pouvons jamais décrire la structure avec un grand « S », nous ne faisons qu'extraire des sous-structures de la structure. Nous n'obtenons donc ainsi que des sous-ensembles de l'ensemble des structures.*

L'intérêt d'une réunion comme la nôtre vient probablement du fait que nous voyons, chacun dans nos disciplines, une sous-structure différente et que nous pouvons les confronter toutes de façon à essayer d'obtenir une vue plus globale de la réalité. Maintenant, je voudrais dire quelques mots sur l'intuition. Il semble qu'on ait dit que c'est un autre domaine, que c'est à part. Je pose la question de savoir si un enfant qui vient de naître peut avoir une intuition quelconque. Non. Il n'a pas encore codé ses neurones de telle façon que son cerveau d'humain, avec ses systèmes associatifs, puisse associer cet apprentissage dans une structure nouvelle. Alors, effectivement, cette structure nouvelle semble sortir de rien. En fait, il associe des choses qu'il a apprises et celles-ci sont nouvelles et originales. S'il n'a rien appris, il ne sait rien. Il pourra avoir une intuition d'autant plus riche qu'il aura plus appris. Quand on n'apprend rien, on ne sait rien et on ne peut pas avoir d'intuition.

JEAN CHARON. — *Je conteste sur le fond qu'on ne puisse rien savoir si on n'a rien appris depuis sa naissance, car en fait la cellule « connaît » dès la naissance. Dès que l'enfant vient au monde, il sait respirer, il sait digérer, il a donc déjà un savoir-faire ; donc il a déjà, dès l'instant où il vient au monde, un savoir, des connaissances.*

KARL PRIBRAM. — *Eugene Wigner prétend qu'on ne peut pas percevoir directement la réalité. Je crois que la question qui se pose est différente, elle est : Y a-t-il une réalité déterminée, qu'on l'aperçoive ou non ? Je voudrais rappeler Einstein qui posait la question : est-ce que Dieu joue aux dés avec l'univers ? La réponse d'Einstein était non. Mais je me porte en faux vis-à-vis de cette affirmation, je pense que Dieu joue aux dés avec l'univers, mais ceci implique qu'il faut qu'il existe des dés, c'est-à-dire qu'il doit exister une structure de quelque ordre qui crée la possibilité de définir une probabilité. On peut, bien sûr, toujours dire qu'il existe des niveaux en dessous du niveau de réalité décrit par la science, mais c'est précisément ce que la science essaie de découvrir peu à peu, des niveaux toujours plus profonds de la réalité.*

JEAN CHARON. — *Le problème est de savoir si ces niveaux toujours plus profonds, nous pourrons toujours les décrire, ou si nous n'arriverons pas à un certain moment à nous heurter au niveau « le plus profond », qui alors ne serait plus du domaine du langage, donc qui ne serait plus directement descriptible par le langage.*

Nous avons à ce sujet un papier du Japonais Izutsu qui est tout à fait remarquable, je vous y renvoie.

HANS EYSENCK. — *Ce que l'on peut craindre c'est que toutes les positions idéalistes tournent à un certain moment au solipsisme. Je voudrais ajouter aux remarques à propos de ce qu'a dit Karl Pribram de Dieu jouant ou non aux dés que, pour un tel jeu, il faudrait qu'il y ait non seulement des dés, mais encore qu'il y ait un Dieu, ce qui est beaucoup plus douteux !* (Rires dans la salle.)

JERZY WOJCIECHOWSKI. — *Je voudrais faire remarquer, à propos de l'indétermination, qu'il y a deux formes : l'indétermination de perfection et l'indétermination de liberté, qui présuppose détermination, qui présuppose forme. On devrait en tenir compte car ceci est très important quand on parle d'êtres vivants.*

HENRI LABORIT. — *Je me demande comment on peut parler de liberté quand on sait qu'on est ignorant des lois. Moi je pense que la liberté commence à la limite de la connaissance. A partir du moment où on est dans la connaissance, où on connaît des lois, même évoluant, on n'est plus libre puisque les lois sont là pour vous empêcher de l'être. Alors, je voudrais comprendre.*

JEAN CHARON. — *On pourrait être libre en se servant des lois.*

HENRI LABORIT. — *Ce n'est pas à toi que je pose la question. Je voudrais que Jerzy Wojciechowski me réponde.*

JERZY WOJCIECHOWSKI. — *La liberté, c'est la capacité de choisir entre deux situations déterminées. Ce n'est pas l'absence de détermination. Voyez-vous ! Vous venez à un coin de rue, vous êtes libre de tourner à droite ou à gauche parce qu'il y a droite et gauche. S'il n'y a ni droite ni gauche, vous n'êtes pas libre. On est alors dans une situation d'indétermination, d'imperfection. C'est une situation qui exclut la possibilité de liberté. La liberté psychologique ça suppose des déterminations, c'est un choix entre deux déterminations.*

HENRI LABORIT. — *Vous n'êtes pas conscient du déterminisme de votre inconscient. Comment voulez-vous parler de choix ? C'est ça ce qui me choque.*

JERZY WOJCIECHOWSKI. — *Mais c'est parce qu'il y a deux éventualités devant moi. Je peux aller à droite ou je peux aller à gauche.*

HENRI LABORIT. — *Mais qui détermine si vous allez à droite ou vous allez à gauche ?*

JERZY WOJCIECHOWSKI. — *On se détermine, on choisit toujours ce qui nous paraît la meilleure chose.*

HENRI LABORIT. — *Ce sont des jugements de valeur.*

JERZY WOJCIECHOWSKI. — *Exactement, c'est exactement cela.*

Un

LA MATIÈRE EST PREMIÈRE

José M. R. Delgado
Henri Laborit
Karl H. Pribram
Franz Seitelberger

Les bases neurobiologiques des activités spirituelles

JOSÉ M. R. DELGADO

Les débats sur l'existence, sur la signification et sur les corrélations possibles entre le cerveau, l'esprit et l'âme, ont enflammé les discussions philosophiques et scientifiques depuis le temps d'Aristote jusqu'à nos jours. L'importance de ces questions est souvent sous-estimée, parce qu'elles sont considérées comme des pseudo-problèmes (Sheer, 1962), et des débats agités sont périodiquement ravivés entre les concepts opposés de monisme et de dualisme ou d'esprit et de matière. Les livres de Bunge (1980), de Popper et Eccles (1977), le symposium Ciba (1979), et le meeting ICUS (1980) sont des exemples de positions antagonistes et qui trop souvent engendrent un excès d'émotivité de la part du défenseur d'une thèse aussi bien que de la part de ceux qui la discutent. La raison en est que, en réalité, le problème inclut le concept d'être humain, ainsi que des idées sur le but de la vie, et l'espoir à l'immortalité.

Autrefois, ces discussions revêtaient une importance théorique sans conséquences pratiques, mais aujourd'hui elles possèdent un caractère transcendant à cause des découvertes récentes sur la physiologie du système nerveux central et aussi à cause des nouvelles interprétations de la réalité des perceptions sensorielles, des rêves, de la liberté et de l'identité personnelle. Cette connaissance est également importante à cause du développement de technologies puissantes nous permettant la manipulation de l'environnement, du matériel génétique, des mécanismes neuronaux, et du comportement. Jusqu'à une époque récente, l'évolution des espèces et la destinée personnelle dépendaient du hasard naturel, de forces aveugles et d'éléments inconnus déterminant la survie humaine. A partir de maintenant, l'intelligence humaine — ou le manque d'intelligence humaine — sera l'élément moteur dans l'intégration du cerveau humain et, partant, dans le contrôle des fonctions cérébrales, incluant l'interprétation des stimuli sensoriels, les expressions émotionnelles et le planning du futur. Ces faits augmentent l'importance de la compréhension individuelle et sociale des possibilités et des limites auxquelles nous faisons face, des principes éthiques que nous devrions respecter ou rejeter, et de la tâche transcendante consistant à influencer le cerveau de l'homme futur (Delgado, 1973).

Devrions-nous éduquer et structurer l'esprit des enfants avec des principes qui sont individualistes, nationalistes, racistes, démocratiques, marxistes ou pacifistes ? Ou, peut-être, avec un mélange confus et contradictoire de tous ces points de vue ?

La thèse que je propose ici est que nous sommes dans un nouvel âge dont les nouveaux aspects économiques, sociaux, politiques et technologiques nous demandent un effort extraordinaire pour surmonter les modes de pensée établis mais inopérants et pour mettre au point des nouvelles solutions qui devraient être basées, non sur des conflits historiques mais sur la réalité du monde présent.

Le point de départ devrait être la compréhension et la pleine utilisation du seul organe qui distingue l'homme du reste de la création : son cerveau pensant, sa sensibilité, sa capacité créative, son acceptation ou son rejet de l'immortalité de la personne (Delgado, 1969). Afin de discuter les bases des activités cérébrales, il conviendrait de définir les concepts de cerveau, de mental et d'esprit, en dépit des difficultés que cela représente.

Le *cerveau,* ou « cerebrum », peut être défini comme une entité matérielle logée à l'intérieur du crâne, qui peut être inspectée, touchée, pesée et mesurée. Il est composé d'éléments chimiques, d'enzymes et d'humeurs qui peuvent être analysés. Il est caractérisé par une structure neuronale, par des conducteurs et des synapses qui peuvent être examinés directement sous microscope.

Pour être actif, le cerveau doit être vivant, c'est-à-dire que ses neurones doivent consommer de l'oxygène, échanger des produits chimiques à travers leurs membranes et maintenir leurs états de polarisation électrique. Un cerveau mort est encore identifiable, peut être préservé dans la formaline, et disséqué. Le cerveau peut survivre indépendamment du corps pendant un temps relativement court si une circulation appropriée lui est fournie. Certains des phénomènes chimiques, thermiques ou électriques du cerveau servent également des besoins physiologiques qui ne sont pas directement reliés à l'activité mentale.

Le *mental,* en contraste avec le cerveau, peut être défini comme une entité fonctionnelle qui ne peut pas être conservée dans la formaline, ou analysée au microscope. Le mental n'a pas des propriétés matérielles telles que : poids, occupation d'espace et libération d'énergie à la désintégration. Les activités mentales ne devraient pas être identifiées à l'aide des soutiens matériels qui leur sont nécessaires ; elles ont un caractère *transmatériel.* Le mental n'est pas autonome parce qu'il dépend de la réception cérébrale, des stimuli sensoriels et d'échanges continus d'informations avec l'environnement. « Le mental » est un terme identifiant l'ensemble mal défini des activités mentales. L'existence du mental dépend de la présence d'un cerveau fonctionnant et sans le cerveau il n'y a pas de mental. Les principales fonctions du mental sont l'interprétation, le stockage et le rappel des stimuli intérieurs et extérieurs à travers les processus de pensée, de mémoire, de sentiment, de volonté et d'autres phénomènes. Le mental est nécessairement lié à l'information sensorielle, au comportement et au cerveau. Nous pouvons affirmer qu'en l'absence de stimuli sensoriels, les activités mentales ne peuvent exister, et qu'en l'absence de comportement, le mental ne peut être reconnu. Le mental peut être défini comme « l'élaboration intracérébrale de l'information extracérébrale », et ainsi nous pouvons l'examiner en analysant l'origine, la réception, la dynamique, le stockage, le rappel et les conséquences de l'information. La base du mental est culturelle et non individuelle, bien que le sentiment de sa possession soit personnelle.

La relation entre l'homme et la vie surnaturelle est traditionnellement sous-entendue dans l'usage ordinaire des mots « âme », « anima » et « esprit ». L'*Oxford Dictionary* définit l'âme comme « la partie spirituelle de l'homme considérée dans ses aspects moraux en relation avec Dieu ». L'âme et l'esprit sont des concepts métaphysiques, des entités non corporelles, immortelles, et ayant des possibilités de salut et de damnation. La science a conquis le mental comme un sujet d'investigation empirique, mais l'esprit reste en dehors du champ d'investigation scientifique. Les scientifiques peuvent considérer l'âme comme un mythe créé par des besoins psychologiques ; ils peuvent considérer l'esprit comme une interprétation religieuse du mental sur laquelle est rejetée la responsabilité pour la vie future, ou ils peuvent accepter son existence comme vérité religieuse. Dans tous les cas l'esprit existe dans la culture humaine comme un concept qui ne devrait pas être ignoré.

LA STRUCTURATION DES FONCTIONS MENTALES

Comme nous l'avons indiqué précédemment, la liberté est un aspect des activités mentales nécessitant :

— une réception de l'information

— un traitement de l'information reçue et

— un résultat au niveau d'une manifestation, incluant une réponse viscérale, émotionnelle et de comportement.

La liberté est donc essentiellement reliée à la réception cérébrale, au traitement de l'information et à l'expression au niveau du comportement. L'organe de la liberté n'est ni le cœur ni le foie, mais le cerveau, et la normalité de ses fonctions est une condition essentielle pour l'existence de la liberté mentale. Le bébé anencéphale, le patient comateux ou anesthésié ont des fonctions cérébrales limitées, excluant la conscience ou le choix.

Cette normalité demande un support physiologique de neuroanatomie, d'électrophysiologie et de chimie. Des perturbations mineures ou graves du comportement libre peuvent être apparentées à des altérations anatomiques ou fonctionnelles des structures cérébrales. Les déterminants neurologiques, avec leurs problèmes étiologiques, diagnostiques et thérapeutiques, méritent beaucoup plus d'attention qu'ils n'en reçoivent aujourd'hui.

En plus d'un cerveau normal, la liberté a besoin de stimuli sensoriels adéquats. En l'absence d'information, il n'y a pas d'alternative possible du comportement. Par exemple, une personne privée de nouvelles sur l'histoire et la situation politique actuelle de la Pologne ne peut se former une opinion ou prendre part à une action en rapport avec ce pays. La suppression des mass media, et la distorsion de l'information sont des procédures bien connues utilisées pour restreindre la liberté de pensée et de comportement.

Le traitement intracérébral des informations reçues est un élément essentiel du mental. C'est là que les mécanismes neuronaux intrinsèques de la liberté sont établis. L'association spatio-temporelle des stimuli donne une signification interconnectée à la réalité de l'environnement. Cette signification n'est pas déterminée génétiquement et n'existe pas « en soi ». Elle doit être acquise par chaque cerveau à travers l'expérience personnelle. Par exemple, les associations répétées du mot « maman » avec l'image optique d'une femme créeront un lien dans le mental de l'enfant entre ses stimuli acoustiques et optiques, renforcés par d'autres stimuli comme la nourriture, la chaleur, le soin et l'affection. Les sensations de plaisir qui les accompagnent ajoutent un ton émotionnel à l'association. De cette manière, un traitement rapide et automatique de l'information est construit dans le cerveau et la vue de la mère est interprétée comme étant une récompense, déclenchant des comportements tels que des sourires, et des mouvements d'accueil.

Il est important de préciser que ces phénomènes n'existaient pas avant la naissance, ne pouvaient exister sans expérience individuelle directe, et seront liés les uns aux autres par l'apprentissage et le conditionnement, formant des réponses automatiques et pour la plupart inconscientes. Cette impression originale pourra être modifiée plus légèrement ou profondément par des inputs associés positifs ou négatifs ; parfois des conflits apparaissent entre des significations établies et des expériences nouvellement acquises, comme la punition résultant d'un désaccord avec la mère. Des milliers de stimuli, chaque jour, seront progressivement imprimés dans le mental, formant des cadres de référence qui permettent à chaque individu de comprendre, d'évaluer et de réagir à son environnement. A travers l'expérience, les mécanismes neuronaux sont moulés selon les directions préférentielles et, à partir des nombreuses options de comportement, seules quelques-unes seront retenues. De cette manière, le cerveau peut être structuré en vue d'une obéissance automatique, ou, au contraire, pour une analyse fouillée des données. Quelques clarifications apparaissent comme suit :

1. Comme le « soi » individuel décidant est formé d'éléments culturels extérieurs, le libre choix est personnel, alors que sa structuration mentale est sociale.

2. L'exercice du libre choix occupe des conduits cérébraux et inclut la chimie cérébrale, du temps et de l'effort mental. Pour faciliter l'efficacité humaine et la productivité, nous apprenons petit à petit à accomplir la plupart des activités automatiquement. De cette manière, on libère la prise de décision pour ne l'appliquer qu'à la résolution des problèmes importants.

Après que les mécanismes intracérébraux de la liberté ont été établis, leur expression peut être modifiée ou inhibée par les circonstances de l'environnement, la technologie, l'économie et les structures sociales. Par exemple, des opinions dissidentes peuvent être réprimées par la peur de punitions ; ou le désir de voyager à l'étranger peut être empêché par le manque d'argent, de moyens de transport, de permission d'émigrer ou par d'autres problèmes.

Les mécanismes intracérébraux qui permettent la pensée, le sentiment ou la motivation doivent être distingués de l'expression de la libre volonté manifestée dans la parole ou dans l'action. La structure, les mécanismes et les conséquences sont différents dans les deux cas : l'un se réfère au monde intérieur du mental, tandis que l'autre se réfère aux interactions de l'individu avec son environnement.

LES AUTOMATISMES ET LES LIMITES DE L'ACTION VOLONTAIRE

Les mécanismes automatiques répondent à des codes préétablis. Un thermostat ouvrira ou fermera un circuit quand la température préréglée est atteinte. Un avion peut atterrir sans visibilité en traitant les informations reçues sur son altitude, sa vitesse et sa position, et en envoyant différents messages pour régler la puissance de ses moteurs et la position de ses ailes. Un ordinateur peut recevoir, stocker et traiter une quantité énorme d'informations et fournir une multitude de réponses allant des actions mécaniques aux créations mathématiques, idéologiques et artistiques.

Le choix des réponses dans les mécanismes automatiques dépend :

a) des caractéristiques, du nombre et de la qualité de senseurs,

b) de la vitesse et de la complexité du traitement des informations,

c) du nombre, de la position, de la fonction des effecteurs.

Dans le cas d'un thermostat, les mécanismes sont très simples : il n'existe qu'un senseur capable de détecter les changements de température, et qu'une seule réponse : la coupure d'un circuit. Il n'y a pas besoin là de traitement d'information ; et il n'existe pas d'options. L'atterrissage automatique d'un avion nécessite pour sa part le traitement d'une quantité énorme d'informations, l'envoi d'une grande variété d'ordres et la réception de feedbacks ultra-rapides, ajustant la réponse à la situation changeante à chaque seconde. Le but final est cependant très précis : l'avion doit atterrir dans un couloir déterminé, à une vitesse déterminée et avec des coordonnées horizontales et verticales précises, et avec une position angulaire par rapport au sol bien précise.

La plupart des fonctions viscérales sont réglées par des mécanismes automatiques qui échappent à la conscience et au contrôle volontaire. La pression sanguine, le rythme cardiaque, les sécrétions gastro-intestinales, les activités métaboliques ainsi que beaucoup d'autres fonctions sont sous l'influence du système nerveux que l'on appelle autonomique, végétatif ou involontaire. Nous ne sommes pas conscients de la manière dont travaillent nos reins ou notre foie, et nous ne pouvons modifier volontairement notre consommation d'oxygène, ou notre sécrétion d'hormones sexuelles. Tous ces processus ont des mécanismes régulatoires compliqués qui procèdent avec un automatisme total.

En contraste, les manifestations du comportement sont considérées volontaires, les sensations sont perçues consciemment, et nous pouvons démontrer notre libre volonté en commençant ou en arrêtant un mouvement ou une conversation. Ces actions, cependant, devraient être analysées afin de comprendre leurs composantes de liberté et d'automatisme. Le comportement que l'on appelle volontaire, libre ou spontané, dépend en grande partie de mécanismes préétablis, dont certains sont innés et d'autres acquis à travers l'apprentissage. Quand un enfant fait ses premiers pas, ou quand un adulte apprend une nouvelle technique comme le tennis, le comportement moteur initial est maladroit et demande une attention considérable et un effort dans tous les détails. La coordination progresse petit à petit, la tension musculaire inutile disparaît, et les mouvements se déroulent avec vitesse, économie et élégance, inconsciemment. L'acquisition d'une technique suppose l'automation de modèles de réponse et l'établissement de séquences spatiales et temporelles de comportement. Les aspects volontaires de l'activité souhaitée sont le choix et le but d'un acte spécifique. La plupart des détails des mouvements complexes et l'adaptation aux circonstances changeantes sont accomplis automatiquement. Nous pouvons dire que *le rôle de la volonté est surtout de déclencher des mécanismes précédemment établis.* De toute évidence, la volonté n'est pas responsable de l'activité chimique déclenchant les contractions musculaires, les processus électriques de la transmission neuronale ou de l'organisation détaillée des réponses. Ces phénomènes dépendent des décharges nerveuses, de l'activation du cervelet, des jonctions synaptiques, des inhibitions réciproques, et de beaucoup d'autres mécanismes qui échappent non seulement à notre conscience mais aussi à notre compréhension actuelle. Ce que le comportement volontaire a de particulier dépend initialement de l'intégration d'un grand nombre d'expériences personnelles antérieures et de stimuli présents.

La volition est apparentée à une activité neuronale spécifique. On peut se demander si des perceptions sensorielles appropriées ou des stimulations électriques artificielles pourraient influencer les groupements neuronaux impliqués dans la prise de décision ou dans les réponses au niveau du comportement. Sur la base de découvertes expérimentales, il apparaît que le déclenchement volontaire et électrique peut activer les mécanismes cérébraux d'une manière semblable. Si le comportement déclenché volontairement ou électriquement implique la participation du même ensemble de secteurs cérébraux, alors les deux types de comportement devraient être capables d'*interagir* en modifiant les influences excitantes ou inhibitrices de l'autre. Cette possibilité a été prouvée expérimentalement. Un exemple clair de l'addition algébrique de motilité volontaire et artificiellement commandée fut observé avec l'un de nos chats auquel nous avions implanté des électrodes dans le cortex moteur gauche (Delgado, 1952). La stimulation électrique produisait l'élévation de la patte avant droite en l'adaptant à une posture appropriée. La présentation de poisson à l'animal entraînait un mouvement similaire du même membre afin de saisir la nourriture. La présentation de poisson accompagnée simultanément d'une stimulation du cortex produisait une réponse motrice augmentée : le chat faisait une erreur de calcul et manquait son objectif. Il était incapable d'attraper la nourriture jusqu'à ce qu'il ait accompli une série d'ajustements correcteurs, et il réussissait alors à prendre et à manger le poisson. Cette expérience démontre non seulement l'interrelation entre les réponses spontanées et artificiellement induites, mais aussi que l'animal était conscient de la perturbation artificielle : après une brève période d'essais et d'erreurs, il était capable d'ajuster son mouvement.

Les réflexes sont des réponses prévisibles, rigidement moulées et accomplies aveuglément. De même l'excitation électrique d'un nerf moteur périphérique induit un mouvement stéréotypé avec peu d'adaptation aux circonstances extérieures. En contraste l'activité volontaire a en général un but, et son déroulement est adapté en vue d'atteindre un but déterminé, demandant du traitement continu d'informations sensorielles priorioceptives et andextéroceptives, l'utilisation de mécanismes de rétroaction, l'ajustement instantané de la commande centrale pour s'adapter aux changements d'environnement, et la prédiction du futur demandant des calculs spatio-temporels de vitesse, de direction et de stratégie sur des cibles mouvantes. Les réponses obtenues par la stimulation du cerveau peuvent être semblables à un réflexe aveugle, ou peuvent avoir toutes les caractéristiques ci-dessus mentionnées de l'activité volontaire ; cela dépendra de la position de la stimulation cérébrale.

La stimulation de certains points du cortex moteur, et de conduits moteurs, chez le chat, le singe et d'autres animaux, peut produire des mouvements simples comme la flexion d'un membre, qui sont complètement stéréotypés et ne s'adaptent pas aux circonstances. Ces effets peuvent être considérés comme l'activation des structures pour lesquelles le mode de réponse a déjà été décidé. A ce niveau, les fonctions neurales sont des fonctions de conduction plutôt que d'intégration et d'organisation et seules des variations mineures sont possibles dans les impulsions circulantes, indépendamment du caractère spontané ou artificiel de leur origine. Il existe cependant des preuves très abondantes qui nous montrent que beaucoup d'autres effets induits par la stimulation du cerveau sont orientés vers l'*accomplissement d'un but spécifique,* avec l'adaptation du travail moteur aux changements inattendus survenant dans l'environnement.

Cette adaptabilité a été clairement démontrée par l'agression artificiellement déclenchée chez les singes qui dirigeaient leurs attaques sélectivement contre leurs ennemis naturels, avec des tactiques de poursuite et de combat qui changeaient constamment avec les stratégies imprévisibles de leurs cibles. La stimulation du cerveau déclenchait de toute évidence, non pas un effet moteur prédéterminé, mais un état émotionnel d'agressivité accrue qui était exprimée par un comportement moteur préétabli dirigé en accord avec l'histoire des relations sociales antérieures. L'évidence expérimentale nous indique que la stimulation du cerveau peut activer et influencer les mécanismes cérébraux impliqués dans le comportement volontaire et des études futures devraient clarifier les bases neuronales de sujets controversés tels que la liberté, l'individualité et la spontanéité en des termes factuels plutôt que par des discussions sémantiques élusives.

BIBLIOGRAPHIE

BUNGE, M., *The Mind-Body Problem,* Oxford, New York, Pergamon Press, 1980, 250 pp.

CIBA FOUNDATION SYMPOSIUM 69 (new series), *Brain & Mind,* Amsterdam : Excerpta Medica, 1979, 425 pp.

DELGADO, J. M. R., « Hidden motor cortex of the cat », *Amer. J. Physiol.,* n° 170, 1952, pp. 673-681.

— « Free behavior and brain stimulation », *International Review of Neurobiology,* vol. VI, C. C. Pfeiffer & J. R. Smythies (éd.), New York, Academic Press, 1964, pp. 349-449.

— « Physical Control of the Mind : Toward a Psychocivilized Society », *World Perspectives Series,* vol. XLI, New York, Harper & Row, 1969, 280 pp.

— *Planificación Cerebral del Hombre Futuro,* Madrid, Marsiega, 1973, 139 pp.

ICUS, 1980. *Absolute Values & the Search for the Peace of Mankind,* New York, Int. Cultural Found. Press, 1981.

POPPER, K. R. & ECCLES, J. C., *The Self and Its Brain,* Bâle, Éditions Roche, 1977, 597 pp.

SCHER, J., *Theories of the Mind,* New York, Free Press of Glencoe, 1962, 748 pp.

DISCUSSION

JEAN CHARON. — *Puisque j'ai la parole, je voudrais en profiter pour une réflexion. J'ai noté dans l'exposé de José Delgado à quel point il a souligné l'importance de l'environnement, non seulement dans la formation de ce qu'on peut appeler notre mental, mais également dans la construction, l'élaboration de notre corps physique. Ceci ne met-il pas en même temps l'accent sur l'importance de ce que la pensée orientale nous a toujours mis en lumière, c'est-à-dire que nous sommes inséparables de tout notre environnement, que celui-ci, en quelque sorte, est encore nous-même ? Cela rejoint d'ailleurs les théories actuelles de la physique, qui veulent que ce qu'est la structure individuelle, c'est moins ce qu'elle est vraiment que les relations qu'elle a avec tout le reste du cosmos, comme on le propose par exemple dans la théorie du « bootstrap ». Un second point, et je reprends ici une affirmation faite directement par José Delgado ; il nous a dit : « Les porteurs matériels de notre corps sont limités en durée. » Alors, puisqu'il nous faisait remarquer ceci en relation avec l'immortalité, si je puis dire, de notre esprit, je voudrais souligner que, dans la physique actuelle, les porteurs matériels de notre corps sont tous limités en durée,* sauf *précisément l'*essentiel *de cette matière, c'est-à-dire les particules comme les protons, les neutrons, les électrons, enfin, tout ce qui constitue nos atomes. Cette immortalité « particulaire » n'a pas grande importance concernant l'immortalité de notre propre esprit si ces particules ne sont pas* elles-mêmes *porteuses d'esprit. Mais, comme je vais l'indiquer dans mon propre exposé, la physique moderne, notamment les développements partant de la Relativité complexe, confirme cette idée que Teilhard de Chardin nous* *mettait déjà en lumière il y a vingt-cinq ans, l'idée que dès le niveau de chacune de nos particules il y a quelque chose, il y a une sorte de psyché, qui doit être associée. De là à faire une relation entre cette psyché immortelle (puisque les particules sont pratiquement éternelles) avec notre propre psyché, eh bien, je dirai que, certes, ce n'est pas évident, mais cette possibilité est en tout cas envisagée très sérieusement par les développements de la Relativité complexe.*

JOSÉ DELGADO. — *La biologie semble indiquer cependant que ce qui serait porteur d'esprit, c'est plutôt une structure complexe et non pas les particules élémentaires.*

JEAN CHARON. — *Mais les physiciens ne disent pas que ce qui serait porteur d'esprit est la particule élémentaire considérée comme une simple boule de billard sans structure, je vais le souligner dans ma communication : la structure de l'électron, telle qu'elle apparaît dans les développements de la Relativité complexe, est précisément, et ce n'est pas un jeu de mots, très complexe : elle contient des neutrinos, elle contient un rayonnement de lumière que j'ai appelé la lumière nouménale. La structure d'un électron est celle d'un univers refermé sur lui-même et en pulsation, c'est quelque chose d'extrêmement complexe, c'est tout un petit univers qui est porteur d'esprit, que l'on peut détailler au moyen d'équations, et d'équations qui se vérifient sur l'observable. Par conséquent, bien sûr, si on imagine la particule élémentaire comme une sorte de boule de billard sans structure, c'est-à-dire homogène, on ne peut pas comprendre qu'elle puisse être porteuse d'esprit ; mais ce n'est pas du tout dans ce sens-là que la physique essaye de présenter la « matière porteuse d'esprit ».*

Je dirai que si la biologie associe « esprit » à « structure complexe », la physique, pour sa part, associe « esprit » à « structure complexe et demie ».

JOSÉ DELGADO. — *Oui, mais n'oubliez pas que les résultats de votre analyse de la complexité résultent de la méthode d'approche. Les biologistes utilisent les méthodes biologiques ; ils donnent un résultat. Les physiciens utilisent leurs propres méthodes ; ils fournissent un résultat. Je pense que ce qu'il faudrait peut-être faire, c'est élargir tout ceci à des conceptions psychologiques et philosophiques qui uniraient donc la physique et la biologie dans un cadre dont la philosophie ne serait pas exclue, comme c'est encore souvent le cas en science actuelle.*

JEAN CHARON. — *Je pense qu'il n'y a aucune impossibilité à ce que physique et biologie se prolongent, ou s'associent l'une et l'autre, pour éclaircir ce problème essentiel de l'esprit. En fait, ce que les physiciens disent, c'est que nous analysons maintenant la structure de la particule élémentaire elle-même ; et nous découvrons que c'est un petit univers déjà très complexe. Bon ! la biologie maintenant considère les énormes groupements de particules élémentaires que sont les neurones, que sont les structures biologiques et il n'y a pas impossibilité à ce que ces deux aspects se complémentent ; le comportement d'une personne individuelle et le comportement d'une foule peuvent de la même manière se traduire par des représentations qui, sans être identiques, sont quand même très étroitement associées l'une à l'autre, surtout sur le plan psychologique.*

JERZY WOJCIECHOWSKI. — *Je m'adresse à José Delgado : quand vous dites que les êtres humains sont au départ tous les mêmes, est-ce que vous voulez dire par là que tous les enfants nouveau-nés ont exactement les mêmes potentialités de construire leur personne et la connaissance en général ?*

JOSÉ DELGADO. — *Ce que je veux dire c'est que, au départ, il n'y a pas entre les êtres humains de différences culturelles. Autrement dit, c'est chaque culture individuellement, parce que ces cultures sont différentes, qui va créer ensuite de très grosses différences entre les êtres humains.*

JERZY WOJCIECHOWSKI. — *Je pense à l'influence de la culture sur l'évolution. Nous sommes là devant le néo-darwinisme ou devant le néo-lamarckisme ; pour ma part, je penserais qu'il y a une influence de la culture sur l'évolution des* gènes.

JOSÉ DELGADO. — *Cette idée a été écartée, semble-t-il, depuis un certain nombre de dizaines d'années.*

MORTON KAPLAN. — *Il est possible que la culture n'influence pas les gènes directement, mais puisse créer une sélection pour certains gènes qui, compte tenu de cette culture, ensuite pourraient se développer mieux que les autres, mieux que certains autres.*

HANS EYSENCK. — *Je suis en complet désaccord avec tout ce*

que vient de dire José Delgado. Quand vous dites que toutes les races sont égales, c'est un point extrêmement douteux, car il semble qu'il y ait des preuves que ce n'est pas le cas. Nous trouvons des différences essentielles entre les cultures, mais ceci est *en relation avec les gènes. Je pense qu'il y a des différences génétiques. Par exemple, la pensée orientale, d'après les études qui ont été faites, semble émotionnellement instable par rapport à la pensée occidentale. Donc je doute de ces allégations du type « toutes les races sont égales ».*

José Delgado. — *Je pense que vous avez raison dans le sens que les races ne sont pas identiques, je n'en veux pour preuve que la couleur de la peau, par exemple. C'est alors évident. Les sexes ne sont pas égaux, c'est évident aussi. Mais le point que je ne peux absolument pas accepter, c'est d'introduire une supériorité de la race blanche. Ni d'ailleurs la supériorité d'aucune race.*

Jean Charon. — *Je voudrais rappeler qu'une étude extrêmement élaborée des races a été faite il y a déjà une dizaine d'années par l'Unesco et a été publiée dans un livre qui s'appelle :* Le Problème des races à la lumière de la science moderne. *Il y a une vingtaine de participants et ils tombent à peu près tous d'accord qu'il y a sans doute des différences entre les races, comme pour la couleur par exemple, comme l'a souligné José Delgado ; mais il n'y a pas de hiérarchisations possibles entre les races, la conclusion de l'étude de l'Unesco est formelle à ce sujet. Il n'y aurait qu'un petit avantage que les investigateurs ont remarqué : il semblerait que les métis, c'est-à-dire les êtres qui sont créés de l'association entre des races différentes, semblent avoir, à la fois sur le plan biologique, sur le plan physique, et également sur le plan mental, sur le plan de l'intelligence, peut-être quelques avantages sur les autres. Je recommande vivement la lecture de cet ouvrage de l'Unesco.*

Sandra Scarr. — *Je suis assez d'accord avec ce que José Delgado a souligné, c'est-à-dire l'influence de l'environnement sur la personnalité de l'individu et qu'il faudrait aller vers une sorte de « libération » de l'originalité de cet individu. Alors que la société a beaucoup trop souvent tendance à endoctriner, à structurer l'individu. Je crains cependant qu'il n'y ait pas de théorie de l'environnement, c'est-à-dire de ce que devrait être la culture pour s'adapter parfaitement aux structures neurophysiologiques du cerveau et permettre précisément de créer cette sorte de « libération », malgré la culture je dirai, de l'originalité de l'individu. Le système social, d'une façon générale, joue certainement un rôle important. Mais, jusqu'ici, il paraît mal jouer ce rôle.*

KARL PRIBRAM. — *Je voudrais indiquer que, s'il y a certes une influence importante de l'environnement sur la construction même du réseau cérébral, en particulier avec la formation des synapses, nous sommes malgré tout tout à fait différents les uns des autres, il y a une grande diversité entre nous. Le même environnement ne conduit pas du tout à l'uniformité. Mes propres expériences avec les singes montrent qu'on peut, effectivement, avec des chocs ou des impulsions électriques par l'intermédiaire d'électrodes placées dans le cerveau, rendre agressif un singe particulier qui n'était pas le leader du groupe et qui va au départ, à cause de ces chocs électriques, se mettre à devenir très agressif et très dominant. Mais, au bout d'un moment, la « personne », si je puis dire, va reprendre le dessus et le singe va tranquillement, malgré les impulsions électriques, s'asseoir dans un coin et ne plus bouger. Sa personnalité tranquille aura repris le dessus. Donc l'environnement peut créer* pour un moment *une transformation du comportement, mais ceci n'est pas définitif et je pense que la nature des choses, telles qu'elles sont construites en particulier dans le cerveau, reprend le dessus au bout d'un certain moment. Tout d'un coup, le singe s'arrête, et il se dit : « Écoute, toi, stupide, tu devrais t'arrêter de faire ça. » Et ceci est sa vraie nature qui s'exprime, alors que chez le leader du groupe de singes, il n'y aura jamais cette pause et cette réflexion le conduisant à se poser des questions sur son comportement naturel.*

HENRI LABORIT. — *Dans une telle expérience, je crois que c'est le résultat de l'action qui est important et non pas, peut-être, le retour à la « vraie » nature. En fait, votre singe devenu agressif par des chocs électriques, au bout d'un moment il s'aperçoit que cette action, cette agressivité ne donne aucun résultat réel, et alors il commence à s'inhiber, c'est-à-dire à ne plus continuer son agressivité, puisqu'elle ne donne rien. Mais si elle avait donné quelque chose, eh bien, à mon avis, il aurait continué.*

Qu'est-ce que l'Esprit ?
Qu'est-ce que la Science ?

HENRI LABORIT

L'homme a d'abord tenté d'établir des « relations » entre les éléments du monde qui l'entoure. La notion d'information lui étant étrangère jusqu'à une époque récente (Shannon, 1948), il a cru qu'il pouvait résoudre ses problèmes humains de la même façon que ceux du monde physique, avec la thermodynamique. Mais l'information n'est qu' « information », elle n'est ni masse ni énergie (Wiener), bien qu'elle ait besoin d'elles pour exister. La « structure », c'est-à-dire l'ensemble des relations existant entre les éléments d'un ensemble, est ce qui fait que le tout ajoute quelque chose de plus à la somme des éléments. On pourrait même dire que ce nouvel ensemble immatériel possède les caractéristiques fondamentales de l'*Esprit.* Mais la connaissance de l'ensemble des relations nous sera toujours interdit. L'objectivité ne peut espérer qu'abstraire un sous-ensemble à l'ensemble des relations. L'idéalisme réside dans le fait de croire que ce sous-ensemble constitue l'ensemble des relations, la *Structure,* alors que nous n'avons accès qu'à des « sous-structures ». Du moins, est-il utile, pour rendre efficace l'action, de faire appel au maximum d'entre elles. Or, ce qui caractérise les systèmes vivants justement, c'est la structure particulière suivant laquelle la matière s'organise en eux.

L'observation du biologiste commencera là où la physique contemporaine l'abandonnera, c'est-à-dire à partir du domaine de l'énergie, ondes et particules. La biologie commence en effet avec la reconnaissance des échanges électroniques dans les processus d'oxydo-réduction. Il s'ensuit que la formule de l'entropie qui exprime une valeur thermodynamique (transformation d'une énergie potentielle pouvant fournir un certain travail en énergie cinétique qui n'en est plus capable) peut avoir un rapport avec le degré d'ordre d'un ensemble, mais que cet ordre n'est pas de même nature que les éléments énergétiques et massiques qui constituent le système. Ainsi la ressemblance entre la formule de l'entropie et celle de l'information, au signe inverse près (néguentropie), ne peut être une égalité et permet de dire seulement que l'entropie croissante s'accompagne d'un désordre croissant, c'est-à-dire d'une information décroissante.

Dans des systèmes hypercomplexes, il ne s'agit plus de trouver des « causes » à une action, car la causalité ne peut plus être conçue comme linéaire (« cause-effet »), suivant l'interprétation du déterminisme de la fin du XIXe siècle. Il s'agit de « systèmes » dont il est indispensable de découvrir d'abord l'organisation, pour en comprendre les mécanismes d'action.

Les organismes vivants sont toujours des systèmes ouverts, par rapport à l'énergie qu'ils dégradent, conformément au deuxième principe de la thermodynamique. On peut dire que par l'intermédiaire de la photosynthèse, c'est l'énergie solaire qui coule en eux. On pourrait même admettre que cette énergie, en augmentant l'agitation et l'état d'excitation des particules, leur a fourni l'occasion, dans des conditions physico-chimiques particulières, d'augmenter leurs chances de rencontre, et donc d'association dans des structures moléculaires plus complexes, qui furent à l'origine des structures vivantes (Laborit, 1961). L'ordre et la complexité apparaissent ainsi comme une conséquence d'un désordre croissant. L'apparition des ensembles enzymatiques permit ensuite de réduire considérablement la participation de l'énergie cinétique et de la contrôler, dans la réalisation des réactions chimiques. Sur le plan informationnel, le problème apparaît plus complexe. En effet, les organismes sont constitués par « niveaux d'organisation ». Utilisant le sens étymologique du terme d'information, nous appellerons « *information-structure* », celle qui organise aussi bien un être vivant qu'un ensemble social et « *information circulante* » celle constituée par l'ensemble des messages circulant entre les individus sub-cellulaires, cellulaires, organiques et sociaux et permettant le maintien temporaire de l'information-structure dans le temps et l'espace. L'existence des niveaux d'organisation résulte peut-être du fait qu'en dehors de la symbiose (origine des mitochondries et des plastes), l'accroissement des structures vivantes se réalise par l'intégration d'un matériel inanimé qui leur est extérieur, donc par le passage de ce matériel à travers une surface qui ne croît que comme les carrés alors que les volumes croissent comme les cubes. La division devient alors nécessaire.

Or, chaque niveau d'organisation englobe le précédent et se trouve englobé par celui de complexité supérieure, la *complexité* résultant alors du nombre des niveaux d'organisation du système envisagé. On passe ainsi de la molécule à l'ensemble enzymatique, puis aux organisations intracellulaires (mitochondries, noyau, cytosol, membranes, etc.), des organites aux cellules, des cellules aux organes, des organes aux systèmes, avant d'atteindre le niveau de l'organisme entier. Chaque niveau d'organisation constitue un système fermé sur le plan de sa structure, et sa fonction est généralement régulée par le feed back (rétroaction). C'est ce qui permet à l'expérimentateur de l'étudier isolément, séparé des niveaux d'organisation sus-jacents. Il ne fait alors varier qu'un ou peu de facteurs à la fois, ce qui facilite l'observation de leur rôle sur l'activité du niveau d'organisation. Mais les informations leur viennent justement de ces niveaux d'organisation englobants que transforment ce « régulateur » en « servomécanisme », ouvrant ce système fermé vers l'extérieur. L'ultime ouverture se fait entre l'organisme et le milieu. Si l'information ne coulait que dans le sens du milieu vers l'organisme, celui-ci serait entièrement dépendant du milieu. Or, le maintien de l'information-structure exprimé par l'état de « satisfaction » de la société cellulaire qui constitue un organisme multicellulaire exige que le système nerveux qui en est informé puisse agir en retour sur l'environnement et l'informe, le mette en forme, le transforme, conformément à sa structure propre. Malgré cette schématisation systémique très superficielle, on conçoit cependant que chaque niveau d'organisation d'un système doit avoir pour finalité celle de l'ensemble et que la finalité de l'ensemble doit permettre celle de chaque niveau d'organisation sous-jacent. On conçoit aussi qu'il n'y a pas d'analogie à rechercher entre les structures des différents niveaux d'organisation, mais à comprendre comment leurs structures différentes peuvent concourir à la même finalité, et par quels mécanismes. En ce sens, « la seule raison d'être d'un être c'est d'être », de conserver son « information-structure » et, quelle que soit la richesse de son comportement, là réside sa « téléonomie », son seul projet sans quoi il n'y aurait pas d'êtres. Il est « programmé » de telle façon qu'il « est » et notre problème essentiel n'est pas de savoir comment ni pourquoi il nous présente la « structure » que nous lui découvrons mais de prendre connaissance le mieux possible de cette structure.

En effet, s'il n'existe pas de hiérarchie de dominance (autre que celle que le physiologiste veut bien y voir) dans un organisme, c'est que chaque cellule, chaque organe, chaque système remplit une « fonction » dont la finalité est de participer au maintien de la structure de l'ensemble sans laquelle aucun niveau d'organisation, du plus simple au plus complexe, ne pourrait survivre. Le système est donc entièrement ouvert du point de vue de l'information circulante. La fermeture ne commence qu'aux limites de l'individu. Car, si celui-ci est bien un système ouvert sur le milieu dont il enregistre les variations et sur lequel il agit, s'il existe bien entre lui et le milieu une « information circulante », par contre, il est à peu près fermé du point de vue de l' « information-structure ». L'enrichissement de celle-ci par la *mémoire* et l'*imaginaire* se fait à partir d'une niche environnementale unique qui est la sienne. Or, dès qu'une structure se ferme, on peut affirmer que si elle continue d'exister, c'est en prenant comme finalité, comme raison d'être peut-on dire, le maintien de sa propre organisation.

On a trop pensé les machines, les « intelligences artificielles » en vue des « fonctions », celles-ci étant confondues avec les « finalités », alors que la fonction n'est que le moyen de réaliser la finalité. Une machine « pensante » ne devrait pas avoir comme finalité de penser, mais de maintenir sa structure, du niveau d'organisation moléculaire jusqu'à celui de l'ensemble. A partir d'un certain niveau d'organisation la pensée consciente ne serait pas un épiphénomène, mais le « moyen » utilisé par une structure complexe pour parvenir à son but, réaliser sa finalité, à savoir maintenir sa structure complexe.

Les machines « pensantes » ont toujours été conçues, nous semble-t-il, comme un ensemble d'actes réflexes plus ou moins compliqués, réagissant au monde « extérieur » mais jamais comme des êtres dont la seule finalité était d' « être », de leurs éléments moléculaires à leur globalité, par niveaux de complexité croissante d'organisation et de servomécanismes.

Au cours des millions d'années qui ont conduit des êtres unicellulaires aux organismes pluricellulaires, le déterminisme de l'évolution a permis que chaque individu constitue à l'intérieur de lui-même une structure ouverte par inclusions successives des niveaux d'organisation. A partir de l'individu, l'ouverture par inclusion dans l'espèce n'a pas encore été possible pour l'homme. L'absence de structure homogène de l'espèce interdit la circulation entre les groupes humains d'une information valable pour l'espèce. Elle ne l'est que pour des sous-groupes dominants ou dominés. Nous tenterons de schématiser le mécanisme d'établissement des dominances. Il s'ensuit qu'à l'intérieur du groupe lui-même ne circuleront que les informations favorables au maintien de la structure de dominance.

Enfin, la notion de niveaux d'organisation que l'on retrouve, dans l'anatomie fonctionnelle du système nerveux central, débouchant sur des comportements, permet de comprendre pourquoi les faits observés en *éthologie,* par l'étude du comportement animal, ne peuvent être intégralement transposés dans celle du comportement humain, car l'Homme est seul à posséder des zones associatives suffisamment développées pour créer de l'information à partir de son imaginaire et pour utiliser un langage symbolique. Le *réductionnisme,* on le comprend, consiste donc à couper la commande extérieure à un niveau d'organisation, la commande extérieure au système qu'on observe et à croire qu'en décrivant le fonctionnement de ce niveau d'organisation isolé, on a compris l'ensemble du fonctionnement du système, en ignorant aussi le fonctionnement des parties qui le constituent.

SIGNIFICATION FONCTIONNELLE DES CENTRES NERVEUX SUPÉRIEURS

On peut considérer qu'un système nerveux possède essentiellement pour fonction :

1. de capter des signaux internes qui résument l'état d'équilibre ou de déséquilibre dans lequel se trouve l'ensemble de la société cellulaire organique. Quand le dernier repas, par exemple, remonte à plusieurs heures, le déséquilibre du milieu intérieur qui en résulte constitue le signal interne qui, stimulant certaines régions latérales de l'hypothalamus, va déclencher le comportement de recherche de la nourriture ; et si les organes des sens avertissent de la présence d'une proie dans leur environnement, le comportement de prédation.

2. Mais ce cerveau primitif devra, en conséquence, capter les variations énergétiques survenant dans l'environnement et cela

grâce aux organes des sens dont la sensibilité aux variations énergétiques variera avec les espèces. Les chiens et les dauphins sont capables d'enregistrer les ultrasons alors que l'homme n'en est pas capable. Les terminaisons nerveuses sensibles enregistreront donc les variations d'énergie lumineuse par la rétine par exemple, d'énergie mécanique par le tact, d'énergie sonore par l'audition, ou d'énergie chimique par le goût et l'odorat.

3. Ces renseignements sur ce qui se passe à l'extérieur de l'organisme vont confluer vers ce même cerveau primitif qui va donc être capable d'intégrer les informations essentielles, fondamentales, lui venant de la colonie cellulaire dans laquelle il se trouve inclus ; et, d'autre part, les informations qui lui parviennent concernant cet espace où il se situe, son environnement. Intégrant ces deux sources d'information d'origine interne qui constitueront ses premières motivations à agir, et externe, qu'on peut dire circonstancielles, ce système nerveux pourra informer d'autres éléments cellulaires, les muscles. Le système neuromusculaire assure un comportement adapté à l'assouvissement des besoins fondamentaux. En d'autres termes, les muscles en se contractant et en permettant à l'organisme de se déplacer dans un espace, vont permettre d'agir sur cet espace, sur cet environnement, de telle façon que la survie, la structure de l'ensemble cellulaire soit conservée. Si l'action est efficace et rétablit cet équilibre, en passant, mais pas toujours immédiatement, par le rétablissement de l'équilibre du milieu intérieur, d'autres groupes cellulaires de la même région hypothalamique commanderont une sensation et un comportement de « satiété ». Ces comportements déjà extrêmement complexes dans leur mécanisme biochimique et neurophysiologique sont cependant parmi les plus simples et sont indispensables à la survie immédiate, comme le sont aussi les mécanismes qui gouvernent la satisfaction de la faim, de la soif et de la reproduction, depuis les danses nuptiales et l'accouplement, la préparation du gîte, l'éducation première des descendants. Ces comportements sont les seuls à pouvoir être qualifiés d'*instinctifs,* car ils accomplissent le programme résultant de la structure même du système nerveux. Ils sont nécessaires à la survie aussi bien de l'individu que de l'espèce. Ils dépendent donc d'une région très primitive du cerveau commune à toutes les espèces dotées de centres nerveux supérieurs et ils sont encore présents chez nous dans ce que l'on appelle l'hypothalamus et le tronc

cérébral. Quand le stimulus existe dans l'environnement, que le signal interne est lui-même présent, ces comportements sont stéréotypés, sont incapables d'adaptation, insensibles à l'expérience, car la mémoire dont est capable le système nerveux simplifié qui en permet l'expression est une mémoire à court terme, ne dépassant pas quelques heures. Ces comportements permettent d'assouvir ce que l'on peut appeler les *besoins fondamentaux*. Ils répondent aux *pulsions*. Ils sont régis par une mémoire de l'espèce qui structure le système nerveux et dépendent de l'acquis génétique, des gènes qui dirigent l'organisation de ce système nerveux. Il y a donc bien mémoire mais mémoire qui se transmet de génération en génération et qui est incapable de transformation par l'expérience d'un seul.

Nous devons retenir que ce n'est primitivement que par une *action motrice* sur l'environnement que l'individu peut satisfaire la recherche de l'équilibre biologique, autrement dit son homéostasie, son bien-être, son plaisir. Cette action motrice aboutit en réalité à conserver la structure complexe de l'organisme dans un environnement moins organisé et cela grâce à des échanges énergétiques maintenus dans certaines limites entre cet environnement et lui. A l'opposé, l'absence de système nerveux rend les végétaux entièrement dépendants de la niche écologique qui les environne. Ce cerveau primitif est ce que McLean a appelé le « cerveau reptilien ».

4. Chez les premiers mammifères apparaissent des formations nouvelles en « dérivation » sur le système précédent : c'est ce qu'il est convenu d'appeler le système limbique (McLean, 1949). Considéré classiquement comme le système dominant l'affectivité, il nous paraît plus exact de dire qu'il joue un rôle essentiel dans l'établissement de la *mémoire à long terme* (Milner, Corkin et Teuber, 1968), sans laquelle l'affectivité ne nous paraît guère possible. En effet, la mémoire à long terme que l'on s'accorde de plus en plus à considérer comme liée à la *synthèse de protéines au niveau des synapses* mises en jeu par l'expérience (Hyden et Lange, 1968) est nécessaire pour savoir qu'une situation a été déjà éprouvée antérieurement comme agréable ou désagréable, et pour que ce qu'il est convenu d'appeler un « affect » puisse être déclenché par son apparition ou par celle de toute situation qu'il n'est pas possible de classer a priori dans l'un des deux types précédents, par suite d'un « déficit informationnel » à son égard. L'expérience agréable est primitivement celle permettant le retour ou le maintien de l'équilibre biologique : la désagréable,

celle dangereuse pour cet équilibre, donc pour la survie, pour le maintien de la structure organique dans un environnement donné. La mémoire à long terme va donc permettre la répétition de l'expérience agréable et la fuite ou l'évitement de l'expérience désagréable. Elle va surtout permettre l'association temporelle et spatiale, au sein des voies synaptiques, de traces mémorisées liées à un signal signifiant à l'égard de l'expérience, donc provoquer l'apparition de réflexes conditionnés aussi bien pavloviens (affectifs ou végétatifs) que skinnériens (Skinner, 1938) opérants (à expression neuromotrice).

Mais, d'autre part, la mémoire, en permettant la création d'*automatismes,* pourra être à l'origine de besoins nouveaux, qui ne pourront plus être qualifiés d'instinctifs, mais qui le plus souvent sont d'ordre socioculturel. Ces *besoins acquis* deviendront nécessaires au bien-être, à l'équilibre biologique, car ils transforment l'environnement ou l'action humaine sur lui de telle façon qu'un effort énergétique moindre devient alors suffisant pour maintenir l'homéostasie. Il en résulte une amplitude réactionnelle moindre, une perte progressive de ce que l'on peut appeler l'entraînement, c'est-à-dire une réduction de la marge des variations physico-chimiques et énergétiques de l'environnement au sein de laquelle un organisme peut maintenir ses constances biologiques. Ces besoins acquis pourront être à l'origine de pulsions qui chercheront à les satisfaire par une action gratifiante sur l'environnement, mais elles pourront aussi entrer en conflit avec d'autres automatismes d'origine socioculturelle eux aussi, qui en interdiront l'expression. Nous pouvons alors définir le « besoin » comme la quantité d'énergie ou d'information nécessaire au maintien d'une structure nerveuse, soit innée, soit acquise. La structure acquise en effet résulte des relations interneuronales établies par l'apprentissage. Le besoin devient alors l'origine de la *motivation.* Mais, comme nous verrons qu'en situation sociale ces besoins ne pourront également s'assouvir que par la dominance, la motivation fondamentale dans toutes les espèces s'exprimera par la recherche de cette dernière. D'où l'apparition des hiérarchies et de la majorité des conflits inconscients qui constituent la base de ce que l'on appelle parfois « pathologie cortico-viscérale », ou « psychosomatique » et qui serait plus justement appelée « pathologie de l'inhibition comportementale » ; nous verrons pourquoi. Chez l'homme, les interdits et les besoins d'origine socioculturelle s'exprimant, s'institutionnaiisant et se transmettant par l'intermédiaire du langage, le cortex sera également impliqué dans sa genèse comme fournisseur d'un discours logique aux mécanismes conflictuels des aires sous-jacentes.

5. Chez les êtres les plus évolués en effet, l'existence d'un cortex cérébral qui, chez l'Homme, prend un développement considérable dans les régions orbito-frontales, fournit un moyen d'association des éléments mémorisés. En effet, ces éléments étant incorporés dans notre système nerveux à partir de canaux sensoriels différents, ne se trouveront associés dans notre mémoire à long terme que parce que l'*action* sur l'environnement nous montre, par expérience, qu'ils se trouvent associés dans un certain ordre, celui de la structure sensible d'un objet. La notion d'objet résulte donc d'un apprentissage. Mais si l'on suppose que des systèmes associatifs suffisamment développés, tels ceux qui caractérisent les lobes orbito-frontaux dans l'espèce humaine, sont capables de recombiner ces *éléments* mémorisés d'une façon différente de celle par laquelle ils nous ont été imposés par le milieu, le cerveau peut alors créer des *structures nouvelles,* les structures imaginaires.

Il faut bien comprendre que le monde extérieur pénètre dans notre système nerveux par des canaux sensoriels séparés, canaux visuels par exemple, aboutissant au cortex occipital, canaux auditifs, canaux tactiles, canaux osmiques, canaux gustatifs. Ils suivent donc des voies séparées qui convergent vers des régions séparées du cortex, et cette troisième région cérébrale, dont nous n'avons point encore parlé, aura avant tout un rôle associatif. Elle va associer ces différentes régions corticales et permettre de les réunir au moment où l'action recueille sur un même objet des sensations séparées visuelles, auditives, kinesthésiques, tactiles, osmiques ou gustatives. Cela n'est possible que par l'*action* sur l'objet et par l'apprentissage qui résulte de la réunion au même moment sur un même objet de différentes sensations pénétrant notre système nerveux par des voies séparées. On peut donc admettre que les éléments constituant un ensemble objectal incorporé dans notre système nerveux, à partir de canaux sensoriels différents, ne se trouveront associés dans notre mémoire à long terme que parce que l'action sur l'environnement nous montre par expérience qu'ils se trouvent associés dans un certain ordre qui est celui de la structure sensible d'un objet. Il en résultera la création d'un modèle neuronal du monde qui nous entoure et en cela l'animal est aussi doué que l'homme, il a même parfois certains systèmes sensoriels plus développés que lui. S'il n'avait pas constitué un tel modèle, il ne pourrait pas vivre dans l'environnement et agir sur lui.

Ce n'est donc pas ce type d'associativité qui fait qu'un homme est un homme. Mais il existe chez l'homme dans la région orbito-frontale une masse de cellules nerveuses purement associatives qui vont associer entre elles des voies nerveuses codées par l'expérience et les voies nerveuses sous-jacentes, en particulier celles qui assurent le fonctionnement du système limbique, celui de la mémoire à long terme. Nous sommes très fiers de notre front droit avec juste raison : l'homme de Néanderthal avait un angle orbito-frontal de 65° et, à partir de l'homme de Cro-Magnon, l'angle orbito-frontal est de 90°. Derrière ce front droit, cette masse neuronale qui s'est développée au cours des millénaires a permis le développement progressif des processus imaginaires. En effet, à partir d'un codage neuronal qui est imposé par l'expérience de l'environnement, si nous avons un système nous permettant d'associer ces chaînes neuronales de façon différente de celle qui nous a été imposée par cet environnement, associant, par exemple, la couleur de l'objet avec le poids d'un autre, la forme d'un troisième, l'odeur d'un quatrième, le goût d'un cinquième, nous sommes capables de créer une structure qui n'existe pas dans le monde qui nous entoure et qui sera une *structure imaginaire*. La seule caractéristique humaine, il semble bien que ce soit cette possibilité d'imaginer. Quand un homme du paléolithique a rencontré un mammouth, il a bien réalisé qu'il ne faisait pas le poids, et il a couru parce qu'il avait peur. Il est peut-être tombé sur un silex et s'est entaillé le genou. Et seul, l'homme a été capable de faire une hypothèse de travail, c'est-à-dire d'associer ces expériences multiples en se disant que son genou était plus fragile que le silex. Il fut le seul animal a tailler des silex, de façon de plus en plus perfectionnée, à les emmancher dans une branche d'arbre et à passer à l'expérimentation, c'est-à-dire à aller à la chasse avec cet outil et à s'apercevoir alors que sa survie, son alimentation, donc finalement son plaisir, étaient plus facilement et plus efficacement obtenus. Depuis ses origines, il a toujours été un scientifique. Il a toujours procédé par hypothèse de travail et expérimentation. Il en fut ainsi pour la découverte du feu, celle de la voile, de la roue, du licol, de l'agriculture et de l'élevage, de la machine à vapeur et de la bombe atomique. La Science, c'est l'homme.

Un enfant qui vient de naître ne peut rien imaginer parce qu'il n'a rien appris et on conçoit que, plus le système nerveux aura appris, mémorisé d'éléments, plus l'imagination risque d'être riche, à la condition que le matériel sur lequel vont travailler les systèmes associatifs ne soit pas enfermé dans la prison d'automatismes acquis, c'est-à-dire que l'homme sache utiliser la caractéristique qui en fait un homme, ses systèmes associatifs et son imaginaire. En effet, avec les *langages* qui permettent d'accéder aux concepts, de prendre de la distance par rapport à l'objet, la manipulation de l'abstraction par les systèmes associatifs donne à l'homme des possibilités presque infinies de création. Les mécanismes d'apparition du langage, son support neuroanatomique et neurophysiologique dans l'hémisphère gauche, sa liaison avec la naissance et l'évolution de l'industrie humaine, la fixation au sol et la constitution des premières sociétés artisanales, le passage du signe au symbole et son mécanisme bio-comportemental exigeraient un long développement.

Chez l'homme et chez l'animal, un type de mémoire dont nous n'avons pas encore parlé, et qui présente une importance considérable, est celle qui correspond à ce que Konrad Lorenz a appelé *le processus de l'empreinte.* Sigmund Freud avait déjà soupçonné, en son temps, l'importance des premières années chez l'enfant et les travaux modernes des éthologistes, des histologistes entre autres, ont montré pourquoi cette expérience primitive était fondamentale. En effet, à la naissance, le cerveau des mammifères et de l'homme est encore immature. Bien sûr, il a son nombre de neurones et il ne fera plus qu'en perdre au cours de son existence. Mais ces neurones n'ont pas encore établi entre eux tous leurs contacts synaptiques. Ces synapses vont se créer pendant les premières semaines, au cours des premiers mois, chez l'animal, pendant les premières années chez l'homme, en fonction du nombre et de la variété des stimuli qui proviennent de l'environnement. On comprend que plus ces synapses nouvellement créées sont nombreuses, plus les possibilités d'associativité d'un cerveau sont grandes et l'on comprend d'autre part que ces synapses soient indélébiles. La trace qui va accompagner leur création et la mémoire qui sera liée à cette création seront elles-mêmes indélébiles. C'est ce qu'a bien montré Konrad Lorenz. On sait qu'un jeune chaton, enfermé à sa naissance dans une cage avec des barreaux verticaux par exemple, si au bout d'un mois et demi, qui constitue pour lui la période de plasticité de son cerveau, il est placé dans une cage avec des barreaux horizontaux, il butera contre eux pendant tout le restant de son existence parce qu'il ne les verra jamais. Son cerveau n'a pas été habitué dans la première période de sa vie à coder les voies neuronales de telle façon qu'il voie des barreaux horizontaux. Un jeune poulet peut être placé à sa naissance en contact avec un seul objet de son environnement qui est un leurre : lorsqu'il aura atteint l'âge adulte, on pourra lui présenter les plus belles poules, ce n'est pas avec elles qu'il tentera la copulation mais avec son leurre. Des jeunes rongeurs, à leur naissance provenant de la même mère, de la même portée, peuvent être les uns placés dans ce qu'on appelle un environnement enrichi et les autres dans un environnement banalisé, appauvri. S'ils sont étudiés à l'âge adulte et si, pour se nourrir, ils ont à résoudre un problème de labyrinthe, les premiers résoudront ce problème rapidement, les seconds ne le résoudront jamais. On peut en déduire l'importance du milieu social dans les premiers mois pour l'animal, dans les premières années pour l'homme. Pendant ces premières années, en effet, tout s'apprend. L'enfant à sa naissance ne sait même pas qu'il existe dans un environnement différent de lui. Il doit découvrir ces faits par expérience. Quand un enfant touche avec sa main son pied, il éprouve une sensation au bout de ses doigts et au bout de son pied et cela se boucle sur lui-même. Lorsqu'il touche le sein de sa mère, ou son biberon, cette sensation ne se réfléchit plus sur lui-même mais sur un monde différent de lui. Il faudra donc qu'il sorte progressivement de ce que certains psychiatres appellent son « moi-tout », cet espace dans lequel il est l'univers qui l'entoure et c'est par mémoire et apprentissage qu'il va découvrir la notion d'objet, le premier objet étant lui-même. Il va devoir créer son image corporelle, son *schéma corporel.* Il va falloir qu'il découvre par expérience qu'il est limité dans l'espace et que l'espace qui l'entoure n'est pas lui. La notion d'objet n'est pas innée et nous ne nous souvenons pas de nos premières années parce que nous ne savions pas qu'un monde nous entourait, qui n'était pas nous. Nous comprenons l'importance prise, dans la construction d'une personnalité humaine, par la *mémoire nerveuse,* qui permet par le codage protéique des voies neuronales, de construire aussi bien le schéma corporel, que le comportement par rapport à l'environnement en fonction des expériences progressives, que la projection de ce comportement dans l'avenir par le processus imaginaire.

7. *Le phénomène de conscience* (Laborit, 1963-1979). Un état de conscience nécessite évidemment la « notion de schéma corporel ». Le nouveau-né, enfermé dans son « moi-tout », ne peut vraisemblablement pas être qualifié de conscient, même

éveillé, car il n'a pas encore, par une expérience motrice sur l'environnement, combinée à l'expérience interoceptive, réalisé une image de lui-même séparée du monde extérieur. Nous savons la façon progressive dont on admet aujourd'hui que s'établit chez l'enfant, par étapes successives, la confluence de l'activité fonctionnelle des voies sensitives à partir de canaux sensoriels différents et la « discrimination sensorielle » temporelle et spatiale. Un état de conscience nécessite aussi d'être rapporté à une expérience de soi dans le temps, donc a un besoin des processus de mémoire, car la conscience est d'abord la conscience de la pérennité des schémas corporels dans le temps. Il a besoin d'un « état d'éveil » permettant une confrontation constante des stimuli actuels avec l'expérience des stimuli passés, par l'intermédiaire des formations réticulaires. La mise expérimentale en état de privation sensorielle provoque rapidement l'endormissement, la perte de conscience. Processus de ***mémoire*** et ***motivation*** feront appel au « système limbique » et à l' « hypothalamus ». ***Mais nous savons que tout acte réflexe ou automatique est généralement inconscient.*** Il semble même que ce soit là sa principale utilité car il libère le système focalisateur de l'attention tout en permettant l'accomplissement de l'action. C'est l'avantage du « métier », des habitudes de toutes sortes. Ils feront appel à l' « apprentissage » et il est bon de noter que celui-ci est nécessaire à l'obtention d'un « métier ». Nous connaissons le rôle du système limbique dans les processus d'apprentissage et de mémoire. Ce ne sont donc pas eux qui pourront permettre isolément un phénomène de conscience.

Inversement, un comportement strictement aléatoire, imprévisible autrement que statistiquement, exigerait l'absence de mémoire, de telle sorte que la réponse du système nerveux aux variations de l'environnement serait chaque fois différente puisqu'une situation ne se reproduit jamais. Ce comportement serait aussi inconscient puisque la conscience est d'abord celle de la durée de l'individu dans le temps, qui est fonction de la mémoire et d'abord de la mémoire de l'unité et de la pérennité du sujet qui mémorise les variations survenues dans l'environnement et ses relations dynamiques avec elles.

La conscience paraît donc être en définitive un phénomène résultant de l'impossibilité où se trouve un individu neurophysiologiquement et idéalement normal, d'être inconscient, c'est-à-dire de répondre par l'un ou par l'autre de ces comportements ou entièrement automatiques, ou entièrement aléatoires. Le fait que la mémoire et son expérience, innée comme acquise, l'entraînant à répondre par voie automatique donc inconsciente, a pour support tout son système sous-cortical et cortical non associatif, essentiellement son paléocéphale qu'il a en commun avec les autres espèces animales. Le langage ne change rien à l'affaire : il n'est qu'un moyen de stimulation supplémentaire, plus complexe, un deuxième système de signalisation (Pavlov) capable d'enrichir son comportement sans pour autant le rendre plus conscient.

Les systèmes associatifs, par contre, ne peuvent se concevoir isolés des précédents, puisqu'ils n'auraient rien à associer, puisqu'ils n'auraient rien mémorisé. Mais si nous tentons d'imaginer qu'ils puissent associer au hasard des éléments mémorisés sans relations entre eux, sans relations temporelles en particulier nécessaire à la notion de la pérennité du sujet qui agit, ce fonctionnement serait évidemment inconscient. C'est en définitive parce qu'il est capable de répondre de façon originale à un problème posé par l'environnement, problème auquel il pourrait répondre de façon réflexe ou automatique, que l'Homme est conscient. Il sera donc d'autant plus conscient qu'il est conscient de ses automatismes et de ses pulsions et qu'il trouve à s'en libérer par sa fonction imaginaire. On peut penser aussi qu'il risque d'être d'autant plus conscient que ses pulsions fondamentales seront plus puissamment antagonisées par les interdits sociaux qui lui créent ses automatismes. Mais le plus souvent ce conflit sans solution est si douloureux que l'individu préfère l'enfouir dans son inconscient, le refouler. Névroses et psychoses trouvent sans doute là une source importante.

La conscience se révèle ainsi comme la conséquence du fonctionnement le plus complet, le plus intégré de toutes les aires et fonctions cérébrales (Laborit, 1973). L'animal sera donc d'autant plus conscient qu'il sera moins soumis aux automatismes inconscients, ce qui devrait être le propre de l'espèce humaine.

Confondre vigilance et conscience, alors que pourtant la première est nécessaire à la seconde, est également inacceptable. Nous parlons d'animaux à l'état vigile et non point conscient. Nous avons signalé notre étonnement lors de la réalisation de nos premières « anesthésies potentialisées » (neuroleptanalgésies). On observait des malades capables de répondre à des ordres verbaux simples, et que de ce fait, nous croyions conscients, et on s'apercevait ensuite qu'ils étaient incapables de s'en souvenir le lendemain, ils n'avaient donc pas eu conscience d'exécuter ces ordres. Quand un *pianiste de concert* passe plusieurs semaines à répéter un même trait, il le fait pour automatiser dans son système nerveux les multiples mécanismes aboutissant aux mouvements complexes de ses doigts de telle façon que ces mécanismes deviennent « inconscients » parce que parfaitement automatisés. Cet automatisme lui permet alors de focaliser son attention sur des sonorités, par exemple, qui font la richesse de son interprétation et nous font pénétrer dans son imaginaire et le nouveau niveau de conscience que celui-ci permet. Dans les deux états ce pianiste était cependant vigilant, mais « son niveau de conscience n'était pas le même », car ses automatismes inconscients n'étaient pas eux-mêmes identiques.

On constate ainsi que l' « inconscient » est beaucoup plus vaste que ce que la théorie psychanalytique a voulu en faire. Cette théorie ne s'est en effet intéressée à l'inconscient que, en ce qui concerne son contenu, pour ce qu'il a d'inacceptable par la conscience et qui serait alors refoulé, pour la pulsion se heurtant à l'interdit culturel et ne trouvant pas de solution dans l'action. L'inconscient devient alors le résultat d'un conflit et sans conflit pas d'inconscient, alors que l'inconscient est pour nous le réservoir essentiel dans lequel puise l'action, car il comprend les motivations fondamentales et les apprentissages socioculturels, les automatismes. C'est enfin un élément indispensable pour parvenir à la conscience qui n'est alors que le résultat d'un conflit à un « niveau d'organisation supplémentaire » entre le déterminisme des automatismes et « l'aléatoire » (entre guillemets) de l'imaginaire.

L'action orientée vers un but est constituée par une succession d'actes moteurs, éléments de l'ensemble moteur global. L'action finalisée représente un continuum d'états moteurs qui n'atteignent pas tous le même niveau de la conscience. Les éléments constituant une conduite motrice sont le plus souvent des automatismes inconscients et seule l'action globale est consciente. Mais au début le plus souvent, chaque chaînon élémentaire de celle-ci exige un processus de conscience et ce n'est que leur passage au niveau des automatismes inconscients qui permet à l'activité globale consciente d'acquérir par la suite rapidité et efficacité, à tel point que si l'attention se fixe ensuite sur un des éléments automatisés de l'action globale celle-ci risque de devenir moins adaptée, moins précise et moins efficace. L'attention met en jeu l'activité focalisatrice corticale du système thalamique diffus.

Un dernier point important à considérer est celui de la sociogenèse de la conscience. Cela nous pousse à décrire deux types différents de processus conscients : l'un que nous appellerions volontiers la « conscience concrète », l'autre la « conscience abstraite ». La conscience concrète serait celle que possède l'enfant avant le langage mais après acquisition du schéma corporel. Le monde dans lequel il se meut est alors peuplé d'« images », qui en sont le reflet et son système associatif peut travailler sur ces images pour créer de nouvelles structures imaginaires, qu'il pourra confronter avec les automatismes, les « habitudes » qu'il a déjà acquises par apprentissage. Celles-ci pourront déjà exprimer des conflits entre pulsions et interdits socioculturels ou imposés par la « réalité » expérimentale (toute action étant une expérimentation) dès que les systèmes associatifs peuvent imaginer une stratégie originale de l'action, dont l'animal ne serait pas capable du fait de systèmes associatifs spécifiquement moins développés. Un certain niveau de conscience doit alors en résulter. La part sociale de cet état de conscience se résume à ce moment dans l'origine sociale des automatismes acquis, l'origine sociale du « règlement de manœuvre ». Mais l'animal domestique par exemple est également soumis par l'Homme à ce type d'automatismes sans pour autant présenter les caractéristiques de la conscience enfantine. De plus, dès qu'apparaît le langage, une certaine distance peut être prise par rapport à l'objet et cette acquisition est évidemment d'origine purement sociale. Son apprentissage dépend de l'entourage humain et ce langage gouvernera essentiellement les rapports interhumains. La conscience liée à l'existence et à l'utilisation du langage sera une « conscience abstraite » propre à l'homme. Les processus associatifs manipuleront alors non plus seulement des images, mais des mots, dont chacun peut répondre à de nombreuses images différentes, le mot n'étant pas en rapport biunivoque avec l'objet. Les structures imaginaires, les relations susceptibles d'être établies entre les mots, suivant une syntaxe précise, atteindront une richesse considérable dont la conscience concrète était incapable. Mais cela veut dire aussi que les automatismes qui peuvent résulter de ces associations langagières, dont fait partie le langage lui-même d'ailleurs, bien que structurés d'abord par la relation au milieu, demeureront le plus souvent dans le domaine de l'inconscient. Depuis la naissance, dans le système nerveux humain vont ainsi s'établir des structures inconscientes, liées au langage, qui dépendront de structures préexistantes et l'inconscient est alors constitué par ces structures abstraites superposées. La « conscience que l'on peut appeler présente, immédiate, ignore évidemment la dynamique ayant présidé à l'établissement de ces structures superposées ». L'école pavlovienne a appelé le langage « le deuxième système de signalisation ». Le terme de « signalisation » exprime l'idée que des relations existent entre l'excitation et l'information qu'elle véhicule concernant un ensemble qui ne se limite pas à elle seulement.

SPÉCIALISATION HÉMISPHÉRIQUE ET PROBLÈME DE L'INCONSCIENT

Depuis quelques années l'intérêt concernant une spécialisation fonctionnelle de chacun des hémisphères cérébraux s'est développé à la suite d'observations concernant certains malades hémisphérectomisés ou ayant subi une commissurotomie qui, par section du corps calleux, avait déconnecté l'un de l'autre les deux hémisphères. On savait déjà que chez les droitiers le langage et l'arithmétique dépendaient de l'activité de l'hémisphère gauche, alors que le droit était spécialisé dans les relations spatiales et la fonction musicale. L'hémisphère droit utiliserait un mode non verbal de représentations, images visuelles, tactiles, auditives ou kinesthésiques. Il travaille suivant un mode d'associations non linéaires ; il résout les problèmes par la convergence de facteurs multiples, non par chaîne causale. Il est capable d'envisager les concepts dans leur ensemble, non analytiquement. Il est mis en jeu dans la perception séquentielle du temps. Il n'utilise pas les mots pour construire des propositions. On retrouve là la notion que nous exprimions précédemment d'une conscience concrète et d'une conscience abstraite, liée au langage. On peut alors émettre l'hypothèse que chez l'individu normal un hémisphère pourra être déconnecté de l'autre par une inhibition neuronale transmise à travers le corps calleux ou d'autres commissures, ce qui fournit une hypothèse du refoulement, et de la localisation anatomique du contenu « psychique » de l'inconscient. Bogen et Bogen (1969) ont proposé que certains aspects de l'activité de l'hémisphère gauche puissent supprimer certains aspects de l'activité du droit, ou du moins prévenir l'accès de l'activité de ce dernier à l'hémisphère gauche, ou inversement.

Ce que nous venons d'écrire rend de plus en plus difficile une distinction précise entre conscient et inconscient. On peut dire que la conscience est faite d'inconscient et le passage de l'une à l'autre est du domaine de l'abstraction langagière. Si l'on se reporte à ce que nous avons dit du phénomène de l' « empreinte », la distinction est encore plus difficile. Qui dira précisément la part prise par elle dans les comportements humains sociaux, dans ce qu'il est convenu d'appeler la culture ? L'inconscient, auquel nous avons fait appel dans les pages précédentes et dont nous avons tenté de préciser les mécanismes et le contenu, n'envisageait que les automatismes acquis à partir de l'établissement du schéma corporel, automatismes moteurs, conceptuels et linguistiques, indispensables à l'efficacité de l'action. Mais si l'on songe qu'avant l'établissement du schéma corporel, avant qu'apparaisse la conscience d'être dans un environnement qui n'est pas « moi », à l'époque où l'enfant est encore enfermé dans son « moi-tout », la mémoire est déjà fonctionnelle puisque c'est elle justement qui permettra de sortir du « moi-tout » et d'établir le schéma corporel, alors on comprend que peuvent surgir, dans le champ de la conscience quand celui-ci est constitué, des souvenirs que le sujet sera incapable de rapporter à son « moi ». Ces souvenirs surgissent comme venus « d'ailleurs », d'un fond commun ancestral ou d'un monde mythique et transcendantal, impliqué au sujet et subi par lui, sans possibilité de réponse logique dans une action efficace. Quoi de plus angoissant puisque l'angoisse naît de l'inhibition de l'action ?

L'inconscient ne peut pas être que la somme des automatismes antagonistes et des désirs interdits. Il est d'abord l'ensemble des faits mémorisés et ayant atteint un automatisme fragmentaire suffisamment efficace pour qu'il soit possible d'utiliser chaque fragment dans une construction d'ensemble toujours nouvelle. Chaque fragment demeure processus de conscience aussi longtemps qu'il n'a pas trouvé sa place stable dans le stock des réseaux neuronaux en interrelation associative. Lorsqu'il l'a trouvée, il passe dans le domaine de l'inconscient pour être utilisé dans une structure originale consciente à la confection de laquelle il contribue. C'est pourquoi la conscience nous paraît se bâtir de seconde en seconde sur l'inconscient qui s'accumule et « n'être jamais ni tout à fait la même ni tout à fait une autre », comme la femme dont rêvait Verlaine. « Cette femme qui m'aime et me comprend », expression consciente de son désir narcissique inconscient.

Et c'est en cela que l'inconscient représente un « instrument redoutable », indispensable à l'être conscient, mais dont le danger réside « non pas tant dans son contenu refoulé », mais au contraire dans ce qui, conforme au principe de réalité autorisé, souvent même récompensé, a été mémorisé et automatisé et ne sera jamais plus remis en question parce que l'on ignore jusqu'à sa présence, ce qui est le propre de l'inconscient évidemment.

L'individu bâtit ainsi ce qu'il est convenu d'appeler sa personnalité, construction qui se fige de plus en plus avec les années, sur un bric-à-brac de jugements de valeur, un amoncellement de préjugés indispensables à sa survie dans le cadre culturel où il est né et a grandi, fondations rigides, automatiques et inconscientes de son être conscient. Si parfois une seule pierre de cet édifice est endommagée, l'ensemble de sa construction consciente risque de s'écrouler. L'angoisse qui en résulte exige d'être traitée par l'action et celle-ci ne reculera devant ni le meurtre ni la guerre ou le génocide pour l'apaiser.

Ainsi, ce n'est pas l'inconscient refoulé qui empêche de croire à notre liberté, mais au contraire cet inconscient autorisé, d'autant plus riche qu'il est récompensé par le principe de réalité culturelle et qu'il se fixe définitivement dans un discours logique qui lui fournit un accoutrement qui le fait ressembler à la Vérité.

Ainsi compris, l'inconscient nous paraît bien avoir deux faces complémentaires : l'une est la face cachée, refoulée parce que non conforme au principe d'une quelconque réalité ; l'autre est la face visible qui se promène au grand jour, favorisée, félicitée, encouragée, récompensée par tous les principes des réalités. « Tout le monde » peut la voir, mais personne ne la regarde, car elle parle en utilisant un discours logique, si bien que « tout le monde » l'appelle la conscience.

J'appellerais bien cet inconscient, inconscient collectif, malheureusement il ne possède de collectif que ses règles d'établissement façonnées par le langage et quelques grands schémas associatifs qui remontent sans doute au début du néolithique, peut-être avant, et transmis depuis, traditionnellement. Chacun les utilise conformément aux nécessités de sa survie dans le point unique de l'espace-temps où la combinatoire génétique l'a placé. Il vaudrait mieux peut-être l'appeler inconscient spécifique car il est propre à cette espèce d'individus conscients que sont les hommes. Mais il paraît préférable de l'appeler « inconscient systémique » du fait qu'il résulte de la structure systémique du système nerveux humain et de son expression fonctionnelle, qui participent en le créant au niveau de conscience globale.

BASES NEUROPHYSIOLOGIQUES ET BIOCHIMIQUES DES COMPORTEMENTS FONDAMENTAUX

Chez l'animal et chez l'homme nous retrouvons un comportement *pulsionnel,* tendant à satisfaire les besoins biologiques endogènes : si ce comportement de consommation dont l'origine est une stimulation hypothalamique résultant d'un déséquilibre du milieu intérieur est récompensé, c'est-à-dire s'il aboutit à l'assouvissement du besoin, le souvenir qui en est conservé permettra le renouvellement, le réenforcement, de la stratégie comportementale utilisée. Ce système est catécholaminergique (dopaminergique et noradrénergique).

Si l'action n'est pas récompensée, ou bien si elle est punie, le comportement est celui de la *fuite,* soit si celle-ci est inefficace, de la *lutte,* de l'agressivité défensive. Ce comportement met en jeu lui aussi les différents étages cérébraux grâce au *periventricular system* (PVS). Celui-ci est cholinergique. Par contre, si fuite ou lutte sont récompensées, si elles sont efficaces soit dans l'assouvissement de la pulsion endogène, soit dans la possibilité de se soustraire à une agression, elles peuvent être réenforcées comme la précédente par mémorisation de la stratégie utilisée.

Enfin, si le comportement n'est plus récompensé ou s'il est puni et que la fuite et la lutte s'avèrent inefficaces, un comportement d'inhibition ou d'excitation d'un comportement appris survient. Ce système d'*inhibition de l'action* (SIA) qui met en jeu l'aire septale médiane, l'hippocampe dorsal, le noyau caudé, l'amygdale latérale et l'hypothalamus ventro-médian, est cholinergique et peut-être aussi sérotonergique (Laborit, 1974a, Laborit, 1975).

Au fonctionnement de ces différentes aires et voies nerveuses centrales sont associées des activités endocriniennes parmi lesquelles nous retiendrons surtout celles impliquées dans le syndrome d'alarme (Selye, 1936). C'est le couple hypo-physo-cortico-surrénalien, sous la dépendance d'un facteur hypothalamique provoquant la libération par l'hypophyse de corticotrophine (ACTH). C'est le « corticotropin releasing factor » (CRF). Or l'hypothalamus est lui-même contrôlé par le système nerveux central dans ses rapports fonctionnels avec l'environnement.

RÔLE DE L'INHIBITION COMPORTEMENTALE

Le système de la récompense aboutit à l'action réenforcée. Il est catécholaminergique, et la libération des catécholamines centrales ou leur injection intraventriculaire inhibent la libération hypophysaire d'ACTH en inhibant celle du CRF par l'hypothalamus (Lorenzen, Wise et Ganong, 1965).

Le système de De Molina et Hunsperger (1962), le PVS, commandant la fuite et la lutte, est cholinergique, et sa mise en jeu, comme l'injection intraventriculaire d'ACh ou d'un anticholinestérasique, provoque la libération de CRF et la sécrétion d'ACTH. Mais celle-ci, de même que celle de glucocorticoïdes qui en est la conséquence, seront interrompues par l'efficacité du comportement et la gratification qui peut en résulter. L'ACTH libérée immédiatement après l'agression stimule le système activateur de l'action (SAA) (Bohus et Lissak, 1968). Nous avons montré récemment que son injection à l'animal normal libère une quantité importante d'épinéphrine à partir de la médullo-surrénale (Laborit, Kunz et col., 1975). L'ACTH facilite ainsi la fuite ou la lutte, l'évitement actif ou l'agressivité défensive (de Wied, 1966) car l'épinéphrine est vasodilatatrice au niveau des organes nécessaires à l'autonomie motrice de l'individu dans l'environnement.

L'échec au contraire, aboutissant à l'inhibition de l'action par le SIA cholinergique, maintiendra la sécrétion de ces différents facteurs endocriniens. De plus, on sait aujourd'hui que les glucocorticoïdes eux-mêmes stimulent le comportement d'extinction ou d'inhibition. Il en résulte l'apparition d'un véritable cercle vicieux qui ne peut être interrompu que par l'action efficace ou par la disparition de la punition.

Résumons-nous. Le système nerveux permet par essence à un organisme d'agir sur son environnement. Si cette action est rendue impossible ou dangereuse, il assure aussi l'inhibition motrice. Or, il nous apparaît que c'est cette dernière qui est à l'origine des bouleversements biologiques persistants, qui sont à l'origine de toute la pathologie, infectieuse virale, tumorale, par le blocage du système immunitaire, aussi bien des perturbations hydro-électriques et métaboliques, ou de la pathologie mentale également.

INHIBITION MOTRICE ET ANGOISSE (LABORIT, 1974 b)

Ainsi, parmi les fonctions du système nerveux central on a peut-être trop privilégié ce qu'il est convenu d'appeler « la pensée » et ses sources « les sensations » et pas suffisamment apprécié l'importance de « l'action » sans laquelle les deux autres ne peuvent s'organiser. Un individu n'existe pas en dehors de son environnement matériel et humain, et il paraît absurde d'envisager l'individu ou l'environnement séparément sans préciser les mécanismes de fonctionnement du système qui leur permet de réagir l'un sur l'autre : le système nerveux. Quelle que soit la complexité que celui-ci a atteinte au cours de l'évolution, sa seule finalité est de permettre l'action, celle-ci assurant en retour la protection de l'homéostasie (Cannon), de la constance des conditions de vie dans le milieu intérieur (Claude Bernard), du plaisir (Freud). Quand l'action qui doit en résulter est rendue impossible, que le système inhibiteur de l'action est mis en jeu, et en conséquence, la libération de noradrénaline, d'ACTH et de glucocorticoïdes avec leurs incidences vasomotrices, cardio-vasculaires et métaboliques périphériques, alors naît l'angoisse. Nous ne rappellerons pas les innombrables travaux concernant les rapports entre les réactions somatiques et centrales invoquées à l'origine de celle-ci. Ce qui nous intéresse, c'est d'isoler les principales circonstances au cours desquelles elle apparaît :

— Lorsque l'apprentissage, grâce aux processus de mémoire à long terme, a fixé dans le réseau neuronal : a) l'expérience d'un événement nociceptif, ou b) celle de la punition directe ou indirecte imposée par le cadre socioculturel, c) celle de la punition à venir du fait de la transgression d'un interdit, si cet interdit s'oppose à une pulsion hypothalamique tendant à assouvir un besoin fondamental, l'impossibilité d'agir avec efficacité aboutira à la mise en jeu du système inhibiteur de l'action. Mais la pulsion peut également procéder d'un autre apprentissage socioculturel aussi, d'un besoin acquis et réenforcé par la gratification qui résulte de son assouvissement. Si cette gratification est interdite ou punie, elle aboutit aussi à l'inhibition de l'action. On aura rapproché, je pense, au passage, de la pulsion hypothalamique le « ça », et de l'apprentissage limbique, le « sur-moi » freudien.

— Le deuxième mécanisme d'apparition de l'angoisse consiste en ce qui nous avons appelé le déficit informationnel. Celui-ci résulte de l'apprentissage de l'existence d'événements dangereux pour la survie, l'équilibre biologique, le plaisir et l'apparition d'un événement non encore répertorié, ne permettant pas d'action efficace puisqu'on ne sait pas s'il est dangereux ou bénéfique. Paradoxalement, le « choc du Futur » (selon Alvin Topfler) entre pour nous dans ce cadre, car la surabondance des stimuli que l'individu est incapable de classer suivant ses schémas culturels antérieurs, ses grilles comportementales, lui interdit aussi toute action efficace, donc gratifiante. Déficit ou surcharge informationnelle ont ainsi le même résultat : l'inhibition de l'action et l'angoisse. De même, le contenu de l'espace dont les moyens audiovisuels alimentent les systèmes nerveux de l'homme contemporain n'est pas celui, beaucoup plus restreint, sur lequel celui-ci peut agir.

— Enfin, chez l'homme l'existence de l'imaginaire capable, à partir de l'expérience mémorisée, consciente ou non de bâtir des scénarios nociceptifs qui ne se produiront peut-être jamais est également source d'angoisse puisque ne permettant pas l'action immédiate adaptée ou de juger de son efficacité future. L'angoisse de la mort fait appel à tous les mécanismes précédents avec par contre la certitude de son échéance inéluctable.

Pour éviter la soumission aux interdits, avec leur cortège psychosomatique, la fuite ou la lutte motrice étant impossibles, il ne reste que la fuite dans l'imaginaire. Celle-ci peut se réaliser dans les religions, dans la toxicomanie, dans la créativité ou dans la psychose. C'est sans doute pourquoi celle-ci est fréquente chez l'homme alors qu'il n'existe pas de modèle expérimental chez l'animal. Mais « l'agressivité » est aussi un moyen de résoudre l'angoisse qui résulte de l'inhibition de l'action.

MÉCANISME DE PASSAGE DU BIOLOGIQUE AU SOCIOLOGIQUE, DE L'INDIVIDUEL AU COLLECTIF (LABORIT, 1974 c)

L'action se réalise dans un espace, ou des espaces. Ceux-ci contiennent des objets et des êtres. L'apprentissage de la gratification ou de la punition s'organise par rapport à eux. L'objet gratifiant devra être conservé pour permettre le réenforcement. C'est l'origine pour nous du prétendu instinct de propriété, le premier objet gratifiant étant la mère, dont l'importance s'accroît du fait que la mémoire de la gratification se constitue avant l'établissement du schéma corporel. L'espace contenant l'ensemble des objets gratifiants est ce que l'on peut appeler le territoire. *Il ne semble donc pas y avoir plus d'instinct inné de défense du territoire que d'instinct inné de propriété. Il n'y a qu'un système nerveux agissant dans un espace qui est gratifiant, parce qu'occupé par des objets et des êtres permettant la gratification.* Ce système nerveux est capable de mémoriser les actions gratifiantes ou celles qui ne le sont pas. Cet apprentissage est ainsi largement tributaire de la socioculture, et il n'est pas certain que les comportements dits « altruistes », chez l'animal et chez l'homme, soient innés.

Or, si le même espace est occupé par d'autres individus cherchant à se gratifier avec les mêmes objets et les mêmes êtres, il en résultera aussitôt l'établissement, par la lutte, des hiérarchies. En haut de la hiérarchie, le dominant qui peut se gratifier sera non agressif, tolérant et en équilibre biologique, du moins autant que sa dominance ne sera pas contestée et lorsque sera passée la période d'établissement de la dominance. Les dominés au contraire mettant en jeu le système inhibiteur de l'action, seul moyen d'éviter la punition, feront l'expérience de l'angoisse dont nous avons schématisé plus haut les mécanismes et les conséquences : chez l'homme les langages ont permis d'institutionnaliser les règles de la dominance. Celle-ci s'est établie à travers la production de marchandises d'abord, sur la propriété des moyens de production et sur le capital et dans toutes les civilisations industrielles aujourd'hui, sur le degré d'abstraction dans l'information professionnelle, capable d'inventer les machines et de produire de grosses quantités de marchandises en un minimum de temps. Toute la socioculture en dérive dans la société industrielle, depuis la structure familiale jusqu'aux formes les plus complexes des structures sociales, les échelles hiérarchiques, les lois, les religions, les morales, les éthiques même.

Ainsi, la caractéristique du cerveau humain, grâce à ses systèmes associatifs, est de « créer l'information » avec laquelle il mettra en forme la matière et l'énergie depuis, au paléolithique, la mise en forme par l'homme d'un silex qu'il a taillé, jusqu'à l'utilisation contemporaine de l'énergie atomique. Les groupes humains possédant une information technique et professionnelle élaborée ont ainsi imposé leur dominance à ceux qui ne la possédaient pas. Cette information leur a permis la construction d'armes plus redoutables, leur permettant d'aller emprunter hors de leur niche écologique les matières premières et l'énergie des groupes humains ne sachant pas les utiliser. De plus un discours logique a toujours fourni un alibi langagier à leurs pulsions dominatrices inconscientes. Le progrès technique a été considéré comme un bien en soi, comme le seul progrès, alors que les lois biologiques commandant aux comportements n'ont pas dépassé, jusqu'à une date récente, les connaissances acquises au paléolitique, enrichies de toute une phraséologie prétendant toujours véhiculer une vérité, vérité valable pour des sous-groupes humains dominateurs et prédateurs et jamais pour l'espèce entière. Or, ces lois biologiques, non plus seulement langagières, mais expérimentales et dont les conséquences sont reproductibles, bien qu'osant s'adresser à l' « essence » de l'homme, osant agir par la pharmacologie sur ses principales facultés « psychiques », ne font-elles pas partie également d'une science toute jeune que l'on pourrait dans son interdisciplinarité, dénommer : la bio-neuro-psycho-sociologie ?

BIBLIOGRAPHIE

BOHUS, H., et LISSAK, K., « Adrenalcortical hormones and avoidance behaviour of rats », *Neuroendocrinology*, n° 3, 6, 1968, pp. 355-365.

CONNER, R. L., VERNIKOS-DANELLI, J. et LEVINE, S., « Stress, fighting and neuroendocrine function », *Nature*, Londres, n° 234, 5331, 1971, pp. 564-566.

GIMBERTAS, M., « La fin de l'Europe ancienne », *La Recherche*, n° 87, 1978, pp. 228-235.

HYDEN, H., et LANGE, P., « Protein synthesis in the hippocampal pyramidal cells of rats during a behavioural test », *Science*, n° 159, 1968, pp. 1370-1373.

LABORIT, H., *Du Soleil à l'Homme*, Paris, Masson et Cie, 1963.

— *Les Comportements*, Paris, Masson et Cie, 1979.

— « Action et réaction. Mécanismes bio- et neurophysiologiques », *Agressologie*, n° 15, 5, 1974 a, pp. 303-322.

— « Des Bêtes et des Hommes », *Agressologie*, n° 15, 2, 1974 b, pp. 93-209.

— *La Nouvelle Grille*, Paris, R. Laffont, 1974 e.

— *L'Inhibition de l'action. Biologie, physiologie, psychologie, sociologie*, Paris, Masson et Cie et Presses Universitaires de Montréal, 1979.

LABORIT, H., KUNZ, E., THURET, F. et BARON, C. « Action de l'hydrocortisone sur le taux de norépinéphrine plasmatique chez le lapin surrénalectomisé », *Agressologie*, n° 16, 6, 1975, pp. 351-354.

LABORIT, H., et VALETTE, N., « The action of L-tyrosine and arachidonic acid on the experimental hypertension in rats ; physiomathogenic deductions », *Res Commun Chem Pharmacol,* n° 8, 3, 1974, pp. 489-504.

MCLEAN, P. D. « Psychosomatic desease and « the visceral brain ». Recent development hearing on the Papez theory of emotions », *Psych Med,* n° 11, 1949, pp. 338-353.

LORENZEN, L. C., WISE, B. L., et GANONG, W. P., « ACTH inhibiting activity of drugs related to ethyltryptamine relation to pressor activity », *Fed Proc,* n° 24, 1965, p. 128.

MILNER, B., GORKIN, S., et TEUBER, H. I., « Futher analysis of the hippocampal amnesic syndrome : 14 years follow-up study of H. M. », *Neuropsychol,* n° 6, 1968, pp. 215-234.

MOLINA, A. F., de, et HUNSPERGER, R. W., *Organisation of subcortical system governing defence and fight reactions in the cat,* 1962.

SELYE, H. « A syndrome produced by diverses noxious agents », *Nature,* n° 138, Londres, 1936, p. 32.

SHANNON, C. E. « A mathematical theory of communication », *Bell Syst Techn J,* n° 27, 3 juillet 1948, pp. 379-423 et n° 27, 4 octobre 1948, pp. 623-656.

SKINNER, B. F., « Behavior of organism », *Appleton Century,* New York, Croft, 1938.

WIED, D. de, « Antagonistic effect of ACTH and glucocorticoids on avoidance behaviour of rats », *Excerpta Med Intern Congr.* Séries III, 1966, p. 89.

WIENER N., *Cybernetics,* New York, Wiley.

DISCUSSION

RÉMY CHAUVIN. — *Henri Laborit a utilisé dans son exposé des notions qui viennent de l'éthologie ; mais seulement l'éthologie a beaucoup évolué, par exemple pour les notions de leader, territoire et autres choses. A côté des instincts fondamentaux, comme le désir de manger, le désir de boire ou le désir de copuler, il y a un instinct exploratoire qui a amené chez nous une véritable révolution : c'est le souci d'amasser des données qui seront stockées dans la mémoire et utilisées plus tard. Ce souci apparaît aussi bien chez les insectes que chez les rats. Le rat, par exemple, va explorer son gîte avant de manger, même s'il est affamé. Ce souci exploratoire est donc une des premières pulsions de l'organisme. Quant au rôle de leader, qui est la notion de chef, et qui est emprunté en grande partie à l'éthologie, sans doute y intervient-il la dominance, mais nos idées là-dessus ont énormément évolué. Le leader n'est plus une grosse brute qui tape sur tout le monde, et sur lequel personne ne tape, c'est notamment bien démontré maintenant chez les macaques et les chimpanzés. Le leader peut être infirme. Sa dominance sur le groupe tient au fait du rang de sa mère. Ce leader peut être faible, et ce n'est pas celui qui va copuler d'abord avec toutes les femelles, ni celui qui aura le premier accès à la nourriture ; c'est celui qu'on « suit », au sens allemand de « Führer » ; c'est-à-dire celui qui va décider où on va et quand il est temps d'aller se coucher. Le leader reçoit plus de 80 % des coups d'œil que les singes adressent les uns vers les autres.*

HENRI LABORIT. — *Il est vrai que la notion de leader est complexe, mais je te ferai remarquer, mon cher Rémy, que tu me dis que la mère du leader, chez les singes, est une guenon qui est dominante. Par conséquent, là encore, on retrouve sous une certaine forme la notion de dominance. D'autre part, tu me parles de l'instinct exploratoire qui serait très important, et même peut-être plus important que les instincts de manger, boire ou copuler. Pour moi, il y a exploration en tout premier lieu parce qu'il y a angoisse dans l'ignorance.*

RÉMY CHAUVIN. — *Quand tu parles de l'angoisse dans l'ignorance, tu deviens vachement métaphorique, ne serais-tu pas poète ?*

HENRI LABORIT. — *Je suis aussi poète, pourquoi pas, mon premier livre a même été un livre de poésie.*

Quand tu mets des souris sur une planche à trous, elles vont commencer à explorer, tout simplement parce qu'elles sont inquiètes. Qu'est-ce qu'il y a au-dessous de ces trous ? Elles vont explorer tout leur territoire de façon à être sécurisées. Ensuite elles mangeront, et elles copuleront. Quand on ne sait pas ce qui se passe, on est angoissé ; c'est pour ça que, la nuit, on ne va pas explorer, on est angoissé nous aussi.

RÉMY CHAUVIN. — *Tu décris les comportements en utilisant un langage mentaliste. Si tu étais éthologiste, tu te ferais fusiller.*

HENRI LABORIT. — *Hélas ! Je ne suis pas éthologiste. Ce qui m'inquiète dans l'éthologie, c'est que c'est une science béhavioriste. Alors, elle examine les comportements, et elle ignore la boîte noire, c'est-à-dire, ce qui a commandé à ce comportement. Là ce sont des molécules, des cellules, des neurones ; si on l'ignore, on ne peut pas interpréter correctement ce comportement.*

JEAN CHARON. — *En vous écoutant, comme physicien, la conclusion à laquelle j'arrive, c'est que ces comportements sont si complexes qu'il n'est pas facile de les cerner dès aujourd'hui dans un modèle qui expliquerait tout. Ce sont d'ailleurs des problèmes essentiels, et nous ne nous attendons ni les uns, ni les autres, à ce que nous les résolvions aujourd'hui. Mais c'est intéressant qu'on y réfléchisse.*

KARL PRIBRAM. — *Je reprends la question où l'ont laissée José Delgado et Jean Charon : si nous voulons communiquer l'un avec l'autre, il est indispensable que nous ne nous disions pas des mensonges, nous devons nécessairement être précis ; je n'ai rien contre la poésie, mais si nous voulons communiquer sur le plan scientifique, il nous faut être très précis. Et quand on présente des modèles, alors il nous faut être* extrêmement *précis. Et le seul moyen me paraît, pour l'être, de présenter des exemples précis et des données, de façon à ne pas avoir des modèles qui flottent dans l'air. Et, Professeur Laborit, je comprends qu'il faut simplifier, mais si vous simplifiez au point que ceci devient faux, alors nous ne pouvons plus communiquer.*

SANDRA SCARR. — *Je suis d'accord avec ce que vient de dire Karl, il faudrait être très précis et on ne peut pas appuyer un modèle sur des informations datant d'il y a trente ans.*

Je précise que le modèle que vous avez présenté, Professeur Laborit, s'appuie sur de telles informations « dépassées » ; en ce qui concerne le modèle de développement, le modèle que vous avez présenté est maintenant complètement écarté.

JOSÉ DELGADO. — *Mais le modèle actuel sera également faux dans trente années.* (Rires dans la salle.)

PAUL CHAUCHARD. — *Je voudrais faire une remarque : on a beaucoup insisté sur les comportements dits d'agressivité, et on a complètement passé sous silence les comportements qu'on pourrait dire de sympathie, ou d'attachement. Le don est gratifiant et dans la série animale, Rémy Chauvin pourrait le dire mieux que moi, il y a ce type de don. Dans les crèches d'enfants, comme le montrent les études à partir de l'éthologie de Montanier à Besançon, le leader par exemple dans une crèche d'enfants, chez les tout-petits, n'est pas celui qui est le plus fort, mais l'enfant séducteur ; pas l'enfant agressif, mais l'enfant gentil, qui sait avoir tous les petits signes évocateurs.*

JEAN LERÈDE. — *A propos de tous ces instincts, manger, boire, copuler, est-ce qu'on ne pourrait pas parler d'autres instincts comme, par exemple, l'instinct évolutif.*

HENRI LABORIT. — *Le quoi ?*

JEAN LERÈDE. — *L'instinct évolutif. Pourquoi ne pas admettre qu'il y a une pulsion évolutive qui est extrêmement forte chez les êtres humains et qu'elle est extrêmement gratifiante.*

HENRI LABORIT. — *L'évolution vers quoi, qu'est-ce que vous appelez l'évolution ?*

JEAN LERÈDE. — *L'évolution sur le plan psychique, sur le plan de la communication par exemple.*

HENRI LABORIT. — *Eh bien, ceci pour moi c'est une bonne fuite.*

JEAN CHARON. — *Je pense, Jean, que tu veux dire ici l'évolution vers une élévation du niveau de conscience, par exemple.*

JEAN LERÈDE. — *Oui, c'est exactement cela. Je hasarderai même d'utiliser un mot qui pourrait vous paraître peu scientifique, mais qui est important, c'est l'amour. L'amour, c'est un instinct de communication, c'est extrêmement gratifiant. Ce n'est pas du tout une fuite, c'est quelque chose de très gratifiant. C'est une recherche d'un plaisir. Ceci je l'ai expérimenté moi-même, et cela m'a paru beaucoup plus gratifiant que l'égocentrisme.*

HENRI LABORIT. — *Pourquoi voulez-vous que ceci soit un instinct ? Vous avez un système nerveux qui apprend. Dans un contact avec une jolie fille qu'il aime, l'être humain apprend ce que c'est que l'amour. C'est un apprentissage, ce n'est pas instinctif.*

PAUL CHAUCHARD. — *Il y a une aptitude innée que le milieu permet de développer ou supprimer.*

HENRI LABORIT. — *Bien sûr, il a envie de baiser. On revient ici à l'instinct de reproduction.*

PAUL CHAUCHARD. — *Non, il n'a pas envie de baiser, il a envie d'avoir une relation agréable avec quelqu'un de différent de lui.*

JEAN CHARON. — *Je pense qu'on va peut-être faire une pause-café, on reprendra tout à l'heure.*

Cerveau, conscience et réalité

KARL H. PRIBRAM

INTRODUCTION

On a enlevé une tumeur du lobe occipital d'un côté du cerveau d'un patient. L'opération chirurgicale le rend incapable de voir des objets qui lui sont présentés du côté opposé à l'ablation, mais il peut cependant déterminer la position d'objets et même reconnaître leurs différences de forme (Weiskrantz et Warrington, 1974). Quand on lui fait remarquer qu'il nomme correctement les objets, il affirme qu'il n'est pas conscient de voir quoi que ce soit, et qu'il ne fait que deviner.

A un autre patient, on a retiré les structures médianes des lobes temporaux de chaque côté. Il passe très bien des tests de mémoire immédiate (comme se rappeler un numéro de téléphone que l'on vient de lui lire), mais, quelques minutes plus tard, non seulement il ne peut se rappeler le numéro, mais il ne se souvient plus avoir été examiné. Même après vingt ans de contacts réguliers avec l'examinateur, le patient n'arrive pas à le considérer comme une personne familière (Scoville et Milner, 1957). Cependant, s'il est entraîné à accomplir avec brio des tâches complexes ou à distinguer entre plusieurs objets, ce même patient accomplira très bien ces tâches au long des années, tout en refusant d'admettre qu'il les a jamais accomplies (Sidaam, Stoddard, Mohn, 1968).

Une autre patiente atteinte d'une lésion cérébrale similaire, mais plus restreinte, a pris plus de 50 kilos depuis son opération. Elle dévore tout ce qu'elle trouve mais elle dit ne jamais avoir faim, même lorsqu'elle est surprise en train de s'accaparer la nourriture d'autres patients (Pribram, 1965).

Ce n'est pas tout. Si on coupe à un patient les principaux liens reliant ses deux hémisphères cérébraux, cela aura pour résultat que ses réponses aux stimuli qui lui sont présentés par des côtés opposés seront traités indépendamment l'un de l'autre. Son côté droit n'est pas conscient de ce que fait son côté gauche, et vice versa. La séparation de son cerveau a produit une séparation de sa conscience. On trouve plus communément, dans les cliniques, des patients qui sont paralysés d'un côté à cause d'une lésion du système moteur du cerveau. Mais la paralysie est surtout manifeste quand le patient essaye de suivre des instructions qui lui sont données, ou qu'il génère lui-même. Mais quand il est très motivé pour accomplir des actions bien connues de lui, la paralysie disparaît. Seul le contrôle intentionnel est influencé par la lésion.

Des observations comme celles-ci ont posé des problèmes auxquels les scientifiques ont besoin de répondre. Elles ne démontrent pas seulement la relation intime qui existe entre le cerveau et l'esprit humain, mais aussi elles rendent nécessaires la dissociation dans la conscience entre les sentiments et les intentions d'un côté, et les comportements automatiques de l'autre.

Par conséquent, il n'est peut-être pas très surprenant qu'une division dans l'approche du problème esprit-cerveau ait eu lieu récemment. Alors que les philosophes et les béhavioristes ont, pour la plupart, évité un dualisme cartésien dans leur désir de compréhension opérationnelle rigoureuse et scientifique, d'autres scientifiques du cerveau ont maintenu obstinément qu'un dualisme existe et doit être pris en considération. Un bref survol de mes propres démêlés avec ce problème peut être utile pour formuler quelques résultats sur ce sujet.

STRUCTURE NEUROLOGIQUE

Le débat commença modestement avec de nouveaux examens, vers la fin des années 50 et le début des années 60, de cas semblables à ceux dont je me suis servi dans mon introduction. Ces exemples furent utilisés comme antidote au béhaviorisme radical qui prévalait alors en psychologie expérimentale. Les propriétés formelles d'une thèse plus globalisante furent présentées sous la forme d'une analogie avec le fonctionnement des ordinateurs dans *Neurophysiologie, Plans et structure du comportement* (Miller, Galanter, Pribram, 1960), sous la rubrique « Le béhaviorisme subjectif ». Cette analogie est devenue depuis un modèle fructueux connu sous le nom de « psychologie cognitive » qui, en contraste avec le béhaviorisme radical, a pris au sérieux des rapports verbaux d'expériences subjectives conscientes en les considérant comme dignes d'être étudiées et d'être considérées comme matériau scientifique. L'ordinateur s'est avéré un excellent guide pour la compréhension et pour l'analyse expérimentales. De plus il est devenu clair qu'une foule d'appareils de contrôle peuvent servir de modèle pour le spécialiste du cerveau. La distinction entre feedback et feedforward *, laquelle est cruciale pour notre compréhension de la différence entre contrôle automatique et contrôle volontaire du comportement, est alors d'un intérêt particulier. Les mécanismes rétroactifs fonctionnent comme des thermostats, processus homéostatiques du cerveau qui contrôlent la physiologie de l'organisme (Cannon, 1927). Plus récemment, il a été établi que les processus sensoriels comprennent aussi les mécanismes rétroactifs du même genre (Miller, Galanter, Pribram, 1960), et (Pribram, 1971, chap. 3, 4 et 11 pour référence).

Ainsi le contrôle rétroactif est une notion fondamentale de l'organisation du cerveau. Mais une autre notion fondamentale, moins bien comprise, est celle qui a découlé des analyses du fonctionnement du cerveau ces quelques dernières années. Cette notion fondamentale est appelée « feedforward » ou traitement de l'information (*cf.* Mc Farland, 1971, chap. 1). J'ai par ailleurs expliqué ma propre compréhension des mécanismes de feedforward et de leur relation avec le contrôle rétroactif (Pribram, 1971 b, chap. 5 ; Pribram et Gill, 1976, chap. 1 ; Pribram, 1971 a). Pour résumer, j'ai suggéré que les mécanismes de rétroaction sont apparentés aux processus définis par la première loi de la thermodynamique (loi de conservation de l'énergie), en ce qu'ils réagissent aux changements dans les contraintes qui définissent un système. Ils fonctionnent de manière à ramener le système dans un état d'équilibre.

Au contraire, les mécanismes de feedforward traitent « l'information », celle-ci augmentant le degré de liberté du système. La manière dont cela est accompli est souvent comparée au

* *Feedback* : rétroaction ; *feedforward* : son opposé.

« démon » de Maxwell et à la solution de Szilard au problème de ce « démon » : comment l'énergie est-elle conservée au passage d'une frontière (système de contraintes) qui reconnaît certaines configurations énergétiques et les laissent passer, tout en interdisant le passage à d'autres (*cf.* Brillouin, 1962). Dans un tel système, l'énergie consommée par le processus de reconnaissance doit être continuellement intensifiée, sans quoi le « démon » tend à se désintégrer à cause de l'impact de l'énergie aléatoire. Les opérations « feedforward » sont ainsi apparentées à la seconde loi de la thermodynamique, qui concerne la quantité d'organisation de l'énergie et non sa conservation. L'information a souvent été appelée néguentropie (*cf.* Brillouin, 1962), l'entropie étant la mesure de la quantité de désorganisation d'un système. Nous retournerons à ces concepts, et nous les appliquerons aux problèmes posés, dans le chapitre relatif à la conscience et à la volonté. Notons au passage que Freud (1895) avait déjà formulé cette distinction entre feedback et feedforward dans sa description des processus primaires et secondaires (Pribram et Gill, 1976). Freud distinguait trois types de mécanismes neuronaux constituant les processus primaires. Le premier était la décharge musculaire, le second la décharge de substances chimiques dans le sang, le troisième la décharge d'un neurone vers ses voisins. Ces trois mécanismes neuronaux sous-tendent un feedback potentiel ou même réel. La décharge musculaire produit une réaction à l'environnement et un transfert sensoriel de la décharge vers le cerveau. La décharge neurochimique entraîne, par stimulation, d'autres substances chimiques auxquelles le cerveau est sensible, un feedback positif que Freud appelle « la génération du déplaisir ». (C'est l'origine du principe de déplaisir qui donnera plus tard le principe de plaisir.) La décharge d'un neurone vers ses voisins est la base de processus associatifs qui conduisent à une augmentation réciproque de l'excitation neuronale.

IMAGES

Comme nous l'avons indiqué dans les cas décrits dans l'introduction, le neurologue d'aujourd'hui partage avec la neurologie du XIXe siècle la nécessité de comprendre le rôle spécial du cortex cérébral dans les constructions qu'élabore la conscience. Comment les images sont-elles construites par le cortex cérébral ?

Les images sont produites par un mécanisme du cerveau caractérisé par un arrangement anatomique agencé avec précision, maintenant un isomorphisme topographique entre récepteur et cortex, qui peut être sérieusement endommagé ou détruit (jusqu'à 90 %) sans diminuer la capacité de fonctionnement de ce qui reste. Ces caractéristiques m'ont conduit à proposer, dans le milieu des années 60 (Pribram, 1966), qu'en plus de l'ordinateur digital, les modèles du cerveau doivent prendre en considération le genre de traitement accompli par les systèmes optiques. Ce traitement optique de l'information est appelé holographie, et les hologrammes démontrent exactement les mêmes sortes de propriétés imageantes observées pour le cerveau. Dans le cerveau, l'arrangement anatomique joue le rôle de conducteur de lumière dans les systèmes optiques, et les réseaux horizontaux d'inhibition latérale, perpendiculaires à cet arrangement, jouent le rôle de lentilles (Pribram, 1971 ; Pribram, Nuwer et Baron, 1974).

J'ai proposé un mécanisme du cerveau qui peut être tenu spécifiquement responsable de l'organisation des hologrammes neuronaux (Pribram 1971, chap. 1). Ces mécanismes incluent les changements de potentiel à variation lente qui apparaissent aux jonctions entre les neurones, et dans leurs dendrites. Les interactions inhibitrices (par hyperpolarisation) dans les réseaux horizontaux des neurones, qui n'engendrent aucune impulsion nerveuse, sont les éléments critiques. Ces réseaux inhibiteurs deviennent de plus en plus l'objet de recherche en neuroscience. Par exemple, ils sont responsables dans la rétine de l'organisation des processus visuels — en fait, les impulsions nerveuses ne se produisent pas du tout dans les étapes initiales du traitement rétinal (Pribram, 1971, chap. 1 et 3). La proposition que la construction d'image (processus mental) chez l'homme se produit au moyen d'un mécanisme neuronal holographique est ainsi développée avec des détails considérables, et ne s'écarte de la neurophysiologie classique que par l'importance qu'elle donne aux influences réciproques entre les potentiels lents et graduels, qui sont des entités neurophysiologiques bien établies. Aucun nouveau principe d'interaction esprit-cerveau n'a besoin d'être considéré.

Pour la relation esprit-cerveau, le modèle holographique est aussi très intéressant, car l'image fournie par le processus holographique est séparée de l'hologramme qui la produit. Nos propres images ne sont pas référencées à l'œil ou au cerveau, mais sont projetées au-delà, dans l'espace. Von Bekesy (1967) a accompli une élégante série d'expériences qui détaillait le processus (inhibition latérale — analogue aux lentilles des sytèmes optiques — comme mentionné plus haut) par lequel de telles projections se réalisent. Essentiellement, ce processus est similaire à l'emplacement d'images auditives entre deux haut-parleurs dans une chaîne stéréophonique. D'après ce fait, il apparaît maintenant absurde de se poser la question du « locus » de la conscience. Le mécanisme est évidemment localisé dans le cerveau. Cependant l'expérience subjective n'appartient pas au mécanisme cérébral en soi, mais est une résultante des fonctions de celui-ci. On ne trouverait pas plus la conscience en disséquant le cerveau que l'on trouverait la « gravité » en creusant la terre.

CONSCIENCE ET ATTENTION

Tout comme Freud, William James (1901) a insisté sur le fait que la plupart des questions posées par la délimitation entre la conscience et les processus inconscients incombent au mécanisme de l'attention. James, cependant, alla plus loin en faisant remarquer que l'attention définit les limites de capacité de l'organisme à traiter l'information provenant de l'environnement extérieur ou intérieur. Les conséquences en psychologie sont, selon moi, la séparation claire de l'intentionnel (la conscience de soi) d'avec la conscience non intentionelle, c'est-à-dire la perception ordinaire. Les cas présentés au début de cet exposé renforcent ce point de vue plus que tout argument philosophique ; l'attention est de deux sortes : instrumentale et intentionnelle.

ÉTATS DE CONSCIENCE

L'existence de la conscience peut être illustrée en posant la question suivante : diriez-vous que votre chien est conscient ? Vous direz bien sûr que oui. Nous attribuons tous de la conscience aux organismes qui prêtent attention à leur environnement. Gilbert Ryle (1949), le philosophe béhavioriste, fit remarquer ce point quand il notait que le terme anglais « mind » (esprit) est dérivé du terme anglais « prêter attention » (minding). Et William James, dans ses *Principes de psychologie* (1950), se demande si nous avons besoin du terme de « conscience » puisque le sens que nous lui donnons est si intimement lié avec l'attention. Nous distinguons généralement la conscience de l'inconscience tout comme le font le docteur et le chirurgien : lorsque quelqu'un répond à un chatouillement, nous lui attribuons un état de conscience. Quand, d'un autre côté, sa réponse est un mouvement désordonné et incohérent, nous disons qu'il est dans un état de stupeur, et s'il n'y a pas de réponse du tout, nous le déclarons comateux.

Notons que nous distinguons maintenant plusieurs états nerveux de conscience, tels que le sommeil et l'état éveillé (et peut-être un état hypnotique, ainsi que d'autres), et des états d'inconscience — de non-réponse — (la stupeur et le coma). Ce qui est intéressant à propos de ces états, c'est leurs relations d'exclusivité réciproques : ce qui est vécu dans un état, il n'est pas possible qu'il soit vécu dans un autre état. Un tel état d'exclusivité ressort de toutes sortes d'observations : chez l'animal, l'apprentissage dépend de l'état ; le fait que les saumons en train de frayer ne prêtent aucune attention à la nourriture, tandis qu'ils ignorent tous les stimuli sexuels lorsqu'ils sont en train de se nourrir ; l'observation qu'une personne, dans un état post-hypnotique, n'est pas du tout consciente des suggestions qui lui ont été faites durant l'hypnose (bien qu'elle accomplisse ces suggestions) ; et la dissociation entre les expériences (et les comportements) prenant place pendant les « automatismes » dans le lobe temporal de personnes épileptiques, et leur état ordinaire. Rappelons encore que le mot « mind » (esprit, mental) est dérivé de « minding » (s'occuper de, prêter attention à). Vue de cette perspective, la conscience cesse d'être une cause, elle est plutôt causée. Nous pouvons donc discerner deux aspects quand nous essayons de déterminer la relation entre conscience et cerveau : la description des processus d'attention ; la description des états cérébraux reliés à la conscience. Ces deux aspects sont, naturellement, les mêmes que ceux que j'ai indiqués dans les chapitres précédents : les mécanismes cérébraux responsables de la programmation des processus psychologiques et du comportement, et ceux concernant la construction de l'image. Tournons-nous une fois de plus vers la programmation, les opérations du cerveau qui contrôlent l'attention et différencient donc les processus conscients et inconscients.

Pendant plus d'une décennie et demie, mon laboratoire (ainsi que ceux de beaucoup d'autres) a poursuivi des recherches sur les mécanismes neurologiques impliqués dans le contrôle de l'attention. Les résultats de ces travaux (Pribram et Mc Guiness, 1975) ont permis de distinguer trois de ces mécanismes : une courte réponse phasique à un input (stimulation) ; la préparation prolongée et tonique de l'organisme en vue de répondre sélectivement (activation), et la coordination des mécanismes phasiques (stimulation) et toniques (activation). Des systèmes neurologiques et neurochimiques séparés sont impliqués dans les mécanismes phasiques (stimulation) et toniques (activation), par exemple les centres phasiques des amygdales, les centres toniques des ganglions du cerveau frontal. Le système de coordination inclut l'hippocampe, ancienne partie phylogénétique de l'appareil neuronal.

Il apparaît évident que la coordination des processus d'attention phasique (stimulation) et tonique (activation) nécessite un « effort ». Ainsi, la relation qui va de l'attention à l'intention, c'est-à-dire à la volonté, devient très claire. Ici aussi, William James a déjà fait remarquer qu'une grande partie de ce que nous appelons l'effort volontaire est en fait le maintien de l'attention ou le retour répété à l'attention sur un problème, jusqu'à la découverte de sa solution.

LA CONSCIENCE ET LA VOLONTÉ

William James avait opposé la volonté à l'émotion et à la motivation (qu'il appelait instinct). Ici aussi, les spécialistes du cerveau ont eu beaucoup à dire. Depuis la critique de James, proposée par Walter Cannon, basée sur l'expérience (1927), suivie par la critique de Cannon proposée par Lashley (1960) aux suggestions de Papez basées sur l'anatomie (1937), et leurs versions plus actuelles de McLean (1949), les spécialistes du cerveau ont été très concernés par les mécanismes de l'expression, de l'émotion et de la motivation. Deux découvertes majeures ont accéléré notre capacité d'affronter ces problèmes, et ont placé les rapports antérieurs, plus spéculatifs, dans une meilleure perspective. Une de ces découvertes a été le rôle de la formation réticulaire de la tige cérébrale (Magoun, 1950) et ses systèmes chimiques d'aminés cérébraux (Barchas, 1972 ; Pribram, 1976 b, sous presse) qui règlent les états d'éveil et les humeurs. Lindsley et Wilson (1976) ont détaillé les cheminements par lesquels ces activations peuvent exercer leur contrôle sur les processus cérébraux. L'autre découverte est le système des régions cérébrales qui, quand elles sont excitées électriquement, entraînent le renforcement ou la dissuasion ; cette dernière découverte est due à Olds et Milner (1954).

Dans ma tentative de comprendre ces découvertes, et aussi d'autres informations qui relient les mécanismes cérébraux à l'émotion, j'ai trouvé nécessaire de distinguer clairement entre celles qui avaient trait à l'expérience émotionnelle (sentiments) et celles qui ont trait à l'expression ; et de distinguer de plus l'émotion de la motivation (Pribram, 1971 b). Ainsi les sentiments s'avèrent englober l'expérience émotionnelle et motivationnelle ; émotionnelle comme affective, et motivationnelle comme centrée sur l'activation des mécanismes auxquels nous avons fait allusion dans notre discussion sur l'attention. Il n'est pas surprenant que l'on ait trouvé que les processus affectifs de l'émotion sont basés sur la machinerie de la stimulation, capacité d'engendrer des réponses phasiques à des inputs qui « stoppent » l'activité de l'organisme. Ainsi, on a découvert que les sentiments sont basés sur des états neurochimiques d'éveil et d'humeur qui deviennent organisés par des processus d'appétit (motivation, « go ») et d'affection (émotionnel, « stop »).

La profusion de nouvelles données et les idées que nous en avons tirées nous engagent à réexaminer les positions de James face aux processus conscients et inconscients et à leur relation à l'émotion, la motivation et la volonté (Pribram, 1976 b et c, sous presse). James était dans l'erreur en accordant de l'importance à la détermination viscérale de l'expérience émotionnelle sans considérer le rôle de l'anticipation (familiarité) dans l'organisation de l'expérience émotionelle et de l'expression. D'un autre côté, James a eu raison de donner de l'importance au fait que les processus émotionnels se produisent principalement dans l'organisme alors que la motivation et la volonté se projettent au-delà dans l'environnement de l'organisme. De plus, on a souvent considéré à tort que James soutenait une théorie périphérique de l'émotion et de l'esprit. D'après ses écrits, il accorde de l'importance aux effets que les stimuli périphériques (incluant ceux d'origine viscérale) produisent sur les processus cérébraux. La confusion vient du fait que James soutient que les émotions concernent les processus corporels, qu'elles s'arrêtent au niveau de la peau. Cependant, il n'identifie nulle part les émotions avec les processus corporels. L'émotion est toujours leur résultante dans le cerveau. James, en fait, est explicite sur ce point lorsqu'il discute la nature de l'input des viscères vers le cerveau. Il en vient à la conclusion, réfutée par des recherches ultérieures (Pribram, 1961), que la représentation viscérale dans le cerveau partage la représentation d'autres structures corporelles.

La distinction entre les mécanismes cérébraux de motivation et de volonté est moins clairement énoncée par James. Il épluche le problème et définit les questions qui doivent être élucidées. Comme mentionné précédemment, la lumière ne se fit qu'au début des années 60, lorsque plusieurs théoriciens (Mackay, 1966 ; Mittelsteadt, 1968 ; Waddington, 1957 ; Ashby, communication personnelle ; Mc Farland, 1971 ; Pribram, 1960, 1971 b) eurent commencé à remarquer les différences entre les processus homéostatiques ou de feedback d'un côté et les processus homéorhétiques ou de feedforward de l'autre. Les mécanismes de feedback sont dépendants des erreurs de traitement et sont ainsi sensibles aux perturbations. Les programmes de recherche cependant, à moins qu'ils ne soient complètement arrêtés, se poursuivent jusqu'à leur fin, sans se soucier des obstacles placés sur leur chemin.

La neurologie clinique classique distingue les mécanismes impliqués dans le comportement volontaire et ceux impliqués dans le comportement involontaire. Cette distinction repose sur l'observation que les lésions des hémisphères cérébraux endommagent le comportement intentionnel, alors que des lésions des ganglions entraînent des perturbations des mouvements involontaires. Les dommages causés aux circuits du cervelet sont impliqués dans un mécanisme de feedforward plutôt que de feedback (bien que Ruch n'ait pas eu à sa disposition le terme de feedforward). J'ai étendu cette conclusion (Pribram, 1971 b) sur la base d'analyses à la micro-électrode plus récentes menées par Eccles, Ito et Szentagothai (1967) pour suggérer que les hémisphères du cervelet accomplissent des calculs en temps rapide, c'est-à-dire qu'ils extrapolent là où un mouvement particulier s'arrête, et envoient les résultats de ces calculs au cortex moteur cérébral où ils peuvent être comparés avec le but vers lequel le mouvement est dirigé. L'analyse expérimentale des fonctions du cortex moteur a montré que ce but est composé d'une « image de succès » construite en partie sur la base de l'expérience passée (Pribram, Kruger, Robinson et Berman, 1955-56; Pribram, 1971 b, chap. 13, 14 et 16).

Tout comme le circuit du cervelet sert le comportement intentionnel, les ganglions basaux sont importants pour les processus involontaires. Nous avons déjà fait remarquer le rôle joué par ces structures dans le contrôle de l'activation, c'est-à-dire la préparation des organismes à la réponse. Des lésions dans les ganglions basaux entraînent des sursauts pendant le repos et des expressions émotives manifestement réduites. La théorie neurologique a longtemps soutenu (Bucy, 1944) que ces dérangements sont dus à l'interférence provoquée par la lésion des relations normales de feedback entre les ganglions basaux et le cortex cérébral. En fait, des ablations du cortex moteur ont été faites sur des patients ayant des lésions des ganglions basaux afin de redresser le déséquilibre produit par les lésions initiales. De telles corrections se sont avérées remarquablement aptes à soulager les perturbations, parfois déprimantes, causées par les mouvements involontaires qui caractérisent les maladies de ces ganglions basaux.

CONSCIENCE DE SOI ET INTENTIONNALITÉ

Une observation finale concerne l'analyse faite par William James de ce problème. James distingue clairement la conscience de la conscience de soi et suggère que la conscience de soi (self-consciousness) se produit quand l'attention est portée (quand une volonté, un effort sont produits) aux processus internes du cerveau. Aujourd'hui, nous appellerions ceci peut-être « méta-conscience ». James ne voit là aucun problème, mais son contemporain Brentano, le professeur de Freud, considère l'émergence de la conscience de soi ou de l'intentionnalité comme l'essentiel de ce qui fait l'homme « humain ».

Brentano tire son analyse de la scolastique et se sert de l'intentionnel dans l'existence (habituellement appelé « intentionnalité ») comme du concept clé permettant de distinguer l'observateur de l'observé, le subjectif de l'objectif. J'ai quelque peu simplifié cet argument ailleurs (Pribram, 1976 b) en définissant la distinction entre les intentions et leur réalisation dans l'action, et les perceptions et leur réalisation dans le monde objectif. Brentano et James sont considérés comme la source du réalisme américain actuel, dont ma propre version du « réalisme constructionnel » (Pribram, 1971 a) peut être considérée comme une partie. Ainsi, comment le dualisme de Brentano, la distinction entre sujet et objet, peut-il être apparenté à celui de Descartes ? Cogito et intentionnalité sont bien sûr la même chose. Le cerveau doit toujours faire partie du monde objectif, même s'il est l'organe crucial responsable du subjectif — à partir duquel, à son tour, l'objectif est construit. Brentano est particulièrement clair sur ce point et suggère que seule l'étude de la conscience intentionnelle, la conscience de soi, est le territoire que les psychologues philosophes, spécialement les physiologues du cerveau, doivent découvrir. Le fait qu'un élève de Brentano, Sigmund Freud, qui devint plus tard un neurologue éminent, devint aussi le champion de l'importance des processus inconscients dans la détermination du comportement pathologique et quotidien, est d'un intérêt historique (Pribram et Gill, 1976). Cependant, Brentano émet une réserve sur son opposition : le psychologue philosophe peut contribuer à l'analyse des processus non intentionnels, donc inconscients, s'il devait s'avérer que Leibniz avait raison en leur faisant prendre racine dans les structures monadiques (Leibniz, 1898). Leibniz, sans aucun doute, a tiré sa monadologie de son invention mathématique, le calcul intégral, tout comme Gabor (1969) a tiré l'holographie de son invention mathématique, le calcul intégral.

LA CONSCIENCE EN TANT QUE PROCESSUS

Ces définitions instrumentales de la conscience ne sont pas ce que Freud ou la plupart des philosophes ont voulu signifier à travers ce terme. Rappelons-nous l'importance que Brentano attachait à la conscience intentionnelle, et qui venait de la distinction entre le contenu de la conscience et la personne consciente ; également le dualisme de l'esprit subjectif et de la matière objective (cerveau) dans les écrits d'Ernst Mach et de René Descartes. Bien que le dualisme cartésien soit peut-être la première forme connue non triviale sur cette question, la dualité sujet-objet, ainsi que certaines relations causales entre les deux sont inhérentes au langage, à partir du moment où elles émergent de la substantivation et évoluent vers l'agencement syntaxique. Neumann (1954) et Jaynes (1977) ont proposé qu'un changement de conscience se produit quelque part entre *L'Iliade* et *L'Odyssée.* Mon interprétation de ce phénomène lie ce changement à l'invention et à la promulgation de l'écriture. La préhistoire fut transmise oralement. L'histoire est visuelle et verbale. Dans une culture orale, une plus grande part de la réalité est transmise par la mémoire et est donc personnelle. Quand l'écriture devient un moyen courant de consigner les événements, ceux-ci font partie de la réalité extra-personnelle. Le changement que je décris ici se manifeste spécialement dans une extériorisation plus claire des sources de la conscience — les dieux cessent de s'adresser personnellement ou de guider l'individu.

Ce processus de distinctions beaucoup plus claires entre les réalités personnelles et extra-personnelles culmine dans le dualisme cartésien et dans l'inexistence intentionnelle de Brentano, qui fut abrégée en « intentionnalité » par Van Uxkull. C'est de la définition de la distinction sujet-objet dont les philosophes parlent ordinairement quand ils font référence à la différence entre processus conscient et inconscient.

Freud avait une formation de pratique médicale et de philosophie. Quand il parlait de l'importance des processus inconscients, se référait-il à leur définition médicale ou philosophique ? La plupart des interprétations de Freud sont que les processus inconscients se déroulent sans conscience, dans ce sens qu'ils se produisent automatiquement, comme les processus respiratoires et gastro-intestinaux chez le comateux. Freud lui-même semble avoir défendu ce point de vue en suggérant une déchirure « horizontale » entre les processus conscients, préconscients et inconscients, avec la « répression » repoussant les structures activatrices de la mémoire vers des couches plus profondes où elles n'ont plus accès à la conscience. Encore au stade de « projet », les structures de la mémoire sont des programmes neuronaux, se trouvant dans les parties profondes du cerveau, et qui ont accès à la conscience à travers le cortex qui détermine si un souhait vient à devenir conscient. Quand le programme neuronal devient un processus secondaire, il vient se placer sous contrôle volontaire, lequel inclut un test de réalité et donc de conscience ; pour prendre l'exemple du langage, disons qu'une personne peut connaître deux langues, mais n'en « brancher » qu'une seule à la fois sur le cortex, et donc garder l'autre « inconsciente » et volontairement inexprimée.

Le fait de relier la conscience au cortex n'est pas aussi naïf qu'il peut paraître à première vue. Comme les cas récents rapportés par Weiskrantz et Warrington (1974) nous l'ont montré, la « vision aveugle » apparaît quand on a retiré aux patients le cortex visuel unilatéralement. Comme je le fais remarquer dans l'introduction, les patients affirment ne rien voir dans le champ opposé au côté de leur lésion ; mais ils peuvent localiser et identifier des objets dans leur hémichamp aveugle avec une précision remarquable. De plus, il existe des patients aux défaillances unilatérales causées par des lésions du lobe pariétal. Ces patients peuvent souvent s'en tirer en faisant usage de leurs membres ; le patient décrit dans l'introduction, qui avait un défaut de l'hippocampe, avait été entraîné à accomplir des tâches complexes, et les effets de son entraînement ont persisté sans diminution pendant des années en dépit des protestations de ce patient qui ne reconnaissait pas la situation et ne se rappelait rien de son entraînement. Chez les singes atteints de telles lésions, nous avons trouvé une persistance presque parfaite de l'entraînement sur plus de deux ans ; et cette persistance dépassait celle de sujets non opérés. Ces singes, et les patients atteints de « vision aveugle », sont clairement conscients dans le sens médical et ordinaire. C'est la capacité de réfléchir sur leur comportement et sur leur expérience qui est défaillante, incapacité de distinguer clairement entre réalité personnelle et extra-personnelle. Ils ont une conscience défaillante dans le sens philosophique du terme, le comportement et l'expérience ne sont plus intentionnels.

Certaines pensées psycho-analytiques récentes ou celles d'expérimentalistes comme Hilgard, se sont orientées vers la distinction entre conscient et inconscient d'un point de vue philosophique. Par exemple, Matte Blanco (1975) propose que la conscience soit définie par la capacité de faire des distinctions claires, d'identifier des alternatives et de traiter l'information. Faire des distinctions claires supposerait la capacité de différencier la réalité personnelle de la réalité extra-personnelle. D'autre part, les processus inconscients seraient composés, d'après Matte Blanco, d' « ensembles indéfinis » où le paradoxe règne et où les opposés se confondent. Quand on fait entrer en jeu des « indéfinis », les règles ordinaires de logique et de rationalité ne tiennent plus. Ainsi, le fait de diviser une droite de longueur infinie produit deux droites de longueur infinie, c'est-à-dire 1 = 2. Le fait d'être profondément lié à autrui peut mener à l'amour et à l'extase, mais aussi à la souffrance et à la haine.

Mon interprétation entre le conscient et l'inconscient relativement à l'expérience et au comportement humain rejoint celle de

Matte Blanco et d'autres, dont la démarche est philosophique, et non pas médicale. Ainsi l'accès du comportement et de l'expérience au niveau de la conscience permet une possibilité de choix et un apport d'informations. Carl Jung définissait les processus inconscients comme ceux concernant les sentiments. En terminologie actuelle, cela voudrait dire : identification de la dimension protocritique intensive de l'expérience et des processus inconscients d'une part, et des processus épicritiques et conscients de l'autre. J'ajouterai à la dimension épicritique de la conscience le personnel, qui construit et identifie la réalité personnelle à partir des états de sensation, par la voie des connexions corticales des ganglions basaux.

Un changement important de point de vue s'avère nécessaire quand ces interprétations sont considérées sérieusement : les processus inconscients tels que définis par la psychanalyse ne sont pas complètement « submergés » et inaccessibles à l'expérience. Les processus inconscients produisent plutôt des sensations qui sont difficiles à localiser dans le temps ou dans l'espace et difficiles à identifier correctement. Les processus inconscients construisent le contexte émotionnel et motivationnel dans lequel les réalités personnelles et extra-personnelles sont construites. Comme les expériences classiques de Schachter et Singer (1962) l'ont montré, les sentiments émotionnels et motivationnels sont, dans une large mesure, indifférenciés, et nous avons tendance à les connaître et à les étiqueter d'après les circonstances dans lesquelles ces sentiments se sont manifestés.

C'est dans ce sens que le comportement se trouve sous le contrôle des processus inconscients. Quand je viens de me mettre en colère, je suis certainement conscient de l'avoir fait, ainsi que des effets de ma colère sur les autres. J'ai ou je n'ai peut-être pas voulu l'intensification de mes sentiments avant mon explosion de colère. Et j'ai peut-être projeté cette intensification sur les autres, ou je l'ai peut-être reçue d'eux. Mais j'aurais pu devenir conscient de tout cela (sous la guidance d'un ami ou d'un thérapiste) et me trouver pourtant encore dans une colère incontrôlable. C'est seulement lorsque les événements menant à la colère deviennent clairement séparés en alternatives ou en distinctions harmonieusement reliées q''e le contrôle inconscient est converti en contrôle conscient. Il est ridicule de penser qu'une personne atteinte d'une obsession ou d'une névrose est inconsciente (au sens médical) de son expérience ou de son comportement. Le patient est très conscient et se sent très mal. Mais il ne peut réaliser sans aide d'une façon valable la distinction entre les réalités personnelle et extra-personnelle, cette distinction lui donnant la possibilité de choix, et lui permettant une connaissance et un comportement plus harmonieux.

LE CONTENU DE LA CONSCIENCE
LA RÉALITÉ PERSONNELLE ET EXTRA-PERSONNELLE

J'aimerais bien en avoir fini avec la définition de la conscience. Mais nous n'avons pas encore fini. Jusqu'ici, nous avons remarqué que la distinction conscient-inconscient est parfois définie instrumentalement (comme dans la pratique médicale) en termes d'états alternatifs ; et que, dans d'autres contextes (philosophiques ou psychanalytiques), la distinction devient « intentionnelle », en termes de processus. Une troisième base de distinction est celle qui est liée aux aspects intentionnels du problème, mais en attachant plus d'importance au contenu de la conscience qu'à son fonctionnement.

Entourant les principaux plis du cerveau primate se trouvent les terminaisons des systèmes sensoriels et moteurs. Rose et Woolsey (1949) et Pribram ont appelé ces systèmes « extrinsèques » à cause de leurs liens serrés (à travers quelques synapses) avec les structures périphériques. La surface sensorielle et les arrangements musculaires sont situés plus ou moins isomorphiquement sur la surface périfissurale corticale au moyen de lignes discrètes pratiquement parallèles composées de canaux fibreux reliés. Quand ces systèmes sont endommagés, une scotoma sensorielle ou une scotoma d'action apparaît. Une scotoma est un trou circonscrit dans l'espace, dans le « champ » d'interaction entre l'organisme et l'environnement : un « point noir », un défaut auditif limité à une certaine fréquence, un point de la peau sur lequel les stimuli tactiles ne sont pas ressentis. Ce sont les systèmes où le processus épicritique de Head se produit. Ces systèmes extrinsèques sensoriels-moteurs sont organisés de manière à ce que l'organisme puisse projeter vers le monde extérieur les informations venant des surfaces sensorielles et musculaires où les interactions se produisent. Ainsi, les liaisons à l'intérieur de ces systèmes extrinsèques construisent une réalité extra-personnelle extérieure à l'organisme.

Entre les régions périfissurales extrinsèques du cortex se

trouvent d'autres régions du cortex appelées cortex d'association par Flechsig ou cortex séparé par Penfield ou cortex intrinsèque par l'auteur. Ces appellations reflètent le fait qu'il n'y a pas de connections apparentes directes entre ces régions du cortex sur la paroi convexe du cervelet et les structures périphériques.

J'ai montré ailleurs que le cortex frontal intrinsèque a pour fonction la distribution de la probabilité, et le cortex intrinsèque postérieur la détermination des gabarits (calibrage), fonctions qui dépendent du traitement d'expériences antérieures. Ces résultats furent obtenus avec des primates non humains au cours de recherches dont le but était de construire des modèles animaux de perturbations neuropsychologiques humaines produites par des lésions des régions intrinsèques du cortex. De tels modèles permettaient des analyses expérimentales prolongées et précises du fonctionnement de ces régions, analyses qui sont impossibles à mener sur des patients atteints de perturbations similaires. Cependant, les primates non humains diffèrent considérablement dans leurs répertoires de comportements et dans leur expérience — et beaucoup de ces différences sont attribuées précisément aux régions du cortex dont nous parlons. Il est donc nécessaire de nous tourner maintenant vers des études neuropsychologiques sur des humains, aussi bien que sur les singes, afin de déterminer comment les mécanismes d'estimation de probabilité, et de calibrage, se manifestent chez l'homme.

Comme il est bien connu, des lésions frontales chez l'homme ont été produites momentanément afin de soulager des souffrances intraitables, des névroses, des obsessions et des dépressions endogènes. Étant efficaces contre la douleur et la dépression, ces procédés psycho-chirurgicaux démontrent chez l'homme des relations bien établies entre le cortex frontal intrinsèque et la partie antérieure du cerveau limbique chez les primates non humains. De plus, comme mentionné plus haut, des lésions frontales peuvent conduire à des comportements préservatifs ou névrotiques, ou de distractibilité chez les singes ; et cela est aussi vrai des humains. Quand les névroses ou les obsessions ont été établies — peut-être en pesant la probabilité de leur efficacité à diminuer le risque, comme le comprend la théorie psychoanalytique — alors le fait de causer du désordre dans les tissus responsables de la détermination des responsabilités peut très bien changer la structure de leur détermination. Certaines observations cliniques montrent qu'une quantité impressionnante de patients atteints de lésions frontales, qu'elles soient chirurgicales, traumatiques, musculaires ou néoplastiques, sont incapables de prendre en considération les conséquences de leur comportement.

Les lésions du cortex intrinsèque de la convexité cérébrale postérieure entraînent une agnose sensorielle spécifique chez le singe et chez l'homme. Des recherches sur les singes ont montré que ces agnoses ne sont pas dues à l'incapacité de distinguer des informations les unes des autres, mais à l'incapacité d'utiliser ces distinctions dans le choix entre plusieurs alternatives (Pribram et Mishkin, 1955, 1956 a et b). Comme nous l'avons mentionné, cette capacité est l'essence même du processus du traitement de l'information et le cortex postérieur intrinsèque établit le classement des alternatives, et le calibrage auquel une information particulière doit correspondre. Un patient atteint d'agnose peut voir la différence entre deux objets, mais ne peut savoir ce que cette différence veut dire. Comme Charles Peirce l'a dit, ce que nous voulons dire par une chose et ce que nous avons l'intention d'en faire sont ici synonymes. En bref, les alternatives, le calibrage, le choix, la connaissance, l'information et le sens sont des concepts étroitement liés. Finalement, quand l'agnose est sevère, elle est souvent accompagnée par ce que l'on appelle « la négligence ». Le patient non seulement ne sait pas qu'il ne sait pas, mais il réfute activement son agnose. J'avais une patiente typique, qui avait des difficultés à s'asseoir sur son lit. Je lui fis remarquer que son bras s'était pris dans les draps — elle acceptait ce fait momentanément, pour ensuite « perdre » son bras une fois de plus dans son environnement confus. Une partie de la « personne » semblait s'être éteinte. Ces résultats, et d'autres venant des singes, peuvent déjà être conceptualisés en termes de construction de la réalité personnelle et extra-personnelle. Pendant un certain temps, on a pensé que la réalité personnelle dépendait de l'intégrité du cortex frontal intrinsèque et que le cortex postérieur convexe était essentiel dans la construction de la réalité extra-personnelle. Cette idée fut testée dans mon laboratoire cette dernière décennie, au cours d'expériences sur les singes (Brody et Pribram, 1978) et sur des patients (Ruff, Hersh et Pribram, 1981). Sans doute l'exemple le plus clair sur ce point nous vient d'études menées par Mountcastle et son groupe et aussi Lynch qui montrent que les cellules du cortex convexe intrinsèque répondent quand un objet est perçu par la vue, mais seulement lorsqu'il est aussi à portée de la main. En bref, nos études sur des patients, ainsi que d'autres études, n'ont pas pu clairement séparer les parties du cerveau qui produisent l'agnose de celles qui produisent la négligence, et nos études sur les singes indiquent que l'agnose est reliée aux processus personnels.

Nous distinguons donc :

1. Les systèmes extrinsèques périfissuraux qui construisent notre réalité extérieure, et :

2. Les systèmes extrinsèques convexes — frontaux et postérieurs — qui nous construisent une réalité personnelle. Nous avons trouvé, à notre grande surprise, que les systèmes intrinsèques sont fortement connectés avec les ganglions basaux (y compris les amygdales), et que chez les singes, les perturbations produites par des lésions restreintes du cortex convexe intrinsèque sont aussi produites par des lésions des parties des ganglions basaux vers lesquelles ces parties du cortex se projettent. Cette découverte revêt une signification spéciale parce que les lésions du thalamus (qui est aussi intimement lié avec ce cortex) ne produisent pas de tels effets. De plus, des expériences récentes ont montré que le syndrome de la négligence peut être produit chez les singes atteints de lésions du système dopaminergique nigrostriatal. Cette connexion spéciale entre le cortex intrinsèque (rappelez-vous que ceci est aussi appelé association) et les ganglions basaux (et les amygdales) renforce l'idée que ces parties du cortex participent à la construction de soi : quand s'arrêter et quand continuer, quand se balancer et quand rester immobile sont certainement des processus très personnels.

Je ne veux pas vous laisser avec l'idée que l'agnose et la négligence sont produites par des mécanismes identiques. Je ne veux pas dire non plus que des systèmes séparés ne seront pas — et ont peut-être déjà été — chacun positionnés. Il y a aussi d'autres syndromes, apraxies, prosopagnoses et perturbations liées au langage, telles que l'aphasie et l'alexie, qui sont produites par des lésions dans la région du cortex postérieur intrinsèque de la convexité. Je fais remarquer que toutes ces perturbations sont des perturbations de la réalité *personnelles* et qu'ensemble elles constituent notre conception du soi, lequel est appelé ego en psychanalyse. Dans le « Projet », Freud s'est servi de ce terme de plusieurs manières :

1. en tant que définition fonctionnelle ayant trait au délai et aux fonctions exécutives (et donc frontales) ;

2. en tant que définition plus structurale qui s'adresse aux

effets de cette fonction (laquelle prendrait place dans la convexité postérieure).

Je crois que les psychanalystes actuels se servent du terme dans les deux sens et que les études neurocomportementales et neuropsychologiques présentées ici pourraient les aider à distinguer entre ces deux sens. De plus, ces résultats affinent ce concept en spécifiant au moins deux de ces faits :

a) le calibrage, quand la situation reste invariante et

b) l'estimation des probabilités dans des conditions changeantes.

Les résultats de ces recherches ont aussi montré qu'une des fonctions majeures de l'ego, le soi, consiste à orienter le comportement vers le risque ou le porter à la prudence, et que cette orientation est fonction de la confiance en soi. Bien sûr, de bons cliniciens savent cela depuis longtemps, mais ils ne savaient peut-être pas que le cerveau est construit d'après les schémas que leur suggère leur expérience clinique.

LA NATURE SPIRITUELLE DE L'HUMANITÉ

Le contenu de la Conscience n'est pas intégralement représenté par les sensations ni par les perceptions que nous avons de la réalité extra-personnelle ou personnelle. La tradition ésotérique de la culture occidentale, et les traditions mystiques de l'Extrême-Orient sont pleines d'exemples d'états « hors du commun », qui peuvent être atteints par une variété de techniques (méditation, yoga, zen...). Dans ces expériences, la nature de la conscience semble différer des perceptions ou des sensations ordinaires. Des expériences, parmi d'autres, sont décrites comme suit :

1. océaniques, c'est-à-dire fusion des réalités personnelle et extra-personnelle, qui restent cependant encore clairement distinctes ;

2. hors du corps, c'est-à-dire que les réalités personnelle et extra-personnelle restent toujours distinctes, mais sont perçues à partir d'une autre réalité (la réalité personnelle est appelée ego ; la nouvelle réalité, le soi) ;

3. le « soi » devient transparent, fusionnant les expériences de genre « océanique » et de genre « hors du corps ».

La microstructure à forme holographique qui caractérise les champs récepteurs corticaux peut rendre compte du contenu de la conscience. Outre la correspondance approximative entre les organisations sensorielles réceptrices de champ, nous avons remarqué plus haut que l'organisation de ces champs possède, entre autres caractéristiques, un domaine de sensibilité aux fréquences.

La précision avec laquelle Freud décrit le processus qualitatif qui préserve les modèles est encore plus étonnante. Il l'attribue au fait que les systèmes de projection sensorielle moteurs sont caractérisés par quelques synapses et que les modèles de périodicité trouvant leur origine dans les récepteurs sensoriels peuvent être transmis sans distorsion au cortex. Ici, des modèles peuvent être comparés avec d'autres qui trouvent leur origine dans les structures activatrices de mémoire (souhait) dans un processus d'examen de la réalité, et qui ne sont pas si différents de ceux que proposaient Jerome Bruner (1957) ou George Miller, Eugène Galanter et Karl Pribram (1969).

De plus, au cours des quinze dernières années, des preuves se sont accumulées pour montrer que les neurones situés dans le cortex extrinsèque sensoriel moteur résonnent à des bandes limitées de fréquence (réciproque des périodicités) dans le mode sensoriel spécifique dans lequel ils travaillent (c'est-à-dire par rapport aux récepteurs sensoriels avec lesquels ils sont directement reliés). J'en ai vu des preuves à plusieurs occasions. Sans doute, l'information la plus spectaculaire est celle-ci : un modèle de vision (c'est-à-dire la perception des objets et des formes) est dû à l'opération d'un ensemble de neurones, chacun de ceux-ci étant sensibles à peu près à une octave de fréquence spatiale (d'une demie à une octave et demie). Ces neurones sont arrangés de manière à réfléchir plus ou moins isomorphiquement l'arrangement des surfaces réceptrices auxquelles ils sont reliés (d'où les « hommunculi » que Wilder, Penfield, et d'autres, ont cartographiés sur la surface corticale du système extrinsèque de projection). C'est dans cet arrangement grossier que se trouvent les champs réceptifs de chacun des neurones — un champ réceptif étant déterminé par l'excroissance dendritique du neurone, qui entre en contact avec les parties plus périphériques auxquelles ce neurone est relié. Ainsi, nous pouvons comprendre le mécanisme des perceptions en étudiant la micro-organisation des micro-organisations des champs récepteurs à divers niveaux.

La micro-organisation et l'organisation approximative des neurones corticaux dans les systèmes extrinsèques ressemblent, dans une certaine mesure, à l'organisation d'un hologramme multiplexe. De tels hologrammes sont composés en convertissant (par exemple par la transformation de Fourier) des images sensorielles successives (par exemple, les images d'un film) en leur représentation fréquentielle, et en superposant ces microreprésentations en arrangements spatiaux ordonnés qui représentent l'ordre temporel originel des images successives. Quand de telles conversions sont linéaires (transformation de Fourier), elles peuvent être tout de suite reconverties (transformation inverse de Fourier) en images sensorielles mouvantes (successives).

De telles transformations holographiques ont des avantages et des implications en philosophie et en science, qui vont bien audelà des spéculations les plus osées de Freud. Mais avant que nous puissions complètement les apprécier, nous devons être conscients de la définition très spéciale de la distinction entre les processus conscients et inconscients, que Freud et la psychanalyse ont héritée des philosophes.

Ce domaine est particulier, parce que l'information devient distributive sur l'étendue du champ et enveloppée dans chacune de ses portions. Ainsi, la reconstruction sensorielle de l'image peut être produite à partir de n'importe quelle partie de l'agrégat total des champs récepteurs. C'est ce qui donne à l'agrégat son aspect holographique, englobant. Dans un tel arrangement, il n'y a pas de frontière, tout devient distribué et enveloppé, même les dimensions d'espace et de temps. C'est cet aspect intemporel et non spatial qui pourrait expliquer les dimensions extrasensorielles des expériences qui caractérisent les traditions ésotériques.

A cause de leur absence de frontière, ces dimensions peuvent aussi bien être attribuées à la réalité personnelle ou extrapersonnelle. Les propriétés de la conscience ne sont donc pas, dans ces traditions, limitées à la réalité personnelle.

Un développement intéressant et du même genre s'est produit dans la physique quantique et nucléaire. Dans les cinquante dernières années, il est devenu évident que quand certaines grandeurs sont mesurées, d'autres sont exclues. Mais il n'existe aucun moyen de caractériser toutes les propriétés de la microstructure de la matière sans spécifier les informations qui ont conduit à définir ces propriétés. Ceci a conduit beaucoup de physiciens célèbres à proposer une sorte de représentation de l'observation dépendant des informations qu'on se donne sur l'observable, et certains de ces physiciens ont remarqué la similitude entre cette représentation et les descriptions ésotériques de la conscience. Des livres comme *Le Tao de la physique* (Capra, 1975) et la *Danse des maîtres Wu Li* (Zukav, 1971), en ont été le résultat.

CONCLUSION

Une véritable révolution est en train de s'opérer dans la pensée occidentale. Les traditions scientifiques et ésotériques ont clairement été aux prises l'une avec l'autre depuis l'époque de Galilée. Chaque nouvelle découverte scientifique, et la théorie qui en a découlé, a jusqu'ici entraîné l'élargissement du fossé entre la science objective et les aspects spirituels subjectifs de la nature de l'homme. Ce fossé a atteint un maximum vers la fin du XIXe siècle : l'humanité devait choisir entre Dieu et Darwin; Freud montrait que le ciel et l'enfer existaient en nous et non dans notre relation avec l'univers naturel. Les découvertes de la science du XXe siècle, brièvement décrites ici mais beaucoup plus développées ailleurs, ne correspondent pas à ce moule. Les découvertes récentes de la science et les expériences spirituelles de l'humanité s'accordent enfin. Cela est un bon présage pour le prochain millénaire. La combinaison de la science et de l'esprit porte déjà de grandes promesses.

BIBLIOGRAPHIE

BARCHAS, J. E., CIARANELLO, R. D., STOLK, J. M., et HAMBURG, D. A., « Biogenic amines and behavior », in S. Levine (éd.), *Hormones and Behavior*, New York, Academic Press, 1972, pp. 235-329.

BEKESY G. von, *Sensory Inhibition*, Princeton, New Jersey, Princeton University Press, 1967.

BLANCO, I. M., *The Unconscious as Infinite Sets : An Essay in Bi-Logic*. Londres, Duckworth & Co., 1975.

BRILLOUIN, L., *Science and Information Theory*, 2e éd., New York, Academic Press, Inc., 1962.

BRODY, B. A., et PRIBRAM, K. H., « The role of frontal and parietal cortex in cognitive processing : Tests of spatial and sequence functions », *Brain*, 1978, n° 101, pp. 607-633.

BRUNER, J. S., « On perceptual readiness », *Psych. Rev.*, 1957, n° 64, pp. 123-152.

BUCY, P. C., *The Precentral Motor Cortex*, Chicago, Illinois, University of Illinois Press, 1944.

CANNON, W. B., « The James-Lange theory of emotions : a critical examination and an alternative theory », *Amer. J. Psychol.*, XXXIX, 1927, pp. 106-124.

CAPRA, F., *The Tao of Physics*, Boulder, Colorado, Shambhala, 1975.

ECCLES, J., ITO, M., et SZENTAGOTHAI, J., *The Cerebellum as a Neuronal Machine*, New York, Springer Verlag, 1967.

FREUD, S., *Project for a Scientific Psychology* (1895), Standard Edition, vol. I., Londres, The Hogarth Press, 1966.

GABOR, D., « Information processing with coherent light », *Optica Acta*, 1969, n° 16, pp. 519-533.

JAMES, W., *The Principes of Psychology*, Londres MacMillan and Co., Ltd (vol. I. et II), 1901 ; New York, Dover Publications, Inc., 1950.

JAYNES, J., *The Origin of Consciousness in the Breakdown of the Bicameral Mind*, Boston, MA, Houghton-Mifflin, 1977.

LASHLEY, D., « The thalamus and emotion », in F. A. BEACH, D. O. HEBB, C. T. MORGAN, et H. W. NISSEN (éd.), *The Neuropsychology of Lashley*, New York, McGraw-Hill, 1960, pp. 345-360.

LEIBNIZ, G. W., *The Monadology and Other Philosophical Writings*, Traduction avec Introduction et Notes par Robert Latta, Oxford, Oxford Clarendon Press, 1898.

LINDSLEY, D. B., et WILSON, C. L., « Brainstem-hypothalamic systems influencing hippocampal activity and behavior, in R. L. ISAACSON et K. H. PRIBRAM (éd.), *The Hippocampus* (4e partie), New York, Plenum Publishing Co., 1976, pp. 247-274.

MACKAY, D. M., « Cerebral organization and the conscious control of action », In J. C. ECCLES (éd.), *Brain and Conscious Experience*, New York, Springer Verlag, 1966, pp. 422-445.

MACLEAN, P. D., « Psychosomatic disease and the " visceral brain " : recent developments bearing on the Papez theory of emotion », *Psychosom. Med.*, 1949, n° 11, pp. 338-353.

MAGOUN, H. W., « Caudal and cephalic influences of the brain reticular formation », *Physiol. Rev.*, 1950, n° 30, pp. 459-474.

MCFARLAND, D. J., *Feedback Mechanisms in Animal Behavior*, Londres, Academic Press, 1971.

MILLER, G. A., GALANTER, A. et PRIBRAM, K. H., *Plans and the Structure of Behavior*, New York, Henry Holt and Co., 1960.

MISHKIN, M., et PRIBRAM, K. H., « Analysis of the effects of frontal lesions in monkey, II. Variation of delayed response », *J. Comp. Physiol. Psychol.*, 1956 ; n° 49, pp. 36-40.

MITTELSTAEDT, H., « Discussion, in D. P. KIMBLE (éd.), *Experience and Capacity*, New York, The New York Academy of Sciences, Interdisciplinary Communications Program, 1968, pp. 46-49.

NEUMANN, E., *The Origins and History of Consciousness*, Princeton University Press, 1954.

OLDS, J., et MILNER, P., « Positive reinforcement produced by electrical stimulation of septal area and other regions of rat brain », *J. Comp. Physiol. Psychol.*, 1954, n° 47, pp. 419-427.

PAPEZ, J. W., « A proposed mechanism of emotion », *Arch. Neurol. Psychiat.*, Chicago, 1937, n° 38, pp. 725-743.

PRIBRAM, K. H., « A review of theory in physiological psychology, in *Annual Review of Psychology*, vol. II, Palo Alto, CA, Annual Reviews, Inc., 1960, pp. 1-40.

— « Limbic system », in D. E. SHEER (éd.), *Electrical Stimulation of the Brain*, Austin, Texas, University of Texas Press, 1961, pp. 311-320.

— « Proposal for a structural pragmatism : some neuropsychological considerations of problems in philosophy, in B. WOLMAN et E. NAGLE (éd.), *Scientific Psychology : Principles and Approaches*, New York ; Basic Books, 1965, pp. 426-459.

— « The realization of mind », *Synthese*, 1971 a, n° 22, pp. 313-322.

— *Languages of the Brain : Experimental Paradoxes and Principles in Neuropsychology*, Englewood Cliffs, New Jersey, 1971 b, 1re édition, New York, Brandon House, 1982.

— « Self-consciousness and intentionality », in G. E. SCHWARTZ et D. SHAPIRO (éd.), *Consciousness and Self-Regulation : Advances in Research*, New York : Plenum Publishing Corp., 1976.

— « Peptides and protocritic processes », in L. H. MILLER, C. A. SANDMAN, et A. J. KASTIN (éd.), *Neuropeptide Influences on the Brain and Behavior*, New York, Raven Press, 1977.

— « Modes of central processing in human learning and remembering », T. J. TEYLER (éd.), *Brain and Learning*, Stanford, Conn., Greylock Press, 1977, pp. 147-163.

PRIBRAM, K. H., et GILL, M., *Freud's « Project » Reassessed*, Londres, Hutchinson et New York, Basic Books, 1976.

PRIBRAM, K. H., KRUGER, L., ROBINSON, F., et BERMAN, A. J., « The effects of precentral lesions of the behavior of monkeys », *Yale J. Biol. & Med.*, 1955-1956, n° 28, pp. 428-443.

PRIBRAM, K. H., et MCGUINNESS, D., « Arousal, activation and effort in the control of attention », *Psychol. Rev.*, 1975, n° 82 (2), pp. 116-149.

PRIBRAM, K. H., et MISHKIN, M., « Simultaneous and successive visual discrimination by monkeys with inferotemporal lesions », *J. Comp. Physiol. Psychol.*, 1955, n° 48, pp. 198-202.

— « Analysis of the effects of frontal lesions in monkey : III. Object alternation », *J. Comp. Physiol. Psychol.*, 1956, n° 49, pp. 41-45.

PRIBRAM, K. H., NUWER, M., et BARON, R., « The holographic hypothesis of memory structure in brain function and perception, in R. C. ATKINSON, D. H. KRANTZ, R. C. LUCE et P. SUPPES (éd.), *Contemporary Developments in Mathematical Psychology*, San Francisco, W. H. FREEMAN and Co., 1974, pp. 416-467.

ROSE, J. E., et WOOLSEY, C. N., « Organization of the mammalian thalamus and its relationship to the cerebral cortex », *EEG Clin. Neurophysiol.*, 1949, I, pp. 391-404.

RUFF, R. M., HERSH, N. A., et PRIBRAM, K. H., « Auditory spatial deficits in the personal and extrapersonal frames of reference due to cortical lesions », *Neuropsychologia*, 1981, n° 19 (3), pp. 435-443.

RYLE, G., *The Concept of Mind*, New York, Barnes and Noble, 1949.

SCHACHTER S., et SINGER, T. E., « Cognitive, social and physiological determinants of emotional state », *Psychol. Rev.*, 1962, n° 69, pp. 379-397.

SCOVILLE, W. B., et MILNER, B., « Loss of recent memory after bilateral hippocampal lesions », *J. Neurol. Neurosurg. Psychiat.*, 1957, n° 20, pp. 11-21.

SIDMAN, M., STODDARD, L. T., et MOHR, J. P., « Some additional quantitative observations of immediate memory in a patient with bilateral hippocampal lesions », *Neuropsychologia*, 1968, n° 6, pp. 245-254.

WADDINGTON, C. H., *The Strategy of Genes*, Londres, George Allen and Unwin, Ltd., 1957.

WEISKRANTZ, L., WARRINGTON, E. K. SANDERS, M. D., et MARSHALL, J., « Visual capacity in the hemianopic field following a restricted occipital ablation », *Brain*, 1974, n° 97 (4), pp. 709-728.

ZUKAV, G., *The Dancing Wu Li Masters*, New York, Morrow, 1971.

DISCUSSION

ELIZABETH RAUSCHER. — *Un problème, ici, est de savoir comment nous allons relier l'énergie, l'entropie et l'information. Tout ceci réuni dans un modèle. Je pense que nous commençons à avoir quelques idées là-dessus, mais il y a encore un gros travail à faire.*

HENRI LABORIT. — *Je voudrais bien que Karl Pribram dise deux mots de la grenouille, qui est un animal un peu plus simple que les mammifères et notamment que l'homme. Et je serais intéressé par le système visuel de la grenouille, qui a été très étudié je crois.*

JEAN CHARON. — *Sans vouloir vous empêcher de discuter technique entre spécialistes, je voudrais vous rappeler que cette réunion est interdisciplinaire et donc d'essayer de vous adresser même à ceux qui ne sont pas des spécialistes de la biologie.*

JOSÉ DELGADO. — *Je veux m'adresser à Karl Pribram. Vous avez parlé d'énergie et indiqué que l'énergie en biologie n'était peut-être pas la même qu'en physique. En fait l'énergie est quelque chose qui peut être mesuré avec des instruments et j'aurais souhaité que vous donniez un petit peu plus d'explications sur la façon dont vous concevez l'énergie. D'autre part, un des grands intérêts de votre communication est d'avoir, je crois, essayé de rapprocher le spirituel avec les fonctions biologiques ; mais, là aussi, je voudrais que vous donniez quelques éclaircissements car je crois que, dès que vous parlez biologie, eh bien à ce moment-là, vous ne parlez plus de spirituel, vous parlez de fonctions mentales.*

KARL PRIBRAM. — *Oui, je serai assez d'accord avec votre seconde question dès que l'on parle de biologie, c'est quelque chose qui se passe dans l'espace-temps et, par conséquent, c'est plutôt du domaine des fonctions mentales auquel nous nous référons, alors que le spirituel devrait être considéré comme quelque chose de transcendant, c'est-à-dire de non situé dans l'espace-temps. En ce qui concerne votre première question, je suis d'accord que quand on parle de l'énergie, c'est la même énergie qu'en physique. C'est une énergie mesurable, une énergie potentielle et cinétique, il n'y a strictement aucune différence quand nous, les biologistes, parlons d'énergie avec l'énergie que considèrent les physiciens, elle peut être mesurée par des instruments. Cependant quand on étudie le problème du fonctionnement de l'esprit, je sens, et je crois que d'autres biologistes le sentent également, je sens qu'on est amené peut-être à faire comme les physiciens et faire intervenir des caractéristiques* imaginaires ; *c'est-à-dire imaginaires au sens mathémathique, avec le nombre* $\sqrt{-1}$ *précédant des grandeurs habituellement considérées en physique ou en biologie. Dans ce cas, on peut se demander si ces grandeurs telles que l'énergie, que l'on traite dans le modèle, sont vraiment réelles ? Alors on peut aussi se demander : est-ce que le domaine spirituel est réel ?*

JEAN CHARON. — *Je dois dire que, en ce qui concerne les développements dans le cadre de la Relativité complexe, nous avons effectivement à considérer des énergies complexes, c'est-à-dire en partie réelles, en partie imaginaires. Ce qui rejoint un peu, je crois, ce que vous dites, Karl.*

KARL PRIBRAM. — *C'est essentiellement ce que, je crois, je cherchais à exprimer. Et ce qu'il y a, c'est que devant ces énergies qui ne sont peut-être pas réelles, on peut mettre en face des structures correspondantes dans le domaine de la biologie. Je crois que le langage qui s'est développé au cours de ces vingt dernières années en science va peut-être nous amener à considérer des grandeurs virtuelles à côté de grandeurs réelles.*

JERZY WOJCIECHOWSKI. — *Si je vous ai bien compris, vous dites que dans le cerveau nous aurions les structures qui permettent de percevoir la réalité. Mais vous avez aussi parlé d'une perception de ce que je pourrais appeler une réalité non pas ordinaire mais*

« extraordinaire ». Ma première question est : pensez-vous que notre système neuronal, tel qu'il est construit dans le cerveau humain, peut avoir accès à cette perception de l' « extraordinaire » ? Ma seconde question : est-ce que les développements de la science ouvrent un accès plus large à cette réalité extraordinaire ? Et, par ailleurs, si c'est le cas, alors, est-ce que cela signifie que cette extension de la perception de la réalité est un aspect de l'évolution elle-même ?

KARL PRIBRAM. — *Ce sont là des questions extrêmement fondamentales et importantes. D'abord votre première question, qui consiste à se demander comment on peut faire passer le système neuronal de perception d'un certain type de réalité d'espace-temps à un autre type de perception et donc à une autre réalité. Je pense, et je m'efforce d'essayer de montrer, que cela paraît possible et de faire des mesures bien sûr. Je pense, et ceci répond à votre seconde question, que les progrès que l'on fait dans les domaines de la physique et de la chimie, concernant le cheminement des impulsions électriques ou chimiques dans le système nerveux notamment, devraient permettre effectivement d'étudier dans de meilleures conditions cet accès du cerveau à une réalité plus large que celle de la réalité ordinaire, faite de l'espace-temps observable. Mais ce n'est certainement pas un problème facile. Nous ne connaissons donc pas les réponses pour le moment. En ce qui concerne la question : est-ce quelque chose associé à l'évolution ? Si l'on pense à l'évolution culturelle, je réponds oui sans aucun doute, le fait même que l'on puisse se poser scientifiquement des questions sur ce niveau « extraordinaire » de perceptions prouve qu'il y a là une évolution culturelle.*

JERZY WOJCIECHOWSKI. — *Pouvez-vous faire des expériences dans ce domaine en comparant les cultures occidentale et orientale ?*

KARL PRIBRAM. — *En fait, les expériences sont faites sur des singes, et non pas sur des humains. On ne peut pas planter des électrodes dans le crâne d'un humain. En tout cas, pas de la façon dont on le fait chez les singes. Je crois que José Delgado a pu faire de telles expériences.*

JOSÉ DELGADO. — *En ce qui concerne la perception de la réalité que vous avez appelée « ordinaire », des dispositifs relativement simples peuvent être utilisés, aussi bien chez les humains que chez les singes.*

PAUL KURTZ. — *Je ne voudrais pas présenter ici une vue trop réductionniste. Il y a la matière et il y a l'esprit ; ne pensez-vous pas que, en ce qui concerne les concepts scientifiques, on s'occupe d'abord de la matière ? Et qu'il n'est pas facile de faire une théorie générale englobant les deux à la fois ?*

KARL PRIBRAM. — *Je me nomme moi-même un moniste pluraliste. Je crois que cela dépend du cadre de connaissance dans lequel vous allez étudier ces sujets. Dans le cadre de connaissance des concepts newtoniens, il n'y a que la dualité, il y a forcément matière et esprit indépendants ; mais dans le contexte des théories modernes, on vient d'ailleurs de le rappeler avec les notions de complexité au sens mathématique, le formalisme élargit les moyens de représentation et permet des développements en ce qui concerne des modèles plus élaborés utilisant ces nouveaux cadres de pensée. Je crois qu'on peut aujourd'hui envisager de revenir à un examen de la position moniste, où matière et esprit sont directement représentés en relation l'un avec l'autre dans le cadre d'un langage scientifique élargi.*

HANS EYSENCK. — *Je voudrais poser une question très brève : est-ce que vous faites une différence entre l'expérience religieuse et les hallucinations psychotiques ?*

KARL PRIBRAM. — *Vous appelez ça une question simple ! Je crois que c'est un problème de contexte. Même dans le contexte de la réflexion scientifique, il est bien connu que vous avez par moment des sortes de visions, d'hallucinations extrêmement brèves, qui vous éclairent le chemin à suivre pour aller vers le progrès que vous souhaitez réaliser. J'entends le progrès dans le cadre de la science. Six de mes collègues à Stanford ont fait une expérience ; ils se sont présentés dans des hôpitaux psychiatriques différents, en déclarant simplement qu'ils avaient eu des hallucinations. Ils ont alors tous subi des tests psychiatriques variés, mais ils ont eu à partir de leur entrée à la clinique psychiatrique un comportement qu'ils considéraient tous comme normal. Cependant, aucun des psychiatres qui les ont examinés n'a conclu qu'ils étaient normaux, ils leur ont tous trouvé des troubles psychiatriques, qui ne se limitaient bien sûr pas du tout à l'hallucination. Je ne sais pas ce que l'on doit conclure de définitif d'expériences comme celles-là, si ce n'est que peut-être, si on nous examine bien tous, nous ne sommes pas tellement normaux du point de vue psychique. J'ajouterai que les mêmes types d'expériences faites en Angleterre sembleraient indiquer, d'après l'avis des psychiatres, que les Anglais sont beaucoup plus « normaux » que les Américains. Tout ceci pour bien voir la complexité du problème du psychique et de l'évaluation du psychique, de sorte qu'il n'est pas facile de répondre à la question que vous posez d'une façon extrêmement « objective ».*

HANS EYSENCK. — *Je ne suis pas sûr que vous ayez répondu à ma question. Quelqu'un qui a des hallucinations bien diagnostiquées par la psychiatrie, est-ce tellement différent, disons par exemple de Jeanne d'Arc, c'est-à-dire d'expériences religieuses, qui peuvent d'ailleurs se renouveler plus ou moins souvent ?*

KARL PRIBRAM. — *Je crois que cela dépend de la société, de la culture dans laquelle ces hallucinations ont lieu : suivant que cette culture considère ou non qu'il s'agit là d'expériences religieuses ou de ce qu'on appelle des hallucinations.*

DIANE MCGUINNESS. — *Je pense que vous avez à faire une distinction extrêmement claire entre quelqu'un qui a vraiment une expérience religieuse et quelqu'un chez qui on peut diagnostiquer des hallucinations, résultant de troubles mentaux. L'alcoolique qui va voir des araignées sur le mur d'en face ne peut pas être considéré comme ayant une expérience religieuse.*

RICHARD RUBENSTEIN. — *Si je vous disais, par exemple, que Dieu est venu me voir et qu'il m'a demandé de sauver le monde, je pense qu'il y aurait lieu, effectivement, de soupçonner ma santé d'esprit. Et on le ferait probablement parce qu'on sait que j'ai une expérience universitaire en Religiologie, et dans bien d'autres domaines, ce qui fait que je suis quelqu'un de prévenu en quelque sorte, et qui ne devrait pas faire ce type de déclaration à brûle-pourpoint. Maintenant, dans d'autres cultures, de telles expériences religieuses, Dieu venant vous visiter et vous indiquant de faire ceci ou cela, eh bien dans de telles cultures, ceci ne fera pas soupçonner du tout l'état d'esprit de celui qui fait ces déclarations. Je pense donc que cette question est à mettre en référence avec la culture, ou plutôt est relative à la culture dans laquelle un tel comportement va prendre place. Le même comportement, suivant les cultures, pourra paraître une expérience religieuse authentique ou alors une hallucination.*

KARL PRIBRAM. — *Clarifions un petit peu notre terminologie. L'hallucination est la perception de quelque chose qui n'est pas en relation avec la réalité objective. La question est donc : est-ce que l'expérience religieuse peut être différenciée de l'hallucination ainsi définie ? Est-ce, comme l'hallucination, un état psychotique ? Je crois que c'est quelque chose de tout à fait différent, car l'état psychotique va produire un tel comportement hallucinatoire dans des quantités de compartiments de la vie. Le psychotique va faire l'expérience de ses hallucinations dans de nombreuses conditions très différentes.*

JOSÉ DELGADO. — *Alors la question est : est-ce que l'expérience religieuse est de même nature que l'hallucination psychotique, c'est-à-dire l'hallucination résultant d'un dérèglement de l'activité mentale nettement caractérisé ? L'expérience religieuse, par définition, n'est pas reliée à la réalité objective.*

KARL PRIBRAM. — *Je pense que l'expérience religieuse doit quand même se traduire dans les mécanismes du cerveau par quelque chose se rapprochant des mécanismes mis en œuvre dans ce que l'on nomme l'hallucination.*

RICHARD RUBENSTEIN. — *Oui, c'est possible, mais on peut aussi dire que la façon dont une divinité souhaite se manifester à un être humain peut faire intervenir effectivement ces mécanismes, c'est-à-dire des mécanismes qui ressemblent à ceux mis en œuvre au cours des hallucinations. Ceci n'enlève rien au caractère « divin », disons, de la manifestation qui est expérimentée par la personne ayant une expérience religieuse. Cette possibilité, je crois, ne peut en aucune façon être éliminée par la science. La chrétienté, en fait, repose sur cette possibilité.*

HANS EYSENCK. — *La science ne peut pas éliminer cette possibilité, mais en tout cas elle ne peut pas non plus la confirmer.*

HENRI LABORIT. — *Est-ce qu'on a soumis les gens ayant eu une expérience mystique à des antihallucinatoires ? Comme la phénotiasine en particulier, ou la chlorpromasine, qui provoque la suppression des hallucinations. Si cela a été fait, je voudrais bien le savoir.*

KARL PRIBRAM. — *Je ne connais pas la réponse à cette question. Vous devriez le savoir mieux que moi, puisque vous avez travaillé sur la chlorpromasine.*

JEAN CHARON. — *Il commence à se faire tard et nous risquons d'avoir des hallucinations si nous continuons ! Par conséquent, nous allons arrêter là.*

L'évolution du cerveau, de l'intelligence et de l'esprit

FRANZ SEITELBERGER

Le cerveau, comme toutes formes biologiques, est un résultat de l'évolution, certainement le produit le plus compliqué et qui nécessite le programme génétique le plus différencié. La dernière phase accélérée de cette évolution se trouve déjà dans les hominidés, les ancêtres directs de l'homme. Durant cette période, le poids du cerveau a augmenté de quatre fois sa valeur. Des conditions préalables ont été la station verticale du corps qui a libéré les bras de la tâche de la locomotion et la bouche d'avoir à prendre et à préparer la nourriture. Les bras sont devenus disponibles pour cette tâche et pour d'autres formes de préhension. La bouche et le visage sont devenus disponibles pour des mouvements expressifs et finalement pour la fonction communicative de la parole. En ce qui concerne la structure du cerveau, la progression évolutionniste est caractérisée par la construction de structures à complexité et capacité croissantes qui sont situées au niveau de la partie antérieure du système nerveux central

Chaque nouvelle étape comprend et contrôle tous les niveaux profonds par l'intermédiaire de très nombreuses connexions. Le niveau le plus efficace est composé du cortex cérébral qui atteint sa taille maximale et son rôle fonctionnel dominant chez l'homme. Le cerveau humain est capable de prélever un grand nombre d'informations en provenance du monde extérieur à partir des organes des sens et à travers les nerfs périphériques. Ce cerveau exécute un véritable traitement des informations, avec l'objectif de construire des instructions appropriées pour un comportement adéquat dans le monde extérieur.

Le cerveau en tant qu'organe possède les propriétés essentielles communes à tous les autres organes du corps : il est constitué de cellules, il a besoin d'être nourri et d'avoir des réserves d'énergie, il subit des changements avec l'âge... Les cellules nerveuses, cependant, dès la naissance, perdent leur capacité de reproduction et ne peuvent être remplacées. Le caractère distinctif et spécifique du cerveau réside dans sa structure fonctionnelle en tant que système dans le sens technique de ce mot : les éléments du parenchyme, les cellules nerveuses, sont reliés les uns aux autres de manière variée (les fibres nerveuses), constituant une unité fonctionnelle d'une complexité incroyable. Il y a approximativement 15 milliards de cellules nerveuses avec environ 50000 milliards de contacts, que l'on appelle synapses. La transmission des signaux dans ce système est établie selon des procédés électrochimiques pour lesquels le métabolisme particulier des substances transmetteuses a été établi. Il faut souligner que ce système biologique avec ses neurones, ses transmetteurs et ses signaux électriques est seulement l'appareil porteur des performances spécifiques du cerveau. En effet, les fonctions du cerveau utilisent cet appareillage complexe. Selon cette idée, le système fonctionnel du cerveau est comparable à la partie « hardware » d'un ordinateur utilisant des dispositifs électroniques pour le traitement de l'information. La fonction spécifique du cerveau consiste à exécuter un traitement biologique des informations utile pour la régulation du comportement. Cette fonction consiste en modèles dynamiques du traitement d'information courante, rappelant les programmes « software » d'un ordinateur. Ces programmes, en formes et contenus, sont seulement déterminés par les lois de connexion des signaux, leurs ordres et leurs fréquences, et sont indépendants de l'appareil utilisé. Il en résulte que les performances spécifiques du cerveau, qui sont à la base du comportement humain, ne peuvent être expliquées complètement au moyen de l'exploration de l'organe porteur e.g. en disséquant le cerveau ou en dressant la « carte » des circuits entre cellules nerveuses ou des impulsions neurophysiologiques ; on ne comprendra pas plus le cerveau par les analyses neurochimiques des opérations en jeu, parce que toutes ces méthodes décrivent seulement le cerveau en tant qu'appareil et ses mécanismes ne donnent pas une idée sur son niveau fonctionnel réel qui doit être compris comme une sorte de programme de traitement de l'information. Le comportement humain n'est pas tellement le résultat d'un matériel biologique mais un phénomène de réalité transmatérielle de la vie organique.

La relation structure-fonction joue un rôle spécialement

important par rapport aux fonctions de la conscience supérieure du cerveau humain : la perception de l'objet, l'apprentissage, la mémoire, la pensée, l'action volontaire et le langage. Toutes ces fonctions sont basées sur l'activité du cortex cérébral et consistent essentiellement en des structures de programme d'ordre supérieur. A ce niveau fonctionnel du cerveau, le but de la recherche neuroscientifique est tourné vers les conditions, c'est-à-dire vers l'anatomie fonctionnelle du cerveau et du cortex cérébral. Dans cette branche, des progrès remarquables ont été réalisés ces dernières années, dont je rapporterai et interpréterai rapidement les résultats dans ce qui suit. Par-dessus tout, la recherche sur le cerveau a identifié avec succès la structure de base du cortex cérébral, le *module,* que l'on peut comparer avec un élément de circuit intégré du traitement d'informations, ou à un microprocesseur. Le module est une structure cylindrique qui est placée perpendiculairement à la surface du cortex, dont la hauteur est de 3 mm et d'un diamètre de 0,5 mm. Le module contient plusieurs milliers de cellules nerveuses arrangées dans un circuit particulier, dans lequel les signaux sont ordonnés dès leur entrée et dans lequel la récupération des signaux (output) est arrangée d'après un agencement spécial. Le cortex cérébral humain, qui est constitué d'à peu près 4 millions de ces modules, montre une population énorme de microprocesseurs formant un véritable réseau. La structure fine et l'architecture des processus des cellules nerveuses en action varient d'un secteur cortical à un autre. Le plan de base du module, cependant, reste inchangé. De là, nous pouvons conclure que les mécanismes de traitement du cortex cérébral sont principalement les mêmes partout, mais que, cependant, les groupes de modules localement différenciés sont organisés pour former des assemblages variés correspondant à des programmes différents de traitement. La particularité essentielle des fonctions locales du cortex cérébral, cependant, consiste dans la variété de l'input, que les modules individuels reçoivent des régions profondes du cerveau et aussi d'autres régions corticales. Chaque module est connecté avec les modules l'entourant, aussi bien qu'aux nombreux modules qui sont plus ou moins dans le même hémisphère et au moyen du corps calleux avec des modules de l'hémisphère cérébral contre-latéral. Le groupement des modules, également leur taille, la très fine différenciation de cette région et l'étendue des interconnexions, est d'importance cruciale pour le niveau fonctionnel du cortex cérébral humain.

A partir de ces caractéristiques de la structure modulaire du cortex cérébral, on peut conclure qu'elles n'ont pas de fonctions spéciales arrangées comme dans une mosaïque, mais plutôt que nous sommes en présence d'une structure qui permet une fonction de distribution incroyablement vaste et dense et une variété de chemins distinctifs de traitement de l'information.

BIBLIOGRAPHIE

CREUTZFELDT, O. D., « Neurophysiological mechanisms of consciousness », *Brain and Mind,* Ciba Foundation Series 69, Excerpta Medica, Amsterdam-Oxford-New York, 1979.

ECCLES, J. C. et ZEIER H. *Gehirn und Geist,* Kindler, 1980.

GEHLEN A., *Der Mensch,* Junker und Dünnhaupt-Verlag, Berlin, 1940.

HERDER, J. G. von, « Ideen zur Philosophie der Geschichte der Menschheit », *Sämtliche Werke,* Vol. 4-7, Tübingen, J. G. Cotta'sch Bunchhandlung, 1827.

KANT, I., « Anthropologie in pragmatischer Hinsicht », *Sämtliche Werke,* Vol. 1, Leipzig, Großherzog Wilhelm-Ernst-Ausgabe, Inselverlag, 1922.

MOUNTCASTLE, V. B., « An organizing principle for cerebral function : The unit module and the distributed system », *The mindful brain,* MIT-Press Cambridge (Mass.) et Londres, 1978.

SCHRÖDINGER, E., *Mind and Matter,* Cambridge, The University Press, 1958.

SEITELBERGER, F., « Das menschliche Gehirn und die Sonderstellung des Menschen, in der Natur aus heutiger Sicht », *Österr. Ärztezeitung* 26, 1973, pp. 777-791.

— « Neue Aspekte und Erkenntnisse der Gehirnforschung : Freiheit und Verantwortung des Menschen », *Universitas,* 35. Jg., 7, 1980, pp. 388-633.

— *Die Raum-Zeit im Blickpunkt der Hirnforschung,* Halle, Nova Acta Leopoldina, sous presse.

SPERRY, R. W., GAZZANIGA, M. S. et BOGEN, J. E., « Interhemisphere deconnection », *Handbook of Clin. Neurology,* vol. 4, éd. VINKEN, P. J. et BRUYN, A. W., Amsterdam-New York-Oxford, North Holland Publishing Company, 1970.

SZENTAGOTHAI, J., « The local neuronal apparatus of the cerebral cortex », *Cerebral correlates and conscious experience,* éd. BUSER, P. A. et ROUGEUL-BUSER, A., Amsterdam-New York-Oxford, North Holland Publishing Company, 1978.

DISCUSSION

KARL PRIBRAM. — *Vous avez fait un très bel exposé et présenté un modèle intéressant. Malheureusement, je pense que quarante années d'expériences semblent indiquer qu'il y a en fait beaucoup d'arguments* contre *votre modèle. Le modèle que vous présentez est le modèle de la communauté des neurologues. Mais celui-ci diffère de façon fondamentale du modèle couramment accepté maintenant par les neurophysiologistes. D'abord, l'idée que le cerveau serait un système de traitement de l'information ressemblant un petit peu au traitement que peut effectuer un ordinateur. Tout d'abord, les ordinateurs fonctionnent selon un processus digital alors que le cerveau, d'après toutes les études qui nous le démontrent, fonctionne plutôt selon un processus analogique. Par ailleurs, la mémoire du cerveau est une mémoire répartie, c'est-à-dire que la même information se retrouve dans des structures différentes du cerveau, ce qui n'est pas le cas de l'ordinateur qui localise une information en un endroit précis et pas ailleurs. L'information est, chez l'ordinateur, logée sur un élément de mémoire indépendant des autres éléments de mémoire. Ceci, comme je l'ai moi-même montré, suggère que la mémoire associée au cerveau se rapproche beaucoup de ce qu'en mathématique on appelle les transformations de Fourier. Ceci me paraît être une lacune grave de la part des neurologistes qui travaillent en ne tenant pas compte du tout de ce que font depuis plus d'un demi-siècle les neurophysiologistes ou les psychologues. Et en fait, compte tenu de ces expériences des neurophysiologistes, ce que vous avez dit est tout simplement faux.*

FRANZ SEITELBERGER. — *Je ne vois pas que nous ayons des différences essentielles dans la conception que j'ai présentée et dans ce que vous dites. Quand je compare le fonctionnement du cerveau à un ordinateur, c'est de manière générale, vous avez d'ailleurs des ordinateurs analogiques aussi bien que digitaux. En rentrant dans le détail de l'examen de ces fonctionnements, bien entendu, on trouvera certaines spécificités du cerveau différentes de celles de l'ordinateur. Mais je n'ai pas voulu entrer dans ces détails dans un exposé comme celui-là.*

KARL PRIBRAM. — *Une des différences importantes qu'il faut, je crois, souligner entre l'ordinateur et le cerveau, est ce fait qu'un ordinateur quel qu'il soit ne modifie pas sa structure au fur et à mesure qu'il exécute des programmes. Au contraire, le cerveau se modifie avec les inputs qu'il reçoit, comme par exemple par la formation des synapses et je crois que ceci est une différence essentielle avec une structure d'ordinateur. Je crois que, de toute manière, que l'on compare le cerveau à un ordinateur ou à autre chose, ce sont toujours de très vagues métaphores, que le cerveau a sa propre spécificité, qu'on ne peut pas comparer scientifiquement valablement à un système purement matériel, quel que soit celui-ci.*

RÉMY CHAUVIN. — *Mais, quand même, le cerveau ressemble davantage à un ordinateur qu'à une machine à vapeur ou à une brouette !*

HANS EYSENCK. — *Je voudrais d'abord faire une remarque dans le sens de Karl. C'est un drame, à notre époque, qu'une science comme la psychologie soit complètement coupée pratiquement des sciences comme la neurologie ou la génétique. Beaucoup des branches de la science se développent ainsi indépendamment l'une de l'autre, méconnaissant généralement toutes les recherches qui sont faites depuis des dizaines d'années dans d'autres disciplines, même voisines de la leur et ignorent notamment les modèles qui, comme dans toutes les branches des sciences, se construisent ici et là, sont proposés ici et là. Je ne suis pas sûr, par ailleurs, d'avoir bien compris. Il me semble que vous avez dit que l'intelligence basée sur l'éducation, alors que le psychologue dirait plutôt que l'éducation est basée sur l'intelligence. Vous parlez aussi d'un individu utilisant son cerveau, je ne vois pas ce que vous voulez dire, l'individu est le cerveau.*

FRANZ SEITELBERGER. — *Ce que je veux dire, c'est que*

l'éducation et l'intelligence sont en rapport l'une avec l'autre, ce qui paraît évident. J'entends par éducation la capacité d'apprendre. D'autre part, mettre en rapport l'individu et son cerveau me paraît quelque chose de normal, mais je ne vois pas comment on peut prétendre que le cerveau soit *l'individu. C'est une affirmation dogmatique. Le cerveau peut être considéré comme l'instrument dont dispose l'individu.*

JERZY WOJCIECHOWSKI. — *Je veux poser une question d'un type plutôt philosophique. Comment pouvons-nous comprendre le cerveau au moyen de modèles que le cerveau peut utiliser ? Si le cerveau produit le modèle qui explique le cerveau, dans ce cas le modèle devrait nécessairement être vrai ; alors que les modèles du cerveau ne sont pas, en tout cas pas tous, vrais : puisqu'ils sont différents. C'est tout ce que je voulais dire.*

KARL PRIBRAM. — *Je pense que les modèles du cerveau sont comme les autres modèles, on suggère un modèle et on cherche ensuite à vérifier dans l'expérience sa validité. Je m'excuse, mais je ne pense pas que c'est une question philosophique profonde.*

SANDRA SCARR. — *Je trouve, pour ma part, que ça me paraît en tout cas plus facile de créer un modèle du cerveau qu'un modèle de l'univers « invisible », comme nous le suggère Jean Charon et sa Relativité complexe.*

Deux

L'ESPRIT EST PREMIER

Jean E. Charon
Sandra Scarr
Bernard Valade
Elizabeth A. Rauscher
Mitsuo Ishikawa

La Physique identifie l'Esprit

JEAN E. CHARON

ESPRIT OU PAS ESPRIT ?

Deux grandes disciplines scientifiques, la Biologie et la Physique, semblent aujourd'hui en désaccord sur un aspect de la Connaissance qui nous concerne tous au premier chef : le problème de l'Esprit. Une large part des biologistes adhère en effet à l'idée que, au bout de leurs recherches, ils n'ont rien rencontré ressemblant à ce qu'on a coutume de désigner comme l'Esprit. « Désormais, à quoi bon parler d'Esprit ? » affirme par exemple Jean-Pierre Changeux[1], professeur au Collège de France et à l'Institut Pasteur. On connaîtrait suffisamment bien maintenant, d'après Changeux, la « mécanique » de ces cellules nerveuses nommées neurones, qui se retrouvent similaires chez tout le Vivant, et seraient le support des phénomènes psychiques ; ces neurones traduisent leurs interactions entre eux ou avec le milieu extérieur au moyen d'une production de signaux électriques ou chimiques bien connus par la Physique de la Matière *seule.* Alors, pourquoi faire entrer dans la représentation des phénomènes psychiques autre chose que les réactions physiques de la matière inerte ? Pourquoi associer à la Biologie une notion aussi « métaphysique » que celle de l'Esprit ?

Sur l'autre versant de la science on trouve les physiciens. Eux aussi étudient la Matière : et, au cours de ces quinze dernières années, le concept d'Esprit est au contraire progressivement devenu toujours plus central en Physique ; au point qu'on n'hésite plus ici à parler aujourd'hui de la « participation directe » de l'Esprit aux phénomènes observés[2]. Admettre comme nécessaire de tenir compte de l'Esprit dans la représentation des phénomènes, n'est-ce pas supposer aussi l'existence d'une réalité nommée Esprit ? Y aurait-il donc deux sortes de Matière, une pour les physiciens, l'autre pour les biologistes ? Certes, cette Matière entre chez les biologistes dans des structures complexes, comme celle des neurones de notre cerveau ; mais si le physicien, pour sa part, prétend devoir associer l'Esprit à la représentation de la Matière dès le niveau des atomes *individuels,* il paraît difficile aux biologistes de soutenir que cet Esprit aurait disparu quand ils considèrent la Matière « complexe », c'est plutôt au contraire qu'on pourrait s'attendre, l'Esprit s'intensifiant encore avec la complexité.

LA DÉFINITION DE L'ESPRIT EN PHYSIQUE

Curieusement, on constate à l'examen que les biologistes optent généralement pour un matérialisme inconditionnel de la Nature en s'abritant derrière l'idée[1] qu'il n'y aurait d'autre définition *claire* de l'Esprit qu'en termes de ses constituants purement matériels : l'Esprit ne serait qu'une « émergence » se manifestant à partir d'un certain degré de complexification de la Matière brute et pourrait être entièrement justifié par des relations physico-chimiques.

Mais les physiciens sont gens rigoureux, et s'ils estiment aujourd'hui nécessaire de parler d'Esprit, c'est qu'ils ont été d'abord capables de donner une *stricte* définition du mot Esprit, afin de bien préciser de quoi ils ont l'intention de parler.

Définir l'Esprit, c'est identifier celui-ci sans ambiguïté au moyen des attributs que chacun de nous lui reconnaît, dont les trois principaux sont les suivants :

1. *L'Esprit a conscience de lui-même,* je pense mais je sais aussi que je pense. Ceci implique que, grâce à l'Esprit, je suis capable de me penser en tant qu'objet qui pense. C'est ceci qui distingue nettement une structure dotée d'Esprit d'un robot mécanique, comme un ordinateur par exemple[3]. Pour avoir conscience d'être, il faut non seulement être *objet* dans le monde, mais encore pouvoir être simultanément *sujet,* c'est-à-dire capable d'occuper (au moins par la pensée) une sorte de position

« hors du monde » des objets et posséder ainsi le recul nécessaire pour contempler (au moins par la pensée) les objets du monde, dont éventuellement soi-même en tant qu'objet pensant. Ceci exige l'existence d'un univers de l'Esprit (du sujet conscient) *distinct* de l'univers de la Matière (de l'objet, fût-il même pensant). Cet attribut de l'Esprit d'être porté par un univers distinct de celui de la Matière interdit dès lors de prétendre pouvoir décrire l'Esprit en termes de Matière, puisque ces deux entités (le sujet et l'objet) se situent dans deux univers dont l' « intersection » est vide, ou se réduit en tout cas spatialement à un seul point.

2. *L'Esprit est un flux continu et spontané de pensée* qu'il n'est pas possible d'arrêter. En cela la pensée ressemble beaucoup au temps qui s'écoule, qui ne peut non plus être « arrêté ». Mais la pensée est d'abord « forme », c'est-à-dire étendue spatiale. L'Esprit se caractérise donc comme un univers où l'espace « coule » continuellement comme du temps. Par contre, l'Esprit est toujours également centre de réflexion, il définit ainsi pour le sujet qui pense un éternel présent. Le sujet « se campe » dans le présent de son Esprit comme l'objet peut se camper en un lieu particulier de l'espace. L'univers de l'Esprit doit donc être rapporté à un cadre où espace et temps ont échangé leurs rôles respectifs par rapport à l'espace-temps de l'univers de la Matière : chez l'Esprit l'espace « coule » comme du temps et le sujet pensant s' « arrête » sur l'instant présent comme la Matière (l'objet) peut s'arrêter dans l'espace. En bref, nous dirons que l'univers de l'Esprit est un temps-espace, alors que l'univers de la Matière est un espace-temps.

3. *L'Esprit est libre,* c'est-à-dire capable d'initiative. Une image qui peut éclairer cet aspect est celle de l'acte d'un sculpteur, commençant avec l'ébauche de pierre grossière et s'achevant avec l'œuvre d'art où l'artiste a fait passer sa pensée dans la forme. Le sculpteur fait ici preuve de son Esprit par sa libre initiative à choisir la forme de sa création. Si l'œuvre d'art est ensuite abandonnée à elle-même pendant de longues années, on verra le temps finir par faire disparaître ce produit de l'Esprit, qui deviendra à nouveau une substance informe semblable à celle dont le sculpteur avait extrait son œuvre. Ainsi, quand le temps s'écoule, l'Esprit engendre spontanément de l'ordre (la forme), au lieu que la Matière seule engendre spontanément le désordre (retour à la substance). On peut encore exprimer ce

résultat en disant que, si le temps de l'univers de la Matière est affecté d'un signe toujours positif, on doit penser que le temps de l'univers de l'Esprit est toujours négatif, les deux évolutions procédant de manière complémentaire l'une de l'autre, la marche vers le désordre chez la première étant ainsi remplacée par une marche vers l'ordre pour la seconde.

Les trois observations qui précèdent permettent à la Physique de fournir une définition précise de ce qu'on va nommer Esprit :

L'Esprit est un univers temps-espace à temps négatif, distinct de l'univers espace-temps de la Matière.

LA DÉCOUVERTE EN PHYSIQUE DES UNIVERS-TROUS

Avec cette définition de l'Esprit il ne restait plus alors aux physiciens qu'à rechercher si un tel univers de l'Esprit, avec les caractéristiques qu'on était conduit à lui attribuer, « existait » vraiment. Notre monde était-il fait non seulement de notre univers « observable » (celui de la Matière), mais encore d'un ou plusieurs univers *distincts* de celui-ci, qui seraient les porteurs de l'Esprit ?

Les biologistes, perdus dans la forêt des structures complexes qu'ils portaient sous leur microscope, comme on l'a vu n'y croyaient guère. Mais les physiciens, qui en sont aujourd'hui arrivés à vouloir « disséquer » jusqu'aux particules *individuelles* de Matière, avaient *besoin* d'y croire, car il leur fallait l'Esprit pour faire accomplir un pas de plus à la connaissance de la Matière.

Et ce fut l'incroyable de la Biologie qui, finalement, devint la réalité de la Physique. Ceci s'est produit en deux étapes principales, pendant lesquelles se sont fait toujours mieux connaître ce qu'on nomme aujourd'hui les univers-trous (*world-holes*).

• La première étape débuta avec l'intérêt renouvelé des astrophysiciens pour les trous noirs, qui constituent l'état final des étoiles mourantes. La Relativité générale d'Einstein avait indiqué, dès les années 1920, que les étoiles, en se recroquevillant sur elles-mêmes après avoir brûlé tout leur combustible, atteindraient bientôt un état de densité telle qu'elles « crèveraient » littéralement l'espace, à la façon dont un navire trop chargé sombre derrière la surface de l'océan. Ces étoiles mourantes deviennent alors invisibles, car la lumière ne peut plus sortir du nouvel espace où elles viennent de s'immerger : d'où leur appellation de trou noir. Mais l'aspect le plus intéressant du trou noir est celui-ci : quand il a ainsi disparu derrière l'horizon de notre espace ordinaire, le trou noir devient un lieu de l'univers où, d'une part temps et espace échangent leurs rôles respectifs ; et, d'autre part, où le temps s'écoule à l'inverse du temps ordinaire (le temps du trou noir s'écoule du futur vers le passé[4]). En bref, l'espace et le temps des trous noirs sont des régions de notre Univers capables, précisément, de manifester les trois propriétés que les physiciens exigeaient pour conclure à une présence possible dans notre Univers d'une propriété nommée Esprit, avec la définition stricte qu'ils ont donnée à un tel mot.

• La seconde étape est venue avec le développement, vers la fin des années 70, de la Relativité complexe[5], qui prolonge en espace complexe (au sens mathématique) la Relativité générale d'Einstein, et étend notamment les résultats obtenus pour les trous noirs au domaine *des particules* de matière. Il y aurait ainsi des univers-trous *gravitationnels* (trous noirs) et des univers-trous *forts* (particulaires). La question est alors la suivante : peut-il y avoir, parmi les « grains » de matière constituant les atomes, une particule qui se présenterait comme un univers-trou, c'est-à-dire qui « enfermerait » une région d'Univers ayant les curieuses propriétés d'espace et de temps présentées par les trous noirs ? Un bon candidat pour de telles caractéristiques structurelles était l'électron, qui malgré sa masse non nulle apparaît dans ses interactions dans l'espace observable comme réduit à un point de volume nul. Ne fallait-il pas interpréter ce paradoxe apparent en soupçonnant que ce volume était nul dans l'espace observable parce qu'il était, à l'instar d'un trou noir, situé dans l'invisible ? Effectivement, une étude plus élaborée démontrait bientôt que l'électron (et plus généralement encore l'ensemble des particules entrant dans la classe dite des leptons chargés[6]) pouvait en Relativité complexe être représenté par un modèle univers-trou permettant de justifier de toutes les interactions *physiques* connues de l'électron. Selon ce modèle l'électron est un véritable petit univers refermé sur lui-même, mais situé comme un trou noir, de l'« autre côté » de notre espace observable habituel. Ce minuscule univers électronique est en pulsation, comme notre immense univers cosmologique (mais une pulsation des milliards de fois plus rapide) ; comme notre grand Univers encore, le micro-univers électronique enferme des photons thermiques (mais à des milliards de degrés, au lieu des 2,7 degrés de notre monde observable actuel). Ce sont ces photons (et également des neutrinos, aussi présents dans l'univers-trou électronique) qui vont justifier des interactions physiques connues (faibles et électromagnétiques) de cette particule.

PROUVEZ-LE !

Un modèle de l'électron, alors qu'il n'en existait pas auparavant en Physique (puisque l'électron était assimilé à un point), c'est bien. Mais, en Physique, un modèle ne devient un véritable instrument de progrès dans la représentation des phénomènes que si, indépendamment du fait d'y retrouver les résultats expérimentaux observés, il constitue en outre une *meilleure approximation de la réalité* que les modèles précédents. Et, pour la Physique contemporaine, l'expression « meilleure approximation » n'est nullement une question de sentiment, c'est un critère précis et quantitatif d'estimation[7] : est une « meilleure approximation » de la réalité tout modèle qui permet de diminuer le nombre des interactions indépendantes et le nombre des constantes d'ajustement (dites constantes physiques fondamentales) utilisées pour décrire la Nature. Or le nouveau modèle de l'électron démontre de manière convaincante l'unité des interactions faibles et électromagnétiques (déjà pressentie en Physique) ; mais, surtout, ce modèle diminue de manière saisissante le nombre des constantes fondamentales, en permettant le calcul direct, à partir des équations du modèle, de six de ces constantes physiques fondamentales[8]. Ce résultat remarquable conduit à considérer le modèle de l'électron univers-trou (plus brièvement nommé *éon*[9]), comme *la meilleure approximation* que possède aujourd'hui la Physique dans sa représentation des leptons chargés.

TOUTE LA MATIÈRE EST PORTEUSE D'ESPRIT

Si le modèle de l'électron-éon est donc bien la représentation qu'il nous faut maintenant adopter pour cette particule, il convient cependant d'aller jusqu'au bout de ce qu'un tel résultat implique : puisque ce modèle est celui d'un univers-trou, l'électron enferme en lui un espace ayant les propriétés des univers-trous, et témoigne donc non seulement de propriétés physiques, mais encore de propriétés *psychiques ;* ces dernières sont portées par la lumière enfermée dans cet espace, qui évolue à entropie *décroissante*[10] (donc en accroissant l'ordre des informations mémorisées). Ce résultat est d'autant plus lourd de conséquences que la Relativité complexe ne tardait pas à montrer la parenté étroite entre les leptons chargés et les éléments (nommés quarks) entrant dans la composition *des autres* particules de matière, à savoir les hadrons (constituants du noyau de l'atome). C'est donc *toute la Matière* qui devient ainsi porteuse d'Esprit. Cette fois-ci, toute tentative de vouloir étayer une représentation scientifique, fût-elle celle de la Biologie, en excluant la réalité de l'Esprit, devient anachronique et caduque. Rien n'interdit aux matérialistes irréductibles d'espérer demain un retour vers leurs thèses, au moyen d'une nouvelle « meilleure approximation » de la réalité. Mais l'attitude scientifique *actuelle* est de s'en tenir au « meilleur » modèle offert par la Physique, qui conclut à l'existence de l'Esprit dans chaque particule de matière. Pour paraphraser Jean-Pierre Changeux, il faudrait aujourd'hui plus correctement affirmer en Science : « Désormais, à quoi bon parler de Matière : elle n'est qu'une " projection " de l'Esprit. »

LES DÉVELOPPEMENTS EN COURS

On peut d'ores et déjà distinguer trois grands axes de développement reposant sur cette découverte de la Matière porteuse d'Esprit :

- *La Psychophysique* (ou développement post-einsteinien), qui permet à la Physique de se poser des questions fondamentales sur la manière dont notre Esprit approche le Réel afin d'en donner une représentation approximative. Les premières études mettent d'ores et déjà en relief l'importance de la pensée mythique (ou intuitive) dans l'élaboration de la pensée scientifique rationnelle. L'Esprit apparaît ici comme le porteur du dialogue entre un Réel où nous sommes immergés et une Réalité faite de la représentation du Réel par approximations successives.

• *La Psychobiologie* (ou développement post-teilhardien), qui tient compte des possibilités offertes par la Matière de mémoriser et organiser l'information, et conduit ainsi à un panorama de l'évolution, du minéral au Vivant, beaucoup moins soumis à l'influence darwinienne du milieu extérieur et du « hasard ». La Psychobiologie propose une évolution où vient plus nettement s'affirmer une sorte de transformation *spontanée* de la Matière pour édifier, avec le temps, par diversification et « inventions », des structures complexes de plus en plus « néguentropiques » (c'est-à-dire plus conscientes).

• *La Psychologie systémique* (ou développement post-junguien), s'appuyant sur la reconnaissance de l'unité relationnelle des deux domaines psychiques constituant notre corps : le Conscient, qui est l'expression associée de manière prépondérante à l'information acquise depuis notre conception ; et l'Inconscient, qui est l'expression associée de manière prépondérante à l'information innée (savoir-faire accumulé par la Matière depuis le début du monde, il y a quinze milliards d'années[11]).

Nul doute que cette prise de conscience d'une Matière porteuse d'Esprit va conduire, dans les années qui viennent, à une vision beaucoup plus « spiritualiste » de la Science, avec un effort de connaissance moins cloisonnée entre les différentes disciplines du savoir. On aura notamment à considérer dans un contexte renouvelé les interactions entre nos pulsions conscientes et inconscientes, ainsi que les relations entre chacun de nous et le cosmos tout entier.

RÉFÉRENCES

1. Jean-Pierre Changeux, *L'Homme neuronal,* Fayard, 1983.
2. J. A. Wheeler, directeur du Centre de Physique théorique à Austin, Texas.
3. Les physiciens diront qu'un ordinateur, comme toute chose « matérielle », ne peut fonctionner qu'à entropie non décroissante.
4. Pour des détails sur cet aspect des trous noirs consulter, par exemple, *Gravitation,* de Wheeler, Misner et Thorne, San Francisco, Freeman, 1973.
5. Jean E. Charon, *L'Esprit et la Relativité complexe,* Albin Michel, 1983.
6. L'autre classe est celle des hadrons, qui constituent notamment le noyau des atomes.
7. Ce critère permettant de juger si une représentation nouvelle est une meilleure approximation de la réalité que les précédentes est dû au physicien Geoffrey Chew de l'Université de Berkeley. Chew est l'auteur de la célèbre théorie du « boot-strap » (voir Postface au présent ouvrage).
8. Ces six constantes fondamentales calculées par le modèle de l'électron univers-trou sont : la vitesse de la lumière *c,* la constante de Planck *h,* la charge électrique élémentaire *e* et les masses des trois leptons chargés observés. Voir note 5.
9. L'éon était la particule porteuse d'Esprit dans la Gnose du Ier siècle de notre ère.
10. C'est, en somme, ce que Newton avait nommé la lumière nouménale, dont il pronostiquait l'existence à côté de la lumière ordinaire, ou phénoménale.
11. Jean E. Charon, *J'ai vécu quinze milliards d'années,* Albin Michel, 1983.

DISCUSSION

HENRY BONNIER. — *Ma question est simple : d'après ce que tu viens de dire, y a-t-il une volonté ?*

JEAN CHARON. — *Non, je ne peux pas répondre à des questions aussi fondamentales que celle que tu poses. J'ai indiqué simplement une nouvelle voie, qu'il faut prudemment défricher. La question que j'ai posée, et que posent mes recherches, c'est y a-t-il au niveau d'une particule qui a pour elle l'éternité, c'est-à-dire au niveau des particules élémentaires de la physique, y a-t-il quelque chose de psychique qui leur est associé ? La Relativité complexe conduit à répondre par l'affirmative à cette question. Ceci invite à se poser d'autres questions : notamment, comment ces résultats doivent-ils être interprétés dans d'autres disciplines que la physique, comme la psychologie, la philosophie, la biologie ? Mais il faut être très prudent dans les avancées que l'on peut faire dans ce domaine, qui nous concerne tous de façon essentielle, mais qui repose cependant sur des concepts très nouveaux.*

KARL PRIBRAM. — *Il me semble que Schrödinger a voulu montrer jadis que les propriétés de néguentropie, telles que celles qui s'attachent à la vie, ne pourraient être réalisées qu'au voisinage du zéro absolu. Selon les conceptions modernes de la physique, l'essence de la matière s'appuierait sur ce qu'on appelle les quarks, et même maintenant les préquarks. Vous semblez indiquer que l'essentiel de la matière, et en particulier la partie qui serait porteuse de l'esprit, s'appuierait sur les photons, c'est-à-dire sur les grains de lumière. Je voudrais savoir comment ces deux conceptions se relient l'une à l'autre.*

JEAN CHARON. — *La conception de Schrödinger, qui date des années 40, est un peu dépassée aujourd'hui. Mais il est exact que la physique moderne voit l'essence de la matière faite de quarks, et même de ce qu'on appelle les préquarks ; et vous signaliez effectivement qu'un grand nombre d'études sont faites à ce sujet, et un résumé de l'état actuel de la question est fourni dans le dernier* Scientific American. *La Relativité complexe propose un modèle qui, finalement, est très proche de ces modèles, où toute chose serait faite de quarks et de préquarks. Ce que je crois qu'il faut dire, c'est que la Relativité complexe analyse comment seraient formées les structures de type quarks, et conduit ainsi à la notion de préstructure, que dans la théorie des quarks on appelle les préquarks ; mais, pour la Relativité complexe, ces préstructures seraient des photons. Ce qu'il y a bien sûr de tout à fait nouveau dans la théorie de la Relativité complexe, c'est que ces photons associés aux structures fondamentales de la matière sont enfermés dans un univers où l'espace-temps est* complémentaire *de celui qui caractérise notre univers observable ; il en résulterait que la lumière enfermée dans cet univers, qui correspondrait aux préquarks des modèles plus orthodoxes, eh bien cette lumière serait capable de* mémoriser *l'information et d'*organiser *l'information, c'est-à-dire de faire apparaître des caractéristiques en relation avec ce que l'on appelle l'Esprit.*

KARL PRIBRAM. — *Est-ce que c'est la capture de photons par ces structures de type préquark qui serait prépondérante dans ce fonctionnement de l'esprit ?*

JEAN CHARON. — *Oui, c'est exactement cela. C'est l'interaction des photons enfermés dans l'univers électronique qui définit les quatre grandes propriétés associées au psychisme, que je nomme la Réflexion, la Connaissance, l'Amour et l'Acte.*

JOSÉ DELGADO. — *Je pense que cette tentative d'associer les problèmes de l'esprit avec les concepts les plus modernes de la physique est extrêmement intéressante, mais j'ai deux questions que je voudrais poser. Peut-on définir d'une façon précise, à partir de ce modèle « spirituel », les propriétés qui en résulteraient en termes de la* physique *ou de la* biologie ? *Maintenant, ma seconde question serait : si l'on détruit la particule correspondant à ce modèle, est-ce qu'il y aura de l'énergie libérée, auquel cas ce n'est pas de l'esprit qui est détruit, mais de la matière ?*

JEAN CHARON. — *Non, dans les interactions psychiques qui sont considérées ici, il n'y a jamais libération d'énergie, ces interactions sont du type de ce qu'on appelle en physique « interaction virtuelle », c'est-à-dire que ce n'est pas un photon qui sort de l'univers électronique pour aller dans l'univers observable, par exemple, ou l'inverse : quand un photon change de spin dans l'univers électronique, alors, pour des raisons de conservation, il doit y avoir un autre photon qui change de spin dans l'univers observable, et c'est ainsi que s'opèrent les interactions, sans qu'il y ait « circulation » d'énergie entre l'univers psychique et l'univers de la matière.*

C'est en ce sens, qu'on ne peut pas assimiler ce type d'interaction à des interactions matérielles, qui font intervenir l'énergie, puisque, ici, il n'y a pas d'énergie de transmise. Maintenant, vous me demandez comment les caractéristiques individuelles de chaque particule à propriétés psychiques peuvent se comparer avec les propriétés telles que celles qui sont traitées par la biologie. Ce que je vous dirai, c'est que la biologie traite généralement de structures ou de propriétés résultant de l'action coordonnée d'un très grand nombre de particules, de milliards et de milliards de ces particules individuelles dont je vous parle. C'est un peu comme si on tentait de comparer les propriétés psychiques manifestées par un individu isolé à celles manifestées par une foule faite de milliers d'individus, ou plus encore. Le psychisme d'une foule n'est pas incompatible avec le psychisme d'un seul individu, mais, vous voyez que ce sont quand même des choses différentes, qui pourront se traduire par des comportements différents.

C'est toujours du psychisme dont il s'agit : mais, dans un cas, c'est le psychisme traité à l'échelon individuel, *tel qu'on peut le faire en physique ; et, dans l'autre cas, c'est le psychisme tel qu'il est manifesté par un très grand nombre de particules, par une foule, tel qu'on le traite en biologie, en considérant le comportement de milliards de neurones, dont chacun est lui-même fait de milliards des particules individuelles du physicien.*

KARL PRIBRAM. — *Je dois avouer que je me pose des questions sur les mots qui sont ici utilisés. Nous, les biologistes, nous utilisions déjà des mots qui sont en rapport avec la psychologie : mais je me demande comment ces fous de physiciens peuvent aussi utiliser les mêmes mots, et ce qu'ils signifient quand ils parlent des propriétés correspondantes que nous cherchons à analyser en biologie !*

JEAN CHARON. — *Je crois que ce qui fait peut-être une première difficulté pour essayer de dialoguer entre physiciens et biologistes, c'est que nous utilisons, nous physiciens, des outils qui ne sont pas très familiers aux biologistes, comme par exemple les notions d'espace-temps refermé, ou de temps s'écoulant du futur vers le passé, ou d'espace courbé. Toutes ces notions-là ne font pas partie de la panoplie habituelle des biologistes et, bien entendu, pour nous physiciens, nous cherchons à utiliser ces concepts, qui sont les concepts les plus « sophistiqués » de la physique actuelle, pour exprimer les choses les plus difficiles, comme notamment lorsque nous voulons parler de propriétés psychiques éventuellement associées à la matière. Mais cette difficulté de dialogue n'implique pas qu'il puisse y avoir incompatibilité entre la représentation que donne la biologie des problèmes psychiques ou celle que les physiciens cherchent à fournir dès le niveau des particules individuelles. Finalement, le complexe n'est jamais que le rassemblement du simple.*

RÉMY CHAUVIN. — *Il est intéressant de rappeler ici les vieilles expériences, elles datent déjà d'il y a plus de trente ans, de Stanley Miller. Stanley Miller voulait voir si, quand on reproduisait les conditions de notre Terre au moment de l'apparition de la vie, les réactions chimiques qui se produiraient spontanément alors entre les corps chimiques qui étaient en présence conduiraient spontanément à fabriquer quelque chose ressemblant aux premières particules de la vie, comme les polypeptides ou les acides aminés. Quand il proposa ses expériences, personne ne voulait y croire : mais le résultat s'est avéré positif. En rassemblant dans un ballon ce qu'il appelait la soupe primordiale, c'est-à-dire l'état de l'atmosphère terrestre, il y a quelques milliards d'années, il y avait essentiellement du méthane, de l'ozone, également du rayonnement ultraviolet beaucoup plus important que maintenant ; dans ces conditions-là, il a fait éclater des étincelles électriques dans son ballon pour produire l'ultraviolet que fournissait le Soleil, et il a constaté que, effectivement, les particules de matière chimique qui étaient alors en présence « choisissaient » de fabriquer* de façon préférentielle *des polypeptides et les premiers éléments des acides aminés, comme s'il y avait, et ceci cherche à répondre un peu à la question d'Henry Bonnier, comme s'il y avait une sorte de « volonté » de ne pas laisser ces réactions se produire selon les lois du hasard, ou plutôt comme si le hasard était comme « truqué ». Les particules en présence semblaient choisir de façon préférentielle de se regrouper en fabriquant les éléments qui sont essentiels à la vie, c'est-à-dire choisir de façon préférentielle la direction de la vie, c'est-à-dire encore de la conscience.*

JEAN CHARON. — *Ces expériences ont été, j'ajoute, renouvelées depuis Stanley Miller dans de très très nombreuses conditions, et ont toujours donné ce résultat positif. On est même actuellement arrivé à fabriquer, dans des expériences plus récentes, de véritables éléments des structures génétiques. C'est un peu une réponse de Normand, car je ne sais pas s'il s'agit là véritablement d'un « projet », exécuté par la matière, mais en tout cas c'est ce qu'ont donné les expériences.*

RICHARD RUBENSTEIN. — *Je me sens hésitant pour poser une question, car je manque de critères scientifiques pour le faire de manière précise, mais je vous promets, Jean Charon, de relire votre communication ; je pense cependant que tout ceci est en relation avec la substance qui devient consciente d'elle-même comme ceci a, par exemple, été développé dans les théories de Hegel. Ceci pose la question fondamentale d'une substance devenant consciente d'elle-même, et celle de la manière dont il faut alors envisager les relations de cette conscience avec quelque chose qui est la substance. Sans vouloir ici entrer dans les détails, je crois qu'on retrouve les questions posées par la philosophie traditionnelle des rapports de l'un avec le rien, le non-existant, c'est-à-dire du problème des relations de la Réalité avec l'Être.*

JEAN CHARON. — *Je crois que nous avons un papier extrêmement important sur ces relations de la Réalité avec le Rien du Japonais Izutsu, qui sera présenté au cours de notre Colloque, ainsi qu'un autre papier de la Canadienne Diane Cousineau sur sensiblement le même sujet. Ces questions de relations de l'un avec le tout, ou de l'un avec le vide, sont prises en charge dans le contexte des idées que j'ai exposées aujourd'hui par ce qu'on nomme la Psychologie systémique, où on s'appuie, un peu dans le même esprit que ce que nous en disait Henri Laborit, sur la théorie des ensembles. Je pense que nous reviendrons sur ces problèmes importants au cours de ce Colloque.*

JERZY WOJCIECHOWSKI. — *Je voudrais simplement faire la remarque suivante : vous avez parlé de néguentropie croissante au niveau des particules ; en ce qui me concerne j'étudie, comme je l'expliquerai dans mon papier, la croissance de la connaissance en général, et je suis arrivé à la conclusion que, là aussi, on était devant un accroissement continuel de néguentropie.*

PAUL KURTZ. — *Je ne suis ni physicien ni biologiste, mais en tant que philosophe je vous ai écouté avec beaucoup d'attention, et je dois vous avouer que ces particules individuelles de matière porteuses d'esprit me posent des problèmes. Je vous serais reconnaissant de bien vouloir me dire s'il s'agit en fait, selon vous, de science ou de science-fiction.*

JEAN CHARON. — *Je vous remercie de me poser cette question, car elle est tout à fait fondamentale pour éclairer la manière dont se construit la connaissance, c'est-à-dire la façon dont interagissent finalement l'esprit et la matière. Décider si la démarche pour construire la connaissance est science ou science-fiction, c'est examiner la méthode utilisée pour édifier cette connaissance et voir si, compte tenu de cette méthode, on doit ranger cette connaissance dans la science ou la science-fiction. Or, ici, pour répondre à la question de savoir si l'esprit est associé ou non à chaque particule de matière individuellement, comment avons-nous procédé ? Nous avons fourni d'abord une définition aussi précise que possible de ce que nous allions nommer esprit ; puis ensuite nous avons construit de toutes pièces, je le reconnais, en s'appuyant cependant sur le formalisme de la Relativité complexe, un espace-temps particulier où les propriétés de l'esprit, tel que nous l'avons défini, tel que nous avons défini cet esprit, non seulement pouvaient se manifester, mais devaient* nécessairement, *compte tenu des propriétés particulières de l'espace-temps présent dans ce modèle, devaient se manifester. Ensuite, pour savoir si un tel modèle pouvait être accepté comme une représentation* scientifique, *il convenait de tester ce modèle contre l'expérience. Ce modèle est, comme tous les modèles de la physique, un ensemble d'équations ; or, en résolvant sur ordinateur cet ensemble d'équations, nous avons retrouvé six des constantes fondamentales de la nature, qui n'avaient précédemment* jamais *été calculées, mais toujours seulement mesurées : ce qui permet d'affirmer que le modèle proposé est aujourd'hui, comme je l'ai dit, la meilleure approximation que nous ayons de la représentation des particules de matière.*

Et il faut bien alors accepter que ces particules possèdent, à côté de leurs propriétés physiques, des propriétés manifestant l'esprit. Certes, on peut contester la définition que nous avons proposée de ce mot esprit. Mais on ne peut pas contester que chaque particule de matière contient bien de l' « esprit », avec la définition précise que nous avons donnée de ce mot. Tout ceci paraît donc une démarche parfaitement scientifique ; il s'agit donc bien de science, et non de science-fiction.

Mais alors pourquoi, à l'exposé de ce modèle, beaucoup d'entre nous, car vous n'êtes certainement pas le seul, beaucoup d'entre nous ne peuvent s'empêcher de se poser malgré tout la question : n'est-ce pas là de la science-fiction ? Je crois que cette question résulte du fait que beaucoup d'entre nous, y compris les scientifiques, peuvent encore aujourd'hui difficilement se défaire de l'idée que la connaissance se construit, et doit nécessairement se construire, à partir d'une analyse rationnelle des faits expérimentaux, *ces faits traduisant eux-mêmes une sorte de réalité « objective ». En d'autres termes, on conteste que le langage scientifique puisse se formuler en* imaginant, *dès le départ de la réflexion, des sortes de modèles* a priori *satisfaisant mathématiquement les propriétés requises par une définition, ici en fait la définition de l'esprit. On demandera seulement* ensuite *de vérifier que ce produit de l'imagination est bien vérifié par l'expérience. Encore aujourd'hui, on en est encore souvent resté à la méthode de Newton, qui prétendait que rien ne devait être « imaginé », mais que l'on devait partir de l'expérience, et* de l'expérience seule, *pour construire la science. Or, que ce qu'on nomme la Réalité soit cependant, dans son essence,* d'abord *produit de l'imagination, et non pas produit de l'expérience, est cependant l'un des grands apports de la philosophie contemporaine se tournant vers la science. Et cette philosophie est parfaitement illustrée par la façon dont progresse la physique actuelle, notamment avec le « bootstrap » de Geoffrey Chew, ou avec la Relativité complexe.*

La méthode scientifique d'aujourd'hui avait d'ailleurs été déjà indiquée par Albert Einstein ; dans ses notes autobiographiques, à la fin de sa vie, il écrivait : « Une théorie peut être vérifiée par l'expérience, mais aucun chemin ne mène de l'expérience à la création d'une théorie. » Nous avons la chance d'avoir, dans ce Colloque, un certain nombre de communications qui détaillent d'une façon très claire ce point ; je renverrai au papier du Japonais Izutsu, ou à celui de la Canadienne Diane Cousineau. Jerzy Wojciechowski dira aussi des choses dans ce sens, dans son analyse des méthodes d'élaboration de la connaissance. Ce point me paraît tellement essentiel que je me permettrai d'ailleurs d'ajouter une postface à ce sujet dans l'ouvrage qui va être publié concernant les délibérations de notre Colloque.*

* Voir cette Postface à la fin du présent ouvrage.

Essai sur la science et l'esprit humain

SANDRA SCARR

Le temps n'est plus où les prétentions à une objectivité scientifique absolue étaient à la mode. Peu d'hommes de science, s'il s'en trouve encore, croient aujourd'hui que celui qui perçoit peut être séparé de ce qu'il perçoit. Dans tous les domaines scientifiques, la connaissance des phénomènes est filtrée par les instruments de connaissance que sont les sens de l'homme, ses perceptions et ses cognitions. En outre, ce que nous connaissons est teinté par nos sentiments et désirs, les émotions et motivations étant elles-mêmes des composantes du savoir humain. L'esprit humain est, par ailleurs, construit dans un contexte social, et son savoir est partiellement créé par le contexte social et culturel dans lequel il parvient à connaître le monde, contexte qui véhicule ses propres suppositions et ses propres valeurs. Par conséquent, la connaissance du monde est toujours construite par l'esprit humain, suivant les modèles de la réalité qui ont été admis dans le cadre des sciences.

Si ceci n'apparaît pas évident, il suffit de comparer entre elles un seul instant nos conceptions actuelles du monde, et celles avant Galilée, Darwin, Einstein et Freud, et constater les énormes différences.

Admettre que la réalité est une construction de l'esprit humain ne s'oppose pas à la valeur heuristique de la construction. Certes, nous évoluons dans le monde et nous inventons un savoir qui est merveilleusement utile, ou du moins qui nous sert à étendre notre contrôle sur notre environnement. Affirmer que la science et la réalité sont le fruit du fonctionnement du cerveau humain ne revient pas à nier l'existence d'un ensemble de « faits », qui devrait être absolu et réel. Cela signifie plutôt qu'il existe plusieurs ensembles, qui résultent de perceptions différentes. Nous ne découvrons pas de faits scientifiques ; nous les inventons. Leur utilité pour nous dépend à la fois d'un accord sur la perception des « faits » (validation par consensus) et de leur utilité à différentes fins, certaines d'entre elles d'ordre pratique et certaines autres d'ordre théorique.

Plusieurs philosophes ont traité des difficultés que pose une ontologie qui prétend à une réalité indépendante de celui qui l'appréhende (par exemple : Rorarty, 1982 ; Feyerabend, 1979). N'étant pas moi-même philosophe, je ne puis me prononcer sur ce point. Je parlerai, par contre, au cours de cette communication, des fondements évolutifs de la connaissance humaine et de la nécessité pour l'humanité d'être un constructeur ontologique.

ÉVOLUTION DE L'ESPRIT HUMAIN

Toutes les espèces réagissent à leur environnement. Ce qui diffère d'une espèce à l'autre, c'est l'ampleur des variants possibles dans leurs réactions aux événements que leur fournit leur environnement. Du recul-réflexe de l'organisme unicellulaire face à un produit chimique nocif, au chat domestique qui avance fièrement et fonce sur l'oiseau, il y a un énorme changement évolutif dans le comportement. Les détails de la fuite du *paramecium* devant un danger chimique sont génétiquement programmés ; les détails des gestes du chat dont nous venons de parler ne le sont pas. Certes, le chat est génétiquement programmé pour bondir sur de petits objets en mouvement, qu'il s'agisse de souris ou de balles en caoutchouc, mais les détails de ses gestes appartiennent à chaque chat individuellement. En fait, les chatons apprennent au cours de leur croissance à bondir efficacement, et les chats ont besoin d'une expérience, par rapport à leur environnement spatial, afin de bondir efficacement. La leçon à tirer de cette simple comparaison entre paramecia et chats est la suivante : les degrés d'adaptation des différentes espèces permettent des degrés plus ou moins élevés de choix dans la manière dont est gérée l'information. L'évolution des félins en comparaison des paramecia leur donne un plus grand éventail de choix pour construire leur propre réalité.

Toute espèce construit la réalité dans le cadre des contraintes biologiques imposées à sa connaissance. Il y a une continuité de connaissance entre d'une part le réflexe, qui est une réaction quasi automatique à une stimulation, et d'autre part un jugement délibéré, qui relève de la connaissance réfléchie. L'évolution du cerveau chez les mammifères, comparée à celle du cerveau des reptiles et des invertébrés, leur a donné de plus en plus la liberté de construire des réalités alternatives, d'émettre des jugements sur la valeur heuristique de ces réalités et d'agir sur elles.

Dans cette perspective, l'adaptation humaine est un développement du modèle mammifère, qui nous donne une latitude, plus grande que celle de toute autre espèce, d'inventer des réalités et de les expérimenter. Néanmoins, nous *sommes* limités dans nos possibilités de construire notre savoir, de tester son utilité et d'agir librement sur lui. Nous sommes tout simplement *moins* limités que d'autres espèces. C'est à partir de cette perspective biologique de la condition humaine que je conclus que la connaissance humaine est inévitablement construite par le connaissant.

Deux autres faits limitent encore le connaissant. D'abord, notre connaissance est limitée par nos sentiments personnels et nos préjugés ; ensuite, notre connaissance est façonnée par notre contexte historique, culturel et social. Les hommes de science, pas plus que les autres citoyens intelligents, ne peuvent voir au-delà de leurs besoins personnels ou de leurs propres contextes sociaux. Je reconnais que ces affirmations répugnent à nombre de scientifiques, qui attribuent de la valeur à l'apparente objectivité spécifique de leurs travaux, mais j'espère pouvoir démontrer qu'il s'agit là d'avertissements nécessaires à la démarche scientifique.

L'IMPORTANCE DES CROYANCES DANS LA CONNAISSANCE SCIENTIFIQUE

Il est regrettable que la psychologie ait, au cours de ce siècle, interprété la connaissance comme étant virtuellement indépendante du point de vue de celui qui la perçoit. Nous reconnaissons des limitations sensorielles à la connaissance humaine ; nous ne pouvons, sans certains instruments, entendre les sons au-dessus ou en dessous de certaines longueurs d'onde. Nous ne pouvons traiter l'information au-delà d'une certaine quantité et complexité. Malgré tous les instruments créés par l'ingéniosité humaine, nous comprenons qu'il y a dans l'univers beaucoup de phénomènes que nous ne connaissons pas et que nous ne pouvons pas connaître, à cause des limitations qui sont en nous-mêmes, en tant qu'êtres qui percevons.

Il est également vrai que nous ne pouvons percevoir ou traiter la connaissance indépendamment des limites que nous imposent *nos croyances*. Pour donner un exemple de la manière dont notre personnalité influence notre connaissance des faits, prenons les rapports que donnent, dans le cas d'un crime, les témoins oculaires (Loftus 1979). Des impressions fugitives concernant un comportement criminel sont transformées par les témoins en des comptes rendus complets, que ceux-ci croient être « vrais ». On identifie comme des criminels des personnes qui ne le sont pas, et les événements sont construits de manière cohérente en fonction du bagage d'émotions et de préjugés de l'observateur. Lorsque de pareils faits sont enregistrés au magnétoscope, puis réexaminés par les observateurs à plusieurs reprises, un consensus différent apparaît au sujet de l'événement, lequel diffère du rapport du témoin oculaire qui avait observé la scène. Le problème réside dans le fait que le témoin oculaire d'un tel événement, criminel ou plus généralement émotionnel, ne perçoit qu'une connaissance partielle de l'expérience immédiate. Il ou elle complète ensuite les lacunes de sa propre connaissance par des constructions plausibles de ce qui « aurait pu » ou « aurait dû » se passer, afin de rendre la scène cohérente. Malheureusement, la relation du témoin oculaire diffère souvent de celle d'observateurs à même de visionner à nouveau et à plusieurs reprises le fait, dans le calme d'une pièce où est projetée la bande magnétoscopique. La connaissance de pareils faits est teintée par les réactions émotionnelles et les préjugés personnels.

Devrait-on accepter l'analogie entre le témoin oculaire d'un crime et la connaissance scientifique ? A mon avis, il n'y a que des différences quantitatives entre l'investigation scientifique et la relation de témoins oculaires. Tout homme de science approche un problème scientifique ayant déjà un point de vue théorique, que ce soit explicitement ou implicitement. La théorie guide l'investigation depuis les questions soulevées en passant par le cadre de l'investigation et jusqu'à l'interprétation des résultats. Tout homme de science cherche à trouver des « faits » susceptibles d'être intégrés à sa propre conception du monde. Ainsi, chacun d'entre nous est influencé par la tendance humaine qui consiste à chercher des « faits » qui s'accordent avec nos croyances antérieures.

Dans la vie de tous les jours, nous influençons personnellement notre recherche d'information et l'interprétation que nous en donnons. Dans le domaine scientifique, l'influence vient des courants théoriques acceptés ou non par la communauté scientifique, des tendances sociales et culturelles, qui agissent sur les « faits » qui sont recueillis et acceptés. Mais ces croyances peuvent elles-mêmes être considérées tout à fait comme les influences qui agissent dans notre vie de tous les jours, avec la réserve qu'il s'agit là de croyances partagées par les membres de la communauté scientifique. Le fait qu'elles soient communément acceptées par les scientifiques semble leur conférer un statut que, en réalité, elles ne possèdent pas.

INFLUENCES SOCIOCULTURELLES SUR LA CONNAISSANCE

Bien que je sympathise, personnellement, avec la plupart des aspects de l'éthique culturelle actuelle, il m'apparaît clairement que nous changeons nos lunettes scientifiques en fonction des myopies sociales et culturelles. Notre connaissance du comportement humain est construite et interprétée à partir de nos partis pris. Nous posons des questions en rapport avec le lieu et le moment ; nous recevons des réponses appropriées. L'information obtenue par la recherche est, selon toute probabilité, assimilée aux idées courantes. Il est improbable que les idées courantes soient secouées par quelque information qui serait en désaccord avec elles, car les « faits » recueillis ne seront pas interprétés comme contestant notre perspective courante.

Un exemple tiré du domaine de la psychologie du développement peut illustrer cette affirmation. Depuis la Seconde Guerre mondiale, le taux des divorces s'est accru jusqu'à atteindre des proportions qui paraissent intolérables à certains. Aux États-Unis, la moitié des enfants qui naissent actuellement vont ainsi vivre, une partie de leurs années de croissance, dans une famille monoparentale. Le taux des naissances illégitimes est tel à présent, que les mères non mariées mettent au monde environ un quart des enfants. Les hommes de science ne sont pas immunisés contre les points de vue culturels. Ainsi, durant les années 50 et 60, beaucoup de sociologues considéraient comme évidents les méfaits subis par les enfants des foyers « détruits ». Les familles d'où le père était absent furent l'objet d'études suivies, montrant les effets néfastes de telles situations sur la virilité du fils, sur l'inaptitude aux mathématiques et la difficulté d'adaptation personnelle. Les filles risquaient, dans ce cas, de voir leur développement psychosocial perturbé. La supposition implicite, et parfois explicite, des investigations durant cette période, était que les familles dépourvues de présence masculine étaient condamnées à être un milieu inadéquat pour l'éducation des enfants.

Tout comme les témoins oculaires d'un crime, les personnes ayant effectué des recherches parmi les familles d'où le père était absent ont complété les lacunes dans la construction de leur connaissance en interprétant les résultats, quels qu'ils soient, comme étant malheureux. Ainsi l'on s'apitoyait sur les fils qui ne correspondaient pas aux stéréotypes masculins ou sur les filles qui ne correspondaient pas aux stéréotypes féminins.

Puis vint le mouvement de libération de la femme et le présupposé concernant les familles d'où le père était absent changea. Soudain, nous nous trouvons devant des « modèles familiaux alternatifs » (*Les Familles non traditionnelles,* Lamb 1982). A présent, les postulats scientifiques veulent que les femmes soient en mesure de travailler hors du foyer, tout en demeurant des parents adéquats pour leurs enfants. Ce n'est plus une vertu, pour les fils, d'être super-virils ; mieux, ils devaient savoir cuisiner et faire le ménage, et travailler en même temps en dehors de la maison, car leur rôle d'adulte comprendra des responsabilités partagées au sein du foyer. Les filles compétentes intellectuellement, de même que pour les occupations au foyer, sont considérées comme les femmes de demain. Brusquement, la famille monoparentale présente des avantages, qui n'avaient pas été perçus par les chercheurs de la génération précédente.

Des qualités telles que l'androgynie (le fait d'avoir les caractéristiques positives des deux sexes) sont bien accueillies par les sociologues, non pas parce qu'elles ont été découvertes, mais parce qu'elles ont été inventées. L'androgynie est la vertu suprême des années 70, façonnée par le mouvement féministe et par les mutations correspondant à l'après-guerre du Vietnam. Les recherches sur l'androgynie et sur les caractéristiques familiales qui l'engendrent sont des produits de cette époque. Les enfants de familles monoparentales sont considérés comme des candidats à une saine androgynie.

Cet exemple n'est pas censé parodier la psychologie du développement qui n'est, ni plus ni moins que tout autre domaine, sujette aux faiblesses de l'observateur humain. Les investigations dans les domaines non humaîns de la physique et de la chimie peuvent sembler moins influencées par l'observateur humain, parce que le sujet y semble moins directement lié à la condition humaine. Cependant, les chefs de file de la recherche en sciences physiques furent les commentateurs les plus éloquents en ce qui concerne les puissants effets de l'observateur humain sur les « découvertes ». Sans doute, nous partageons, tous, les problèmes du connaissant humain, qui est nous-mêmes.

SOLUTION PARTIELLE AUX PARTIS PRIS DU CONNAISSANT HUMAIN

La psychologie a développé de bonnes techniques pour éviter les partis pris personnels de l'observateur, grâce à des exigences de fiabilité et de validité dans les expériences poursuivies. Au moins les observateurs doivent se mettre d'accord sur les phénomènes. Les « faits » doivent être reproductibles à tout moment dans quelque groupe que ce soit et quelle que soit la situation. Ainsi, le problème du témoin oculaire, unique, avec son parti pris personnel et sa perception limitée, se voit réduit. Les observations qui font l'objet d'un consensus entre les observateurs et qui s'avèrent utiles peuvent être séparées de celles qui sont idiosyncrasiques, basée sur une expérience limitée et qui ne s'avèrent pas utiles.

Les avantages des méthodes de recherche psychologique peuvent réduire les effets des influences personnelles qui tiennent à la perception et aux croyances, ils ne peuvent toutefois pas libérer les hommes de science de leurs influences historiques, culturelles et sociales. Il faut une intelligence exceptionnelle pour voir au-delà de pareilles limitations, en posant les questions de la recherche, en sélectionnant les réponses et en interprétant les résultats. Beaucoup de petites avancées fragmentaires ont lieu dans les cadres d'une science, au sein d'un contexte particulier, qui change l'orientation de la recherche et amène de nouvelles théories et de nouvelles interprétations des données, libérant ainsi les collègues dans la même discipline des structures de la conception ancienne. Toutefois, la libération de l'ancienne conception ne libère pas des structures d'une autre conception, aussi nouvelle soit-elle. La plupart des hommes de science se limiteront à changer leur orientation pour aller fouler un autre parterre. Il y aura toujours une perspective humaine dans toute démarche.

Les petits pas accomplis au sein d'un consensus, ainsi que les grandes révolutions de la pensée, qui sont beaucoup plus rares, ont tous deux leur place dans le développement de la connaissance scientifique, mais ils sont tous les deux limités par l'observateur humain. On doit l'un et l'autre à l'espèce humaine, bien que l'un soit plus commun que l'autre.

DISCUSSION

JERZY WOJCIECHOWSKI. — *L'homme a besoin de connaissances, mais aussi de certitudes. Si nous étions suffisamment humbles concernant l'apport à la connaissance que fait la science, et nous devrions l'être, nous pourrions convenir qu'elle n'apporte pas ce qu'on appelle la certitude. Si l'on se situe sur le plan psychologique, on doit reconnaître que la science n'est pas pleinement satisfaisante pour l'esprit humain, puisqu'elle n'apporte pas les certitudes.*

SANDRA SCARR. — *Je dois dire que, pour ma part, je me satisfais tout à fait d'une distribution de probabilités concernant la teneur en véracité de l'apport scientifique. Je n'ai pas besoin de certitude 100 % pour être heureuse.*

PAUL KURTZ. — *J'apprécie tout à fait votre communication. Il est vrai que les faits dépendent souvent de la théorie, mais néanmoins un fait est un fait, et peut ou non donner lieu à une confirmation.*

SANDRA SCARR. — *Je pense qu'on peut dire, comme certaines théories le proposent, que nous ne découvrons pas les faits mais que nous les inventons. Cette attitude commence à devenir commune parmi les scientifiques les plus importants.*

PAUL KURTZ. — *Je pense que vous allez quand même un petit peu loin. Un fait est un fait.*

KARL PRIBAM. — *Je rappelle que le mot « fait », « fact », vient de « factum », c'est-à-dire fabriquer.*

SANDRA SCARR. — *J'avais oublié cela.*

JEAN CHARON. — *Je voudrais rappeler un mot d'Einstein qui souligne l'importance de l'imagination dans la construction d'une théorie par rapport aux faits de l'expérience. Einstein disait dans ses notes autobiographiques, à la fin de sa vie, en 1955 :*

« Une théorie peut être vérifiée par l'expérience, mais aucun chemin ne mène de l'expérience à la création d'une théorie. » Je crois que cela rejoint aussi le rôle de l'intuition par rapport à celui de la raison dans l'élaboration de la réalité. Je rappelle une fois de plus que les communications de Izutsu et de Diane Cousineau sont tout à fait claires à ce sujet. Je voudrais dire aussi, Sandra, que ce que j'ai personnellement très apprécié dans votre communication, c'est que vous mettez en évidence le fait que les scientifiques ne sont pas meilleurs que les autres pour construire la connaissance.

DIANE MC GUINNESS. — *Je voudrais revenir sur votre affirmation que nous « inventons » les faits et non pas que nous les « découvrons ». Dans ma propre expérience, je trouve que, à travers l'expérimentation, je découvre tellement de faits qui sont contradictoires avec ce que j'avais pu penser avant l'expérience que je ne peux absolument pas dire que je les ai imaginés. Il est vrai que j'intègre ensuite les faits dans une théorie cohérente, qui peut être quelque chose que j'ai essentiellement imaginé. Mais les faits sont les faits, et je crois à l'objectivité d'un monde extérieur où les choses sont ce qu'on les découvre.*

SANDRA SCARR. — *J'ai, pour ma part, un réalisme modéré. Il suffit de voir, par exemple, comment les mêmes faits vont être interprétés différemment suivant que l'expérimentateur est un homme ou une femme. La sélection des détails, notamment, tient beaucoup à l'idée que nous nous faisons de l'observation à laquelle « nous nous attendons » à assister. Et ceci même si l'on se donne des procédures d'expérimentation extrêmement précises.*

JEAN CHARON. — *Sur ce problème : inventons-nous ou découvrons-nous les faits, je renvoie une fois de plus au papier de M. Isutzu. Il montre comment, contrairement à la pensée occidentale, la pensée orientale considère que les choses ne sont pas simplement blanches ou noires, mais qu'elles sont* à la fois *blanches et noires. Aperçu sur le plan mathématique, il exprime qu'une chose est à la fois A et non A ; non A est le complémentaire de A au tout. Je rappelle ceci pour souligner qu'il s'agit là d'un vrai problème, le problème de l'objectivité du monde extérieur est un problème philosophique extrêmement profond qu'on ne peut pas simplement regarder en surface ; et je crois que les scientifiques vont devoir, pour progresser encore, devenir des philosophes et regarder ceci en profondeur, compte tenu du niveau d'abstraction et de détail qu'atteint la connaissance moderne.*

KARL PRIBRAM. — *J'appuie tout à fait ce que vient de dire Jean Charon. On peut, par exemple, se demander si les mathématiques sont une invention de l'esprit ; et, si l'on répond par l'affirmative, alors, pourquoi est-ce que les mathématiques permettent de rendre compte des faits* d'expérience ? *Ceci pour souligner, une fois encore, que ça n'est pas un problème simple et que dans le contexte de la connaissance moderne, eh bien, ces idées qui sont peut-être plus de la philosophie que des sciences naturelles, vont avoir besoin d'être approfondies pour mettre précisément en harmonie la philosophie et les sciences naturelles. Je rappellerai aussi que, pour la physique moderne, notamment la physique des particules, ce sont beaucoup moins les faits que l'interprétation des faits sur lesquels on a à réfléchir. Et l'interprétation des faits, comment ne pas voir que ceci a beaucoup de rapport avec l'imagination et l'invention ?*

WILLIS HARMAN. — *Je suis tout à fait d'accord avec Sandra que la science manque beaucoup à ses possibilités en refusant de considérer le point de vue psychologique. J'entends par là, considérer la psychologie des observateurs. En fait, la science occidentale essaye de se construire comme si elle avait uniquement à faire à des choses prévisibles et à développer des technologies. La connaissance est quelque chose de beaucoup plus large que cela. Et je crois que le fait d'avoir souligné l'importance du psychologique fait de la contribution de Sandra Scarr un apport particulièrement important à notre Colloque, qui est celui des rapports entre l'esprit (le psychologique) et la science.*

JEAN CHARON. — *Toute cette discussion revient à savoir si, pour représenter l'univers, nous allons partir de l'esprit, c'est-à-dire de la représentation subjective ; ou de la matière, c'est-à-dire d'une représentation objective. La seule chose qu'on puisse dire d'une façon quasi définitive, c'est que c'est l'esprit qui « écrit » la représentation des choses, y compris celle de la matière. Et il paraît donc difficile de vouloir éliminer l'esprit de la représentation comme si, comme on le prétend parfois d'une façon beaucoup trop simpliste, « les faits sont les faits », l'esprit n'étant là que, simplement, pour d'une façon tout à fait impersonnelle noter ces faits.*

La révolution galiléenne, la Science et l'Esprit

BERNARD VALADE

Examinant dans un exposé introductif aux travaux de la Onzième Semaine internationale de Synthèse, organisée en mai 1939 sur le thème : « Qu'est-ce que la matière ? », les conceptions qui ont précédé cette notion, Marcel Mauss déclarait, après avoir évoqué l'opposition matière-forme, que « l'opposition matière-esprit est beaucoup plus récente. Elle n'est venue qu'avec la notion de matière purement mécanique et géométrique qui date peut-être de Galilée, en tout cas de Descartes... Cette notion de matière épurée de tout élément spirituel s'est principalement développée en France et en Grande-Bretagne. L'œuvre de M. Léon Brunschvicg met admirablement en lumière cette révolution qui s'est opérée entre l'ancienne et la nouvelle conception de la matière ».

S'il est vrai, comme l'écrit par ailleurs Pierre Costabel, que Galilée a ouvert l'ère de la science positive, et si l'on veut bien se souvenir que le positivisme moderne nie, selon A. Koyré, « non pas la connaissabilité mais l'existence même d'un monde de réalités sous-jacentes aux apparences, et se glorifie de son irréalisme », il ne paraît pas inutile de revenir sur cet épisode décisif de l'histoire des idées. Le scientisme, au siècle dernier, y a cherché et cru trouver la preuve que la science ne jaillit pas des profondeurs de l'esprit. Il a affirmé que la recherche doit être fondée sur l'expérience et le respect des faits. Il a voulu partout substituer des relations objectives et universelles aux relations subjectives et imaginaires.

Depuis E. Mach et W. Ostwald, la réflexion sur l'histoire des sciences nous montre, cependant, qu'on ne peut pas trancher, aussi facilement qu'entendait le faire le positivisme en se proclamant une méthodologie des sciences et non une philosophie, le lien qui unit la physique et la métaphysique, l'expérimentation et la spéculation. Les ambiguïtés, et le déroulement, de l'épisode en question l'attestent suffisamment.

Ce n'est qu'en 1835, après avoir reconnu treize ans plus tôt le mouvement de la Terre, que Rome a annulé, par la levée de l'Index, les effets du décret, en date du 5 mars 1616, condamnant comme fausse et contraire à la divine Écriture la doctrine enseignée par Nicolas Copernic dans *Les Révolutions des orbes célestes* (publié en 1543) — décret qui, en réalité, visait Galilée. On conçoit l'embarras de celui, qu'en ce milieu du XIXe siècle, l'abbé Migne chargea de rédiger les *Dictionnaires* traitant des questions d'astronomie pour la vaste *Encyclopédie théologique* qui porte son nom.

L'article « Galilée » du *Dictionnaire d'astronomie, de physique et de météorologie* (1850) est muet sur le procès ; il se termine par une comparaison entre l'apport de Galilée et celui de Descartes : « L'homme doit à Descartes d'avoir recouvré sa liberté de pensée ; la physique expérimentale lui doit en grande partie son existence et la rapidité de ses progrès. » Dans le *Dictionnaire historique des sciences physiques et naturelles* (1857), l'article « Astronomie » nous apprend que « tandis que Kepler trouvait en Allemagne les lois des mouvements célestes, Galilée trouvait en Italie les lois de la pesanteur, les satellites de Jupiter, l'anneau de Saturne, observait que le pendule oscille en temps égaux et inventait (...) le télescope, instrument à la faveur duquel le ciel n'eut plus de secrets pour l'homme ». Mais on cherche en vain le nom de ce dernier parmi ceux de Copernic, Tycho Brahé et Kepler dans la longue présentation de l'état de l'astronomie avant Newton sur laquelle s'ouvre l'article consacré au physicien anglais.

Du même auteur, L.-F. Jehan, le *Dictionnaire des controverses historiques* (1866) ne pouvait cependant pas passer sous silence l'affaire Galilée. Elle est, en effet, évoquée très brièvement, à partir d'opinions contradictoires soutenues, d'un côté par Henri Martin, de l'autre par un distingué savant, Biot, plus largement cité pour avoir, dans une série d'articles intitulés *La Vérité sur le procès de Galilée,* affirmé que jamais l'Église, au cours du procès de 1633, n'a maltraité le héros de l'astronomie nouvelle.

Héros et quelque peu martyr, longuement persécuté pour ses

idées, tel apparaît, au contraire, dans le *Grand Dictionnaire universel du* XIXe *siècle* de Pierre Larousse, Galileo Galilei. Frappé en 1616 par « un stupide jugement », conduit en 1633 devant un « infâme tribunal », il fut, sa vie durant, aux prises avec des « ennemis haineux et féroces », les prêtres. Il revient à « ce grand homme, gloire de l'Italie », d'avoir revendiqué les droits de l'expérience rigoureuse contre le principe d'autorité auquel s'est cramponnée la scolastique. Ainsi que l'écrit Renan à la même époque, « son procès est l'heure décisive de l'histoire de l'esprit humain ». Les enjeux politiques et les conséquences sociales de la découverte scientifique d'où est issue l'astronomie nouvelle étaient bien dégagés par le positivisme.

Cette astronomie nouvelle est née avec Copernic. Elle rompt aussi bien avec le système des sphères homocentriques du *De Caelo* d'Aristote dont Thomas d'Aquin s'est fait l'exécuteur testamentaire, qu'avec les entrelacs compliqués d'épicycles et d'excentriques de l'*Almageste* de Claude Ptolémée. Elle renoue avec l'astronomie géométrique des pythagoriciens, les nombres perdant, néanmoins, toute propriété mystique. Elle aboutit, comme l'a souvent rappelé A. Koyré, d'une part à la destruction du cosmos, monde fini et hiérarchiquement ordonné qui cède la place à un univers infini lié par l'uniformité des lois, d'autre part à une géométrisation de l'espace qui cesse d'être conçu comme ensemble de « lieux » : il n'y a plus de centre assignable au monde.

Pour avoir tiré les conséquences philosophiques de la révolution copernicienne — l'absence de lieux privilégiés, la relativité des notions de haut et de bas, l'inexistence de directions déterminées en elles-mêmes —, Giordano Bruno a été condamné par l'Église et brûlé. Aussi bien est-ce dans un monde davantage indéfini qu'infini que la sphère des fixes s'est trouvée dissoute par la physique céleste de Galilée.

Son *Message céleste* (*Sidereus Nuncius,* 1610) fait voler en éclats toute la « cristallerie des sphères » ; il annonce qu'entre la conception d'un ordre cosmique et celle d'un espace géométrique, le choix désormais est fait qui suppose un retournement des valeurs : le passage de la métaphysique à la physique et de l'opinion à la science, ou plus précisément, de la science contemplative au mobilisme moderne. Il dissipe, au sens propre, le *Songe de Scipion* qui clôt *La République* de Cicéron. « Regarde les espaces célestes, dit l'Africain à Scipion Émilien, de neuf cercles, ou plutôt de neuf globes, se compose le système du monde... Sur le cercle inférieur tourne la Lune qui s'allume aux rayons du Soleil. Au-dessous, il n'y a rien que de mortel et de périssable, excepté l'âme... Au-dessus de la Lune, tout est éternel. La Terre, placée au centre et au neuvième rang, est immobile... » Tout ici est en ordre, toute chose repose dans son lieu naturel, y devrait demeurer et n'en pas bouger. Une rupture d'équilibre intervient-elle ? C'est le retour à l'ordre qui constitue le mouvement naturel.

Comment une si belle ordonnance, une construction métaphysique aussi achevée ont-elles pu être ruinées ? Qu'est-ce qui a pu vaincre en ce domaine l'autorité d'Aristote garantie par l'Église ? La lunette, les observations qu'elle permet, en un mot l'expérience. Sans doute pourrait-on objecter que depuis Copernic la connaissance scientifique conduit de plus en plus à prendre en considération ce que nous ne voyons pas (John Dalton n'a pas « vu » les atomes dont il fit l'hypothèse). Goethe a raison de nous rappeler que le système de Copernic repose sur une *idée* difficile à comprendre et qui contredit encore journellement nos sens. On pourrait également objecter que bien des observations ou expériences alléguées par les promoteurs de la science moderne ne prouvent rien et qu'après tout, comme le relève pertinemment P. Costabel, sur la question préalable de la comparaison des hypothèses, les arguments décisifs en faveur de la translation de la Terre et de sa rotation sur elle-même par rapport au Soleil n'ont été acquis qu'au début du XIXe siècle.

Il en va, en fait, de la place qu'occupe, d'une manière générale, l'expérience dans la science. La science aristotélicienne, réellement empirique, fut longtemps inattaquable car elle était pleinement en accord avec l'expérience commune. Chez Galilée, les expériences ne sont souvent que des expériences de pensée ; les relevés n'ont pas la précision de ceux de Kepler ou de Peiresc, ils fournissent seulement un ordre de grandeur. C'est à l'aide de conceptions tout à fait imaginaires qu'il a pu proposer sa théorie du mouvement, ce qui confirme que bien des faits scientifiques ont été hypothétiques avant d'être observables. Les concepts qu'il utilise ne sont donc pas tirés de l'expérience : fictifs, ils doivent permettre de comprendre et d'expliquer la nature. Les objets qu'il étudie ne sont pas des corps réels, qualitativement déterminés, mais des corps abstraits désormais situés dans le vide réalisé de l'espace euclidien. L'instrument dont il se sert — la lunette qu'il eut le premier l'idée de tourner vers le ciel —, est aussi une matérialisation de la pensée, une « incarnation de la théorie ».

En définitive, la rupture du cercle, l'éclatement de la sphère, ont été moins provoqués par un redoublement dans l'expérimentation que par l'exaltation de la connaissance intellectuelle. La naissance de la science moderne à laquelle on assiste ici est, en effet, concomitante d'une mutation de l'attitude philosophique qui marque la revanche de Platon. Niée ou méconnue par l'interprétation positiviste et pragmatiste du savoir, l'influence des conceptions philosophiques sur l'évolution des théories scientifiques apparaît donc décisive à bien des égards.

Sans doute, Galilée semble cautionner la conception pragmatiste de la science. Ne déclare-t-il pas, dans son dernier ouvrage, que la formulation de la loi mathématique de la chute vaut mieux que la spéculation sur les causes de la gravité ? Peut-on dire pour autant qu'il a seulement visé le comment et non le pourquoi des choses et recherché des lois, et non des causes, en construisant un savoir sur des bases strictement expérimentales ? Doit-on systématiquement opposer le caractère réaliste et déductif de la science médiévale à l'esprit phénoménaliste et légaliste de la science moderne ? La science ne serait-elle que la recherche d'astuces mathématiques ?

Sur ce point crucial, Galilée entre en conflit avec le représentant de l'autorité ecclésiastique, le cardinal Bellarmin. Reprenant les termes employés dans la fameuse préface du *De Revolutionibus,* écrite par Osiander qui avait jugé nécessaire d'atténuer la portée de l'ouvrage de Copernic au regard de l'Église (« On estime généralement qu'on ne doit pas semer le trouble dans la science, dont les fondements ont été établis comme il convient dès l'Antiquité... Il n'est pas nécessaire que ces hypothèses soient vraies ; il n'est même pas nécessaire qu'elles soient vraisemblables. Cela seul suffit que les calculs auxquels elles conduisent s'accordent avec les observations »), Bellarmin soutient la thèse qualifiée aujourd'hui par K. Popper d' « instrumentaliste ». La représentation du monde ne doit pas être affectée par les travaux des savants.

Or, il est clair que c'est toute la représentation du monde de ses adversaires, leur *Weltanschauung,* que Galilée conteste et attaque. Le haut et le bas, la différence, la dualité du monde : là est l'enjeu essentiel. Pour les aristotéliciens et les théologiens, la perfection et la précision n'appartiennent pas au domaine terrestre. L'homme habite un ici-bas qui est celui de l'à-peu-près et de l'ouï-dire. Un monde éthéré surplombe le monde sublunaire. Au monde divin, transcendant, s'oppose un monde profane formé d'éléments fluctuants. D'un côté la physique céleste, de l'autre une science de l'approximation. Au theos des

Grecs, qui dans le ciel prend la forme d'un ensemble ordonné de relations rigoureuses, le christianisme a substitué le Dieu de la Révélation. Les astres ont cessé d'être regardés comme des dieux. Mais, à quelques retouches près, l'image du cosmos que l'Église a donnée à voir à ses fidèles demeure celle d'Aristote.

Elle a voulu maintenir l'accord entre les hypothèses scientifiques et la Révélation. Saint Paul ayant été ravi jusqu'au troisième ciel, elle a multiplié les cieux. Elle a longtemps rejeté tout ce qui pouvait entrer en contradiction avec les Écritures — la rotondité de la Terre, par exemple —, ou contredire ce qu'ont enseigné ses docteurs — l'existence des antipodes, notamment. Elle aussi s'est employée, dans un sens certes différent des Anciens, à sauver les apparences. Pour l'Église il ne pouvait par conséquent s'agir, quant à l'astronomie nouvelle, que d'un artifice de calcul sans réalité physique. C'est dire combien le réalisme mathématique sous-jacent à la théorie astronomique de Galilée lui est demeuré complètement étranger. C'est dire aussi quels obstacles, psychologiques surtout, s'opposaient à l'unification de la physique terrestre et de la physique céleste.

Dualité et différence sont alors les notions essentielles qui structurent l'espace mental. Or les contacts, la communication entre les deux mondes, ainsi que la fusion des deux physiques, ont été effectués par l'instrument optique au moyen duquel Galilée a regardé le ciel. La matière, désormais conçue comme support de l'être inaltérable, est élevée au rang et à la dignité du céleste.

En réalité, la constitution de la physique mathématique a d'abord été refusée — et singulièrement par l'Église —, pour deux raisons essentielles dont l'une tient à la mise en cause d'une vision établie du monde, l'autre aux formes nouvelles que prend l'administration de la preuve ; deux raisons qui entretiennent d'évidents rapports.

En détournant les savants de son temps de l'étude des natures éternelles et des êtres incorruptibles, Galilée leur retirait un asile. « Bon accoucheur de cerveaux », il amorçait une réforme de l'affectivité en appelant l'humanité à quitter le repos pour le mouvement. Quel trouble pouvait naître d'un tel décentrement dans un mental collectif que l'invention de l'imprimerie et de la boussole, ainsi que les grandes découvertes géographiques, avaient déjà fortement ébranlé.

En posant dans *L'Essayeur* (*Il Saggiatore,* 1623) que la nature est écrite en langage mathématique et que c'est dans ce langage qu'il faut l'interroger, Galilée devait, d'autre part, provoquer la résistance de l'Église. Elle se dresse ici contre le naturalisme dynamique de la Renaissance. Elle n'admet pas l'idée que la loi à laquelle obéit l'être de la nature ne lui est pas prescrite par un législateur extérieur et qu'elle se fonde dans son être propre, la nature étant par là pleinement connaissable. La physique mathématique s'est, cependant, tout entière construite sur cette conception de la légalité, la tâche dorénavant assignée à la science étant d'établir la loi de l'action qui définit la nature de la chose. Ainsi en est-il pour le mouvement des planètes. Il n'est plus question dans ce domaine de sentiments, d'intuition, d'imagination, mais de mesures exactes.

En même temps que s'affirme cette nouvelle attitude méthodologique, s'impose une nouvelle conception de la vérité. Et c'est ce qui est fondamentalement en cause dans la révolution galiléenne. La vérité ne repose plus sur l'Écriture et la Tradition. Rendue indépendante de la Parole qui permettait de donner des interprétations variées d'un épisode biblique, elle s'exprime, transparente et univoque, en langage mathématique. D'un côté la Parole et la Révélation, de l'autre les figures et les nombres.

Dans ce monde que les systèmes métaphysiques du Moyen Age avaient spiritualisé (Dieu — l'âme — le monde), le lien unissant la nature et l'esprit se relâche singulièrement ; celui qui reliait la théologie à la physique est tranché. La connaissance véritable ne requiert plus d'assistance surnaturelle. L'accord proclamé des idées et des objets va précisément résoudre le problème de la vérité de la connaissance. Ce qui est réel, c'est ce qui peut être vu par la pensée et converti par elle en objet de calcul. La fin de l'histoire sainte — c'est-à-dire la référence constante à un principe explicatif supérieur — n'est pas loin. L'extension du concept de nature devient effectivement menaçante.

L'Église ne pouvait se satisfaire de la théorie des deux langages — et du double sens —, développée par Galilée dans la lettre adressée en 1615 à Christine de Lorraine. « Il me semble, écrit-il, que dans la discussion des problèmes de physique on ne devrait pas prendre comme critère l'autorité des textes sacrés, mais bien les expériences sensibles et les démonstrations nécessaires. En effet, c'est également du Verbe divin que procèdent l'Écriture sainte et la nature : l'une, comme dictée par le Saint-Esprit ; l'autre, comme exécutrice obéissante des ordres de Dieu. Mais alors que les Écritures, s'accommodant à l'intelligence du commun, parlent en beaucoup d'endroits selon les apparences et en des termes qui, pris à la lettre, s'écartent de la vérité, la nature, tout au contraire, se conforme inexorablement et immuablement aux lois qui lui sont imposées... sans se préoccuper de savoir si ses façons d'opérer sont à la portée de notre capacité humaine. Il s'ensuit que les effets naturels de l'expérience mis sous nos yeux ou la démonstration mathématique ne doivent, en aucune façon, être révoqués en doute, encore moins condamnés, sous prétexte que certains passages de l'Écriture auraient dans leur littéralité suggéré des aspects différents. »

L'Église ne pouvait admettre la proposition selon laquelle « le Saint-Esprit nous montre comment on va au ciel et non comment va le ciel ». Elle devait refuser cette distinction que lui proposait Galilée et dont l'article « Copernic » signé « O », c'est-à-dire Jean Le Rond, *alias* d'Alembert, de l'*Encyclopédie,* souligne les aspects cependant positifs pour la religion catholique. En effet, que penseront les faibles et les simples des dogmes réels que la foi nous oblige de croire, s'il se trouve qu'on mêle à ces dogmes des opinions douteuses ou fausses ? Ne vaut-il pas mieux de dire que l'Écriture, dans les matières de physique, doit parler comme le peuple dont il fallait bien utiliser le langage pour se mettre à sa portée ?

Le danger que représentait une généralisation possible de l'idée de loi naturelle était trop grand. Et l'on sait que, vingt ans seulement après la mort de Galilée, John Graunt, citoyen de Londres, publiait un ouvrage capital — fondateur de la démographie moderne —, au titre hautement significatif, *Observations naturelles et politiques... en rapport avec le gouvernement, la religion, le commerce...* (1662).

Aussi l'Église s'est-elle mobilisée contre celui qui, en 1615, affirmait que le Souverain Pontife peut approuver ou condamner toutes les propositions qui ne relèvent pas directement de la foi, « mais qu'il n'est pas au pouvoir d'aucune créature humaine de les rendre vraies ou fausses, et autres qu'elles ne sont par nature ». Avec lui la démonstration demeurait circonscrite à des phénomènes particuliers. Aussi bien a-t-elle livré contre la physique moderne un combat qu'elle a perdu lorsque Newton découvrit *la* loi de l'univèrs.

Et pourtant, vérité révélée et vérité scientifique ne sont-elles pas secrètement articulées ? A. Kojève a montré naguère que l'assertion selon laquelle les Grecs n'ont pas élaboré de physique mathématique parce qu'ils voulaient rester païens n'est qu'apparemment canularesque. Ce qui pose le problème de l'origine chrétienne de la science moderne.

En projetant notre planète dans le ciel aristotélicien, cette dernière résout une contradiction inhérente au christianisme médiéval. Le déplacement du sens de l'existence humaine de l'ici-bas vers l'au-delà n'empêchait pas la terre d'être au centre de l'univers. A ce privilège lui était paradoxalement associée la propriété d'être le royaume de la corruption et de la mort, car les Anciens, en la privant de mouvement, l'avait réduite à un état misérable ; ils avaient parallèlement posé qu'on ne peut chercher de lois mathématiques, c'est-à-dire de relations éternelles, que là où il n'y avait pas de matière — ce qui excluait la possibilité d'une telle recherche dans le monde sublunaire.

C'est contre l'aristotélisme païen que s'est constituée la science moderne, en un domaine que l'autorité ecclésiastique, surtout soucieuse de préserver la pureté du dogme, lui avait abandonné. L'Église a paradoxalement défendu les théories païennes contre les chrétiens qui voulaient les christianiser. Le fait qu'elle se soit dressée contre les promoteurs de la science moderne n'infirme absolument pas le rapport essentiel qui existe entre la maîtrise exercée sur la matière par l'Occident chrétien et le dogme de l'Incarnation.

Suivons le raisonnement de A. Kojève. Si un corps terrestre peut être en même temps le corps de Dieu, donc un corps divin et si, comme le pensaient les Grecs, les corps divins, corps célestes, reflètent correctement des relations éternelles entre entités mathématiques, rien n'empêche plus de rechercher ces relations dans l'ici-bas autant que dans le ciel. L'identité scientifique foncière de la Terre et du ciel était acquise — et proclamée.

Mais sur les désordres engendrés par cette projection dans le ciel de l'ensemble du monde terrestre à la suite du corps du Christ ressuscité, on n'a pas fini d'épiloguer.

On épiloguera, en effet, sur le « nouvel art du doute », la fonction sociale de la science, le rôle du savant, les rapports qu'entretiennent savoir et pouvoir, le désenchantement du monde, le destin de l'humanité enfin. On dénoncera les illusions du progrès, l'échec du scientisme, l'accumulation du savoir pour le savoir, l'évolution vers un monde inhabitable — qui est précisément le nôtre.

La mathématisation de l'univers n'a, en effet, pas seulement détruit l'unité aristotélicienne de la physique et de la métaphysique. Elle a surtout provoqué une rupture entre la vision que la science donne du monde et la vision qu'en impose l'expérience spontanément vécue. Un divorce est intervenu entre le savoir et l'expérience immédiate, divorce dont Husserl, dans la *Krisis*, a examiné toutes les conséquences.

DISCUSSION

RÉMY CHAUVIN. — *Nous autres, hommes de science, sommes très sensibles à l'état d'esprit qui se développe dans un large public, une sorte de peur et même une horreur de la science. Pour beaucoup de gens, la science, c'est la pollution et la bombe atomique. Je simplifie, mais c'est ça en gros. Ceci met l'accent sur une fragilité de la science, très dépendante notamment de l'idéologie politique. On a vu, par exemple, à l'occasion des querelles extrêmement violentes à propos de l'étude de l'influence des gènes sur le comportement, et notamment le comportement humain, des pétitions organisées par des étudiants, des professeurs, éventuellement des hommes politiques, qui ont voulu interdire de telles études. C'est-à-dire, interdire par conséquent de faire de la génétique au sujet du comportement. Notre collègue Eysenck a été huit jours à l'hôpital parce qu'il avait été rossé par des étudiants qui ne voulaient pas qu'il parle des gènes dans leur relation avec le comportement. On trouve d'autres exemples dans l'histoire contemporaine de la science et à la suite de pressions qui n'ont rien à voir avec la science elle-même, les recherches sont parfois interdites et les crédits supprimés. La science dépend des crédits, et les crédits dépendent en fait de la politique. Rien n'est plus facile, par exemple, que d'interdire la recherche nucléaire, il suffit de supprimer les crédits de la recherche nucléaire. On ne pourra plus travailler sur ce sujet. La science n'est donc pas aussi solide qu'elle le croit. Mais, d'un autre côté, il faut bien convenir que si les gens ont peur, ils ont peut-être raison. Certains développements de la science peuvent paraître inquiétants; et pourquoi inquiétants?*

Parce que l'humanité n'a jamais rencontré encore des choses pareilles. Demain, par exemple, il y aura des robots qui parleront. En fait, on y travaille déjà. Et beaucoup d'hommes de science ne réalisent sans doute pas le choc que cela va produire d'avoir des compagnons mécaniques de travail avec lesquels on pourra converser. Ce n'est pas de la science-fiction, ça existe déjà. Cela va entraîner tout un rapport nouveau de l'Homme avec son univers. L'Homme n'a jamais encore rencontré une chose pareille. Tout ceci épouvante un grand nombre de personnes et je crois que les hommes de science feraient bien d'y réfléchir un peu plus sérieusement.

JERZY WOJCIECHOWSKI. — *Je remercie Rémy Chauvin d'insister, comme je le ferai moi-même dans ma communication, sur l'interdépendance toujours croissante des humains due aux développements considérables de la science. Chacun de nous est conduit à se cantonner de plus en plus dans un domaine de plus en plus restreint, c'est-à-dire que nous devenons de plus en plus dépendants des autres.*

JEAN LERÈDE. — *Je m'adresse à Bernard Valade. Ne croyez-vous pas que dans les solutions-remèdes que vous avez évoquées, il y aurait lieu d'ajouter l'impact des conceptions du monde extrême-orientales. Ce phénomène me paraît, pour ma part, d'une très grande importance, il est peut-être moins sensible, ici en Europe, mais je puis vous affirmer que, en Amérique du Nord, au Canada et aux États-Unis, cette influence est très caractéristique, elle est très marquée. Je ne parle pas seulement de l'hindouisme, mais l'impact également du taoïsme, et du zen.*

HENRI LABORIT. — *Vous ne pensez pas que ceci représente une régression ?*

JEAN LERÈDE. — *Non, ce n'est pas du tout une régression, à mon avis. Au contraire, c'est une progression.*

BERNARD VALADE. — *Je cautionne pour ma part ce que dit Jean Lerède. Je n'en veux pour preuve que la remise en honneur des travaux de Kaiser Linck et la relecture avec beaucoup d'appétit d'ouvrages quand même assez classiques et bien connus, comme celui de Malraux,* Les Tentations de l'Occident. *Il y a un nouveau dialogue Orient-Occident qui aujourd'hui s'étoffe.*

Propriétés multidimensionnelles de la conscience et quelques lois gouvernant la réalité

ELIZABETH A. RAUSCHER

INTRODUCTION

Est-ce que le but, les moyens employés et la motivation relèvent du processus de la science ? Selon l'idée conventionnelle de la méthode scientifique, aucun rôle ne leur est attribué, mais il semble qu'aucune activité humaine ne peut être entreprise sans une évaluation humaine du but et de la valeur de cette activité. Ce qui motive une recherche spécifique peut être soit la quête de la connaissance ou soit tout simplement la disponibilité de fonds. La motivation et le but n'infirment en rien le caractère objectif de la science ou la reproductibilité des phénomènes. La vélocité des pierres dans leur chute est apparemment indépendante du moment et du lieu dans le temps et dans l'espace où on les laisse choir (covariance de Lorentz) ; la raison pour étudier la vélocité des pierres qui tombent est simplement la curiosité humaine.

La méthode scientifique a parfaitement réussi dans sa description de certains aspects de la réalité physique. La précision et la reproductibilité de la loi scientifique reflètent un ordre profond et fondamental de l'Univers. Tous les aspects de cet ordre ne peuvent cependant être entièrement physiques, comme le démontre le modèle de David Bohm [1].

Au-delà de ces considérations sur l'évaluation humaine, la structure de la physique doit-elle faire une part à la conscience en général ? Nous allons examiner ce point concernant l'esprit et la physique et voir quelle est l'implication de ce rapport dans le développement des concepts physiques modernes de la réalité.

Nous allons aussi établir le rapport entre ces concepts et ce qu'on appelle l'expérience mystique.

LE RÔLE DE LA CONSCIENCE DANS LES THÉORIES PHYSIQUES MODERNES

Quel doit être le point de départ de notre discussion du rapport possible entre des états de conscience et la physique moderne ? Commençons à partir d'un concept si bien exprimé par Sir Arthur Eddington (astrophysicien et un des premiers chercheurs de la Relativité d'Einstein) : « La physique, c'est l'étude de la structure de la conscience[2]. » C'est l'esprit qui demeure l'ultime instrument pour pratiquer la physique. Ce ne sont pas seulement les concepts en philosophie, psychologie, et peut-être en neurophysiologie qui nous font conclure que la structure et le contenu de la physique dépendent d'une manière profonde du rapport entre la théorie physique et la conscience : des découvertes récentes en physique elle-même témoignent de la nécessité d'examiner ce rapport.

Des découvertes ou/et des créations de nouveaux concepts en physique conduisent à s'interroger sur le rapport observateur/objet observé. La mécanique quantique, la théorie du microcosme atomique, est une description qui peut impliquer que l'observateur a un impact sur l'objet observé, que l'observateur affecte ce qu'il observe. La théorie de la Relativité semble indiquer que l'état de l'observateur affecte l'interprétation de ce qu'il observe. Dans le contexte de la théorie quantique et de la Relativité nous pourrions être en mesure d'éclairer le rapport découverte/création, aussi bien que la validation des propriétés de la réalité extérieure.

Dans la physique quantique, comme dans la structure n-dimensionnelle de modèles relativistes, il semble se dégager une relation fondamentale à distance entre les événements ; et nous pouvons nous servir de cette propriété pour la vérification expérimentale de ces modèles.

La structure de la théorie physique, sa contexture même, tend vers une vision du monde qui traite de concepts considérés jusqu'ici comme étant extérieurs au corps de la science mais qui peuvent en fait être implicites à la théorie physique elle-même.

LA NON-LOCALITÉ ET LA MESURE QUANTIQUE

Une nouvelle idée du rôle de la conscience humaine dans la structure des théories physiques, tout particulièrement en mécanique quantique, est en train d'émerger. Le rapide développement de la structure, du contenu et de l'interprétation de la théorie quantique dans les années 30, comme démontré par le Principe d'incertitude de Heisenberg et le Paradoxe du Chat de Schrödinger, a ouvert la voie qui suggère que l'observateur passif est en réalité un participant actif. Heisenberg et Bohr démontraient que l'acte d'observation laissait nécessairement le système dans un nouvel état à cause de ce que J. A. Wheeler appelle « la participation »[3].

Ce qu'on appelle le Paradoxe du Chat de Schrödinger est une conséquence de l'évanescence de la fonction d'onde. De deux états probables émergeant d'un processus microscopique, seule l'observation peut déterminer quel état existe[4].

L'interprétation de Copenhague de la mécanique quantique (qui dit que la théorie ne peut prévoir que la probabilité du résultat d'une expérience spécifique) cherchait à refuser la participation directe de l'observateur ; mais il s'avère aujourd'hui que, à cause de ce refus même, nous ne pouvons plus construire de modèle de la réalité. Cependant l'effet le plus recherché de toute découverte scientifique est cependant la possibilité d'affiner notre concept de la réalité.

Si nous choisissons de poursuivre le développement de modèles de la réalité et, à la rigueur, abandonner quelque peu la contrainte de « l'objectivité » pure de la théorie physique, quelles sont les implications possibles de la description quantique ? Cette question est très bien illustrée par la formulation du théorème de Bell sur le paradoxe EPR[5].

Une indication que la non-localité est un principe de la Nature est contenue dans le théorème de Bell qui démontre qu'aucune théorie déterministe locale à « variables cachées » ne peut donner toutes les prédictions de la théorie quantique[6]. Cependant, beaucoup de physiciens pensent que la nature n'est pas sujette au déterminisme et qu'il n'y a pas non plus de variables cachées. L'opinion qui prévaut est qu'il faut voir en la théorie de Bell une confirmation de ces idées plutôt que l'indication d'une stipulation fondamentale de non-localité.

H. P. Stapp démontre que le déterminisme et les variables cachées n'occupent point de rôle essentiel dans la preuve du théorème de Bell, qu'il a reformulé [7]. Stapp affirme qu'aucune théorie qui prévoit le résultat d'observations individuelles se conformant aux prédictions de la théorie quantique ne peut être locale. Une interprétation moins restrictive du théorème de Bell est que soit la localité soit le réalisme est dans l'erreur.

Le réalisme est une idée philosophique qui assume l'existence d'une réalité extérieure ayant des propriétés définies et fondamentalement indépendantes de l'observateur [8,9]. Stapp présente des modèles de la réalité fort raisonnables et compréhensifs selon lesquels la non-localité, telle qu'elle est impliquée dans le théorème de Bell, est incompatible avec la « réalité objective » [10].

Dans l'expérience de la double fente d'Young, des photons peuvent, à partir d'une source déterminée, traverser l'un des deux interstices ou ouvertures, dans un système d'interférence à double orifice. A travers quel orifice est passé le photon qui a marqué la plaque photographique, de l'autre côté de l'appareil ? La réponse n'est point nettement définie, à cause du Principe d'incertitude de Heisenberg. L'on peut observer des franges d'interférence quand les deux orifices sont ouverts, mais cela au prix de ne pas savoir à travers quel orifice le photon est passé. Ou bien l'on peut savoir à travers quel orifice est passé le photon quand un des orifices est clos, mais cela au prix de ne pas avoir de franges d'interférence. Là encore, le choix est celui de l'observateur.

Dans notre recherche [11] nous avons introduit une géométrie complexe multidimensionnelle se composant des quatre dimensions réelles de l'espace X1, X2, X3, X4 = t et quatre dimensions imaginaires iX1, iX2, iX3, iX4, (où $i = \sqrt{-1}$), de sorte que nous puissions décrire des enchaînements macroscopiques d'événements non locaux qui n'enfreignent point la causalité [12],[13]. Il y a plusieurs raisons qui motivent l'introduction de ce modèle. L'une d'elles a trait à une formulation macroscopique possible du théorème de Bell, comme par exemple la fonction de corrélation non locale ayant des conséquences macroscopiques et astrophysiques, recoupant des données récemment observées, réconciliant en même temps préconnaissance et causalité. Les dimensions additionnelles imaginaires rendent possible, dans « l'espace mental », une description qui fait que de lointains événements dans l'espace et dans le temps soient contigus à l'observateur, préservant ainsi la causalité tout en permettant l'acquisition de renseignements de sources distantes de l'observateur.

Nous avons résolu l'équation de Schrödinger dans l'espace complexe à 8 dimensions et, grâce à l'inclusion d'un petit terme non linéaire, nous découvrons des solitons, c'est-à-dire des solutions pour l'onde solitaire. Le terme non linéaire, qui dépend du facteur de temps imaginaire, permet de surmonter la dispersion pour donner des ondes solitons non dispersives. La cohérence de ces ondes au cours de leur propagation peut être liée à un phénomène macroscopiquement apparenté, illustré par ailleurs par le théorème de Bell et l'expérience de la double fente d'Young. La forme non linéaire de l'équation de Schrödinger peut être plus aisément mise en rapport avec le phénomène gravitationnel non linéaire et possède aussi des implications touchant le problème de la mesure quantique. La résolution du problème « participation de l'observateur » peut être très proche, comme le démontre une nouvelle interprétation du Paradoxe du Chat de Schrödinger. Des questions qui ont trait au problème esprit/matière sont aussi en cause [14,15,16].

L'existence de la conscience peut donner naissance à un aspect intrinsèque subjectif de la réalité. Il se peut bien que l'intervention de l'esprit dans le monde de la matière est ce qui transforme le processus de l'observation en celui de participation.

L'ESPRIT ET LA MATIÈRE

Dans le contexte de « la carte et du territoire », il semble qu'il y ait deux aspects de la réalité : d'une part la carte, qui est ce que nous percevons ou pensons de la réalité (mes perceptions, mes sensations, l'assimilation consciente et la structure d'idées) et, d'autre part, le territoire, ce qui est « là », ce qui réellement stimule mes perceptions, c'est-à-dire la réalité (extérieure) elle-même.

Pour paraphraser Eugene P. Wigner [17] il devrait y avoir deux noms différents pour décrire ces réalités :

1. la réalité de mes perceptions, de mes sensations et de ma conscience est immédiate et absolue et
2. la réalité de tout le reste, utile en ce sens qu'elle me permet de penser en fonction de ma réalité ; cette deuxième réalité-là est relative et change d'objet en objet, de concept en concept.

Apparemment Wigner discute d'une « unité » dans notre concept intérieur de l'information reçue touchant nombre d'idées disparates à propos de la réalité extérieure. « La réalité extérieure est relative... » C'est la façon dont nous la percevons qui est relative à celui qui la perçoit — ce n'est point la réalité extérieure elle-même qui est relative.

Selon cette perspective, il semble que nous avons affaire à deux concepts fort utiles :

1. la réalité qui construit nos perceptions d'une réalité extérieure
2. la réalité extérieure elle-même, qui engendre ces perceptions. L'utilité de ces concepts nous apparaît clairement quand nous traitons le domaine de l'incertitude associée à la mécanique quantique. Lorsque notre « conceptualisation » nous engage plus avant dans la recherche des phénomènes quantiques microscopiques, nous participons activement à révéler le rapport mutuel entre la réalité extérieure et notre façon de la déceler[18,19].

Poussons plus avant notre exploration de cette question car nous avons constaté qu'il y a des modèles conceptuels qui suggèrent que la réalité est perçue et créée *par la conscience,* conscience individuelle ou collective.

Examinons quelques idées sur la question esprit/matière et sur l'existence de « l'espace mental ». La question esprit/corps ou esprit/matière conduit à trois hypothèses : premièrement l'esprit crée la réalité et le monde physique est condensé en des « formes de pensée » ; deuxièmement, il y a deux types de réalité essentielle, esprit et corps (la position dualiste occidentale depuis Leibniz et même avant) ; et, troisièmement, la réalité tout entière est « physique », qu'elle soit esprit ou matière (c'est le point de vue mécaniste).

Établissons une analogie avec le paradoxe particule/onde. Différents arrangements spécifiques font apparaître soit la particule, soit l'onde, propriétés essentielles de la lumière ; c'est donc le dispositif expérimental qui détermine quelle caractéristique essentielle de la lumière est observée. L'essence de la lumière, dans sa nature la plus fondamentale (imaginée ou mesurée), n'est ni particule ni onde mais possède les propriétés et l'essence des deux. La phrase « ni l'une ni l'autre mais les deux » possède la structure « logique » du zen (koans et paradoxes).

Peut-être pouvons-nous établir une analogie avec la question esprit/matière. Essentiellement, c'est l'observation consciente (ou état du « niveau » de pensée consciente) qui détermine la conscience de l'observation de la réalité en tant qu'esprit ou matière. Cela peut, dans une certaine mesure, réconcilier les trois catégories des modèles esprit/matière sus-mentionnées.

Cela nous amène à réfléchir comment développer un modèle physique de la pensée. Cela peut sembler être un paradoxe car nous voulons comparer l'esprit (la pensée) à la matière (physique). Commençons avec les lois physiques qui gouvernent les processus physiques. Il se peut très bien, en effet, que la loi physique s'applique plus généralement à la manifestation de la réalité en tant que pensée ou du moins à quelques aspects de ce domaine. Avant d'examiner ce point il serait bon de mentionner le travail de David Bohm sur l'ordre impliqué. Il parle de deux domaines : le non-manifesté (la pensée) et le manifesté (la matière). Ce point de vue trouve ses origines dans la pensée hindoue. Il peut être considéré comme un modèle dualiste ou un modèle selon lequel la pensée peut être « condensée », ou peut, éventuellement, effectuer la « précipitation » de l'aspect physique de la réalité.

Ce type de modèle où la matière et l'esprit coexistent et sont intimement liés (c'est-à-dire où nos intentions unissent pensée et matière) semble exiger une réalité multidimensionnelle (par-delà les trois dimensions spatiales physiques et l'unique dimension temporelle). Une pareille géométrie, telle la géométrie complexe à huit dimensions, démontre un rapport lointain qui s'avère nécessaire à l'union de l'observateur à la chose observée. Le rapport peut être tel que l'observateur devient participant ou créateur d'états ou de formes de la réalité (matière ou esprit). Il semble possible d'unir des niveaux de conscience (de l'observateur) aux niveaux des réalités observées, manifestés ou non manifestés, ou à des sous-niveaux de ces réalités.

Si nous utilisons le modèle à huit dimensions pour représenter l'état de conscience éveillée qui observe des événements lointains ou des perceptions à distance, cet aspect peut faire lui aussi partie du spectre des niveaux ou états de la réalité. Encore une fois, on voit apparaître l'enchaînement des événements lointains et nous pouvons établir (dans ce qu'on appelle l'espace mental) la corrélation qui existe dans l'occurrence d'événements lointains, compatibles avec la réalité physique et qu'on peut enregistrer et relier physiquement.

Nous ne sommes peut-être pas en mesure de définir physiquement la pensée, en termes de physique, mais nous avons développé un modèle qui tient compte d'un « domaine de la pensée », ou d'un « espace mental » qui peut très bien exister et être compatible avec des processus physiques. En fait, des expériences telles que l'observation quantique, le théorème de Bell, l'expérience de la double fente d'Young, les expériences sur la perception à distance semblent exiger un modèle multidimensionnel de la réalité. Le point de vue multidimensionnel permet donc des niveaux ou de multiples états de la réalité, l'esprit et la matière étant deux de ces états. Je pourrais donc ajouter que plusieurs référentiels choisis pour l'observateur peuvent mener à une variété d'hypothèses, selon lesquelles :

1. Tout est esprit
2. La réalité est dualiste et l'esprit et la matière coexistent
3. La réalité tout entière est matière.

La position multidimensionnelle permet de soutenir chacun de ces points de vue, parce que l'état de conscience de l'observateur détermine ce qui est observé. Ma perspective personnelle favorise la notion selon laquelle tout être est esprit ou pensée, cet « espace mental » pouvant être manifesté (être observé) en tant que matière quelquefois. Plusieurs résultats d'expériences en macro et microphysique ont éclairé de façon nouvelle plusieurs questions philosophiques profondes. Il est certain que nous vivons des temps passionnants.

Dans la prochaine section nous allons considérer quelques questions liées à l'expérience humaine et aux méthodes scientifiques et mystiques de la recherche de la vérité. Les deux méthodes sont basées, au niveau fondamental, sur le rôle de l'expérience. Dans le cas de la science, l'observation et l'expérimentation sont au cœur de l'expérience ; avec le mysticisme, on est en présence d'une expérience directe.

LA SCIENCE ET LE MYSTICISME : DEUX PROCESSUS CONCEPTUELS POUR EXAMINER LA NATURE DE LA RÉALITÉ

Comment pouvons-nous connaître la nature de la réalité ? Qu'est-ce que la connaissance et quel est son objet ? La quête de la vérité remonte à l'origine de l'humanité. Il y a plusieurs aspects et plusieurs critères à la vérité. Des modèles ou des concepts sont viables s'ils expliquent l'expérience et prédisent des événements futurs. Pour obtenir des éléments sur la vérité, il nous faut mettre en application une méthode de recherche de la vérité. Les deux méthodes qui prédominent sont la méthode scientifique (propre à la culture occidentale) et la méthode mystique (psychique), souvent associée à la culture orientale.

La science est la connaissance accumulée et systématisée, confirmée par l'observation et l'expérimentation, et groupée selon des préceptes et des lois généraux. Le mysticisme, par contre, relève de l'obtention d'une connaissance à travers l'expérience directe. Le mysticisme est la croyance que la source la plus sûre de la connaissance ou de la vérité, c'est l'intuition plutôt que la raison ou la méthode scientifique. L'expérience mystique est considérée incommunicable à autrui parce que personnelle. L'on peut, à la rigueur, parler du « chemin vers l'illumination » mais non expliquer l'expérience elle-même, comme c'est le cas dans le point de vue bouddhiste[20].

Bien que la définition et la pratique de la science et du mysticisme semblent se contrarier l'une l'autre, ces deux méthodes ont, en réalité, beaucoup d'hypothèses en commun. En fait, je pense qu'elles sont complémentaires dans la recherche de la vérité.

Examinons les différences et les similarités entre la science et le mysticisme. Bien que normalement l'expérience de la science elle-même (en tant que théorie et expérience en laboratoire, avec cadrans, produits chimiques, etc.) semble être différente de l'expérience mystique (expérience inspirée directe, comme par exemple en méditation)... ces deux disciplines ont en fait plusieurs concepts qui leur sont communs. En voici quelques-uns :

1. *Dualité,* ou concept de la paire Yin-Yang (mysticisme) ou des variables canoniquement conjuguées (science).
2. *Expérience* — détection à travers les sens.
3. *Intuition.*
4. *Constance et changement,* 3 Gunas (mysticisme) et la loi scientifique.
5. *La causalité* — la relation cause et effet. La loi du Karma (mystique), et la loi de la causalité (science).
6. *La loi* ou règle qui gouverne la relation.
7. *Structure,* possibilité de *répétition, harmonie.*
8. *Catégorisation* ou le groupement par objets (bien que le mysticisme traite des catégories d'existence, la présente caractéristique relève bien plus de la méthode scientifique : la classification des espèces de Darwin, etc.).
9. *La représentation symbolique :* le symbolisme et le langage

(écrit en symboles ou parlé) sont fondamentaux à la communication de l'information (la science), ou sont initiatrices d'expérience (mandala).

Nous pouvons cependant apercevoir des différences entre la méthodologie scientifique et la méthodogie mystique. Nous basant sur l'observation de ces méthodes, mises en pratique dans la recherche de la vérité, nous nous « imaginons » le scientifique dans son laboratoire : équations sur le tableau, flacons avec liquides en train de bouillir sur des becs Bunsen, étagères bondées de gadgets électroniques, etc. Nous nous « imaginons » le mystique en contemplation silencieuse ou en méditation. La méthode scientifique impliquait l'interaction de l'expérimentation et de l'hypothèse (la théorie). A partir des résultats d'une expérience, on développe une hypothèse expliquant ce qui s'est passé et ce qui se passera dans le futur dans des conditions semblables ou similaires. Ensuite une expérience nouvelle est conçue et entreprise pour vérifier l'hypothèse plus en détail. Cette expérience est vérifiée, ou elle ne l'est pas. Si elle ne l'est pas, l'hypothèse est modifiée pour décrire les résultats de l'expérience. Si les résultats de l'expérience s'écartent beaucoup trop de la prédiction, une nouvelle hypothèse est avancée et expérimentée, et ainsi de suite dans l'interminable poursuite de la connaissance.

Le mysticisme, par contre, traite de ce qui est généralement défini comme une série subjective d'expériences dans l'esprit de l'individu. En science, le facteur de la reproductibilité est un élément clé, c'est-à-dire que plusieurs personnes peuvent répéter la même expérience et obtenir des résultats qu'on peut s'accorder à déclarer identiques (similaires). C'est ce qu'on appelle l'objectivité.

La majorité des personnes reconnaissent le ciel comme étant bleu. C'est un exemple de l'objectivité scientifique grâce à laquelle la réalité consciente est fondée. Mais quelle est la nature de l'expérience de l'individu qui appréhende le ciel bleu ? Je ne peux pas voir votre perception du ciel.

En méditation, il y a une expérience dont parlent les adeptes. C'est ce qu'on appelle la « perle bleue » de la méditation. Cette « lumière bleue » est observée (vécue) et les pratiquants de la méditation peuvent facilement en décrire la forme et la couleur, et arriver à un accord. Cette expérience est en général associée à la subjectivité ; cependant, dans quelle mesure est-elle différente de la discussion à propos du bleu du ciel ? Peut-être que la fine ligne de démarcation entre la réalité subjective et la réalité objective n'est pas si fine que cela après tout !

Les expériences dites subjectives et objectives peuvent avoir toutes deux une réalité fondée sur un consensus et pourtant on ne peut vivre l'expérience d'autrui. Peut-être l'ultime expérience partagée est-elle la communication télépathique.

Il a souvent été dit que tout phénomène psychique est une expérience mystique (quelquefois spirituelle), qu'il est spontané et ne peut se répéter et est donc difficilement objet de l'analyse scientifique qui, elle, est basée sur la possibilité de répéter les résultats de l'expérimentation. Il semble que, à l'épreuve de la méthode scientifique, quelques phénomènes psychiques au moins peuvent se répéter dans de strictes conditions de laboratoire.

Dans des expériences scientifiques compliquées, il y a un nombre de facteurs subtils dont il faut tenir compte. Cela rend la reproductibilité plus difficile. Les expériences dans lesquelles on brise les atomes à haute énergie exigent un vaste personnel et un équipement énorme et sont beaucoup plus complexes à conduire que l'expérience de Galilée faisant rouler une balle sur un plan incliné en mesurant son accélération. Des facteurs subtils entrent en jeu dans la recherche psi, mais plusieurs réplications ont été réussies. Ces nombreux facteurs peuvent être, à leur tour, la cause d'autres résultats négatifs.

A mesure que l'Orient et l'Occident se rapprochent et que l'échange d'informations augmente, l'exploration des principes fondamentaux de la philosophie de base et la quête vers la compréhension deviendront d'importance vitale pour la compréhension de soi et du monde.

Quelle que soit la méthode utilisée dans la recherche de la vérité, science ou mysticisme, c'est l'esprit humain qui demeure « l'ultime instrument ». En quelque sorte, cette recherche est toujours une recherche personnelle, qu'on reçoive validation extérieure (science) ou pas. Fondamentalement, « connaître » est une validation intérieure personnelle (mysticisme) qui peut être vérifiée à travers nos sens (science).

Les problèmes de motivation, d'observateur-participant et de l'expérience mystique font tous partie de la conscience humaine. L'esprit humain joue son rôle dans tout ce que nous percevons comme réalité à travers la méthode scientifique. L'interaction esprit/matière, la nature de la conscience et son rôle dans les théories physiques ont préparé le terrain pour un tout nouveau champ d'exploration. Quelques indications contemporaines dans la structure de la mécanique quantique suggèrent l'intérêt vital de ce domaine de recherche.

Peut-être qu'à travers de pareilles investigations nous allons acquérir une nouvelle vision de l'homme et une meilleure compréhension des messages contenus dans les écrits mystiques. L'occasion de trouver de nouvelles solutions à d'anciens problèmes pointe à l'horizon de l'exploration humaine. De nombreux, de passionnants concepts et des développements sont là, qui nous jettent un défi.

CONCLUSION

La scène est là et est unique, prête pour le développement de nouveaux concepts concernant la réalité. Nous avons à notre disposition les récentes découvertes en physique, la tradition post-mystique et les données courantes de la parapsychologie. Que penser des questions de liberté et de choix ? De l'intention, de la volonté, de l'action ? Le développement de nouvelles idées à propos de la question esprit/matière et l'ordre des événements dans l'espace-temps, ainsi que la nature de l'espace-temps lui-même, offrent de nouveaux instruments pour l'examen d'anciens paradoxes.

La liberté suppose à la fois le déterminisme et le choix (deux ou plusieurs états possibles des fonctions d'onde), aussi bien qu'un mécanisme pour déterminer ou pour évaluer. Le rôle de l'esprit et de la volonté se manifeste quand un choix est fait ou déterminé par une procédure spécifique de « mesure » ou d'observation. Comme l'intention dans l'action semble être fondamentale à la conscience, ce qui crée l'intention est d'intérêt vital. Cette question peut être complexe mais touche certainement à la motivation, le but et la valeur. La raison et la nature spirituelle de l'homme ne sauraient être séparables de tout processus naturel ayant trait à la conscience humaine. Il y a de multiples avenues nouvelles ouvertes à l'exploration, et par conséquent beaucoup de nouvelles possibilités de créer et de bâtir un nouveau lendemain et un nouvel ordre social sur la terre.

RÉFÉRENCES

1. D. Bohm, *Foundation of Physics* 3, 1977, p. 139.

2. A. S. Eddington, *Fundamental Theory,* Cambridge University Press, 1946.

3. C. W. Misner, K. S. Thorne et J. A. Wheeler, *Gravitation,* San Francisco, W. H. Freedman & Co., 1973.

4. Dans le paradoxe du Chat de Schrödinger, il y a deux états également probables ; le chat vivant ou mort, état déterminé selon l'émission, au hasard, d'une source déclenchant un mécanisme qui libère du cyanure dans une cage où se trouve le chat.

5. A. Einstein, B. Podolsky et N. Rosen, *Phys. Rev.*, 47, 1935, p. 777.

6. J. S. Bell, *Physics* 1, 1964, p. 195.

7. H. P. Stapp, *Phys. Rev.*, 3D, p. 1303, 1971.

8. J. F. Clauser et A. Shimony, *Rep. Prog. Phys.*, 41, p. 1881, 1978.

9. E. A. Rauscher, « Select Papers on Experimental and Theoretical Research on the Physics of Consciousness », *Iceland Papers : Frontiers of Physics Conference,* in Essentia Research Associates, Amherst, WI 54406, août 1979.

10. H. P. Stapp, *Foundation of Physics,* 10, 1980, p. 767.

11. E. A. Rauscher, *A Unifying Theory of Fundamental Processes,* Lawrence Berkeley Laboratory publication, book * UCRL-20808, juin 1971.

12. E. A. Rauscher, *Bull. Amer. Phys. Soc.*, 23, 1978, p. 84.

13. C. Ramon et E. A. Rauscher, *Foundation of Physics,* 10, 1980, p. 661.

14. E. A. Rauscher, « Conceptual changes in reality models from new discoveries in physics », PSRL-1076, et dans Proceedings of the first International Symposium on Non-Conventional Energy Technology, University of Toronto, Ontario, Canada, 23-24 octobre, 1981, pp. 114-140.

15. E. A. Rauscher, « Solitary waves, coherent non-dispersive solutions in complex Minkowski spaces », *Bull. Amer. Phys. Soc.*, 27, 1982, p. 35.

16. E. A. Rauscher, « A research physicist reflects on consciousness and paradoxes in science, the scientific method and the role of the observer and its implications in paranormal phenomena », *Journal of TSK,* 1, 1982, p. 49.

17. E. P. Wigner, *Symmetries and Reflections : Scientific Essays,* Indiana University Press, 1967.

18. H. P. Stapp, « Mind, matter and quantum mechanics », *Lawrence Berkeley Laboratory report* LBL-12631, avril 1981.

19. E. A. Rauscher, « All I Know about reality », *Theoretical Physics,* PSRL-83, juin 1971, et révision I, sept. 1974.

20. E. A. Rauscher, « Reality concepts », PSRL-2164, janv. 1979.

DISCUSSION

PAUL KURTZ. — *Je voudrais poser quelques questions sur le problème de vision à distance. D'abord quelles sont les personnes qui participent à ces expériences ?*

ELIZABETH RAUSCHER. — *Différentes catégories de personnes, il peut y avoir aussi bien des scientifiques que des psychologues ou des gens qui ne sont pas scientifiques ; ce qu'on pourrait appeler des gens ordinaires !*

PAUL KURTZ. — *Je pense que vous êtes consciente du fait qu'il y a un grand nombre de scientifiques qui sont très sceptiques à propos de ces expériences. Si ces phénomènes de précognition, de clairvoyance sont véritables, alors notre approche scientifique devrait changer. Les critiques contre ces phénomènes paranormaux venant du milieu scientifique sont généralement que ces phénomènes sont difficilement réplicables. Il me semble que tant qu'il n'y aura pas plus de chercheurs scientifiques qui arrivent à l'évidence que de tels phénomènes existent, il y aura toujours beaucoup de scepticisme.*

ELIZABETH RAUSCHER. — *En fait, moi j'étais également sceptique au départ, la seule chose que je me disais, c'est que je ne considérais pas ces phénomènes comme impossibles. Ensuite, j'ai fait des expériences suivant un protocole expérimental scientifique, en utilisant des statistiques, et j'ai constaté que ces phénomènes existaient. Le résultat, sur ma vie personnelle, sans aucun doute, c'est que je me suis fait mal voir de mes collègues, je me serais facilité la vie en ne m'intéressant pas à ces phénomènes, mais je m'y suis intéressée et j'ai constaté qu'ils existaient.*

JERZY WOJCIECHOWSKI. — *Je voudrais préciser que l'examen que l'on va faire de ces phénomènes paranormaux dépend bien sûr de la logique que l'on va utiliser ; en particulier si on n'utilise pas la logique causale, comme ça se fait dans certains pays du monde, notamment en Inde où il existe cinq types de logiques, eh bien ce qui peut paraître difficilement interprétable ou acceptable dans notre logique causale pourra paraître là-bas beaucoup plus acceptable. Autrement dit, ces phénomènes doivent entrer dans une certaine culture, et suivant la culture ils pourront être considérés comme faisant partie ou non de la « réalité ».*

La Conscience, un des paramètres fondamentaux à la compréhension de l'homme et de la nature

MITSUO ISHIKAWA

LE POINT DE VUE OCCIDENTAL DU MONDE COMME BASE SCIENTIFIQUE

Beaucoup de biologistes, particulièrement dans les sciences de la vie, soutiennent l'idée que l'esprit n'est que le résultat de phénomènes physiques ou chimiques dans le cerveau humain. Cette idée mène facilement à la certitude que l'esprit est une entité passive dérivée de l'entité matérielle, et que même la sensation de notre propre libre arbitre n'est qu'une illusion. Si cette idée couvre tous les aspects de l'esprit et du mental, il ne nous est pas nécessaire d'introduire un nouveau paramètre « métaphysique », comme l'esprit ou le mental, en science. D'autres biologistes pensent que les sciences de la vie actuelles sont très loin de pouvoir discuter des problèmes de l'esprit, et qu'elles ont encore beaucoup à étudier avant de pouvoir clarifier les problèmes de l'esprit.

Un examen approfondi est nécessaire pour valider les opinions exprimées plus haut, qui prévalent chez la plupart des biologistes et scientifiques. Nous remarquerons trois aspects importants qui sont à la base de la science moderne :

a. La science moderne repose sur la division cartésienne de l'esprit et du corps et les points de vue mécanistes.

b. Les sciences de la vie actuelle, comme la biologie moléculaire, sont basées sur une méthodologie semi-classique de la physique, laquelle fut originellement mise au point pour étudier les systèmes non biologiques.

c. Les physiciens ont concentré leurs efforts sur l'étude du comportement des atomes et des molécules pour comprendre les phénomènes matériels microscopiques, et l'approche scientifique de l'esprit se fait dans la même optique, ce qui entraîne une direction d'étude à sens unique, allant de la matière vers l'esprit.

Ces quelques aspects nous montrent que la science s'est développée sur la base occidentale du monde, qui opère une séparation des sujets étudiés en compartiments indépendants, et que la science actuelle se prête donc particulièrement bien à l'étude du comportement mécanique de la matière, mais est inadéquate pour l'étude des relations mutuelles — s'il en existe — entre l'esprit et le corps ou l'esprit et la matière, spécialement les effets de la conscience sur la matière, basées sur cette vue du monde.

Il n'est donc pas possible d'envisager la possibilité d'introduire de nouveaux paramètres liés à la conscience en science sur la base des données obtenues à partir de la méthodologie physique actuelle. Nous ne pouvons pas non plus nous attendre à réaliser des développements révolutionnaires dans l'étude des problèmes de l'esprit sur la base de la méthodologie traditionnelle, parce qu'elle ne comprend pas de moyens d'études dans le sens esprit-matière. Les données basées sur l'étude matière-esprit ne nous apporteront pas d'informations sur les effets de la conscience sur la matière, parce qu'aucun paramètre lié à la conscience n'est admis dans l'étude traditionnelle comme paramètre fondamental servant à décrire l'homme et la nature.

LA NÉCESSITÉ D'INTRODUIRE DE NOUVEAUX PARAMÈTRES LIÉS A LA CONSCIENCE

Le problème est de savoir s'il est nécessaire d'introduire des paramètres liés à la conscience dans le champ des sciences naturelles. Beaucoup d'informations nous indiquent que la conscience humaine entraîne des effets variés sur les substances biologiques et non biologiques. En médecine, par exemple, l'esprit positif comme l'amour et la joie favorise la guérison, alors que l'esprit négatif comme l'angoisse et la haine tend à favoriser diverses maladies. Divers travaux scientifiques de psychokinèse montrent que la conscience humaine est capable d'influencer l'environnement physique en dehors du corps. Ces faits nous suggèrent la nécessité d'introduire des paramètres physiques propres à la conscience en physique.

La science a négligé ces influences de la conscience sur la matière. Outre la compréhension occidentale du monde, il existe une autre raison expliquant cette attitude de la part des scientifiques. Elle vient de leur opinion que les capacités paranormales, comme les guérisons par la foi ou les phénomènes psychocinétiques, ne sont que des exemples de capacités humaines *exceptionnelles.* Cependant, les capacités paranormales ne sont pas exceptionnelles, mais sont en fait des capacités communes à tous les êtres humains, mais cachées. Ces capacités sont généralement inconsciemment supprimées par restriction culturelle. Un entraînement systématique permet à chacun de révéler une capacité « anormale ».

L'entraînement « biofeedback » est un bon exemple de développement des capacités cachées. Nous devenons capables de faire changer la température de notre peau, notre rythme cardiaque ou notre pression sanguine par notre propre pensée, après un entraînement « biofeedback ». Le biofeedback est un exemple typique de l'exploration du problème de l'interaction de l'esprit et du corps par la combinaison du point de vue oriental organique du monde et de la méthodologie occidentale rationnelle.

L'entraînement biofeedback actuel n'est qu'une approche d'introduction pour l'exploration plus profonde des interactions entre conscience et matière. Il est intéressant de remarquer que les entraînements ésotériques de beaucoup de religions de l'Orient comme de l'Occident, anciennes et modernes, semblent se baser sur des principes similaires, qui conduisent à révéler des capacités plus ou moins paranormales. Cette caractéristique commune semble suggérer que les capacités paranormales sont accessibles à tous les humains.

Compte tenu des diverses remarques qui précèdent, il est tout à fait raisonnable de considérer le phénomène de l'influence de la conscience sur le biologique au cours de certains états appropriés de conscience.

Ainsi, les phénomènes paranormaux pourraient être reproduits par différentes personnes après un certain entraînement, ce qui veut dire que ces phénomènes se qualifient comme objet d'étude scientifique.

Un des exemples particulièrement intéressants de l'influence de la conscience sur le biologique se trouve dans la guérison par l'hypnose d'infections génopathiques. Il existe beaucoup d'exemples d'hypnothérapie sur la guérison de génopathies telles que l'érythroderme ichthyosiforme congenitum, ou des maladies communes comme l'ulcère gastrique et la tuberculose. Nous devons remarquer que la conscience, dont l'influence est si frappante sur le mécanisme génétique, n'est pas la conscience dans le sens usuel du terme, mais un état spécial de conscience qui est étroitement lié à notre inconscient.

Si notre inconscient « croit » que la génophie ne peut être guérie par notre conscience, les mécanismes intérieurs de notre corps réagissent d'une manière identique, et réciproquement. C'est un principe bien connu en hypnose. Ces faits indiquent que la division cartésienne esprit-corps n'est appropriée que dans le cas ou l'interaction entre l'esprit et le corps est négligeable. Les scientifiques se sont limités à étudier les phénomènes où l'interaction entre l'esprit et le corps était négligeable.

Nous pouvons dire que la biologie et la science médicale ont été construites sur des données élaborées par des personnes dont l'inconscient ne croit pas aux effets de la conscience sur la matière. En d'autres mots; la science a eu affaire à des personnes culturellement « hypnotisées ».

LES DIFFÉRENTS ÉTATS DE LA CONSCIENCE

Nous avons vu la nécessité de distinguer entre les états de conscience et de subconscience à l'aide d'indicateurs physiques appropriés. Les discussions en arrivent parfois à la confusion en faisant usage d'un même mot pour différents états de conscience et de subconscience. D'ordinaire, les biologistes se servent du mot « esprit » pour rendre compte de l'état habituel de la conscience, dans lequel les ondes cérébrales rapides (β ou γ) sont prédominantes. D'un autre côté « esprit » est souvent utilisé dans la technique biofeedback, pour exprimer des états spéciaux de relaxation, dans lesquels les ondes cérébrales lentes (α) sont prédominantes. Cet état est parfois appelé l'état de conscience α.

Notre conscience ne se trouve pas dans l'état α dans la vie de tous les jours, sauf dans les cas exceptionnels de grande relaxation avec les yeux fermés. Cela veut dire que les biologistes étudient généralement l'esprit dans son état β de conscience. L' « esprit » qui peut contrôler les états physiques comme la température de la peau ou le rythme cardiaque n'est pas l'esprit dans son état β. De même, le conscient et l'inconscient qui peuvent influencer la matière à distance (y compris le corps humain) ne sont pas ceux de l'état β mais des états θ et δ, dans lesquels des ondes cérébrales lentes θ (4-7 Hz) ou δ (0,3-3 Hz) sont prédominantes à l'état éveillé.

Les ondes θ et δ n'apparaissent pas chez une personne éveillée ordinaire, sauf chez celle ayant maîtrisé une technique ésotérique religieuse. Ces ondes lentes peuvent être observées chez une personne « normale » uniquement durant le sommeil.

Seule une personne entraînée qui peut placer sa conscience dans un état d'onde θ ou δ alors qu'elle est éveillée peut avoir des capacités paranormales. C'est pourquoi les phénomènes paranormaux sont considérés anormaux ou exceptionnels. Des ondes cérébrales pourraient être de bons indicateurs pour distinguer les états de conscience, afin d'éviter des confusions inutiles lorsque l'on discute de l'interaction entre la conscience et la matière.

CONSCIENCE DE SOI ET CONSCIENCE UNIVERSELLE

Les différents états de conscience que nous avons décrits plus haut peuvent être quelque peu expliqués en relation avec l'activité du cerveau en sommeil. Nous savons que les ondes α apparaissent d'habitude dans un état de somnolence, c'est-à-dire lorsque le cortex cérébral est inactif — le cortex étant le siège matériel de notre pensée. Les ondes θ apparaissent pendant le sommeil, et les ondes δ durant le sommeil profond. L'activité du cortex cérébral semble presque s'arrêter dans l'état θ ou δ, parce que nous ne sommes conscients de rien pendant notre sommeil, excepté pendant les rêves. Des expériences scientifiques ont montré que nous rêvons surtout dans l'état θ, et rarement dans l'état δ. Cela est déduit du fait que le système limbique (la partie intérieure du cerveau qui ést intimement liée au contrôle du système nerveux autonome ainsi qu'à l'inconscient) est surtout actif dans les états θ pour envoyer des stimulations au cortex cérébral afin de susciter le rêve. Le système limbique serait inactif dans l'état δ.

Des personnes entraînées ont une conscience claire d'elles-mêmes, même dans les états θ et δ. D'où vient donc cette conscience ? Il est évident, à partir des explications données plus haut, que cette conscience ne peut être mise sur le compte de l'activité du cortex cérébral. C'est la conscience que beaucoup de personnes religieuses ont recherchée à travers les entraînements ésotériques. D'après l'expérience du yoga ou du bouddhisme zen, cette conscience n'est pas limitée à l'espace ou au temps. Cette « conscience ultime » est considérée comme faisant partie de la conscience cosmique en yoga. L'expérience que ce genre de conscience n'est pas limitée à notre corps est l'origine de la conception orientale du monde et elle est commune à plusieurs religions orientales. Les remarques suivantes du lama Govinda montrent une partie de l'expérience obtenue par la conscience ultime dans la méditation bouddhiste :

« Dans cette expérience spatiale, la séquence temporelle est convertie en coexistence simultanée, l'existence côte à côte des choses... et, à nouveau, tout cela ne reste pas statique, mais devient un continuum vivant dans lequel l'espace et le temps sont intégrés. »

Quelle que soit la nature de la conscience, il est important de remarquer que ce qui est décrit plus haut est une caractéristique frappante de tous les humains. La conscience ultime semble être intimement liée à l'esprit, à l'âme, aux valeurs religieuses, à la volition aussi bien qu'aux capacités paranormales. C'est la clé pour comprendre l'homme dans le sens le plus profond, aussi bien dans le domaine des sciences humaines que dans celui des sciences naturelles.

L'APPROCHE SCIENTIFIQUE D'UNE RÉALITÉ INTERCONNECTÉE

La conscience ultime est, jusqu'ici, distinguée des autres consciences en général. Cette conscience, cependant, semble être plus ou moins comprise dans notre activité mentale ordinaire. Cette conscience semble être très efficace pour contrôler ou modifier les données de notre inconscient. Notre manière de penser quotidienne influence aussi notre inconscient jusqu'à un certain degré. C'est pourquoi l'esprit, les divers états de conscience et de subconscience sont intimement reliés entre eux.

De la même manière, l'esprit et le corps, la conscience et la matière, sont aussi étroitement liés.

Cette situation est en accord avec la mystique orientale selon laquelle toutes les choses et tous les événements sont reliés, et ne sont que différents aspects de la même réalité ultime. La conception fondamentale du monde (l'unité et l'interconnexion de toutes les choses et de tous les événements) n'est pas seulement la caractéristique de l'expérience mystique orientale, mais est aussi une des révélations les plus importantes de la physique moderne. La dualité onde-particule, le continuum espace-temps en relativité, et l'interaction entre observateurs et observés en mécanique quantique, sont des exemples des nouveaux concepts d'unité entre réalités différentes et d'interconnexion des événements entre eux.

Quelques tentatives ont été faites en physique visant à étendre ses applications à un éventail plus large de phénomènes, pour inclure la conscience. Par exemple, l'introduction de dimensions imaginaires dans l'espace et dans le temps rend possible l'explication de la prescience, de la postscience *, ou de la vision à distance. On étend ici le continuum espace-temps d'Einstein à un temps et un espace imaginaires. Une autre tentative intéressante est la théorie des champs électromagnétiques complexes, qui est aussi une extension de la théorie électromagnétique de Maxwell vers des dimensions imaginaires.

Inomata a récemment proposé de considérer le champ magnétique imaginaire et le champ électrique comme une sorte de conscience cosmique. Le champ magnétique imaginaire et le champ électrique imaginaire ressemblent à la conscience cosmique en ceci :

a) la détection physique directe est impossible pour les deux entités, mais elles peuvent influencer la matière ;

b) toutes les deux sont des entités « fantômes », non localisées dans l'espace ;

c) on ne peut créer d'obstacles à l'électromagnétisme ;

d) l'écoulement négatif du temps est possible ;

e) toutes deux semblent influencer la matière en tant que catalyseur, en diminuant ou en augmentant l'écoulement du temps dans la matière.

Ceci est l'une des explications possibles des mécanismes de l'influence cosmique sur la matière. Il nous faut aujourd'hui considérer la possibilité d'introduire la conscience humaine en

* *Precognition, postcognition* dans le texte anglais (*N.d.T.*).

physique. Un modèle dualiste d'esprit et de matière serait un modèle approximatif, dans lequel les interactions esprit-matière seraient admises, l'intensité de ces interactions dépendant de l'état de conscience. Notre conscience ultime pourrait être supposée intimement liée à l'onde électromagnétique imaginaire, ou à la conscience cosmique, et capable d'influencer la matière. Cependant, dans l'état normal de notre conscience (β), la connexion de notre conscience à la matière serait trop faible pour rendre détectable son interaction avec la matière. Notre esprit pourrait agir comme un « bruit » trop puissant à l'état normal. Dans ce cas, les mécanismes de la matière pourraient être prédominants, et seraient représentés par la conception mécaniste. Quand l'état de conscience arrive à un état supérieur (α ou θ), l'interconnexion entre notre conscience et la conscience cosmique deviendrait plus forte, et l'influence sur la matière deviendrait détectable. Quand notre conscience devient purement la conscience cosmique (possiblement à l'état δ), la conscience pourrait créer la réalité et le monde physique pourrait être condensé dans la conscience, comme cela est connu dans la méditation profonde. C'est un autre cas extrême en contraste avec la conception mécaniste.

Quelles sont les caractéristiques essentielles de notre conscience jouant un rôle important dans l'interaction entre conscience et matière ? L'une est la force, ou l'intensité dans le sens physique, de notre conscience. Par exemple, le degré de concentration et le désir de guérir est d'une importance essentielle pour une personne ayant besoin de guérir. Deuxièmement, on trouve l'intention ou la direction dans le sens physique. Par exemple, celui qui veut guérir peut accélérer ou bien ralentir la guérison, selon son propre choix. Si nous pouvons ajouter les deux paramètres de l'intensité et de la direction de notre conscience à la physique à huit dimensions du temps et de l'espace (laquelle serait liée à l'état de conscience sous certaines conditions), la physique contribuera à une compréhension plus profonde de l'homme et de la nature.

DISCUSSION

JEAN CHARON. — *J'ai lu attentivement le papier de M. Ishikawa et comme il a des difficultés à s'exprimer en anglais, je voudrais me permettre de résumer un petit peu ce qu'il veut dire ici d'essentiel. Il constate qu'il y a d'abord une influence de l'esprit sur la matière et il prend pour exemple notre propre esprit agissant sur notre propre corps ; on peut, avec notre propre esprit, modifier par exemple la fréquence de nos battements cardiaques, ce qui indique qu'il y a incontestablement une influence de l'esprit sur la matière. Alors, remarque Ishikawa, on ne peut pas exprimer cette influence si nous n'avons pas le système de références ou les paramètres pour la représenter ; chaque fois qu'on doit représenter quelque chose, il faut des paramètres, un système de références, et cela dans tout langage scientifique. Alors Ishikawa s'est personnellement intéressé aux paramètres « complexes », dans le sens mathématique ; et il indique que peut-être ceux-ci pourraient précisément faciliter la représentation des phénomènes d'action de l'esprit sur la matière. Je pense que nous ne pouvons pas contester* a priori *cette possibilité, et moi-même je le contesterai d'autant moins que, ainsi qu'Elizabeth Rauscher d'ailleurs, nous utilisons nous-mêmes dans nos formalismes les nombres complexes, c'est-à-dire ayant une partie réelle et une partie imaginaire, pour exprimer d'une façon plus complète la réalité physique en y englobant précisément une réalité psychique. Je crois que c'est là l'essentiel de ce que nous a dit M. Ishikawa. Il ne prétend pas que le fait de choisir ces paramètres va résoudre le problème, il dit simplement : pour commencer à essayer de représenter les choses et en discuter, il faut que nous ayons des paramètres à notre disposition et il propose de commencer un choix de ces paramètres.*

DIANE MC GUINNESS. — *Essayons de rendre les choses un peu plus concrètes. Il y a, par exemple, l'état éveillé : on peut effectivement chercher quels sont les paramètres qui doivent être associés à l'état éveillé. Le paramètre « yeux ouverts » ne me paraît pas être suffisant, mais alors je vous demande, y a-t-il d'autres paramètres que vous suggéreriez d'ajouter ?*

ISHIKAWA. — *Oui, si nous voulons faire un modèle de ces états, eh bien, il va nous falloir sans doute des paramètres supplémentaires.*

JERZY WOJCIECHOWSKI. — *Sur ce problème de savoir si l'esprit peut avoir une influence sur le corps, je pense qu'il suffit de se référer aux états dits mystiques. Je pense que cette influence mystique de l'esprit sur le corps a fait l'objet de très nombreuses démonstrations. Le problème est de savoir plutôt comment s'effectue cette influence de l'esprit sur le corps. Mais les faits eux-mêmes ne peuvent pas être niés. C'est également le cas de tous les traitements dits psychosomatiques en matière médicale. Nous serions malhonnêtes si nous voulions nier ces faits en bloc.*

JEAN CHARON. — *Je crois que nous devons simplement accepter que nous ne connaissons pas encore tout. L'attitude consistant à prétendre que tout ce qui n'est pas encore expliqué par la science d'aujourd'hui n'est « pas possible » est donc, tout simplement, une attitude non scientifique.*

Trois

ESPRIT ET SOCIÉTÉ

Diane Mc Guinness
Jerzy A. Wojciechowski
Bernard Benson
Morton A. Kaplan

Les codes de manipulation et de communication dans la culture humaine

DIANE MC GUINNESS

Dans un livre récent, Derek Freeman a pris Margaret Mead à partie, en l'accusant d'avoir contribué au mythe du déterminisme culturel. Les anthropologues avaient critiqué les écrits populaires de Margaret Mead pendant des décennies, mais ils s'enflammèrent néanmoins contre l'audace de Freeman. Ils savaient que Margaret était un peu « embrouillée » sur les détails, mais elle était cependant leur héroïne — et la nôtre — et cela dérange d'apprendre qu'elle ait pu avoir tort.

L'étendard du déterminisme culturel, développé par Franz Boas — « mentor » de Mead — a été très endommagé, et cela dérange surtout les anthropologues formés dans la tradition de Boaz. Marvin Harris a attaqué l'obstacle d'une manière sophistiquée, en vain. Son point de vue selon lequel les pratiques culturelles sont déterminées par l'écosystème est en fait un traquenard. Par exemple, l'idée que les guerres sont causées *uniquement* par le degré élevé de nourriture riche dans la chaîne alimentaire, et n'ont rien à voir avec les penchants humains pour la violence, peut apparaître puissante, mais elle manque de substance.

De l'autre côté, on trouve les déterminismes biologiques de Hans Eysenck et d'Arthur Yensen qui ont soutenu que l'intelligence humaine est surtout une question de dotation génétique. Pendant ce temps, des sociobiologistes comme Edward Wilson et W. D. Hamilton ont fait avancer le déterminisme biologique jusqu'au niveau de pan-spécisme, et nous disent qu'il suffit d'un coup d'œil pour s'apercevoir que toutes les espèces sont fondamentalement les mêmes, même si certaines ressemblent à des termites et d'autres à des chimpanzés.

Étant donné que nous sommes tous frères malgré nos apparences, le comportement social peut être gentiment réduit à deux principes qui expliquent absolument tout : « le succès dans la reproduction » et « l'aptitude générale à la survie ».

Avec ce genre de philosophie, la sociobiologie doit être la science dont le nom est le moins approprié.

Ces points de vue extrêmes nous renseignent sur l'esprit humain. La parcimonie est une erreur, et cependant nous sommes plus convaincus par son attrait esthétique que par la réalité à la complexité insondable. Il est beaucoup plus rassurant de croire que tout peut être réduit à une dichotomie de type « biologie contre environnement ».

L'insatisfaction engendrée par le débat « nature-nourriture » a donné naissance à une solution apparente dans l'interactionnisme. C'est ce qui nous permet de faire notre tarte et aussi de la manger, et c'est ce qui suscite l'opinion séduisante selon laquelle personne n'a tort dans le meilleur des mondes scientifiques. L'interactionnisme, toutefois, est encore formulé sur la base d'une dichotomie, et continue de promouvoir la déduction discrète qu'il existe ce que l'on appelle une « biologie », constituée d'un ensemble fixe de prédispositions constantes recouvrant toutes les situations. Il ignore aussi le fait que certaines prédispositions biologiques sont modifiables alors que d'autres ne le sont pas. Il ne peut expliquer non plus comment des individus différents et des espèces différentes ont des prédispositions différentes.

Les solutions à ce dilemme sont rares et espacées dans le temps. L'une des idées les plus ingénieuses est celle de Sandra Scarr sur la résolution du débat nature-nourriture, dans le développement cognitif. Elle soutient que nous ferions plus de progrès si, au lieu de nous demander ce qui est dû à la biologie et ce qui est dû à la culture, nous nous demandions plutôt : ce qui est facile et ce qui est difficile à apprendre pour le membre d'une espèce ? Ce qui est facile à apprendre peut être plutôt attribué à la dotation génétique, et ce qui est difficile, à l'environnement. Cela nous fournit une règle de calcul pour définir un point sur le continuum existant entre le réflexe et le comportement appris. La démarche bipède est génétiquement humaine, le développement du langage nécessite au moins deux membres d'une espèce, et la géométrie est apparue grâce à la participation de beaucoup d'individus à travers différentes cultures et époques.

Les prédispositions biologiques ont aussi déterminé des limites à ce qu'il est possible à une espèce d'apprendre. On peut apprendre aux singes des signes du langage, mais on ne peut pas leur apprendre à parler, et même avec un entraînement intensif ils ne peuvent aller au-delà de phrases signalétiques de deux ou trois mots.

La solution de Scarr a d'autres implications quant à la compréhension des différences intraspécifiques du comportement social aussi bien que cognitif. Elle nous aide à déterminer les types de différences individuelles qui sont produits par la dotation génétique, ainsi qu'à reconnaître comment et combien ces différences sont influencées par leur environnement. C'est pour ces raisons qu'elle a eu une incidence particulière sur mes propres tentatives de créer un cadre théorique pour les informations provenant de la recherche sur les différences de sexes. Cet exposé révèle les évidences de ces différences et s'attaque à deux questions centrales :

1. Quelle est l'implication du développement cognitif pour les déformations inhérentes et spécifiques des sexes dans les aptitudes sensorielles et motrices ?
2. Comment les différences de sexe dans certains aspects du comportement cognitif contribuent-elles à l'organisation des systèmes socio-humains ?

INTERACTIONS ET INTERACTIONS

Les informations qui nous proviennent de la neurophysiologie démontrent que les cellules du cerveau sont déjà ordonnées à la naissance afin de répondre à certains types de stimuli sensoriels.

Avec le temps et l'expérience, ces cellules sont accordées de plus en plus précisément pour permettre des degrés de sensibilités de plus en plus fins. Cependant, en dépit d'une prédisposition biologique innée, le cerveau conserve une plasticité relative et, non seulement le cerveau, mais le système neuronal tout entier, subit des changements avec l'expérience. Ces faits ont été révélés grâce à des études qui changent radicalement l'environnement normal d'un animal. Dans certaines études, certaines cellules bien spécifiques du cerveau ont cessé complètement de fonctionner, comme cela se passe au niveau du cortex visuel lorsqu'un animal est privé de lumière. De même, les humains ayant souffert d'une privation extrême de leur environnement n'ont, non seulement pas pu développer normalement leur langage, mais *ne peuvent* ensuite plus l'apprendre, même à travers un entraînement intensif, excepté dans ses formes les plus rudimentaires. Cela est spécialement vrai si la période de privation a duré plusieurs années. Les preuves apportées par la recherche montrent clairement qu'il existe certaines périodes critiques durant lesquelles le système nerveux est particulièrement « compétent » pour appréhender certains genres de stimuli sensoriels et pour développer certaines capacités (Pribram, 1971). Ce qui n'est pas très clair, c'est précisément quelles opérations cognitives restent relativement influençables (plastiques), et lesquelles ne le sont pas. A l'inverse de l'exemple cité plus haut sur le développement du langage, des travaux menés sur des adultes dyslexiques ont montré qu'un entraînement sensoriel et moteur suffisant leur faisait acquérir une capacité normale de lecture.

Ces résultats nous fournissent deux indices nous permettant de mieux comprendre le développement du comportement cognitif humain. Des expériences sensorielles et motrices vécues dans les premières années de la vie peuvent jouer un rôle critique dans l'établissement de réseaux nerveux qui influenceront le développement de certains types d'aptitudes cognitives. Deuxièmement, les talents et les aptitudes qui sont les plus dépendants de l'héritage culturel sont ceux qui seront le plus à même d'être révisables par l'entraînement. Il existe un corollaire intéressant à ces arguments : les individus qui n'auront pas de prédisposition génétique pour l'acquisition de certaines aptitudes seront plus « vulnérables » face aux facteurs adverses de leur environnement.

Pour commencer, je voudrais développer l'argument selon lequel des préconditionnements sensoriels et moteurs existent à la naissance chez les mâles et les femelles, et que ces préconditionnements déterminent des aptitudes ultérieures à réaliser des tâches cognitives. Cet argument trouve son soutien dans des recherches sur les différences entre les sexes montrant, malgré des recouvrements certains, que les mâles et les femelles font preuve de préconditionnements dans leur réactivité face à différentes catégories de stimuli sensoriels, et font également apparaître des formes d'aptitudes motrices radicalement différentes. Je ne tiens pas à dire que les sexes diffèrent, en eux-mêmes, dans leur capacité cognitive. Tout d'abord parce que je ne crois pas que les informations à notre disposition soutiennent cette supposition, et aussi parce qu'il n'y a pas de moyen de prouver cette hypothèse.

LES PRÉCONDITIONNEMENTS SENSORIELS ET MOTEURS

Les systèmes sensoriels accusent un certain nombre de propriétés différentes et sans relation ; certaines sont spécifiques au sexe, d'autres ne le sont pas. Les découvertes que je vais présenter ici sont surtout tirées de mes recherches ; mais mes informations ont été amplement confirmées par nombre d'autres études (Corso, 1959 ; Elliot, 1971 ; Hull et associés, 1971 ; Burg, 1966 ; Roberts, 1964). Des études sur la perception auditive montrent que les femelles accusent plus de sensibilité, dans des tests qui mesurent les seuils et les niveaux « confortables » de réception sonore. Elles montrent plus de sensibilité aux sons dépassant 4 khz, c'est-à-dire à la bande qui est déterminante à la localisation des sons dans l'espace et à la perception des voyelles. La découverte la plus remarquable est que les femmes adultes trouvent leur volume « confortable » approximativement 8 décibels plus bas que celui des hommes. Vu que la sensation de l'intensité du son double tous les 8 ou 9 décibels, cela veut dire qu'à des « distances » normales de confort, les femmes entendent les sons avec à peu près deux fois plus d'intensité que les hommes. D'autres recherches (Pisckier et Blanchard, 1964) ont montré que la sensibilité aux changements dans le volume des sons (discrimination) est également plus élevée chez les femmes. Tout cela signifie que les femmes sont plus aptes à appréhender les sons articulés, et sont particulièrement sensibles aux changements d'inflexion dynamique, cette caractéristique qui nous renseigne sur les intentions et les émotions de celui qui parle. Dans d'autres tests auditifs mesurant la perception du rythme, la discrimination entre deux fréquences rapprochées, on ne trouve pas de différence entre les deux sexes, surtout quand l'on prend en considération les années de pratique musicale.

Les grandes différences entre les sexes, quant à la sensibilité aux changements de volume des sons, peuvent nous aider à expliquer pourquoi des études menées sur des enfants ont montré que les filles étaient plus portées à être consolées par le son de la voix de leur mère, alors que les garçons ont plus besoin de réconfort physique. Cela permet à la mère d'être capable de s'occuper de sa fille à distance (stimulation à distance). Avec le temps, se développe une interaction vocale plus grande entre les mères et leurs filles qu'entre les mères et leurs fils (Lewis, 1972). Il semble probable que cela soit dû au fait que la fille est plus sensible à l'inflexion de la voix de sa mère et qu'elle soit capable de répondre à ces indices émotionnels bien avant que la signification du discours ne soit déterminée. A l'opposé, les garçons développent une plus grande capacité à discriminer les détails visuels, démontrant une acuité visuelle plus grande très tôt, même dès à partir de 5 ans. Les garçons sont aussi plus sensibles à l'intensité lumineuse, accusant *moins* de tolérance aux lumières fortes, exactement à l'opposé des résultats des expériences sur le volume sonore.

A côté de ces différences sensorielles primaires, des différences plus notables dans le comportement moteur ont été observées. Pendant leur enfance, les garçons ne rêvent que plaies et bosses — une expression qui se suffit à elle-même. A travers cette période, ils développent toujours plus de force, d'agilité et de précision dans les mouvements guidés par la vue ; vers le milieu de leur enfance, leur temps de réaction commence à dépasser celui des filles et vers les 15 ans s'accélère constamment de 50 millisecondes par an. Les filles développent plus d'aptitude à employer leurs systèmes moteurs de précision, c'est-à-dire ceux qui demandent une *continuité* séquentielle *d'action.*

Elles montrent un avantage dans la coordination digitale et vocale. Les garçons sont considérablement plus prédisposés à être sujet aux défauts de l'expression orale et au monotonisme (la capacité de chanter juste).

Dans les premières années, le système sensoriel et moteur commence à s'intégrer dans des modes de représentation abstraite, que Piaget appelle « les schémas ». Sa théorie selon laquelle les schémas sensoriels et moteurs fournissent les opérations de transformation essentielles au développement cognitif ultérieur a été appuyée par un certain nombre d'études récentes. Un soutien encore plus impressionnant à ses théories nous a été fourni par des recherches menées sur les défaillances dans la lecture, où l'on a découvert que l'ingrédient manquant aux lecteurs maladroits est leur incapacité à discriminer entre les phonèmes et à intégrer l'analyse phonémique avec le feedback provenant de l'articulation. Quand cette intégration est entraînée, les problèmes de lecture disparaissent (Mc Guinness, 1981).

Les garçons, qui montrent une plus grande facilité à déployer leur système moteur général, apprennent à combiner cette capacité avec leur capacité visuelle, efficace pour établir des schémas vidéomoteurs. Ceci, nous semble-t-il, est d'un profit considérable pour les capacités cognitives qui sont essentielles à la représentation abstraite des relations entre les objets et la conception tridimensionnelle, qui sont précisément les capacités déterminantes dans les mathématiques supérieures, tout spécialement la géométrie. D'un autre côté, les filles montrent plus de facilité à intégrer leurs systèmes moteurs « de précision » avec leurs sens auditifs, ce qui explique qu'elles sont plus précoces dans le développement du langage, qu'elles développent une expression orale plus précise, ainsi qu'une plus grande facilité verbale à tous les âges, et ce, jusqu'à la vieillesse.

Une des différences perceptuelles et motivationnelles les plus frappantes entre les sexes est le fait constant que les garçons sont plus orientés vers l'objet et que les filles sont plus orientées vers la personne. En 1957, Goodenough a découvert que quand l'on demande aux enfants d'âge préscolaire de raconter une histoire basée sur un cadre visuel abstrait, 92 % des histoires de filles incluaient des personnes, et seulement 38 % chez les garçons. De même, quand il leur était demandé de dessiner quelque chose d'intéressant, 52 % des dessins de filles contenaient des personnes et seulement 15 % chez les garçons. Feshbach et Hoffman (1978) ont découvert que quand on demandait à des garçons et à des filles de raconter une histoire tirée de leur vie, dans laquelle ils avaient été particulièrement heureux, tristes, effrayés ou irrités, les filles avaient beaucoup plus tendance à parler d'émotions positives à propos de relations avec leurs parents. Les garçons étaient heureux ou irrités par des objets, ou des « possessions ». D'autres études sur les enfants ont montré que les filles sont plus portées à développer des communications empathiques que les garçons. Cela est défini par la capacité à faire l'expérience de « la projection de soi * »[1], c'est-à-dire, de sentir les choses comme si vous étiez l'autre. Cela conduit à la capacité d'agir en fonction de ce qui est approprié pour cette personne (Hoffman, 1977).

Durant une de mes expériences nous avons demandé à des étudiants de regarder un écran où ils voyaient deux images ; l'une montrait des gens et l'autre un objet inanimé commun, comme une montre ou une automobile. Le champ visuel était divisé de telle manière qu'une des images s'offrait à un œil et l'autre image à l'autre œil. Cela avait pour effet de produire une rivalité dans laquelle l'objet d'intérêt domine et où le cerveau, en fait, supprime l'autre image : cet effet est appelé « rivalité

* Littéralement : « syndrome du vicariat » (*N.d.T.*).

bioculaire ». Les résultats de notre étude montraient que les femmes rapportaient avoir vu plus de gens que les hommes et qu'elles voyaient plus de personnes que d'objets. Le profil inverse se retrouvait chez les hommes (Mc Guinness et Symonds, 1977). La sensibilité plus grande aux personnes témoignée par les filles explique que les femmes sont toujours plus exactes dans l'interprétation des expressions faciales et des autres signaux non verbaux.

Nous ne comprenons pas comment ces différences entre objets et personnes apparaissent, bien qu'il soit clair que les différences sont biologiquement dans la direction appropriée. Il est possible que la plus grande sensibilité des femmes aux sons de la parole les conduise à porter plus d'intérêt aux personnes ; mais il est aussi possible que leur intérêt aux personnes les conduise à porter plus d'attention aux sons de la parole et aux expressions faciales. D'un autre côté, la raison pour laquelle un organisme développerait une préférence pour les objets plutôt que pour les membres de l'espèce n'est pas apparente, et cette question m'a confondu ainsi que mes étudiants depuis plusieurs années !

Dans un environnement constant, les hommes et les femmes démontrent des genres d'aptitudes sensorielles, motrices et cognitives très différentes, et cet effet est *biologiquement* déterminé. Mais il apparaît que les aptitudes les moins soutenues par la biologie sont les *plus* affectées par l'environnement, alors que les aptitudes plus biologiquement dépendantes sont aussi plus résistantes aux effets adverses de l'expérience. Cela signifie que les caractéristiques spécifiques des préconditionnements sensoriels innés vont interagir avec la forme de l'expérience sensorielle. Un des indices sur la nature de cette dynamique interactive est apparenté au degré de *difficulté* rencontré en faisant face à de nouvelles demandes cognitives. Par exemple, les hommes qui pour une raison encore inconnue ont moins d'aptitude au langage, mais cependant de meilleures aptitudes visuelles, seront moins attentifs aux composantes verbales ou auditives des messages, et se reporteront plus sur la composante visuelle. Ceci nous prédit qu'ils seront plus lents à maîtriser un alphabet phonétique et seront très distraits vis-à-vis de l'apparence visuelle des lettres, ce que nous confirme l'expérience.

Aux Etats-Unis et dans beaucoup de pays européens, les garçons sont beaucoup plus nombreux dans les classes de rattrapage de lecture (dans un rapport de 3 à 1). Dans la population clinique où l'on trouve des enfants avec des troubles du comportement, ce rapport s'élève à 6 pour 1. De plus, il existe une relation constante entre la capacité à lire et les troubles du comportement chez les garçons, alors qu'il n'y a pas ce genre de relation chez les filles. D'une manière générale, nos informations nous conduisent à la conclusion que les filles acquièrent des aptitudes à la lecture avec peu de difficultés, et que cette aptitude est presque complètement indépendante des influences de l'environnement. Les garçons sont exactement à l'opposé. Ces études ont été longuement développées (Mc Guinness, 1981). D'un autre côté, dans des tests de mathématiques supérieures, les garçons surpassent constamment leurs partenaires féminins. Vu que cela a été démontré comme étant indépendant de la culture, de l'âge, de l'aptitude à l'arithmétique et du nombre d'années de mathématiques, il semble raisonnable de conclure que les mathématiques supérieures sont plus *faciles* pour les garçons. Du fait que les mathématiques sont plus difficiles pour les filles, elles doivent se reporter plus sur l'environnement. Un indice pour nous faire comprendre cette déficience se trouve dans le développement de certains préconditionnements sensoriels et moteurs, comme nous l'avons vu plus haut. Il existe une corrélation claire entre les résultats de tests sur la capacité vidéospatiale (la capacité de former des images mentales d'objets en rotation dans l'espace) et la capacité mathématique. Les filles se défendent très mal dans ces tests et, dans mes recherches, cela est resté vrai même quand on descend jusqu'aux jeunes enfants de 4 ans. C'est pourquoi nous avons conclu que la capacité à développer des aptitudes vidéospatiales adéquates est en grande partie responsable des problèmes ultérieurement rencontrés en mathématiques supérieures. Cet argument est aussi soutenu par le fait que les filles sont plus faibles en géométrie qu'en algèbre, et que la capacité vidéospatiale est plus liée à la géométrie. Il existe aussi d'autres facteurs : comme nous venons de le voir, les filles sont plus intéressées par les personnes que par les objets et les mathématiques supérieures se développent surtout à partir de préoccupations en relation avec des objets dans l'espace.

Cela nous amène à la question de savoir comment les aptitudes cognitives pourraient être révélées si elles étaient centrées plutôt sur le monde des personnes. Malheureusement, il n'y a pas de réponse à cette question. Le comportement intelligent dans les situations sociales est souvent considéré comme un problème dépendant des parents et non des écoles, et nous venons à peine de commencer à étudier la manière dont les parents guident le développement social. En dépit de ce manque d'intérêt, « l'intelligence du comportement » n'est pas une inconnue pour les psychologues. G. B. Guilford (1967) écrit que ce fait est apparu à plusieurs reprises comme un facteur dans ses études sur les composantes analytiques de l'intelligence, comme cela fut le cas dans les études de Spearman au début du siècle. Malgré le fait que ces deux psychologues ont considéré l'intelligence du comportement comme une attitude véritablement « cognitive », cette question n'a reçu aucune attention de la part de la science ou de la société.

Si ces aptitudes spécifiques aux sexes ont une incidence sur le développement de l'organisation sociale humaine, quelle est-elle ? Dans la section suivante, je discuterai la distinction entre les organisations sociales des primates, humains et non humains, et je proposerai des spéculations sur la manière dont ces différentes aptitudes chez les hommes et les femmes ont moulé la culture humaine.

L'ORGANISATION SOCIALE HUMAINE

Dans l'évolution des systèmes sociaux humains, l'une des adaptations primaires qui nous distinguent de nos cousins les singes est la capacité de *partager*. Une communauté de partage suppose non seulement une organisation sociale déterminée mais aussi une conscience psychologique entièrement spécifique. La conséquence de cette avancée de la conscience sociale a été d'apporter un certain nombre de changements dans le comportement social que j'énoncerai ainsi :

1. Le rôle des sexes dans la division du travail.
2. Une « économie » dans laquelle le travail est partagé et les biens sont échangés.
3. Des sanctions, des récompenses et des punitions qui conduisent aux concepts moraux et éthiques, tels que la générosité, la cupidité, la justice et la fierté.
4. Une démarcation claire entre le « soi » et « l'autre ».
5. L'invention et le transport des outils.
6. Un système de signes et de symboles facilitant l'échange.
7. L'apparition de systèmes sociaux hiérarchiques dans les situations dans lesquelles le partage est compliqué par l'existence d'un surplus durable.

Avec cette avancée nous avons aussi hérité des comportements spécifiques aux sexes de nos avant-coureurs primates tels que : la défense du territoire, la division hiérarchique linéaire de la domination, une plus grande agressivité chez le mâle, et les formes variées de comportement qui accompagnent les soins maternels. Les ramifications des comportements spécifiques aux sexes dans l'ordre des primates, pour l'organisation sociale moderne, ont été exposées par ailleurs (Mc Guinness, 1980). Je voudrais examiner la question plus subtile qui consiste à savoir comment une division du rôle des sexes dans le travail peut influencer le développement et la fonction du langage dans une société complexe. Ce compte rendu est spéculatif ; mais il est soutenu par des recherches de psychologie sociale (*cf.* Eakins et Eakins, 1978) et d'analyses sémiotiques (Eco, 1979).

La fonction du langage est de promouvoir l'intégration sociale, et tout particulièrement le partage. Le langage n'est d'aucune utilité à une espèce qui ne pratique pas le partage. Ceci me fut révélé d'une manière un peu brutale durant un après-midi de jeu avec Koko, le gorille femelle qui communique par signes, et qui s'arrêtait de « parler » dès qu'elle pouvait manipuler physiquement son environnement. Comme nous venons de le voir, les mâles et les femelles ont des perspectives sociales différentes et des aptitudes verbales différentes. De plus, dans toutes les sociétés traditionnelles, le mâle accomplit les tâches qui font appel à sa force supérieure dans la construction d'outils et d'armes destinés à la chasse ou à la guerre. La fascination des hommes pour les objets peut faire partie d'un long processus de sélection pour la maîtrise vidéomotrice nécessaire à des poursuites, car comment un utilisateur d'outils, un guerrier ou un chasseur, se servirait-il du langage au cours de ces poursuites ? Du fait que les mâles sont plus attirés par les objets que par les gens, leur problème central est de savoir ce qu'ils peuvent faire avec les objets.

Essentiellement, les objets peuvent être manipulés, assemblés, analysés, disséqués ou utilisés. Une orientation vers les objets conduira, sans doute, vers une déformation linguistique aux propriétés spécifiques.

Tout d'abord, la caractéristique primaire d'un système de langage « de l'objet » est qu'il est tourné vers la sémantique. Cela conduit à s'occuper plus particulièrement de la nominalisation, dans laquelle les hommes s'incrustent dans « les choses ». Une telle prédisposition peut être portée à l'extrême comme Cassiver l'a montré, dans le rituel et le magique : le nom *devient* en fait ce qu'il décrit.

Deuxièmement, la nominalisation a pour tendance de libérer

le langage du contexte. Une rose est une rose, et c'est encore une rose quel que soit l'endroit ou le moment où on la trouve. Troisièmement, le pragmatisme met l'accent sur l'action où la fonction est le critère le plus important. Le langage est essentiel par ce qu'il peut *faire.* Le langage peut être utile afin de manipuler les autres et réaliser un but commun. Et c'est pour la même raison qu'il est adopté au service de la domination et des rituels de domination.

Quatrièmement, la tendance à analyser et disséquer le monde, quand elle est incorporée au langage, conduit à la taxonomie et finalement aux schémas de classification qui ont pour conséquence secondaire de promouvoir des systèmes rigides à base de règlements. Ces systèmes sont hiérarchiques, sont fermés et manquent de flexibilité. Enfin, la signification est définitionnelle et elle est incarnée dans le mot. La signification réside dans le langage lui-même. Cette approche de l'utilisation du langage a bien sûr des avantages et des inconvénients. Les avantages sont : la précision, la classification — essentielle à la pensée scientifique —, les dictionnaires, les sytèmes légaux, etc. Les désavantages, autres que ceux que nous avons déjà décrits, sont le dogmatisme et le manque de sensibilité au contexte. Cela est particulièrement valable pour les relations interpersonnelles, dans lesquelles le contexte est d'une importance capitale pour la perception des intentions. Chez les membres affectés aux soins des autres, le langage est une fonction pratique. Cette accentuation met plus l'accent sur le pragmatisme que sur la sémantique. Mais, à l'inverse du pragmatisme dirigé vers le monde de l'action, le pragmatisme dont nous parlons ici se réfère plus à la détermination des besoins des autres. C'est pourquoi plus d'attention est portée à l'estimation ou à l'analyse des intentions, déterminant si l'expression utilisée est digne de confiance ou si la personne est sincère.

Par ailleurs, un système de langage empathique est particulièrement sensible au contexte. Une déclaration faite dans un certain contexte peut être répétée dans un autre contexte avec des intentions et des conséquences entièrement différentes. Autre remarque : la compétence des femmes à décoder la parole et leur grande conscience de la prosodie donnent plus de capacité à incorporer des indices non verbaux dans le processus de communication (« l'intuition » des femmes est surtout le résultat de l'attention portée au nombre maximal de signaux sociaux révélateurs). Finalement, et c'est là peut-être le plus important, la *signification* est presque entièrement indépendante du langage. Les femmes jouent rarement aux jeux sémantiques ; elles ne définissent pas les mots ; elles sont plus à même de rephraser une expression en se servant d'autres mots afin de trouver une meilleure approximation de ce qu'elles « veulent dire ».

Les avantages de cette approche du langage sont opposés à ceux que nous avons cités précédemment. Les femmes communiquent. Elles sont précises dans le décodage des signaux sociaux et peuvent engendrer un comportement efficace aux besoins et aux intentions des autres. Mais elles payent aussi un prix émotionnel, à cause de leur trop grande sensibilité, de leur trop grande propension à la culpabilité ou à leurs sentiments non fondés de vouloir être responsables des besoins et des sentiments des autres.

CONCLUSION

Une question surgit à ce point concernant la nature de la réalité. A partir de cette analyse de l'usage que les hommes et les femmes font du langage, il apparaît que les sexes s'en prennent à *deux* réalités, tout en utilisant le même langage. Pour les hommes, la réalité est surtout faite d'objets, en accord avec le vrai sens du mot : « realis », ou « choses », et les langages, avec les mathématiques, sont utilisés pour décrire « les choses ». Quand la réalité est faite de personnes on se sert du langage pour donner une approximation des intentions et des sentiments, ou de « l'esprit ». Ainsi, nous trouvons la distinction entre le sens « littéral », proche de la *lettre* du texte ou de l'expression, et la signification « spirituelle », proche de l'esprit du texte dans lequel le *contexte* (le texte environnant) joue un rôle significatif. Le point important, c'est que ni l'un ni l'autre n'est ni meilleur ni pire, mais que le langage sert deux fonctions. Nous devons clairement indiquer celle qu'il remplit.

Pour en revenir à notre premier problème de déterminisme biologique et culturel, ces exemples illustrent la variété des prédispositions biologiques, et la manière dont elles influencent la culture. La culture, à son tour, rétroagit sur la biologie, à travers les mécanismes de sélection. Comme exemple plus concret de la complexité de ce processus, nous pouvons considérer un aspect particulier du langage qui est devenu critique pour la survie de toutes les sociétés modernes : les systèmes écrits.

Nous avons remarqué plus haut que tout ce qui ressort des rapports humains a été appliqué à résoudre les problèmes qu'engendre le partage des ressources (une propension biologique des mères humaines, qui a été accentuée culturellement chez les pères humains, etc.).

Les systèmes écrits antiques ont trouvé leur origine dans la documentation des échanges économiques (solutions culturelles aux besoins biologiques). L'homme, qui est inévitablement responsable pour les économies de surplus (*via* les systèmes de domination biologique), a inventé l'écriture (capacité intellectuelle de symbolisation) afin de résoudre le problème de savoir qui devrait quoi à qui. Dans l'antique civilisation sumérienne, où sont apparus les premiers systèmes écrits, les écoles étaient faites uniquement pour les hommes (un résultat culturel de la domination). En dépit du fait que cette situation a persisté pendant plus de quatre mille ans, presque jusqu'à nos jours, 80 % de tous les dyslexiques sont des hommes, ce qui est sûrement un des arguments les plus frappants contre le déterminisme culturel dans l'histoire humaine.

A partir du moment où un système écrit a évolué, il commence à avoir un impact dans tous les domaines culturels. Les mythes peuvent être transcrits, de nouveaux mythes créés et la littérature est née. Les sanctions sociales évoluent vers des systèmes légaux comprenant des règles, des codes et des contrats.

La puissance politique peut être décrétée par écrit, d'abord « sacrée », puis séculière.

Aujourd'hui, nous nous trouvons au milieu d'une révolution informatique qui aura autant d'importance pour notre évolution culturelle qu'a eue celle de l'invention de l'écriture.

Nous sommes témoins de la vitesse à laquelle une technique nouvelle et vraiment puissante peut influencer l'organisation sociale : nous devons cependant nous rappeler que nous venons à peine d'atteindre l'étape de l'alphabet. Les spécialistes de l'informatique inventent encore des langages qui permettront à nous autres mortels d'avoir accès à « l'esprit de la machine ».

Ces langages sont des codes de haut niveau qui retranscrivent le système à deux phonèmes de l'ordinateur — disposés en longues files sans signification directe (1221122112121121) —, en codes *biologiquement* porteurs de sens, comme les mots prononçables.

Quand ces langages deviendront accessibles à chacun, de la

même manière que dans l'alphabet phonétique, leur impact sur la culture humaine sera incalculable.

BIBLIOGRAPHIE

BURG, A., « Visual acuity as measured by dynamic and statis tests : A comparative evaluation », *J. applied psychol.*, n° 50, 1966, pp. 460-466.

CORSO, J. F., « Age and sex differences in thresholds », *J. Acoust. Soc. Amer.*, n° 31, 1959, pp. 498-507.

ECO, U., *A Theory of Semiotics*, Indiana Univ. Press, 1979.

EAKINS, B. W., et EAKINS, R. G., *Sex Differences in Human Communication*, Boston, Houghton-Mifflin and Co., 1978.

ELLIOTT, C. D., « Noise tolerance and extraversion in children », *Brit. J. Psychol.*, n° 62, 1971, pp. 375-380.

FESHBACH, N. D., et HOFFMAN, M. A., « Sex differences in children's reports of arousing situations », Étude présentée à la West. Psychol. Assoc., San Francisco, 1978.

GOODENOUGH, E. W., « Interest in persons as an aspect of sex difference in the early years », *Gen. Psychology Mono.*, n° 55, 1957, pp. 287-323.

GUILFORD, J. P., *The Nature of Human Intelligence*, New York, McGraw-Hill, 1967.

HOFFMAN, M. L., « Sex differences in empathy and related behaviors », *Psychol. Bull.*, n° 84, 1977, pp. 712-722.

HULL, F. M., MIELKE, P. W., TIMMONS, R. J. et WILLFORD, J. A., « The national speech and hearing survey : Preliminary results », *ASHA*, n° 3, 1971, pp. 501-509.

LEWIS, M., « State as an infant-environment interaction : An analysis of mother-infant interaction as a function of sex », *Meril-Palmer Quarterly*, n° 18, 1972, pp. 95-121.

Mc GUINNESS, D., « The Nature of Aggression and Dominance Systems », Actes de la neuvième conférence internationale sur l'unité des sciences, New York, ICF Press, 1981.

— « Auditory and motor aspects of language development, A. ANSARA, M. ALBERT, A. GALABURDA, et N. GARTRELL (éd.), *The Orton Society*, Inc., 1981.

Mc GUINNESS, D., et PRIBRAM, K. H., « The origins of sensory bias in the development of gender differences in perception and cognition », in M. BORTNER, G. TURKEWITZ et J. TIZARD (éd.), *Cognitive Growth and Development : Essays in Honor of Herbert G. Birch*, New York, Brunner/Mazel, 1978.

Mc GUINNESS, D., et SYMONDS, J., « Sex differences in choice behavior : The Object-person dimension », *Perception*, n° 6, 1977, pp. 691-694.

PISHKIN, V., et BLANCHARD, R., « Auditory concept identification as a function of subject sex and stimulus dimensions », *Psychonom. Sci.*, n° 1, 1964, pp. 177-178.

PRIBRAM, K. H., *Languages of the Brain,* New York, Prentice Hall, 1971.

ROBERTS, J., « Binocular visual acuity of adults », *U. S. Department of Health, Education and Welfare,* Washington, D. C., 1964.

DISCUSSION

JEAN CHARON. — *Je trouve que l'opinion de Diane que le langage sert à quelque chose d'un petit peu similaire à construire son territoire se retrouve chez beaucoup de chercheurs, en particulier des chercheurs d'avant-garde.*

Souvent, ils choisissent des mots à eux pour construire leur propre modèle, leur propre théorie ; ils pourraient faire des efforts pour, disons, essayer de communiquer, en trouvant des mots qui auraient une signification claire, permettant la communication avec la communauté scientifique. Or, très souvent, et on trouve cela chez beaucoup de chercheurs, ils ne font pas cet effort, c'est-à-dire qu'ils veulent se conserver à l'aise dans leur propre territoire et finalement ils ne permettent pas aux autres de rentrer dedans ; de sorte que, évidemment, ils se coupent ainsi généralement de la communauté scientifique. Je crois que ceci est notamment très sensible à l'échelon verbal, et effectivement il y a certainement là quelque chose correspondant un petit peu à la définition d'un territoire, qui se trouve construit par l'humain au moyen des mots et du langage, une sorte de volonté inconsciente de « circonscrire » un territoire du Verbe, qui nous appartiendrait en propre.

RÉMY CHAUVIN. — *Vous posez, madame Mc Guinness, une question qui m'intéresse beaucoup, et dont je n'ai trouvé la réponse nulle part, à propos des différences incontestables, que je n'avais jamais vu exposées si clairement, entre le comportement des petites filles et des petits garçons. Mais, il y a quand même quelque chose que je ne comprends pas : vous avez dit que les filles étaient plus intéressées par l'aspect auditif que par l'aspect visuel, en général bien sûr, et là il y a une objection que l'on est forcé de faire concernant la musique : les femmes ont eu de tout temps un entraînement beaucoup plus poussé que les hommes en musique, depuis la préhistoire, je dirais presque. On rencontre chez elles de très grandes exécutantes, c'est vrai, mais pas de grandes musiciennes créatrices. Il en est de même pour la peinture, les femmes ont été dirigées vers les beaux-arts bien plus énergiquement que l'homme et on ne trouve pas de grands peintres ; alors qu'on trouve chez les femmes de très grands écrivains, pour le moins égaux à l'homme, et de redoutables chefs de gouvernement, comme par exemple la Jeanne d'Arc britannique, Mme Thatcher, dont paraît-il tous les mâles anglais ont une peur épouvantable. Alors, je ne comprends pas bien ces différences : les femmes sont plus entraînées vers les arts que l'homme, alors pourquoi ne sont-elles pas de grandes artistes, spécialement dans deux directions, la musique et la peinture ?*

DIANE MC GUINNESS. — *Les femmes font un grand nombre de choses, comme comprendre les gens, enseigner : mais elles ne créent pas des systèmes. Il y a sur ces sujets-là, d'ailleurs, un bon nombre de livres très intéressants.*

En ce qui concerne les œuvres d'art, comme la peinture exécutée par les femmes, je crois qu'il faut regarder ce qui se passe dans les faits : très souvent, quand une femme crée une peinture d'un niveau compétitif à ce que l'on trouve chez les hommes, on va chercher à l'attribuer à son père, ou à son frère, ou éventuellement on va la détruire. C'est comme cette femme qui, dans une académie de peinture en Angleterre, avait d'abord été prise pour un homme, et on lui avait décerné un prix. Quand on a découvert que le lauréat était en fait une lauréate, les académiciens le croyaient tellement peu qu'ils ont commencé par exiger, pour l'admettre à l'académie, qu'elle fasse le portrait de chacun des académiciens présents.

Finalement, de guerre lasse, les académiciens hommes décidèrent qu'ils allaient faire une exception et lui donner le prix, mais que, en tout cas, ils ne referaient jamais plus cette erreur.

Il y aurait, bien sûr, énormément d'autres histoires analogues à raconter.

L'écologie de la connaissance

JERZY A. WOJCIECHOWSKI

Le but de la présente étude est de discuter la signification de la connaissance dans la vie en général et en particulier le rôle qu'elle joue dans l'évolution biologique et culturelle. Cette étude ne va pas remonter par conséquent aux problèmes de la connaissance traditionnellement discutés en philosophie. Elle se penchera plutôt sur le contenu actuel de la connaissance, que nous appellerons désormais le corpus de la connaissance (CC en abrégé), en considérant ce corpus comme un élément particulier de l'environnement humain, ayant une interaction avec l'homme et des effets sur la nature. Nous essayerons d'analyser cette interaction et ses conséquences.

Discuter la relation homme-CC amène à introduire la problématique de la coexistence de l'homme avec sa connaissance. J'ai développé cette problématique depuis maintenant plusieurs années sous le terme d' « écologie de la connaissance ». Eu égard au fait que cette notion d'écologie de la connaissance est probablement nouvelle pour les lecteurs de cette étude, qu'il soit convenu que tout ce dont on a besoin pour s'initier à l'étude de l'écologie de la connaissance, c'est d'admettre les propositions suivantes, qui sont plutôt des évidences :

A. La connaissance rationnelle existe.
B. Elle s'accroît.
C. Elle exerce une influence sur l'homme.
D. Le CC est dictinct des détenteurs particuliers de la connaissance.

Nous vivons une époque où le vieil adage « savoir c'est pouvoir » n'est que trop vérifiable. La connaissance nous affecte à un degré de plus en plus grand. Par conséquent, plus nous pensons, plus nous devons penser à notre pensée et à ses conséquences. Traditionnellement, la connaissance a été considérée comme le plus grand accomplissement de l'homme et sans aucun doute elle l'est. Il n'est donc pas surprenant que, de manière générale, on ait estimé que les conséquences de la connaissance étaient toutes positives. Or cette croyance sans discernement dans la valeur de la rationalité et de ses conséquences finit par s'avérer trop simpliste pour être acceptée comme satisfaisante.

Une nouvelle approche du phénomène de la connaissance devient nécessaire, spécialement une analyse de la relation homme-CC (H-CC) dans la perspective des conséquences de plus en plus volumineuses, complexes et parfois menaçantes, de la connaissance.

La connaissance est un phénomène plus large et plus ancien que l'homme. Une analyse de la relation H-CC doit tenir compte de ce fait. Nous proposons par conséquent d'aborder cette problématique H-CC tout d'abord en évaluant le rôle de la connaissance dans la vie en général.

POURQUOI LA CONNAISSANCE ?

De manière générale, la vie est considérée comme une forme plus achevée d'existence que l'existence inanimée. Néanmoins, lorsqu'on la compare au mode d'existence des entités inanimées, comme les minéraux par exemple, l'existence organique semble présenter quelques imperfections. Elle est précaire, éphémère et sujette à des changements permanents. La mort d'un organisme apparaît non seulement comme la destruction d'un individu particulier mais comme un gaspillage de l'énergie de la nature. Néanmoins, ces imperfections apparentes de la vie et l'existence de la mort doivent avoir quelque justification biologique.

Les organismes sont des systèmes ouverts, dynamiques. N'ayant pas d'autosuffisance, ils existent en état d'équilibre instable et requièrent un apport constant d'énergie de l'environnement. Un organisme peut donc être défini comme un système qui a des besoins. Ses chances de satisfaire ses besoins, et donc de continuer à vivre, se développer et procréer, grandissent proportionnellement à sa capacité de trouver ce qu'il désire. Cette capacité est en retour proportionnelle au pouvoir qu'a l'organisme d'explorer l'environnement, ce qui dépend de la perception qu'il en a. La connaissance accroît la capacité d'un organisme de trouver ce dont il a besoin. Ainsi la connaissance est un moyen d'agrémenter la vie. La valeur de la connaissance telle qu'elle est fournie par nos sens est accrue par la mémoire, la capacité de retenir l'information s'avérant cruciale pour un organisme. Il n'échappe à personne combien est capital pour un organisme vivant le rôle de la connaissance et du stockage des expériences. Ce qui est peut-être moins facile à comprendre c'est la relation entre la connaissance, l'accumulation d'expérience et la mort. Pour comprendre cette relation nous devons la voir dans la perspective de l'évolution.

Les organismes individuels ne sont que des éléments transitoires dans la chaîne continue, autoperpétuée de la vie. Comme nous le savons, il y a un processus évolutionnaire produisant des formes d'existence de plus en plus parfaites. Ce fait est essentiel pour notre analyse. La continuité de la vie et l'apparition d'espèces et de comportements plus évolués ne serait pas possible sans l'accumulation et le transfert de l'expérience, génération après génération. A la lueur de ce processus, le flux de la vie ainsi que la mort elle-même cessent d'apparaître comme des phénomènes purement négatifs et deviennent au contraire significatifs. Les minéraux ne sont pas mortels, ils sont stables et inchangeables, néanmoins ils n'ont pas d'expérience, ils ne se développent pas et n'évoluent pas comme le font les organismes.

La facilité avec laquelle les organismes peuvent être influencés de l'extérieur, et donc leur vulnérabilité, sont des conditions nécessaires pour expérimenter, et par conséquent apprendre et se développer. La mort n'est pas simplement la fin de la vie mais également, et surtout, un processus laissant la place pour l'apparition d'organismes nouveaux et plus perfectionnés remplaçant leurs prédécesseurs. Par conséquent, la mort est un processus qui aide et accélère l'évolution. Puisque l'évolution aboutit à des formes de vie de plus en plus parfaites, le but de la mort est de servir la vie.

Cette conclusion apparemment paradoxale ne peut être comprise correctement sans quelques explications supplémentaires. En ce point il nous faut expliquer comment est possible la préservation de l'expérience, qui est essentielle pour l'évolution. Il y a fondamentalement deux types d'évolution : l'évolution organique (ou naturelle) et l'évolution culturelle.

A chaque type d'évolution correspond une méthode spécifique d'accumulation et de transfert de l'expérience : génétique et rationnelle, respectivement. La différence entre les deux méthodes entre en ligne de compte pour caractériser la différence entre les deux types d'évolution.

Comme nous le savons, la nature a inventé les gènes et procède par encodage génétique et transfert génétique, c'est-à-dire par l'hérédité. Les organismes dépourvus de raison meurent, mais leurs gènes survivent. Dans la grande majorité des cas, cette transmission de connaissance a lieu par création d'une descendance, qui est spécifiquement similaire aux parents et qui hérite non seulement d'une capacité innée pour la connaissance mais également d'une connaissance déjà stockée organiquement. Nous appelons cela l'instinct de connaissance. Ce n'est pas ici notre propos de nous engager dans la controverse entre les explications lamarckienne et darwinienne des mécanismes de l'évolution. Deux choses sont certaines : d'abord, la nature a en quelque sorte appris à profiter de l'expérience ; et, d'autre part, la manière dont la nature accumule l'expérience est extrêmement lente, et opère apparemment avec un très mauvais rendement.

Le problème du transfert de l'expérience au niveau humain se présente sous un jour différent, étant donné que la situation dans laquelle le transfert a lieu est plus complexe et le transfert lui-même est beaucoup plus efficace, produisant des résultats incomparablement plus rapides et de beaucoup plus grande portée. Contrairement aux animaux, l'homme accumule deux types d'expérience : organique et intellectuelle. Pour pouvoir préserver ces deux volets de l'expérience humaine, un double système de protection est nécessaire. Quand les individus meurent, ils survivent non seulement à travers leurs gènes mais aussi à travers le corpus de leur connaissance extériorisée (le CC). Par conséquent l'homme est sujet à deux types de transfert de l'expérience, et donc à deux types d'évolution : génétique et culturelle. L'homme non seulement perçoit et pense mais également, et cela est crucial, extériorise et préserve la connaissance en dehors de son cerveau, construisant par là même le CC. Tant que le CC va en s'accroissant, chaque nouvelle génération hérite une plus grande accumulation de connaissance. Le CC accru qui en résulte affecte les hommes plus puissamment et accélère leur évolution culturelle. Ainsi, la relation entre la connaissance et l'évolution devient plus compréhensible. Le développement de la connaissance, d'abord sous la forme de la perception sensible, puis de la cognition intellectuelle, apparaît comme un aboutissement logique de la lutte de la nature pour arriver à des formes de vie toujours plus riches et perfectionnées.

Autant que nous le sachions, l'évolution culturelle est une forme unique de développement qui n'a pas de parallèle dans la nature. Ce n'est pas seulement une expansion de processus naturels ou une prolongation directe de l'évolution biologique. Cette dernière produit des organismes qui sont totalement contenus dans l'ordre de la vie organique et ne menacent ou n'altèrent pas cet ordre de manière significative. Tel n'est pas le cas en ce qui concerne l'évolution culturelle, ou plus précisément, le développement de la connaissance qui élève l'homme au-dessus des autres organismes et change sa relation avec la nature. Ce changement de relation est peut-être la plus importante et la moins comprise des conséquences de l'évolution culturelle. C'est aussi le plus profond changement qui prenne place actuellement dans la situation de l'homme. Il aura, bien entendu, des conséquences de très longue portée : considérons l'une d'elles qui est pour nous d'un intérêt particulier.

Jusqu'à présent le futur de l'humanité était assuré par la nature, c'est-à-dire par l'urgence biologique de se reproduire et par l'équilibre écologique entre l'homme et son habitat. L'urgence de se reproduire s'accompagnait de la croyance que la descendance tout comme les parents auraient une place au soleil et seraient suffisamment pourvus de tout ce dont ils pourraient avoir besoin. Personne ne se souciait de l'humanité dans son ensemble ; l'homme continuait de se reproduire, la nature suivait en supportant les conséquences. Ainsi la propagation de l'espèce humaine était un processus naturel alimenté en énergie par le dynamisme biologique. L'homme participait à ce processus sans discernement et, dans cette mesure, ne différait pas des animaux.

Actuellement néanmoins, nous assistons à un changement dans la relation entre l'homme et son support biologique. Avec le développement rapide de la connaissance et la croissance exponentielle des pouvoirs démiurgiques de l'homme, le dynamisme biologique ne suffit plus à assurer le futur de la race humaine. Les animaux ne se soucient pas de l'avenir de leur espèce et n'ont pas à le faire du reste car c'est la nature qui prend soin de leur survie. Mais la nature, par elle-même, ne peut plus guère prendre soin de l'espèce humaine. Son intellect a donné à l'homme des pouvoirs qui vont au-delà de ce que nous connaissons dans la nature et qui ne cessent de grandir. Bien plus, la connaissance crée des désirs toujours nouveaux et plus sophistiqués et rend possible la rapide croissance démographique de l'espèce humaine.

Le développement des espèces infrahumaines est maintenu dans certaines limites par un système d'équilibres et de mises au point. Aucune espèce n'est radicalement supérieure aux autres et ne peut véritablement détruire les autres, puisqu'elles sont en fait mutuellement complémentaires, formant ensemble le système de l'équilibre écologique. Tel n'est pas le cas de l'homme, qui est devenu radicalement supérieur aux autres espèces et n'est pas limité par elles. Il n'est donc plus partie intégrante du système écologique de la nature. La nature ne domine pas l'homme et n'impose pas de strictes limites à la population humaine ou aux activités humaines, comme elle le fait vis-à-vis d'autres espèces. Au contraire, l'homme doit à présent se contrôler lui-même et assumer la responsabilité de son avenir. A travers son activité intellectuelle, il s'est mis dans une situation totalement nouvelle, qui est à la fois pleine de promesses et remplie de dangers. Les hommes ont à présent une plus grande capacité de progresser que jamais auparavant. Mais, en contrepartie, ils ont acquis une possibilité sans précédent de s'autodétruire. Pour la première fois dans l'histoire, l'humanité est pleinement responsable de son futur. Les hommes peuvent maintenant faire ce qu'ils veulent.

On peut remarquer ici que les mêmes facteurs qui permettent d'améliorer la condition humaine en accroissant son potentiel de connaissance peuvent aussi empirer cette condition. Nous nous trouvons en face de deux potentialités — l'une qui est d'aider, l'autre qui est de nuire à l'humanité — qui sont étroitement imbriquées. Il serait erroné de croire que ceci soit accidentel, le simple fait du hasard, ou une situation momentanée. Bien au contraire, les deux potentiels vont main dans la main et ne peuvent être dissociés. La relation entre eux est d'une telle importance pour la compréhension de la condition humaine et ses conséquences sont si capitales, que cela réclame quelques explications supplémentaires.

Les changements dans la condition humaine sont causés soit par des facteurs extérieurs soit par l'activité de l'homme. De plus en plus ces changements sont produits, directement ou indirectement, par l'homme lui-même. Leurs effets peuvent être prémédités, comme l'amélioration des soins médicaux, ou incontrôlés, comme la pollution. Alors que l'homme arrache à la nature le gouvernement de sa propre espèce, il doit gagner une compréhension de plus en plus profonde à la fois de l'origine de ses pouvoirs rationnels et de l'impact de sa connaissance sur lui-même. Nous nous proposons de jeter quelque lumière sur cette problématique en discutant le système existentiel de l'homme et, en particulier, la relation entre les hommes et le CC.

LE SYSTÈME EXISTENTIEL DE L'HOMME

Appelons le système dans lequel vit l'homme le système existentiel de l'homme (SEH). Ce système est composé de quatre éléments : les humains, la nature, le corpus de la connaissance et les produits de l'activité rationnelle, qu'ils soient de nature matérielle, tels que les maisons et les outils, ou immatérielle, tels que les lois et coutumes. Le système est dynamique, fournit sa propre énergie et il grandit en taille, complexité et efficacité. C'est un système néguentropique, qui évolue de plus en plus vite. Il est différent des autres systèmes de la nature, que ceux-ci soient inanimés ou écologiques. Puisque c'est un système, il s'ensuit que les lois générales des systèmes s'appliquent au SEH ; c'est pourquoi une approche systémique du SEH est pertinente.

L'homme a produit deux des quatre composants de ce système. De plus son activité continue d'accroître la sphère de la connaissance et la sphère des produits et donc de modifier la relation entre :

a) l'homme et les autres éléments du système
b) la connaissance et les autres éléments, et
c) les produits et les autres éléments.

Ainsi, les actions de l'homme ont pour effet de transformer toutes les relations existant entre les parties du système. Cela a des conséquences très importantes pour le système dans son ensemble, aussi bien que pour chaque élément du système. Le SEH change et il change de plus en plus vite. C'est un système ouvert. Son ouverture croît avec la croissance du CC, c'est-à-dire avec le progrès de l'homme. Proportionnellement à la croissance de l'ouverture du système, le taux de changement du système s'accroît. Cela signifie que plus le SEH se développe, moins un état donné du système a des chances de se maintenir ou de servir de base pour une description définitive du système dans son ensemble, ou bien de l'homme. Les systèmes postérieurs, par conséquent, se font de plus en plus différents de n'importe quel état présent et il est donc difficile de prévoir adéquatement ce qui va se passer. A nouveau, nous paraissons courir à un paradoxe. Plus grande est la connaissance, plus imprévisible devient la condition de l'homme. Apparemment, les pouvoirs démiurgiques de l'homme produisent une situation qui s'apparente au monde héraclitéen, où « tout bouge » et où rien ne demeure en place.

Le facteur humain devient une composante de plus en plus importante et déterminante du système. Le système devient de plus en plus un système fait par l'homme. Il est important de réaliser que le système n'a pas été planifié, pas même par l'homme et il n'a pas, en fait, été prévu par lui. Le système est l'œuvre de l'homme non pas en tant qu'il serait le résultat intentionnel de son activité, mais en tant qu'il est un produit *dérivé* de son activité. Du reste, jusqu'à une date récente, l'homme n'était pas conscient de son existence. Il connaissait, bien sûr, les quatre éléments du système mais il ignorait largement leur interdépendance et la nature systémique de leurs relations, c'est-à-dire qu'il n'était pas conscient qu'ils forment un système. Même aujourd'hui, la nature du système est loin d'être comprise globalement.

Le caractère changeant et toujours plus complexe du système est ce qu'il y a de plus imprévisible comme résultat de l'activité rationnelle de l'homme. Ce fait est suffisamment fondamental et universel dans ses conséquences pour être exprimé dans les lois suivantes :

1re loi : La taille et la complexité du SEH sont proportionnelles au niveau de l'activité rationnelle.

2e loi : L'effet causal du SEH sur l'homme est proportionnel à sa nature (taille et complexité).

3e loi : Le niveau de complexité de la vie humaine et les problèmes auxquels elle a à faire face sont proportionnels au SEH.

Ces lois sont, bien sûr, étroitement imbriquées et tournent autour d'un facteur commun qui influence de plus en plus la vie de l'homme : le facteur de la connaissance. Une question intrigante soulevée par le SEH concerne la différence entre la causalité exercée par le SEH et la nature infrahumaine. Le SEH est plus complexe que les environnements des animaux, plus hétérogène et plus changeant. Il est aussi plus exigeant, obligeant l'homme à s'ajuster à de nouvelles situations produisant très vite une désuétude dans ses horizons intellectuels et son mode de vie. Le résultat est que, par opposition aux animaux, l'espèce humaine n'a pas de situation écologique plus ou moins stable dont la nature garantirait la stabilité et les conditions de vie. Sa rationalité fait de l'homme un être qui ne peut se satisfaire de l'environnement fourni par la nature. Quelle qu'ait pu être la situation au commencement de l'aventure humaine, la nature n'est plus l'habitat propre de l'homme et elle ne saurait satisfaire tous ses besoins. L'intellect de l'homme transcende la nature, créant un monde nouveau, en un mot la sphère des structures conceptuelles et rationnelles, le CC ; ce corpus n'est pas simplement fait d'entités différentes de celles qui composent la nature, il est aussi gouverné par des lois différentes. C'est un ordre de réalité totalement différent de la nature. Pour être en mesure de comprendre clairement son essence et son impact sur l'homme, nous devons le discuter comme une entité en soi.

Il y a deux effets généraux et apparemment contradictoires de l'impact du SEH sur l'homme : l'un est de toute évidence positif et l'autre paraît être négatif. Le système agit comme un protecteur de la vie, qui la rend plus facile. Il donne à l'existence aisance et richesse et stimule la croissance du potentiel humain : potentiel biologique et, plus encore, potentiel psychologique. D'un autre côté, néanmoins, le système engendre des situations de complexité croissante ; les visions du monde, les modèles et modes de vie ont tendance à tomber rapidement en désuétude. Stimulée et défiée par le système, la volonté de l'homme s'ingénie à constamment dépasser les accomplissements du passé, à s'ajuster à de nouvelles situations et à explorer des horizons inconnus. Le défi lancé par le SEH est d'une importance capitale pour l'évolution de l'humanité.

BIBLIOGRAPHIE

BATESON, G., *Steps to an Ecology of Mind,* New York, Ballantine Books, Inc., 1972.

BOTKIN, J. W., ELMANDJRA, M. et MALITZA, M., *No Limits to Learning,* Oxford, Pergamon Press, 1979.

CALHOUN, J. B., « Space and the Strategy of Life », in A. H. Esser (éd.),

Behavior and Environment : The Use of Space by animals and Men, New York, Plenum Press, 1971, pp. 329-387.

— « Revolution, tribalism and the Cheshire cat : three paths from now », in *Technological Forcasting and Social Change,* 1973, pp. 263-282.

CHARON, J. E., *J'ai vécu quinze milliards d'années,* Paris, Albin Michel, 1983.

— *L'Esprit et la Relativité complexe,* Paris, Albin Michel, 1983.

DUBOS, R. J., *A God Within,* New York, Scribner, 1972.

— *Man Adapting,* New Haven, Yale University Press, 1971.

ESSER, A. H., « Désigned communality : a synergic context for community and Privacy », in A. H. Esser et B. B. Greenbie (éd.), *Design for Communality and Privacy,* New York, Plenum Press, 1978, pp. 9-49.

GRAY, W., « Understanding creative thought processes : on early formulation of the Emotional-Cognitive Structure Theory », *Man-Environment Relations,* vol. 9, 1 ; 1979, pp 3-14.

— « Emotional-cognitive structuralism and system-precursor theory in improving man-environment relation », in R. F. Ericson (éd.), *Improving the Human Condition, Quality, and Stability in Social Systems,* Louisville, KY, Society for General Systems Research, 1979, pp. 952-960.

KOESTLER, A., « *The Ghost in the Machine,* Londres, Pan Books, 1967, 421 p.

LASZLO, E., *Introduction to Systems Philosophy,* New York, Harper & Row, 1972, 328 p.

LUKASIEWICZ, J., « The ignorance explosion : a confrontation of man with the complexity of science-based society and environment », *Transaction of the New York Academy of Sciences,* séries II, vol., 34, 5, 1972, pp. 373-391.

MARUYAMA, M., « The second cybernetics : deviation-amplifying mutual causal processes », *American Scientist,* 51, 1963, pp. 164-179, 250-256.

MCLEAN, Paul D., « On the evolution of three mentalities, in S. Arieti et G. Chrzanowski (éd.), *New Dimensions in Psychiatry : A World View,* 2, New York, John Wiley & Sons, 1977, pp. 306-328.

— « A mind of three minds : educating the triune brain », in *Education and the Brain,* Seventy-seventh Yearbook of the National Society for the Study of Education, Chicago, The University of Chicago Press, 1978, pp. 308-342.

MEYER, F., *La Surchauffe de la croissance,* Paris, Arthème Fayard, 1974, 140 p.

PATTEE, H. H. (éd.), *Hierarchy Theory,* New York, George Braziller, 1973, 156 p.

PRIGOGINE, I., « Order through fluctuation : self-organization and social system », in E. JANTSCH et C. H. WADDINGTON, *Evolution and Consciousness,* Reading, Mass., Addison-Wesley Publ. Co., 1976.

WOJCIECHOWSKI, J. A., « The ecology of knowledge », in N. H. Steneck (éd.), *Science and Society, Past, Present, and Future,* Ann Arbor, MI, The University of Michigan Press, 1975, pp. 258-302.

— « Knowledge as a source of problems : can man survive the development of knowledge ? », *Man-Environment Systems,* vol. 8, 6, 1978, pp. 317-324.

— « La crise de la culture ou la crise de la rationalité ? », *Bulletin de la classe des sciences, Académie royale de Belgique,* 5e série, tome LXIV, 1978, pp. 478-488.

— « Man and knowledge : one or two systems ? », in Bela Banathy (éd.), *Systems, Science and Man,* Proceedings of the 24th annual Meeting of the Society for General Systems Research, Louisville, KY, 1980, pp. 427-438.

— « Ethical implications of medical genetics », in *Monograph,* Institute for

Theological Encounter With Science And Technology, Saint. Louis, MO., 1971, pp. 51-64.
— « The knowledge environment, evolution and transcendence », in *Nature and System*, vol. 3, n° 4, 1981, pp. 223-236.

DISCUSSION

JEAN LERÈDE. — *Vous dites que la mort sert l'évolution, ou plus exactement, « la mort facilite l'évolution et sert la vie ». Ne pensez-vous pas que cette même question pourrait être posée au niveau individuel ? La mort, c'est-à-dire cette mort intérieure à laquelle je ferai allusion dans mon exposé, et qui précède une « renaissance », ne pourrait-elle pas aussi être considérée comme servant la vie ? Ce qui pourrait être illustré par le propos du prophète Mohammed lorsqu'il dit « Mourez avant de mourir. »*

JERZY WOJCIECHOWSKI. — *Connaissez-vous la théorie de la désintégration positive de Vladimir Dobrowski ?*

JEAN LERÈDE. — *Oui, et j'apprécie beaucoup.*

JERZY WOJCIECHOWSKI. — *Eh bien, c'est quelque chose dans ce sens ; pour s'élever à une étape supérieure d'intégration, il faut d'abord passer par une désintégration. Et la mort, c'est une désintégration. Et si vous lisez les grands mystiques, ils en parlent tous : il faut mourir pour renaître.*

JEAN LERÈDE. — *Une deuxième question qui concerne, depuis des millénaires d'ailleurs, la pensée mythique ; cette complexification croissante de nos systèmes de connaissance, à laquelle vous avez fait allusion, ne pensez-vous pas que ceci va nous forcer à dépasser le plan de l'intellect, qui se veut prévoyant mais qui apparaît actuellement, comme vous l'avez souligné, une entreprise sans espoir ? L'intellect ne peut pas appréhender l'extraordinaire complexité à laquelle nous avons à faire face à présent. L'intellect ne peut plus prévoir l'effrayante complexité qui se présente aujourd'hui, qui se développe aujourd'hui : ne pensez-vous pas qu'on peut escompter une mutation nécessaire dans les fonctions qui jusqu'à présent étaient plus ou moins bien assurées par ce que l'on nommait « l'intellect prévoyant » ?*

JERZY WOJCIECHOWSKI. — *Voyez-vous, pour ceux qui réfléchissent sérieusement sur la situation de l'avenir de l'humanité, pour qui regarde l'avenir de notre race du point de vue du développement des connaissances, il est tout à fait évident que nous sommes à une époque absolument cruciale : soit quelque chose va changer très fondamentalement, ou nous disparaîtrons, c'est aussi simple que ça. Alors, il faut que quelque chose de dramatique ait lieu et peut-être ce sera le passage à une étape d'intelligence plus développée, je ne sais pas, Dieu sait. Nous avons maintenant des protestations, « intellectuelles », est-ce que ça va suffire, je ne sais pas, je ne pense pas. Il faut quelque chose de plus. Peut-être ce développement sera justement dans l'ordre d'une plus grande conscience, morale, spirituelle, ainsi de suite. Je ne sais pas, je ne suis pas clairvoyant, je ne sais pas ce que ça va être. Mais je dis que s'il y a un avenir, il faut qu'il soit très différent de ce qui existe maintenant. Ce ne sera pas une continuation, ce sera une brisure. Quelque chose de très différent.*

JEAN LERÈDE. — *Je vous remercie de vos réponses, en ce qui me concerne elles me satisfont parfaitement.*

HENRI LABORIT. — *Vous avez dit que l'augmentation de la connaissance finissait par nous rendre relativement toujours de plus en plus ignorants. Je pense que là, il faudrait mettre à côté de l'accumulation de la connaissance, qui peut être mémorisée comme par les ordinateurs, quelque chose qui est la mise en ordre des nouvelles connaissances, comme on pourrait le faire en utilisant des nouvelles théories de mise en ordre, par exemple la théorie des ensembles en mathématiques, dont moi-même je me sers beaucoup pour le classement des connaissances en biologie.*

JERZY WOJCIECHOWSKI. — *Quand je parle de l'accumulation de connaissances qui nous rend relativement toujours plus ignorants, c'est par rapport à un individu et bien sûr, il peut y avoir des possibilités d'accumulation dans les ordinateurs, dans la bibliothèque du Congrès, de toujours de plus en plus de connaissances et même de rangement de ces connaissances. Mais, pour un individu, ce que je voulais dire, c'est que je ne perçois pas la possibilité de pouvoir classer toujours plus ses connaissances sans au moins en abandonner un certain nombre. C'est ça le problème.*

PAUL KURTZ. — *J'ai été très intéressé par votre communication, je voudrais ajouter qu'il faut sans doute souligner que la connaissance est en évolution continuelle. Ceci devrait être beaucoup plus pris en considération que ça n'est fait dans les systèmes d'éducation actuels.*

JERZY WOJCIECHOWSKI. — *Je suis tout à fait d'accord avec vous et je suis prêt à déclarer que, effectivement, toute l'éducation qui est faite aujourd'hui dans les universités est complètement démodée. Il est temps de vraiment penser à une écologie de la connaissance. L'Homme est aujourd'hui un apprenti sorcier, il se détruira inévitablement s'il ne prend pas une conscience claire de la manière de gérer ce qu'il a lui-même produit, à savoir la Connaissance.*

La nature de l'Homme et sa relation avec l'Univers

BERNARD BENSON

La plupart des gens ne sont pas heureux... ! Ceux qui le sont vivent souvent prisonniers de la fragilité de leur bonheur.

L'esprit a besoin d'espace... Il a besoin de s'échapper de la petite coquille dans laquelle il passe trop souvent sa vie... Il a besoin de voyager au-delà de tous les horizons... de découvrir que les horizons viennent *des esprits* eux-mêmes.

L'ignorance engendre la misère... avec la compréhension vient la joie !

Voici un conte, qui s'efforce d'emprunter à la sagesse des lamas tibétains, dont j'ai beaucoup profité.

Deux enfants, qui avaient entendu tellement de discours remplis de confusion par les grandes personnes, étaient déroutés... Et alors, quand ils trouvèrent le conteur, assis paisiblement sous un arbre... ils allèrent tout simplement à lui et lui demandèrent...

— Monsieur le conteur... racontez-nous... La vie, qu'est-ce que c'est ?

— Eh bien, dit le conteur... Je vais essayer de vous raconter... mais vous devrez écouter avec beaucoup d'attention, parce que de simples mots ne suffisent pas pour expliquer cette sorte de chose...

— ... Nous vous écoutons !

— Des gens croient que quand quelqu'un est né... il vient de nulle part... et que quand il meurt..., il ne retourne nulle part.

— Est-ce cela que l'on appelle « vivre une impasse » ?

— Eh bien, pas exactement, dit le conteur. Mais c'est comme

si l'homme était fait d'argile… puis comme s'il se cognait ici et là durant sa vie… puis, à force de se cogner contre les autres, ou pour d'autres mésaventures, il finirait par s'user et par craquer et retourner à la poussière… et puis c'est tout !

— Difficile à croire, dit l'un.

— Plutôt misérable, dit l'autre.

— Et vous y croyez, vous ? demandèrent-ils au conteur

— Non, pas du tout ! répondit-il.

— Et alors, comment c'est, en vrai ?

— Je vais vous expliquer… mais j'aurai besoin de me servir d'images, à travers des mots. Vous devez me promettre de ne pas confondre l'image avec ce qu'elle représente… pour que, quand vous aurez compris, vous puissiez oublier l'image.

— Promis ! dirent les enfants.

— Alors, asseyez-vous et écoutez attentivement, et vous allez découvrir des choses intéressantes ! Et si les grandes personnes ralentissent un peu et prennent le temps de vous écouter, vous les aiderez beaucoup !… Peut-être, pour commencer, vous devriez vous poser la question à vous-mêmes… « Qui suis-je ? »… Êtes-vous votre corps ?

— Oh non ! répondit l'un des enfants. J'en suis le propriétaire !

— Alors, vous êtes votre intellect, votre esprit conscient.

— Oh non ! Ça m'appartient aussi… Je m'en sers tout le temps, répondit l'autre.

— Alors, qui est ce « je » ? demanda le conteur.

— Nous ne savons pas, répondirent-ils timidement.

— Cela pourrait-il être le propriétaire de votre corps et de votre intellect ?

— Peut-être, dirent les enfants.

— Peut-être ; il y a plusieurs niveaux de l'esprit. Par exemple, il y en a un que l'on appelle l'esprit conscient, parce que nous en sommes conscients, et un autre que l'on appelle l'esprit inconscient, parce qu'il semble être celui qui travaille en bas, dans la salle des machines… il donne des millions et des millions d'ordres, jour et nuit, pour garder notre corps en état de marche et en équilibre. C'est comme un super-président. Mais qu'est-ce qui nous fait découvrir de grandes choses, même des choses plus grandes que ce à quoi nous pensons ? C'est notre esprit surconscient, pour lui donner un nom simple, et nous le sentons souvent plus dans notre ventre que dans notre tête.

— Est-ce qu'il y a trois niveaux d'esprit comme des maillons dans une chaîne ? demanda l'un des enfants.

— Oh non, pas du tout... ils sont comme des endroits sur un bout de ficelle.

— Alors, où est-ce que la ficelle finit, en haut ? demandèrent les enfants avec beaucoup de curiosité dans la voix.

— Nous voici à la partie intéressante, dit le conteur. Voyons tout d'abord ce qui se passe quand nous descendons la ficelle. Quand nous descendons au-dessous de l'esprit inconscient, cela nous mène aux plus petites cellules de notre corps, mais même ces cellules ont leur propre esprit, etc. Il n'y a pas vraiment de fin à cela. C'est un peu comme lorsque de l'eau bout, elle se transforme en vapeur, puis en air... il n'y a pas vraiment de commencement ou de fin. Tout se fond ensemble. Il en va de même avec notre corps. L'esprit inconscient se fond dans tous les milliards de minuscules molécules dont nous sommes faits, et elles-mêmes se fondent avec l'air, l'eau, la nourriture, la terre, qui nous aident à faire notre corps. Là aussi, il n'y a pas de fin... Parce que vous êtes faits en partie d'un peu d'air qui se trouvait là, d'une rivière qui coulait librement, d'une carotte qui était hier dans de la bonne terre ; et ce qui sort de vous rejoindra les vents, les rivières, et pourra aider à faire des carottes pour les autres ! Ainsi, vous voyez, vos racines *sont* vraiment dans le sol, et dans les éléments !

— Et que se passe-t-il en haut de la ficelle ? demanda l'un des enfants.

— C'est plus difficile à expliquer... parce que cela ne devient pas « une matière » que vous puissiez voir, bien que beaucoup de personnes arrivent à le connaître très bien néanmoins, dit le conteur.

— ... Mais comment pouvez-vous savoir si quelque chose est là si vous ne pouvez pas le voir ? demanda l'un.

— Est-ce que la musique est là ? Et une pensée, et l'amour, et la tristesse, et la peur, et les rêves... ?

— Oh oui, ils sont certainement là, dit l'un des enfants en connaissance de cause.

— Bien, lorsque vous allez en haut de la ficelle vous trouvez...

clarté
compréhension
conscience
lumière
joie
paix de l'esprit

et, comme l'autre bout de la ficelle, le haut de la ficelle n'a pas de fin.

— Mais est-ce que le milieu de la ficelle sait ce qui se passe au-dessus et en dessous ?

— Cela est une très bonne et importante question ! dit le conteur. Laissez-moi d'abord vous demander : avez-vous jamais fait un fil de téléphone ?

— Non, qu'est-ce donc qu'un fil de téléphone ?

— Eh bien, expliqua le conteur, si vous prenez par exemple deux boîtes de conserve vides et si vous les reliez par un mince fil… et si vous parlez dans l'une et écoutez dans l'autre, vous entendrez comme dans un téléphone… parce que les vibrations de votre voix flotteront le long du fil. Mais si vous touchez le fil, ou si vous le laissez s'emmêler, vous ne serez pas çapables d'entendre quelque chose parce que les vibrations ne peuvent pas passer… et c'est ce qui se passe avec *notre* fil. S'il y a confusion, le milieu ne peut pas savoir ce qui arrive soit en haut soit en bas, et donc pense qu'il n'y a que le milieu… que la confusion est le commencement et la fin de tout !

— Mais à travers quoi me parlez-vous en cet instant précis ? demanda l'un surpris.

— En plein au milieu du fil… dans l'esprit conscient.

— Donc quand vous me parlez… votre fil est connecté au mien, n'est-ce pas ?

— Oui, bien sûr, ainsi nous sommes tous connectés les uns aux autres. Pas seulement à travers nos paroles mais également :

nos actions
nos regards
les choses que nous faisons
que nous fabriquons
que nous achetons
que nous vendons
que nous laissons à proximité
… même nos pensées…

car tout cela agit sur tout le reste… et toute cette activité tisse la TOILE DE LA SOCIÉTÉ.

— Donc chacun est vraiment connecté aux autres, même si seulement un petit peu ?

— Exact ! répondit le conteur.

— Et la toile tire sur tous les fils ?

— Juste ! répondit-il. Mais lorsque nous sommes très silencieux et calmes… et que nous sommes désemmêlés de la toile… nous sommes capables de sentir les vibrations qui remontent…

et ainsi nos corps… et la nature… et même… les carottes… et les fleurs… et les animaux… et même la terre peuvent parler à notre esprit conscient.

— Et est-ce que nous pouvons également sentir les vibrations qui arrivent *du haut ?* demandèrent les enfants.

— Oui, certainement nous pouvons ! Et de plus en plus de personnes le font… parce qu'ils le trouvent beaucoup plus joyeux et enrichissant que le stress et que le désordre apparent de la toile… Quelquefois ils appellent cela méditation.

— Donc quand vous allez des Cieux à la Terre, vous passez par l'Homme en route.

— Bien ! dit le conteur… et il sourit.

— … Et quand les vibrations descendent… qu'est-ce qui se passe ? demanda l'un des enfants avec intérêt.

— Quand vous apprenez à écouter… et cela demande du temps et de la patience pour apprendre… petit à petit vous pouvez gagner une compréhension de tellement de choses…, dit le conteur. Et la confusion de la toile perd son pouvoir quand on la regarde de haut, par le dessus. Car on la prend simplement pour ce qu'elle est… une image d'une toile emmêlée.

— Mais pourquoi les personnes ne peuvent-elles pas la voir avec leur esprit conscient ?

— Parce que la toile est *faite* de leur esprit conscient… et c'est comme être dans un rêve… quand vous êtes *dedans…* vous ne pouvez pas en principe le regarder… parce que le rêve est ce que vous utilisez pour *le* regarder… et quand vous sortez du rêve, il est *parti !* Souvenez-vous toujours… du bas vous ne pouvez pas comprendre ce qui se passe au-dessus, mais du dessus vous pouvez déjà comprendre ce qui se passe en bas… donc si vous élevez le niveau de votre esprit… tout devient clair… et vous comprendrez beaucoup de choses… Quand les nuages d'un orage viennent à passer, ils ont toujours l'air si noirs vus du dessous… mais du dessus ils peuvent être tellement beaux, étincelants dans la lumière du soleil.

— Mais qu'est-ce que l'esprit conscient peut faire au sujet de la confusion causée par la toile de la société ? demandèrent les enfants.

— C'est simple à expliquer… mais cela demande un grand désir… et beaucoup de pratique en fait pour le faire… mais croyez-moi, cela en vaut la peine ! Et les yeux du conteur étaient pleins d'étincelles… Vous devez dénouer les fils au fur et à mesure qu'ils sortent de la toile de la société… de façon à ce que même faisant partie de cette toile… l'esprit puisse, en même temps, être au-dessus d'elle. Dans la bataille... mais non son esclave... participant mais non consumé par elle... toujours un esprit clair et égal !

— Mais souvent vous entendez les grandes personnes dire qu'elles sont prises dans la confusion et qu'elles ne peuvent s'en démêler... Que devraient-elles faire alors ?

— Eh bien, dit le conteur, il y a beaucoup, beaucoup de manières pour se démêler... aussi nombreuses qu'il y a de personnes... mais en voici une par exemple... Asseyez-vous paisiblement avec un esprit calme et ouvert... et imaginez que vous n'êtes plus du tout vous-même, mais que vous êtes devenu un diamant de cristal limpide... un rubis... ou un saphir... et que vous vous voyez gentiment... flottant le long du fil... jusqu'à ce que vous vous sentiez flotter en liberté... VOUS ÊTES LIBRE ! Vous pouvez, bien sûr, trouver que c'est assez difficile au premier abord, mais avec un peu de pratique cela viendra plus facilement... et vous serez capable de vous libérer à volonté... et vous trouverez que si votre *esprit* est libre... *vous* êtes libre !

— Mais est-ce que ce n'est pas refuser la réalité ? Je ne suis pas sûr de ce qu'est la réalité, mais les grandes personnes en parlent toujours, donc je suppose qu'elle doit exister, dit l'un des enfants.

— En fait, elle existe seulement dans leurs esprits, et change tout le temps avec leurs esprits, mais même... il n'y a pas de raison pour qu'elles ne puissent être libres de cette idée de temps en temps. Un cheval, qui est dans le harnais toute la journée, est libre quand sa journée de travail est terminée et que la bride et les autres parties sont accrochées au clou dans l'écurie... libre d'aller dehors... de respirer de l'air frais et d'apprécier l'herbe verte... et ainsi il regagne de nouvelles forces pour avoir le harnais à nouveau le jour suivant. Il n'a pas peur qu'il lui soit enlevé de crainte qu'il ne puisse pas l'accepter le jour suivant... il sait qu'il y a un temps pour le travail... et un temps pour la liberté... et que s'il accepte cela, un jour il sera libre pour toujours.

— Mais les grandes personnes continuent de dire qu'elles sont toutes liées... pourtant nous ne pouvons voir aucun fil ! dirent les enfants.

— Les fils sont présents... mais dans leurs esprits, dit le conteur.

— Comme *Les Voyages de Gulliver,* quand tous les petits hommes le ficelèrent au sol ? demandèrent les enfants.

— Oui, dans un sens, et cela peut être un exercice utile

d'imaginer qu'on est là tout ficelé. Mais ensuite vient une grande épée... qui dans un grand mouvement circulaire... swish... coupe toutes les ficelles... et tout d'un coup vous êtes libres !

— Quelle pensée agréable ! crièrent les enfants.

— Oui ! dit le conteur, parce que quand l'esprit devient libre... même pour un moment... il peut mieux regarder en arrière et voir ce que sont ses liens. Mais pour le faire correctement, le corps doit être au repos... car il n'est jamais bon de demander au corps d'aller dans une direction... et à l'esprit dans une autre. En fait, c'est très mauvais !

— Donc qu'est-ce que cela veut dire quand les gens disent « quelqu'un a perdu l'esprit » ?

— Cela veut simplement dire ceci : que l'esprit conscient... et quelquefois aussi l'esprit inconscient... est devenu *tellement* confus par les tiraillements de tous les côtés, qu'il a simplement cassé... et perdu le contact avec les plus hauts niveaux.

— Ne serait-il pas mieux de dire que l'esprit d'une personne l'a abandonnée ?

— C'est possible, mais cela revient à la même chose, répondit le conteur.

— Drôlement intéressant, dirent les enfants, mais si l'esprit de quelqu'un est parti, comment peut-il jamais retourner à l'intérieur à nouveau ?

— Quand les forces qui le rendent confus s'en vont... si elles s'en vont... il revient souvent vers sa place originelle... de lui-même... mais quelquefois il a besoin d'aide pour trouver son chemin de retour.

— Qu'est-ce qui se passe quand les personnes se marient ? demanda l'un des enfants.

— Eh bien, c'est un petit peu comme si deux fils couraient l'un à côté de l'autre... et petit à petit devenaient connectés...

— Où cela — au niveau de l'esprit conscient ? demanda l'un.

— Oui... au début ils se voient et s'entendent... et puis leurs esprits inconscients... leurs corps... commencent à interagir... souvent, si l'un n'est pas bien, l'autre le ressent également. Puis leurs esprits surconscients... leurs pensées les plus élevées... commencent à vibrer ensemble... surtout s'ils sont étroitement unis.

— Et s'ils divorcent ?

— Les fils se séparent et vont leur chemin séparément ! dit le conteur.

— Pourquoi ?

— Quelquefois parce qu'ils ne pouvaient pas apprendre à

vivre... à vibrer ensemble... mais très souvent parce que le « stress » de la toile de la société les a séparés !

— Est-ce plus facile s'ils apprennent à regarder de *haut* sur la toile ?

— Beaucoup plus !

— Et que se passe-t-il quand nous mourons ?

— Le fil fait simplement « PING »... un peu comme un élastique quand il saute ! Et la partie inférieure retourne à la terre... et la partie supérieure retourne en haut...

— Mais qu'arrive-t-il au milieu ? — Où va-t-il ?

— Il est simplement parti ! Comme le milieu de l'élastique... Où est-il allé ? Simplement parti !

— Mais qu'est-il arrivé à notre esprit surconscient ?

— Il dit au revoir aux esprits conscient et inconscient qui l'ont servi... leur travail est terminé... mais pour lui les choses sont différentes... l'esprit surconscient est une cause éternelle... une cause sans limite de temps... il continue... et continue et continue...

— Mais comment peut-il continuer si le corps est parti ?

— Imaginez que vous êtes un verre... et que l'air qu'il contient est votre esprit surconscient. Si vous cassez le verre, où est passé l'air contenu ? Il n'est plus *dans* le verre... et pourtant il n'est pas parti ! Il a seulement rejoint l'espace plus grand... et peut-être dans le futur sera-t-il contenu par un autre verre...

— Mais c'est très intéressant ! dirent les enfants.

— Oui, dit le conteur.

— Et puis, qu'arrive-t-il à toutes les choses que les gens se sont efforcés d'accumuler toute leur vie ?

— Lorsqu'ils meurent, expliqua le conteur, elles disparaissent tout simplement : comme font les choses dans vos rêves quand vous vous éveillez... Ce n'est plus là tout simplement... même si cela semble tellement réel dans le rêve !

— Alors à quoi pensent les gens quand ils se battent si désespérément pour réunir de plus en plus de choses, et de pouvoir, souvent jusqu'au tout dernier moment ?

— Ils ne pensent pas !

— Est-ce que les choses s'en vont complètement ? demanda l'un.

— Eh bien, souvent elles bougent jusqu'à devenir une partie du rêve de quelqu'un d'autre... et puis eux aussi commencent à s'inquiéter et à se battre à ce sujet...

— Comme qui, par exemple ? demandèrent les enfants avec curiosité.

— Eh bien, d'abord accourent des hommes du gouvernement... qui ne font rien d'autre qu'attendre que les gens se réveillent... pour qu'ils puissent prendre ce que les gens ont laissé dans leurs rêves... C'est une sorte de jeu sans fin !

— Et ensuite ? demandèrent les enfants.

— Eh bien, après que les étrangers du gouvernement sont passés, la famille et les amis remplissent leurs rêves avec ce qui est laissé... quelquefois cela les aide... quelquefois non...

— Fou ! crièrent les enfants.

— Une fois qu'ils ont fait « PING », est-ce que les deux bouts du fil se rejoignent à nouveau ?

— Il y a ceux, peu nombreux, qui ont leurs fils si clairs et purs, qu'ils peuvent aller de la toile de la société au plus haut de la compréhension éclairée... aller et retour à volonté... *ils* peuvent revenir et nous dire *vraiment* ce qui se passe ! »

— Et que peuvent-ils nous dire ? demanda l'un.

— Ils expliquent que même si les extrémités d'un même fil ne se rejoignent plus jamais... de nouveaux fils se reforment... et les mêmes vibrations' peuvent reprendre où elles s'étaient arrêtées, et poursuivre ce qu'elles faisaient auparavant.

— Et est-ce que l'esprit conscient peut se souvenir de ce qui se passait avant ?

— Assez souvent... si ses vibrations sont claires et qu'il n'y a pas de nœuds.

— Et peut-il reconnaître d'autres fils qu'il connaissait avant ?

— Assez souvent, surtout s'il le désire très fortement !

— Que c'est amusant ! crièrent les enfants. Pourquoi recommencent-ils à nouveau ?

— Parce que pour trouver la paix au sein de toute la confusion régnante, ils ont besoin de devenir meilleurs... de plus en plus clairs... de plus en plus purs... de plus en plus brillants... chaque fois... comme un orchestre symphonique qui corrige ses fautes à chaque fois qu'il joue... jusqu'à ce qu'il devienne si parfait qu'il rejoigne la symphonie éternelle sans faute !

— Et pourquoi ceux qui sont parfaits reviennent-ils vers la confusion ?

— Il s'agit toujours d'un choix, pour montrer aux autres le chemin à prendre, répondit le conteur.

— Pourquoi les fils doivent-ils casser, « PING » ? Pourquoi ne peuvent-ils pas continuer pour toujours ? demanda l'un.

— Ils sont faits pour s'user... pour faire de la place à de nouveaux... et peut-on espérer à de meilleurs fils... rien n'est permanent... tout est fluide.

— Mais souvent il semble qu'ils fassent « PING » bien avant leur temps. Pourquoi ?

— Parce que le stress et la passion... la bousculade permanente de la toile de la société les frotte tellement qu'en fait cela les use... ou les laisse comme de telles loques qu'ils perdent leur valeur.

— Qui suis-*je* au milieu de tout cela ? demanda l'un des enfants.

— Tu es une partie vitale de la symphonie totale... une partie de toi flotte le long du fil... devient mêlée avec la toile de la société... et continue de descendre pour devenir une partie du monde moléculaire... et le monde moléculaire lui-même n'est rien d'autre que des vibrations... rien d'autre qu'une manifestation de la symphonie parfaite.

» Nous sommes tous perpétuels, immortels, infinis, partout, tout en même temps... chacun est une partie de l'esprit infini !

— Eh bien, qu'est-ce que « *Je* » devrait essayer de faire ?

— Premièrement, garder tes fils désemmêlés... ton esprit clair et calme... pour que quand tu le souhaites tu puisses regarder à la fois vers le haut et vers le bas... ton esprit conscient peut alors être guidé d'en haut... et tu peux guider ton corps par en dessous.

» Deuxièmement, tu dois aider à ramener la paix et l'harmonie à la toile... avec compassion pour *toutes* choses vivantes ; toute vie : personnes, animaux, oiseaux, insectes... tout ce qui vit, pour que petit à petit la souffrance puisse céder la place à la joie !

— Mais n'est-ce pas terriblement difficile de dénouer la toile maintenant ? N'est-il pas trop tard ? demanda l'un des enfants.

— Non, répondit le conteur, si les personnes contribuent avec autant d'efforts à la *délier,* qu'ils en avaient pour l'emmêler !

» Troisièmement, quand tu auras fait tout cela... et les années passées à le faire seront également des années de joie croissante... tu pourras bien commencer alors à découvrir de l'ordre dans le désordre apparent... de l'harmonie dans ce qui semble être le chaos.

— Comment peut-il donc y avoir de l'ordre dans le chaos ? demanda l'un des enfants.

— Tout cela dépend du point de vue !

— Comprends pas..., dit le plus petit.

— Quand tu observes une gare de chemin de fer en activité... avec des gens se pressant dans toutes les directions... se cognant les uns aux autres... prenant des sacs... posant des sacs...

tombant les uns sur les autres... quelques-uns pleurant... d'autres riant..., cela ressemble à du chaos.

» Mais, en fait, chacun sait d'où il vient... exactement où il va... pourquoi... et quand.

» Et si le curieux qui regarde ne comprend pas... c'est que c'est lui qui est confus... et non les personnes dans la gare de chemin de fer !

— Mais est-ce que cela n'est pas plutôt difficile ? demandèrent les enfants ensemble.

— Oui ! C'est précisément pourquoi vous devez faire tant d'efforts pour grandir dans votre vie présente... pour avoir à la fois votre tête dans le ciel et vos pieds sur la terre !

DISCUSSION

José Delgado. — *Je remercie Bernard Benson pour son très bel exposé, mais comme je dois être critique, je voudrais lui faire d'abord remarquer que, pour la science, c'est au cerveau et non au cœur qu'il faut adresser la question. C'est vrai que nous sommes arrivés à une situation sans précédent, où nous sommes capables de détruire en quelques instants toute la race humaine, mais la science est également arrivée à un moment où elle peut penser, et c'est un moment sans précédent, où elle pense essayer de transformer l'être humain lui-même. Nous pouvons donc nous poser la question : quel devrait être l'être humain du futur ? Il faut qu'il soit différent, puisque toute l'histoire nous montre que la guerre a régné depuis toujours sur l'humanité.*

La guerre a été toujours là pour une raison très simple, à cause d'une distinction entre vous et les autres. Dans toutes les races, on pourrait dire ce que disaient les caribéens : seuls les caribéens sont des êtres humains.

Si le temps nous manque, nous sommes perdus, mais nous devrions quand même chercher une solution ; et celle-ci, je pense qu'elle doit être scientifique et intellectuelle, et également émotionnelle car l'émotionnalité est une partie de la compréhension scientifique de l'être humain et la convivialité devrait être bâtie, non pas sur la religion qui oppose les hommes les uns aux autres, ni sur la politique, mais sur la biologie. Car la biologie est la seule chose qui unifie les êtres humains.

Nous avons le même sang, nous réagissons de la même façon aux antibiotiques, etc.

On pourrait essayer, par exemple, de définir par la biologie la signification et le dessein de la vie.

Nous découvririons alors que le sang n'est pas celui de chacun de nous mais celui du cosmos. Ceci devrait être appris aux enfants dès le plus jeune âge.

Nous travaillerions tous ensemble à la construction d'une humanité pacifique, à partir d'une base de compréhension commune.

BERNARD BENSON. — *Je suis tout à fait d'accord avec vous et si nous pouvions obtenir des chefs de gouvernement qu'ils adhèrent à une telle philosophie, nous pourrions faire quelque chose, car nous avons maintenant le monde entier avec nous.*

SANDRA SCARR. — *Je crois que, pour unifier les êtres humains, on pourrait s'inspirer de la façon dont se déroule l'unification dans une famille ; les enfants sont très unis à leurs parents, en particulier à leur mère, et les parents également à leurs descendants, et si l'on agrandissait ce concept de famille à des groupes toujours plus larges, eh bien, on pourrait penser que les mêmes liens iraient en se renforçant et pourraient contribuer à une humanité plus unie. En partant de cette conception, on peut avancer l'idée que, compte tenu d'une certaine éthique, nous avons des obligations vis-à-vis de ce que nous connaissons mal, comme les groupes humains se trouvant aux antipodes. Mais une telle éthique n'a jamais pu être vraiment vécue que par des personnages exceptionnels, comme Martin Luther King ou Gandhi. Il semble plus réaliste de penser que nous pouvons d'abord vivre nos obligations vis-à-vis de ceux qui ne sont pas très loin de nous, et dans la pratique la psychologie nous recommanderait de commencer par les relations vis-à-vis de nos proches, et d'agrandir ensuite à des groupes toujours plus grands ces relations.*

BERNARD BENSON. — *Je suis tout à fait d'accord avec vous, mais pour accéder à cette conscience planétaire, il n'est peut-être pas nécessaire d'attendre que nous devenions tous des Martin Luther King ou des Gandhi. Si, par exemple, nous étions attaqués par une planète ennemie, nous nous sentirions tous, nous les habitants de la Terre, comme une seule et même famille et nous nous unirions tous pour nous défendre. Or, en fait, nous avons actuellement un ennemi commun, un ennemi commun à toute la planète, c'est la guerre. La prise de conscience de la réalité de cet ennemi devrait nous permettre d'aller très vite vers une conscience planétaire cherchant à prohiber la guerre.*

La place des valeurs dans un univers matériel

MORTON A. KAPLAN

Jusqu'à récemment, l'humeur intellectuelle dominante était celle du positivisme philosophique. Dans le cadre du positivisme, les valeurs ne pouvaient être perçues que comme des préférences subjectives ou de simples règles sociales du comportement. Les valeurs n'avaient pas de pertinence scientifique ; et toute tentative de placer l'origine des valeurs dans la nature du cosmos ou dans la nature humaine était considérée comme un égarement. Bien que la philosophie ait maintenant abandonné ses travers positivistes, la place des valeurs demeure subjectiviste. Dans un papier aussi sommaire, je ne peux que présenter un certain nombre de positions philosophiques qui ramènent le concept des valeurs dans un contexte naturaliste légitime [1].

Pour commencer, laissez-moi tout d'abord montrer ce qu'il y a de faux dans la conception largement répandue qui veut que le savoir soit circulaire. Selon Thomas Kuhn : « Quand des paradigmes entrent, comme il se doit, dans un débat concernant le choix paradigmatique, leur rôle est nécessairement circulaire. Chaque groupe utilise son propre paradigme pour argumenter dans la défense du paradigme. »

L'argument de Kuhn est en fait une version simplement un peu plus spécialisée d'un argument formulé plus tôt par Stephen C. Pepper. Selon Pepper, chaque système philosophique est caractérisé par un certain nombre de « danda » (devant-être-données) selon lesquelles des « data » (données) peuvent être reconnues. Chaque système philosophique détermine les données qui peuvent être perçues et sur lesquelles on peut raisonner. Ainsi le processus, selon Pepper, est naturellement circulaire.

Il est souvent utile, lorsqu'on a affaire à des positions philosophiques de ce genre, de reconnaître qu'on est en droit d'être soupçonneux lorsque ladite position contredit ce que nous savons par le sens commun. Prenons par exemple Aristote : il savait certainement que les têtes de chevaux étaient des têtes d'animaux. Néanmoins, cette proposition ne peut pas être prouvée dans le cadre de la logique syllogistique d'Aristote. Pour ce qui est des débats philosophiques et scientifiques, nous savons que très souvent les auteurs de points de vue conflictuels mettent en évidence ce qui est neutre relativement aux deux schémas en compétition. Par exemple bien que les partisans d'Einstein et les newtoniens emploient des concepts très différents de masse, les tenants des deux points de vue s'accordèrent sur ce qu'ils entendaient par « planète », « périhélie », ainsi que certains procédés de mesures du temps et de la distance. Ainsi, des tests qui établissaient une distinction critique entre les deux théories étaient neutres à leur égard.

En fait, les instruments de mesure étaient neutres à l'égard de domaines bien plus vastes que le choix entre les physiques d'Einstein et de Newton. Même des observateurs plus anciens seraient tombés d'accord sur les notions de « planète », « périhélie », « temps » et « espace », en accord avec les mesures qu'il fallait faire. Le fait que l'acceptation de la théorie d'Einstein change radicalement le concept d' « espace-temps » n'avait pas été pertinent à ce niveau de discours.

Cet exemple illustre simplement un fait important : le savoir et les systèmes de savoir ne constituent pas des entités globales. Ils sont composés de sous-systèmes. Des changements dans le système de la connaissance se produisent quand quelques sous-systèmes sont utilisés pour effectuer des évaluations relativement neutres à l'intérieur d'autres sous-systèmes qui les modifient. Aucun sous-système ne demeure constamment inchangé dans ce processus.

Cette zone neutre constitue l'environnement scientifique d'une théorie. Il y a un lien entre une bonne théorie et son environnement. Il peut arriver que ce lien soit plus important que les tests particuliers. Cela peut même déterminer quels tests on accepte comme utiles et quels tests on rejette comme non pertinents.

La théorie d'Einstein était acceptée bien avant que l'évidence expérimentale se fît en sa faveur d'une manière prépondérante. Il y avait une raison pour cela. La théorie d'Einstein cadre avec son environnement mieux que la théorie de Newton : à savoir l'évidence expérimentale que la vitesse de la lumière était une constante ; le travail important de Fitzgerald et Lorentz, et le fait qu'il s'accordait avec les résultats de Maxwell dans le cadre de ses formulations relativistes, alors que la relativité classsique ne le permettait pas.

Ce n'étaient pas là des preuves dans le sens hypothético-déductif classique ; mais ils accrurent significativement la confiance dans la théorie. De manière similaire, la théorie copernicienne ne faisait pas de meilleures prédictions que celle de Ptolémée, mais elle assignait vraiment une place physique aux corps célestes. Cela cadrait avec le corps de la connaissance de l'époque concernant l'univers physique, même si, comme nous le savons, cela n'était plus valable dans le contexte des quanta.

Le point suivant qui mérite d'être souligné est que toute connaissance est transactionnelle. Espace et temps sont des concepts transactionnels. Il n'est pas du tout évident qu'ils aient la même signification au niveau quantique et au niveau macrophysique. Les termes descriptifs employés par les humains dépendent de leur constitution comme transrécepteurs. Ce qu'est une couleur n'est pas déterminé par un médium tel que la lumière solaire normale. Des différences entre transrécepteurs peuvent être prises en compte dans un langage au second degré. Considérons, par exemple, le paradoxe de l'horloge dans la relativité d'Einstein. Des observateurs sur deux systèmes d'inertie indépendants évaluent de manière différente la distance entre deux objets donnés, selon leur vitesse relative par rapport à ces objets. Les équations de la relativité en tiennent compte à un niveau de second ordre. De la même manière, l'interprétation différente de mon bureau comme solide lorsque je le frappe du poing ou bien comme espace vide quand il est traversé par un rayon gamma peut être mise sur le compte d'un niveau de second ordre.

Un autre point que je voudrais souligner, c'est que le langage ne fournit aucunement des indications qui correspondent à des aspects d'entités ou de processus dans un sens simple. Le langage procède en premier lieu par la méthode des corrélatifs. Ainsi, parler de la table comme solide ou poreuse implique l'emploi des corrélatifs qui caractérisent l'expérience en accord avec un contexte particulier et qui la distinguent de manière transactionnelle plutôt que comme telle. Les termes corrélatifs acquièrent leur signification à travers le contraste. Et leur emploi est toujours déterminé de manière fonctionnelle. Ainsi, la mécanique quantique n'est ni indéterminée ni déterminée en tant que telle. Par exemple, les équations sont déterministes puisqu'elles permettent des transitions entre des états de probabilité ; et elles sont non déterministes en ce qui concerne les prédictions de position ou de vitesse. Les conséquences spécifiées par les théories sont toujours nécessaires dans les termes de la théorie. Mais la vérité d'une théorie est toujours contingente sur un point de référence et le contexte dans lequel s'exprime la connaissance.

Essentielle aux distinctions que je m'efforce d'établir est la paire corrélative « définition/disposition ». Ainsi, le terme « charge électrique » signifie, entre autres, que si un corps léger est placé près d'un autre corps à un moment et en un endroit particuliers, alors le corps léger a une charge électrique en cette place et en ce lieu s'il est attiré par ce second corps en cette place et en ce lieu. La présence d'un courant électrique peut être observée au moyen de la chaleur dégagée dans un conducteur, la déviation d'une aiguille magnétique, ou la quantité d'une substance séparée d'un électrolyte et ainsi de suite. Ainsi le concept d'un courant électrique ne peut être réduit à chaque série de termes et il ne peut être mesuré simplement en mesurant une température. C'est ce que j'entends par « concept dispositionnel ».

Les concepts dispositionnels sont nécessairement utilisés quand l'interdépendance de l'élément considéré et de son environnement est grande. Néanmoins, c'est simplement le pôle final d'une série plutôt qu'un usage dichotomique. Toutes les propriétés manifestées sont les résultats d'un point de vue particulier ; ainsi la disposition d'un type de système optique pour produire une perception « jaune » quand un observateur et une source de lumière reçoivent et produisent des longueurs d'onde données. Ils sont dispositionnels sous certains aspects. Et toutes les propriétés dispositionnelles requièrent une référence à des propriétés manifestes ne serait-ce que pour enregistrer leur production : dans le cas d'un courant électrique, « la chaleur » et « l'aiguille » par exemple. Les concepts sont corrélatifs. Aucun ne peut être réduit à l'autre ; et une analyse sous-systémique nous permet de les traiter.

« Courant électrique » est un concept dispositionnel dans le domaine de la mécanique. C'est pourquoi ses indicateurs fournissent des mesures qui sont virtuellement indépendantes du contexte. « Jaune », d'un autre côté, est une qualité manifestée tenant compte du standard conventionnel de la lumière solaire, de la composition chimique de la source, de la composition des ondes produites dans ce dispositif physique et des opérations des transrécepteurs optiques tels qu'on peut les trouver dans la physiologie humaine « normale ». Toute variation dans l'un de ces domaines, y compris l'usage de filtres, produirait de manière dispositionnelle une couleur manifestée différente.

Je veux maintenant me référer au principe de complémentarité énoncé par Niels Bohr. Des instruments rigides sont requis pour la mesure de la position. Des instruments avec des parties mobiles sont requis pour la mesure des vitesses et des énergies. Les lois de la nature ne permettent pas la même installation dispositionnelle pour accommoder les deux dispositifs de détermination. Notez que « rigide » et « inamovible » sont également corollaires. Même si dans ce cas une théorie unique, la théorie quantique, unifie les deux perspectives, la vérification de cette théorie nécessite des méthodes qui ne sont pas réductibles l'une à l'autre.

Il devrait aller de soi qu'il était entièrement erroné de la part des positivistes d'attendre de techniques consacrées à des mesures physiques qu'elles fussent appropriées à la détermination des valeurs. Mais un point plus important est que les valeurs, comme je vais à présent le montrer, dépendent aussi du contexte dispositionnel.

Abordons la discussion de l'évaluation du comportement comme dispositionnel à travers une simple métaphore : le cas d'un pilote automatique dans un avion. Le pilote automatique ajuste la trajectoire du vol si celui-ci s'écarte de la trajectoire programmée à cause de quelque turbulence. Si un pilote automatique était doué de conscience, il pourrait percevoir son but dans la vie, à savoir ce qui est bien, comme le maintien de la stabilité de l'avion dans lequel il est installé. En ce cas, ce qui est perçu comme bien est accompli seulement en établissant un jeu de règles ; et le pilote automatique ne serait sujet à aucune incertitude, même en ce qui concerne les moyens. Il y a une relation exacte et directe entre le bien et le but instrumental, l'ajustement de l'avion à la trajectoire prescrite. Si nous abordons un cas un peu plus complexe — par exemple celui d'une machine automotrice qui remplit son propre réservoir de carburant et recharge ses propres batteries — il se pourrait qu'au cas où les deux tombassent simultanément en panne, la machine ait à choisir entre recharger d'abord ses batteries ou remplir d'abord son réservoir. En principe, néanmoins, nous pourrions spécifier un jeu complet de règles de décisions qui détermineraient des choix de ce type.

Si nous abordons maintenant un système de stabilité transfinie, la situation devient beaucoup plus complexe. Ce type de système comporte un jeu de codification complexe. Les éléments de codification sont transformables et dépendants du contexte. Les identifications du système peuvent comporter des ambiguïtés. Le système est capable d'autoréférence (procédures réflexives) et de langages de second ordre. En poursuivant ses buts, il peut s'égarer dans l'appréciation des conséquences de ses actions. Il peut s'égarer dans le compte rendu de ses propres désirs. En principe, chacune de ces sources possibles d'erreurs est sujette à quelque forme de test objectif même si, dans la pratique, on ne doit accorder à ces tests qu'une confiance limitée.

Revenons à l'un des cas plus simples — la machine automotrice — pour illustrer la signification d'une erreur dysfonctionnelle. Cette machine est programmée pour emplir son réservoir seulement quand ce dernier est sur le point d'être vide. Si son système interne d'information est déréglé, elle pourra chercher par exemple à remplir le réservoir alors que celui-ci est déjà plein ; ou le contraire : tenter d'empêcher le réapprovisionnement alors que le réservoir est presque vide. Même si des erreurs dans ces opérations en venaient à produire un comportement qui semble contraire à l'objectif programmé, ceci reste sujet à une analyse objective. Et en ce cas, nous pourrions même être capables de démontrer la malfonction instrumentale (cognitive). En principe, nous pouvons toujours analyser son comportement, y compris le comportement « fautif ». Nous inférons son code — c'est-à-dire la spécification de ce qu'il tente d'accomplir — à partir de son choix des buts. Ses erreurs peuvent être reconnues comme telles et réduites dans le cadre de l'analyse. Néanmoins, parce que la totalité de ses buts est programmée sans ambiguïté, la machine ne peut poursuivre, même dans un environnement défavorable, un jeu secondaire de buts, ni percevoir que ces nouveaux buts sont préférables à ceux initialement codés. Le système de stabilité transfinie, au contraire, serait capable d'adopter de tels comportements non programmés. Son analyse est donc corollairement plus complexe en pratique. Cette analyse requiert une distinction entre le valable et le valorisé, une distinction qui n'a pas à être faite avec le système plus simple.

Bien plus, la machine simple automotrice opère dans un environnement simple qu'elle ne peut changer. Ainsi, elle n'a pas besoin — et n'est pas capable — d'évaluer les bons choix différemment en différents environnements et ne peut évaluer comparativement la poursuite des bons choix à l'intérieur de l'environnement, ni faire des tentatives pour changer l'environnement (y compris comment cela changera l'évaluation de ce qui est bien à l'intérieur de l'environnement). Le système de stabilité transfinie est capable de toutes ces activités ; et son système d'évaluation est corollairement plus complexe et plus difficile à analyser.

Si nous caractérisons le « valable » comme ce qui serait jugé bon en présence de l'information correcte et sur la base d'un raisonnement soutenu de type pratique, nous pouvons distinguer entre ce qui est valorisé et ce qui est valable. Ce qui est valable dépendra à la fois du système et de l'environnement. Il y aura des critères selon lesquels la détermination de ce qui est valable sera faite (raisonnement pratique) ; et ceci permettra une distinction entre le valable et le valorisé.

Les déclarations d'une personne concernant ce qu'elle valorise sont une évidence de ce qui est valable pour elle ; mais c'est une évidence réfutable. Notons qu'un système du type humain à stabilité transfinie peut produire un comportement objectivement définissable comme pathologique. Supposons une personne située dans un environnement extrêmement défavorable. Elle peut avoir à satisfaire d'importants besoins. Puisque cela est déplaisant, des mécanismes de reniement peuvent opérer. De plus le mécanisme de reniement peut être renforcé par la surévaluation de buts de caractère secondaire, au point qu'elle soit incapable de reconnaître des changements favorables dans l'environnement qui lui permettraient de poursuivre des buts plus importants, c'est-à-dire des buts qu'en d'autres circonstances elle aurait poursuivis. Ces distinctions ne sont pas aisées à établir dans la pratique, même s'il y a de substantielles évidences psychiatriques en leur faveur. Elles donnent une signification objective à la distinction entre le valable et le valorisé, même si dans la pratique des assertions concernant cette distinction restent problématiques dans les cas complexes.

Ceci illustre la proposition selon laquelle une personne jouissant d'une pleine information pourra valoriser ce qui est valable. Cela n'implique pas que ces valeurs seront les mêmes dans tous les environnements, pour toutes les personnes, pour la même personne à un moment différent ou seulement ainsi au moment présent. Ces choses bonnes ou « valables » ne sont pas des entités substantielles réifiées mais des dispositions d'un système complexe. Ce qui est bon pour le système inclut une relation entre les possibilités de l'environnement et les besoins du système. Ce qui est valorisé par le système dépend de sa cognition de ces relations et se trouve sujet à une possible distorsion pathologique.

Pour certains états du monde — par exemple l'état d'être un paraplégique — le système de perception peut éventuellement dévaluer une information supplémentaire. De telles préférences sont secondaires. Par exemple, personne n'irait choisir la paraplégie, sinon par préférence à quelque chose de pire encore, si elle pouvait être évitée. Le choix préférentiel qui rend la paraplégie « vivable » fait naître des valeurs qui, sous des conditions préférables, seraient secondaires. Mais il y a des paraplégiques qui s'engagent dans un reniement psychologiquement caractérisé de ce type, comme un moyen de maintenir leur santé.

Le système dont nous parlons est un système complexe et sophistiqué du type plus général non mécanique. Cela signifie qu'on ne peut appliquer au système, en guise d'explication théorique, aucun jeu d'égalités selon une loi générale. Parce que les opérations du système dépendent de l'information, de sa capacité de connaître, « valoriser le valable » dépend en partie de ce en quoi il croit. Ainsi des prédictions au sujet de ce système ou des explications de son comportement impliquent des déclarations concernant les croyances qu'il soutiendra sous certains types de contraintes (propositions de second ordre). Ce fait aide à expliquer la facilité de se tromper soi-même. Néanmoins les croyances par elles-mêmes ne suffisent pas à expliquer son comportement orienté vers certaines valeurs.

Du point de vue de l'investigateur, l'information est simplement un élément à l'intérieur d'un système plus large ; et même si les formes logiques utilisées dans le raisonnement constituent un élément essentiel du système, aucune explication du comportement moral limitée à ce système-là seulement ne suffit à expliquer ce comportement. Si l'on garde ces considérations à l'esprit, le raisonnement moral n'est guère plus problématique qu'un autre raisonnement concernant le comportement dispositionnel. Considérons deux propositions objectives très différentes : « Ceci est jaune » et « Ceci est une colombe ». Toutes deux manifestent un fait. Toutefois, toutes deux sont également des exposés dispositionnels elliptiques. « Ceci est jaune » est une ellipse pour : « Ceci est vu comme jaune par tel et tel système d'observation avec tels et tels types de filtres. » Ainsi, un système humain est conçu pour voir quelque chose comme jaune sous des conditions spécifiques : l'état physique, l'objet et l'environnement, y compris la lumière. Même cette dernière affirmation est non elliptique seulement comparativement car, en principe, une affirmation absolument non elliptique contiendrait un ensemble de conditions potentiellement infini. Chaque affirmation du type « ceci est jaune » ou « ceci est une colombe » implique quelque chose au sujet des transactions entre un observateur, un objet ou un événement extérieur à l'observateur et le contexte de l'observation. Dans le langage commun, des distinctions de bons sens sont établies entre « est » et « apparaît ».

Si nous sommes négligents, cela peut conduire à des réifications qui produisent de fausses conclusions.

Il y a une distinction importante entre « colombe » et « jaune » eu égard à la disjonction « est/apparaît ». Bien qu'un morceau de papier volant à distance puisse nous apparaître comme une colombe, les tests qui peuvent être conduits à confirmer la distinction entre « est » et « apparaît » — si l'objet est ou non, au moins biologiquement, un oiseau — sont concluants dans un registre extrêmement large de circonstances ou de systèmes de perceptions. La distinction entre « est » et « apparaît » en ce qui concerne la couleur, néanmoins, dépend d'une stipulation conventionnelle d'un type spécifique de contexte d'observation, donné comme standard. Bien que, pour des raisons évidentes tenant aux conditions de vie dans le système solaire, un standard conventionnel différent serait absurde en pratique, ce n'est pas absurde en principe. Bien plus, quoique cela soit improbable pour des raisons évolutionnaires, en principe le système d'observation pourrait réagir différemment suivant qu'il serait dans des états différents, comme c'est le cas du goût de la nourriture. Des créatures ayant évolué différemment pourraient donc conclure différemment devant des situations phénoménales identiques. Toutes ces différences de rapport ne seraient pas simplement des différences linguistiques ; ce serait une différence dans l'expérience. En principe ces différences dans l'expérience pourraient être confirmées objectivement par des opérations sur les physiologies des deux espèces. En ce cas, une affirmation du type « X est jaune » (en lumière solaire) ne permettrait pas l'accord de second ordre sur l'objet X sans spécification de l'instrument (système d'observation) utilisé en établissant le rapport et le contexte de ce rapport. Des attributs de couleur dans tout événement sont plus proches du corrélatif dispositionnel que des déterminations pour savoir si quelque chose est une colombe, détermination qui est plus proche de la définition. C'est ainsi que nous raisonnons à propos des questions morales.

Jusque-là, je me suis contenté de brosser un argument en faveur de l'objectivité des valeurs. Je n'ai pas défendu le point de vue que les humains ont des natures qui garantissent les mêmes valeurs ou des valeurs compatibles. Des circonstances existentielles peuvent les placer, pour utiliser une métaphore de la Relativité d'Einstein, sur différents chemins d'inertie. Néanmoins, l'esprit, les valeurs et l'âme peuvent être acceptés comme gravés dans la nature d'une manière qui est scientifiquement crédible.

Jacques Monod voulait que l'univers fût froid et impersonnel. Selon lui, la vie n'est qu'un événement dû au hasard. Aucune de mes précédentes déclarations ne mentionne ce point. Même de son point de vue à lui, néanmoins, Monod est allé trop loin. Ce qui apparaît comme hasard dans une perspective peut être vu comme tout sauf du hasard, d'un autre point de vue. Ainsi, on pourrait argumenter qu'il est dans la nature même de l'univers que la vie sensible et les valeurs puissent se développer. Si l'on parle de l'évolution animale, les mécanismes seraient ceux de la théorie darwinienne type : sélection, adaptation, mutation et déviation génétique. Néanmoins, j'aimerais brièvement réviser une spéculation que j'ai proposée il y a longtemps. Supposons que les premières étapes de l'être soient codifiées pour sélectionner certaines directions générales du développement plutôt que d'autres, par exemple accroître certaines valeurs. L'hypothèse récente de la transmission moléculaire ne soutient pas cette thèse, car elle tient seulement compte de la spéciation. Néanmoins, c'est un mécanisme de type plutôt interne, alors que la mutation ou la dérivation génétique sont de type plutôt externe. Peut-être venons-nous juste de commencer à gratter la surface du problème des « tendances évolutives » internes. Peut-être le concept de progrès est-il significatif, ainsi que celui d'évolution progressive vers une certaine forme de spiritualité.

BIBLIOGRAPHIE

KUHN Thomas S., *The Scientific Revolution*, Chicago, University of Chicago Press, 1962, p. 93.

RÉFÉRENCE

1. Cette thèse est placée dans une perspective philosophique dans mon livre : *Science, langage et condition humaine*, Ed. Paragon House New York, 1983.

DISCUSSION

RICHARD RUBENSTEIN. — *Morton Kaplan pose le grand problème des valeurs conflictuelles. C'est un problème qui a été examiné par différents auteurs depuis longtemps, mais malheureusement je ne vois rien dans le papier de Kaplan qui puisse permettre de proposer une solution.*

MORTON KAPLAN. — *Je pense que pour pouvoir donner une évaluation des valeurs, il faudra mieux connaître le problème de la nature humaine ; ce que j'ai voulu dire surtout, c'est qu'il n'est pas impossible que, sur ce difficile problème, il puisse s'accomplir des progrès.*

WILLIS HARMAN. — *Je voudrais rappeler ici Abdus Salam, le prix Nobel de Physique qui insistait sur le fait que la science moderne a eu une lacune importante, c'est de négliger le subjectif par rapport à l'objectif. Je voudrais rappeler plus particulièrement toutes les théories qui tournent autour des champs morphogénétiques. Par exemple, quand un oiseau réalise la tâche difficile de faire son nid, il y a en fait trois possibilités : la possibilité qu'il tient son savoir de ses gènes ; la seconde possibilité, dont nous parle le professeur Chauvin, celle d'avoir un apprentissage de ses parents ; et maintenant, il y a une troisième possibilité qui est celle que l'oiseau aurait appris ça au cours d'un grand nombre de générations antérieures. Ceci aurait été complètement non scientifique il y a encore quelques dizaines d'années, et maintenant ceci est devenu un sujet faisant intervenir le subjectif et qui peut être discuté dans le contexte de la science. Nous sommes, à ce point de vue, à un moment tout à fait révolutionnaire de la science. Il pourrait bien en être ainsi du problème des valeurs, il y a encore quelques années tout était basé sur la connaissance « objective » des phénomènes et les valeurs étaient toutes relatives, mais il est possible que les choses puissent changer et que, notamment si l'on tient compte de l'intervention de l'intuition dans les problèmes scientifiques, on puisse parler maintenant du problème de la hiérarchisation des valeurs à l'intérieur du phénomène humain.*

KARL PRIBRAM. — *Je voudrais d'abord donner ma propre opinion sur les champs morphogénétiques. Je pense que c'est encore très loin d'être un concept scientifique très précis ; c'est plutôt quelque chose qui est bâti sur les mots et je ne souhaiterais pas que ceci soit confondu avec la science véritable. Un second point concerne le problème des valeurs, dont nous a parlé Morton Kaplan. Je crois qu'un aspect important de ce qu'a dit Morton est le fait que les entités sont en fait des relations c'est-à-dire, comme le fait la physique actuelle, une particule se définit en fait par les relations qu'elle a avec toutes les autres particules dans l'univers. Il ne me paraît pas impossible que si les valeurs, qui sont en fait des entités, peuvent également se définir par les relations qu'elles ont avec toutes les autres valeurs de l'univers, on puisse progresser dans le sens indiqué par Morton Kaplan c'est-à-dire vers une sorte de relation générale des valeurs entre elles.*

PAUL KURTZ. — *Je pense que le problème des valeurs peut très difficilement être séparé du problème de l'évaluation des principes ou des règles morales, je crois que Morton Kaplan l'a insuffisamment souligné. Par ailleurs, je veux bien croire que c'est très louable d'essayer de rechercher comment les valeurs sont reliées à la nature humaine, mais toutes les idéologies, que ce soit le marxisme ou le capitalisme, font cela et arrivent cependant à des évaluations des valeurs qui sont très différentes.*

JOSÉ DELGADO. — *Je pense que notre colloque cherche à confronter les notions philosophiques et les notions biologiques. Mais il en est du problème des valeurs comme du problème de l'esprit, ce sont des concepts vagues qui réclameraient d'être bien spécifiés avant que l'on puisse en discuter sur le plan scientifique. Je proposerai donc, au lieu de rester dans la généralité, en ce qui concerne les valeurs, qu'on prenne des valeurs bien spécifiques, comme par exemple l'amour ou l'altruisme ; on pourrait ensuite relier ces valeurs bien spécifiques à leur analyse sur le plan biologique, et ainsi être objectif dans l'analyse du subjectif.*

HENRI LABORIT. — *Je pense personnellement que la notion de valeur est entièrement construite par des groupes sociaux qui veulent établir leur dominance. Pour un biologiste la valeur fondamentale de l'individu est d'être. Être, c'est maintenir sa structure. Pour moi, la seule valeur qui existe est l'espèce humaine et je dis cela parce que je suis un homme. Je serais une fourmi, je me foutrais pas mal de l'espèce humaine. Ce qui m'intéresse, c'est mon avenir personnel, à moi exactement comme à vous ; si vous êtes lucide, mais on est rarement lucide, si je veux survivre dans un espace où vit l'espèce, c'est l'espèce que je dois viser. Qu'est-ce qu'il y a entre l'espèce et moi : des groupes sociaux. Alors, les groupes entre eux, pour assurer leur dominance, construisent des systèmes de valeurs. L'autre, s'il a choisi l'erreur librement, il faut le tuer. Tant qu'on n'aura pas planétisé l'énergie, les matières premières qui devraient être mises à la disposition des espèces, de toutes les espèces, tant qu'on n'aura pas fait cela, ce seront toujours les plus forts qui gagneront. Donc, je pense que la notion de valeur est quelque chose de complètement construit par les groupes sociaux pour établir leur dominance.*

Alors c'est le judéo-christianisme, l'islamisme, et tout ce que l'on voudra, qui contiennent toujours des valeurs destinées à défendre la structure de dominance d'un groupe.

BERNARD BENSON. — *Ce qui m'a absolument étonné, c'est que personne n'a réagi quand vous avez dit : il y a moi, et à part moi tout ce qui arrive aux autres je m'en fiche. Je voudrais vous dire, monsieur, qu'il y a ici un grand nombre de personnes qui sont d'opinion tout à fait contraire, notamment celles qui ont un ego complètement apprivoisé, alors que vous parlez d'un ego totalement dominant. Le contraire existe. Et ce qui m'étonne, c'est que vous avez glissé cette phrase et que personne n'a réagi.*

HENRI LABORIT. — *Sans doute que personne n'a réagi parce que ça n'a choqué personne. Pourquoi est-ce que ça vous a choqué ? C'est ça qui est important à comprendre.*

BERNARD BENSON. — *Ça m'a étonné que personne ne réagisse quand vous proposez un système de base égomaniaque.*

PAUL CHAUCHARD. — *L'égoïsme et la dominance sont des névroses.*

HENRI LABORIT. — *Mais nous sommes tous égoïstes, nous n'avons pas le choix. Nous maintenons notre structure d'homme. Et quand on nous apprend à être altruiste, nous devenons égoïstes altruistement.*

SANDRA SCARR. — *Je viens d'une conférence où il a été question de dominance ; et ce qui est apparu, c'est que chez toutes sortes d'animaux, mais notamment chez les grands primates, l'instinct de soumission est aussi important que l'instinct de dominance.*

JERZY WOJCIECHOWSKI. — *Je pense que lorsqu'il s'agit de valeurs, il serait bon de rappeler le théorème de Gödel. Gödel était un mathématicien qui, vers les années 30, a démontré que quel que soit le système de valeurs que l'on peut construire, il ne sera jamais complet, c'est-à-dire qu'on trouvera toujours, à un certain moment, des contradictions dans la tentative d'organisation qu'on essayera d'établir entre ces valeurs. En réponse au professeur Laborit, je voudrais dire que ces rapports de dominance ont généralement été vrais au point de vue biologique, au point de vue évolutif ; mais on est arrivé à un point où ils cessent d'être valables biologiquement parlant ; parce que, avec les moyens de destruction que nous possédons actuellement, nous devons passer d'un modèle conflictuel des rapports humains à un modèle non conflictuel. La question se pose donc de savoir si nous allons faire ou non ce passage. Est-ce que notre organisme, non pas notre intellect, mais notre organisme, nos structures nerveuses, nous permettront de le faire ? C'est ça la question que nous avons à résoudre aujourd'hui.*

Quatre

ESPRIT ET GÉNÉTIQUE

Hans J. Eysenck

L'Homme en tant qu'organisme biosocial

HANS J. EYSENCK

A la base de toute la recherche, la théorisation et la pensée de quelque science que ce soit on trouve ce que Kuhn appelle des « paradigmes », c'est-à-dire des modèles ou bien des manières de conduire l'argumentation et la recherche qui sont l'objet d'un consensus. Ces paradigmes sont souvent ancrés dans une *Weltanschauung* qui détermine pour celui qui la possède quel genre de théories il va préférer, quel genre d'expériences il fait et quel genre d'interprétations il donnera à ces expériences. En psychologie deux paradigmes ont lutté alternativement pour la suprématie dans le passé, l'un qui souligne la nature biologique de l'homme, l'autre sa nature sociale.

Les biotopes, comme Boring avait coutume de les appeler, soulignent l'importance, en l'homme, de ses instincts, de son matériel génétique, l'importance des facteurs physiologiques et hormonaux, les influences et déterminismes biochimiques, les détails anatomiques et neurologiques, enfin toutes sortes de facteurs reliés à la doctrine évolutionniste et qui relient l'homme inévitablement aux espèces inférieures d'animaux.

De l'autre côté, les scientifiques sociaux préoccupés par l'histoire, la sociologie, l'anthropologie, l'économie, la sociométrie, l'éducation et les autres disciplines similaires ont tendance à mettre l'accent sur les influences extérieures de caractère social, la mobilité et la flexibilité essentielles de l'homme en réponse à de telles influences et la suppression des déterminismes biologiques par l'apprentissage social. Les sociotopes de ce type ont tendance à faire peu de cas des facteurs biologiques et soulignent essentiellement l'importance des facteurs sociaux.

Le présent exposé suggère que l'homme est un organisme biosocial et que, de manière évidente, toutes ses actions, à l'exception des plus insignifiantes, sont déterminées par des facteurs à la fois sociaux et biologiques. Une telle formulation serait en principe acceptée par la plupart des psychologues, mais dans la pratique de tous les jours, on trouvera que les psychologues la respectent en fait plus dans la théorie que dans la réalité. Les formulations simplistes dans l'une ou l'autre de ces deux directions sont beaucoup plus fréquentes que les véritables tentatives de faire la part de toutes les variantes dans une situation donnée, de manière à mettre à nu les divers facteurs génétiques et environnementaux qui en font partie. En agissant de la sorte, biotopes et sociotopes suivent le « principe de certitude » de Thouless (1935), qui s'énonce comme suit : « Quand, dans un groupe de personnes, il y a des influences agissant à la fois dans la direction du rejet et de l'acceptation d'une croyance, le résultat n'est pas qu'une majorité accepte la croyance avec un degré moindre de conviction (c'est-à-dire avec réserves), mais qu'un petit nombre soutient la croyance avec une forte conviction. » Ce principe fut d'abord énoncé par Thouless à propos des convictions religieuses mais fut plus tard étendu par Eysenck (1954) à d'autres questions sociales.

La psychologie, particulièrement la psychologie américaine, s'est fortement engagée dans une fausse direction avec les doctrines béhavioristes de Watson. Ce n'est pas mon propos d'argumenter ici sur la pertinence ou non du béhaviorisme comme école psychologique. Dans le sens méthodologique, le béhaviorisme était certainement d'une grande nécessité dans les premières années de ce siècle et, en ce sens, nous sommes tous béhavioristes à présent (y compris les psychologues qui s'intitulent « cognitifs », par opposition au béhaviorisme tel qu'ils le comprennent).

Le béhaviorisme de Watson, et pareillement les doctrines néo-béhavioristes plus récentes de Skinner, comprenaient toujours un certain nombre de points qui s'écartaient notablement sur le plan logique de la doctrine elle-même et qui étaient idiosyncratiques en ce qui concernait l'auteur. Certains de ces points furent néanmoins acceptés comme parole d'évangile et ont exercé une grande influence ; l'un d'eux était l'environnementalisme doctrinaire de Watson, qui reconnaissait à peine l'existence des facteurs génétiques, que ce soit dans un sens phylogénétique ou ontogénétique. Ce courant environnementaliste imprègne la psychologie américaine, ainsi que la sociologie et l'anthropologie. Bien des psychologues modernes ont rompu avec la tradition watsonienne en général, mais sont restés fidèles à cette doctrine environnementaliste.

La doctrine elle-même apparaît davantage dans ce qu'écrivent et font les psychologues contemporains que dans les modèles auxquels ils adhèrent. Peu oseraient affirmer carrément que les facteurs génétiques sont inexistants ou inopérants dans la conduite humaine mais un regard sur les publications contemporaines et les articles imprimés dans les journaux les plus influents convaincra rapidement le lecteur que les facteurs biologiques sont presque complètement négligés par les psychologues sociaux, les psychologues personnalistes et les psychologues cliniques en particulier. Ils ont adopté, parmi toutes sortes de modes possibles, celle qui a fini par être connue sous le nom de « sophisme sociologique », c'est-à-dire la tendance à interpréter les corrélations en termes de causalité. Un exemple nous aidera à illustrer cette argumentation. Un psychologue pourra trouver, en faisant une étude sur des adolescents délinquants, que dans leur enfance ils étaient généralement battus très fortement par leurs parents, si on les compare aux enfants non violents. Il interprétera presque inévitablement cette corrélation en termes de causalité et argumentera en concluant que le fait de battre les enfants les conduira à développer des tendances violentes pendant leur adolescence. Il n'y aurait nul besoin d'arguments pour souligner que d'autres hypothèses sont également possibles et qu'elles ont peut-être même plus de chances d'être correctes. Ainsi il semble probable que les gènes qui incitent les parents à battre l'enfant seront hérités par ce dernier, le conduisant à se comporter d'une manière violente en grandissant. La possibilité même d'une telle détermination génétique est ordinairement ignorée ou même plus souvent méprisée. Il ne serait pas exagéré d'affirmer qu'environ 95 % de la psychologie sociale, clinique, ou relative à l'éducation et à la personnalité tombent dans cette erreur et que les résultats publiés dans les revues influentes ne sont pas du tout interprétables en termes de causalité.

On trouverait peu d'auteurs prenant le parti opposé, mais les récentes doctrines de la sociobiologie, soutenues par exemple par Wilson (1975-1978), quelques auteurs dans le livre de Caplan (1978), et bien d'autres, tendent certainement dans cette direction, même s'ils sont passablement moins dogmatiques et doctrinaires que les environnementalistes radicaux (Kamin, 1974). Wilson et ses disciples ont repris, à un niveau plus élevé, l'argument que William Mc Dougall avait originellement avancé dans sa série de débats avec Watson. La théorie des instincts de Mc Dougall ne recevrait pas, dans sa forme primitive, le soutien des biologistes sérieux, mais dans l'essence, c'est lui qui avait raison contre Watson quant à l'importance qu'il convient d'attribuer aux facteurs biologiques dans la conduite humaine.

Ce qui assura la suprématie des béhavioristes fut, bien entendu, la montée des écoles éthologiques en Europe ; Tinbergen, Lorenz et bien d'autres, démontrèrent d'une manière indubitable l'existence, l'importance et la spécificité des instincts chez les mammifères. Mc Dougall avait eu raison, dans le principe sinon dans le détail, et Watson avait eu tort ; le succès de Watson dans l'argumentation avait été un désastre pour la psychologie et nous aurons à compenser pour les années dévorées par les sauterelles. La réalisation de cette triste calamité engendra une prise de conscience de l'importance des différences individuelles et des facteurs biologiques et génétiques en psychologie. Dans le traitement des désordres mentaux, pour ne prendre qu'un seul exemple, la thérapie du comportement, basée sur les principes du conditionnement dont Pavlov fut le pionnier, est en train de supplanter la psychanalyse, démontrant des possibilités largement supérieures pour soulager le désespoir (Eysenck, 1977 a). La théorie de la personnalité reliant les différences individuelles aux facteurs biologiques (système limbique, formation réticulaire) prend de l'importance (Eysenck, 1976). Par-dessus tout, la recherche génétique sur les différences individuelles entre les êtres humains est en train de reprendre la place qui lui revient, employant des méthodes nouvelles et nettement améliorées qui étaient inconnues il y a à peine quelques années (Mather et Jinks, 1971).

Dans l'opinion publique, le promoteur le plus connu de la perspective biologique est indiscutablement la sociobiologie (Barash, 1983). Pourtant les arguments qui sont mis en avant par les sociobiologistes sont curieusement limités. Comme E.O. Wilson, le père de la sociobiologie, le faisait remarquer dans sa préface au livre de Caplan (1978) : « Le comportement social humain est jusqu'à un certain degré restreint génétiquement à travers l'espèce entière et, plus encore, sujet à des variations génétiques au sein même de l'espèce. » Cette conclusion repose solidement sur deux pieds. L'un est le type d'évidence phylogénétique rapporté par Wilson dans son livre (1975), utilisant la théorie de l'évolution pour rendre compte du comportement social humain ; l'autre, l'évidence ontogénétique de la génétique béhavioriste moderne, utilisant les méthodes de l'analyse biométrique génétique afin de départager ce qui relève de la génétique et des facteurs environnementaux dans la variance phénotypique.

Curieusement, Wilson s'appuie presque exclusivement sur la plus faible de ces deux sources, et semble éviter la plus forte. Dans son premier ouvrage, c'est à peine s'il mentionne la génétique biométrique ; dans son second livre, à peine plus de deux pages sur 260 sont consacrées à une discussion décousue au sujet de cette évidence et encore, cette discussion est imprécise, pas assez systématique et manque de lien avec le reste de l'ouvrage. Si l'on doit adresser une critique à la sociobiologie, je pense que c'est dans son échec à voir qu'elle peut se tenir solidement sur deux pieds au lieu de chanceler sur un seul pied, utilisant très peu l'aide de l'autre ! D'autre part, s'il faut faire tenir l'argument de Wilson sur une seule ligne d'évidence, alors certainement, il a fait le mauvais choix ; l'argument ontogénétique est par nature le plus fort parce qu'il repose sur une évidence directe, expérimentale, plutôt que sur un argument brillant aux fondements douteux, impossible à prouver directement dans l'ordre naturel des choses.

Attaquant le problème selon cette perspective, j'ai essayé de démontrer le caractère très évident d'une détermination génétique des différences en ce qui concerne l'intelligence, la personnalité, le comportement social et sexuel, la criminalité, les désordres mentaux, et bien d'autres aspects du comportement social humain (Eysenck, 1975). L'argumentation va au-delà de la simple étude génétique. Étant donné que la majeure partie, dans la différenciation des phénotypes humains, tient à des facteurs génétiques, il doit s'ensuivre que nous devrions chercher des fonctions et structures anatomiques, physiologiques et neurologiques qui sous-tendent la diversité observée et des travaux récents sur l'intelligence et la personnalité ont en effet démontré que de telles relations entre le comportement et la biologie peuvent être trouvées. Ainsi il a récemment été montré que des méthodes spéciales pour analyser le potentiel de l'EEG, basée sur une nouvelle théorie du traitement de l'information par le cerveau, peut produire des résultats qui s'accordent plus de huit fois sur dix avec les tests typiques d'intelligence comme le Wechsler. Cela signifie que nous avons une réaction physiologique très directe à un simple stimulus auditif, qui mesure l'intelligence avec le même degré de précision et de validité que le font les tests de quotient intellectuel les plus complexes et les plus développés — éliminant dans le processus toutes les difficultés que les différences de culture, d'éducation et d'environnement entre les individus testés ont toujours posées dans les procédés traditionnels (Eysenck, 1982).

De la même manière, les dimensions majeures de la personnalité sont maintenant reliées expérimentalement aux structures du cerveau moyen, du cerveau postérieur et du cerveau antérieur telles que le système limbique et la formation réticulaire (Eysenck, 1980) ; des relations ont également été suggérées avec les sécrétions hormonales et autres déterminants biologiques (Eysenck et Eysenck, 1976). Les différences sexuelles en ce qui concerne le comportement social et sexuel également ont été reliées à des déterminants biologiques plutôt que sociaux (Eysenck, 1976) et il en est de même pour la psychopathie et la criminalité. De tels faits donnent un support considérable aux prémices majeures de la sociobiologie.

La différence principale entre la position de Wilson et la mienne ressort clairement dans un passage de son livre de 1978 où il dit : « Le comportement social humain peut être évalué... premièrement en le comparant avec le comportement des autres espèces et ensuite, avec plus de difficulté et d'ambiguïté, en étudiant les variations au sein de la population humaine elle-même. L'image du déterminisme génétique apparaît de la manière la plus évidente quand nous comparons un certain nombre des plus importantes espèces animales avec l'espèce humaine. » J'ai indiqué pour ma part que la comparaison avec les autres espèces présente des difficultés et ambiguïtés bien plus grandes que l'étude des variations au sein de l'espèce humaine. Quand Wilson reconnaît lui-même que « la théorie sociobiologique peut être déduite d'un comportement purement culturel », il admet de toute évidence ce point de vue.

Des critiques ont parfois suggéré, comme le fait Kamin (1974), que les chercheurs à tendance biologique favorisent le point de vue génétique parce qu'il maintient le statu quo, alors que les chercheurs à tendance sociale favorisent l'environnementalisme parce qu'il permet plus de liberté pour un changement social. Cette croyance que la position scientifique d'une personne est déterminée par son orientation politique n'est pas supportée par l'histoire. Watson, qui était archi-environnementaliste, était également ultra-conservateur ; J. B. S. Haldane, l'un des leaders du camp génétique-biologique et l'un des précurseurs de la sociobiologie, était aussi l'un des leaders du parti communiste britannique. Noam Chomsky lui-même a beau être à gauche politiquement, il n'en est pas moins un partisan des théories génétiques. Ces *argumenta ad hominem,* sortis d'on ne sait quelle vieille notion souvent démentie, devraient maintenant être mis au rancart ; même s'il y avait une corrélation parfaite entre les visions sociales et l'affiliation politique, il n'en faudrait pas moins soumettre à vérification les arguments de l'un ou l'autre bord tant il est vrai que la suspicion concernant les motivations d'un scientifique n'ôte rien au crédit qu'on peut accorder à ses arguments.

C'est peut-être un commentaire ironique sur l'assaut idéologique qui a été provoqué par la présentation d'hypothèses génétiques dans la biologie (Wilson, 1975), la psychologie (Eysenck, 1975), l'histoire (Darlington, 1969), l'étude de la race (Baker, 1974) et d'autres domaines sociaux, à savoir que l'idéologie elle-même se trouve avoir de puissantes racines génétiques et être très reliée à des traits de personnalité déterminés par la génétique (Eaves et Eysenck, 1974 ; Eysenck et Wilson, 1978). Dans une étude conjointe menée sur une grande échelle, Eysenck et Eaves découvrirent que l'on héritait du radicalisme-conservatisme à 65 % ; la coriacité, un facteur indispensable à l'engagement politique, est héritable à 54 %. La tendance à adopter des points de vue extrémistes, que ce soit de gauche ou de droite, est héritée à 37 %. Cette tendance, comme la précédente, se trouve être connectée, sur le plan génétique, avec des variables appropriées de la personnalité. Il apparaît donc que les idéologues de gauche se trompent en assurant que les scientifiques s'accrochent à des vues génétiques parce qu'ils sont conditionnés par l'environnement pour défendre le statu quo ; leur position antigénétique s'avère elle-même reposer sur une base génétique.

Un autre trait ironique de la situation actuelle est que les critiques de gauche de la sociobiologie se considèrent généralement eux-mêmes comme les disciples de Marx ; or, une telle position dénote une curieuse ignorance du marxisme historique. Considérons, par exemple, la thèse qui veut que l'intelligence soit fortement déterminée par des facteurs génétiques, une thèse qui est violemment attaquée par les marxistes occidentaux. Pourtant, comme le souligne Guthke (1978) dans un livre officiellement publié en RDA et représentant la position du gouvernement : « La psychologie marxiste ne renie pas, loin s'en faut, l'importance des facteurs génétiques dans l'explication des variations de l'intelligence individuelle... Dès le commencement, Marx et Lénine ont souligné l'inégalité biologique et psychologique entre les hommes » (p. 69). En URSS, bien des chercheurs utilisent la méthode jumelée selon des schémas similaires à ceux adoptés en Occident. Ainsi, nous pouvons citer V. B. Schwartz, K. Grebe, L. Dzhedda, Mirenova, Y. Ishidoia, M. Rubinov, B. Nikityuk, V. Yelkin, S. Khoruzheva, N. Annenkov, et bien d'autres. La position adoptée par les idéologues occidentaux n'est pas marxiste-léniniste, mais stalinienne ; c'est elle qui bannit le test de l'intelligence en l'identifiant à un concept « bourgeois » (à peu près à la même époque, Hitler le bannit en l'identifiant aux « juifs » !). L'instruction donnée par Marx de prendre à chacun selon sa capacité et de donner à chacun selon ses besoins, reconnaît clairement les différences génétiques dans le potentiel intellectuel et la motivation ; les marxistes modernes semblent renier leur propre héritage politique. Guthke argumente que ce n'est pas le test de QI qui est socialement indésirable ou même faux ; dans une société socialiste, croit-il, ceci pourrait être d'une utilité sociale considérable. Ne nous étonnons pas si, alors que le test QI est sur son déclin à l'Ouest, quand il n'est pas tout simplement abandonné, voire même légalement banni dans certains États, il est au contraire en progression dans les nations communistes, et de plus en plus largement utilisé !

Quel est le résultat, concrètement parlant, de ces considérations, en ce qui concerne la nature humaine ? En un sens, les études empiriques ne font qu'accréditer ce que le sens commun proclamerait sans hésitation ; l'homme est un animal biosocial, dont les buts et motivations sont formés partiellement par son héritage ancestral, partiellement par la pression de la société dans laquelle il grandit et vit. Assez curieusement, une telle généralisation recevrait probablement l'approbation de la plupart des généticiens, psychologues, biologistes, sociologues et psychanalystes, historiens et anthropologues qui se sont penchés sérieusement sur ce problème. Malheureusement, une telle approbation ne se réduirait, dans la majorité des cas, qu'à de bonnes paroles. Même ainsi, ces bonnes paroles n'en constituent pas moins l'hommage que le vice rend à la vertu. Fondamentalement, nous savons que la nature et la culture ne sont que deux côtés d'une même pièce et que l'une ne saurait exister sans l'autre. Le seul problème réel est un problème quantitatif ; pour des groupes et des situations particuliers, quelle est la contribution relative de chacun ? De telles considérations quantitatives exigent une réplique quantitative et, pour l'instant, il n'y a que les méthodes d'analyse biométrique génétique qui puissent nous donner une telle réponse malgré la petitesse des échantillons, leur nature non représentative et la non-fiabilité de nos instruments de mesure, mais qui n'en constituent pas moins un premier pas dans le processus incessant qui nous pousse à chercher une information toujours plus précise.

La découverte des facteurs génétiques comme déterminants importants des différences individuelles quant à l'intelligence, la personnalité, la criminalité, les attitudes sociales, le comportement sexuel, etc., est une chose ; c'est tout simplement un premier pas vers l'étape suivante, qui est l'élaboration d'hypothèses spécifiques impliquant les systèmes neurologique, anatomique et physiologique spécifiques dans les comportements en question et expliquant comment ces derniers interagissent avec les influences environnementales spécifiques pour déterminer le comportement phénotypique. Un commencement de recherches a déjà été effectué en accord avec ces perspectives (Eysenck, 1980, 1982) dans tous ces différents domaines. A quel point ces hypothèses variées remporteront un succès à long terme, on ne peut, évidemment, le prédire aisément. Il est regrettable que la grande majorité des chercheurs ait dédaigné les déterminants génétiques et biologiques et n'aient, de ce fait, pas contribué à cette recherche importante et même vitale. Cela est regrettable et néanmoins caractéristique d'une période où les paradigmes changent et où l'incertitude prévaut. Il faut espérer que dans le futur la reconnaissance de l'importance des facteurs sociaux aussi bien que biologiques améliorera la recherche, clarifiera les résultats et finalement permettra de mieux comprendre cette étrange et originale combinaison de chair et d'esprit que constitue l'être humain.

BIBLIOGRAPHIE

Baker, J. R., *Race*, Londres, Oxford University Press, 1974.

Barash, D. A., *Sociobiology and Behaviour*, Londres, Hodder & Stoughton, 1983.

Caplan, A. L. (éd.), *The Sociobiology debate*, Londres, Harper & Row, 1978.

Darlington, C. D., *The Evolution of man and society*, Londres, Allen & Unwin, 1978.

Eaves, L. J., et Eysenck, H. J., « Genetics and the development of social attitudes », *Nature*, 1974, pp. 249, 288-289.

Eysenck, H. J., *The Psychology of politics*, Routledge & Kegan Paul, 1954.

— *The Inequality of man,* Londres, Maurice Temple Smith, 1975.
— *The Measurement of personality,* Lancaster, Medical and Technical Publishers, 1967 a ; Baltimore, University Park Press.
— *Sex and Personality,* Londres, Open Books, 1976 b.
— *You and neurosis,* Londres, Maurice Temple Smith, 1977 a.
— *Crime and personality,* Londres, Routledge & Kegan Paul, 1977 b.
EYSENCK, H. J. (éd.), *A model for personality,* New York, Springer, 1980.
— *A model for intelligence,* New York, 1982.
EYSENCK, H. J., et EYSENCK, S. B. G., *Psychoticism as a dimension of personality,* Londres, Hodder & Stoughton, 1976 ; New York, Crane, Russack & Co.
EYSENCK, H. J., et WILSON, G. D., *The psychological basis of ideology,* Lancaster, Medical & Technical Publishers, 1978 ; Baltimore, University Park Press.
GUTHKE, J., *Ist Intelligenz messbar ?,* Berlin, Deutscher Verlag der Wissenschaften, 1978.
KAMIN, L. J., *The science and politics of I.Q.,* Londres, John Wiley & Sons, 1974.
MATHER, K., et JINKS, J. L., *Biometrical genetics,* Londres, Chapman & Hall, 1971.
THOULESS, R. H., « The tendency to certainty in religious beliefs », *British Journal of Psychology,* 1935, pp. 26, 16-31.
WILSON, E. O., *Sociobiology : The new synthesis,* Londres, Harvard University Press, 1975.
— *On human nature,* Londres, Harvard University Press, 1978.

DISCUSSION

RÉMY CHAUVIN. — *Je suis enchanté des critiques faites par le professeur Eysenck, que j'ai d'ailleurs lu beaucoup plus en détail dans ses livres.*

Le cerveau, comme tous les organes du corps, est construit sous l'influence des gènes et si son fonctionnement ne dépend pas des gènes, alors voilà une idée vraiment fort curieuse, puisqu'il a été construit par ces mêmes gènes. Je vous rappelle que je suis spécialiste de l'éthologie animale, et je suis d'accord avec vous pour admettre qu'il y a eu dans cette science une série de catastrophes. Il y a d'abord eu la catastrophe watsonienne, et permettez-moi de vous dire qu'il y a une seconde catastrophe, qui est la catastrophe skinnérienne. Les théories skinnériennes servent à expliquer, par exemple, et tous les éthologistes sont à peu près d'accord là-dessus, le comportement du rat dans la boîte de Skinner, mais nulle part ailleurs. Maintenant, je diffère peut-être un peu de vous sur un point, c'est sur les travaux de mon collègue Wilson, celui de la sociobiologie. Wilson est comme moi un spécialiste des abeilles et des fourmis ; mais, sur le tard, comme il arrive à beaucoup de biologistes, il s'est pris pour le bon Dieu et croit avoir trouvé le secret de la vie. Pour nous, éthologistes, la sociobiologie est une nouvelle catastrophe. En dépit du fait que, pour nos collègues américains, c'est à n'y rien comprendre, on ne peut plus parler que de sociobiologie. Nous voyons actuellement fleurir en sociobiologie des hypothèses qui transforment le néo-darwinisme en un finalisme dément, qui est infiniment plus naïf que l'ancien finalisme, que nous avons tous expulsé des sciences naturelles car ça ne paraissait pas être une hypothèse explicative. Je propose donc à Wilson et aux sociobiologistes de remplacer « sélection naturelle » par « divine providence ».

PAUL CHAUCHARD. — *Je veux ajouter une précision linguistique : nous avions depuis longtemps une science sérieuse, qui s'appelle la biosociologie.*

RÉMY CHAUVIN. — *Oui, mais, quand ça s'appelle sociobiologie, ça n'est plus sérieux.*

HENRI LABORIT. — *Mais puisque M. Eysenck parlait de l'intelligence, je m'attendais à ce qu'il définisse cette intelligence. Il a distingué une intelligence A, génétiquement programmée, et une intelligence B, dépendant de l'environnement, mais il n'a toujours pas défini l'intelligence. Or je n'ai jamais trouvé une définition de l'intelligence en dehors du fait qu'elle s'évalue par des QI. J'ai été étonné de voir que l'intelligence, pour M. Eysenck, se définit par la réussite, le succès qu'elle procure. Est-ce que le musicien Schumann, ou Cantor, le père de la théorie des ensembles, étaient intelligents ou pas ? Ou Einstein, refusé au Polytechnicum de Zurich, était-il ou non intelligent ? Actuellement, je pense que la biologie peut encore très difficilement faire la part de l'inné et de l'acquis dans une personnalité humaine. Je pense que ceux qui défendent l'idée que l'intelligence est surtout innée, 85 % de l'intelligence serait inné nous dit M. Eysenck, sont surtout ceux qui sont satisfaits de l'image d'eux-mêmes que leur renvoie la société. Alors ils oublient que, pour être devenus ce qu'ils sont, en fait, ils ont bénéficié d'un environnement qui leur a permis de devenir ce qu'ils étaient.*

HENRY BONNIER. — *Albert Camus est parti d'un environnement extrêmement défavorable, il est parti de rien et il est devenu le grand écrivain qu'il a été.*

HENRI LABORIT. — *Je trouve ça énorme, il est parti de rien ! Comment savez-vous ? Et Van Gogh, Van Gogh, il est aussi parti de rien, mais il n'est arrivé à rien non plus, il a fini par se couper le lobe de l'oreille.*

JEAN CHARON. — *M. Eysenck va répondre.*

HANS EYSENCK. — *Je veux simplement mentionner d'une manière très brève un seul point : en ce qui concerne la définition de l'intelligence, cette définition doit venir* après *les études et non pas avant les études expérimentales.*

Cinq

INTUITION ET RAISON

Jean Lerède
Hans Zeier

L'Homme du double plan

JEAN LERÈDE

Dans un écrit datant de 1933 (trois ans avant sa mort) et relativement peu connu parce que censuré par le pouvoir stalinien et rendu public plusieurs années seulement après la disparition de Staline, Pavlov distinguait deux types fondamentaux d'êtres humains : ceux qu'il appelait les *intellectuels* ou *penseurs,* chez qui prédomine le « deuxième système de signalisation » (selon la terminologie pavlovienne), système lié à la *parole* et à la pensée abstraite ; et ceux que l'illustre physiologiste russe appelait les *artistes,* chez qui prévaut au contraire le « premier système de signalisation », lié à *l'impression directe* et non intellectualisée, non verbale. La « déconnexion » favorable à cette dernière s'opère plus aisément chez les *artistes* que chez les *intellectuels,* mieux protégés peut-être par leurs structures mentales rationnelles, mais plus rigides aussi, moins aptes à accueillir l'infinie richesse des messages qui ne cessent de parvenir aux récepteurs nerveux de l'être humain.

Voici ce qu'écrivait Pavlov à ce sujet : « Les artistes... embrassent la réalité intégrale, telle quelle, en bloc, la réalité vivante, sans fractionnement et sans dissociation. Les autres, les méditateurs, la dissèquent et la tuent, pour ainsi dire, en font provisoirement un squelette et la rassemblent à nouveau, s'efforçant de la ranimer, ce qui ne leur réussit jamais entièrement... Une... reproduction intégrale de la réalité est inaccessible au penseur[1]. »

Cette distinction pavlovienne entre *intellectuels* et *artistes*[2] a été confirmée par de très nombreuses observations dues à un disciple de Pavlov, le Soviétique I. Volpert, qui a démontré, statistiques à l'appui, que les *artistes* inhibent en effet beaucoup plus facilement et beaucoup plus vite leur deuxième système de signalisation. Il conviendrait idéalement, avait déjà soutenu Pavlov, d'encourager le développement d'un « type mixte », capable de passer aisément et très vite du premier système au second, de *glisser* de l'un à l'autre, par voie d'inhibition rapide.

A ce « type mixte », dont Pavlov appelait de ses vœux l'avènement évolutif dans le fonctionnement psychique de l'homme de demain, j'ai proposé dans un ouvrage récent[3], dont certains développements s'attachent à approfondir le contenu du concept pavlovien, de donner le nom d'*Homme du double plan,* par référence aux catégories classiques de l'anthropologie : l'Homme de Néanderthal, l'*Homo sapiens,* etc.

Les travaux de C. Lévi-Strauss ont établi qu'il existe chez les peuples archaïques deux modes différents de pensée : la pensée mythique ou symbolique et la pensée rationnelle. Ces deux formes de pensée coexistent, affirme Lévi-Strauss, sans que l'une apparaisse comme précédant l'autre et comme située à un stade moins avancé de développement. L'une serait « très proche de l'intuition sensible, l'autre plus éloignée[4] ». Une pensée, en définitive, « simultanément analytique et synthétique[5] ».

« Intuition et raison sont deux modes complémentaires de connaissance », affirmait de son côté en 1947 l'ethnologue français M. Leenhardt[6] qui attirait l'attention sur le danger pour l'être humain d'une prédominance soit d'une pensée exclusivement mythique, soit d'une pensée exclusivement rationnelle, car l'une et l'autre mènent à des systèmes déséquilibrés et aberrants. Et, pour Leenhardt, il ne faisait aucun doute que la pensée symbolique et mythique n'était aucunement l'apanage de l'homme des sociétés archaïques, mais que c'était là une fonction fondamentale de l'être humain de tous les temps. Pensée symbolique et mythique : un autre nom, selon Leenhardt, pour la pensée intuitive, non rationnelle.

Dans cette perspective, *l'Homme du double plan,* ce n'est pas seulement ce « type mixte », à la fois intellectuel et artiste, que Pavlov souhaitait voir apparaître dans la race humaine, c'est plus largement et plus profondément aussi un être capable de fonctionner simultanément sur deux plans : le plan rationnel, le *premier plan,* celui du monde extérieur, et le plan intuitif ou *second plan,* celui du monde intérieur.

Que faut-il entendre ici par « monde intérieur » et par *second plan* ou plan intuitif ? Ne nous attendons pas à des « définitions », ni à des analyses de type intellectuel. Tout au plus pourrons-nous, en nous inspirant de données établies par l'ethnologie, mais aussi et surtout par le témoignage vécu, ancien ou actuel, d'individus — très souvent marginaux — appartenant aux traditions religieuses les plus diverses et entre autres orientales ou extrême-orientales, évoquer quelques-uns des traits qui caractérisent, liée au « monde intérieur », la pensée intuitive : directe, rapide, précise, elle évite les cheminements longs et laborieux de la raison discursive et de la mémoire. L'objet n'est plus connu par les associations, mais directement. Apte à saisir le rapport immédiat des choses sans effort apparent, la pensée intuitive, pensée analogique, volontiers paradoxale et ambivalente, excelle à unir les contraires, à opérer à la fois analyse et synthèse, à travailler simultanément sur les deux registres du conscient et de l'inconscient, à recueillir l'information, à la stocker et à la traiter sans qu'intervienne même la conscience d'un processus à l'œuvre. Pensée calme, détendue, spontanée, très largement non verbale, pensée silencieuse, elle use du langage, elle en connaît les ressources, mais aussi les limites et les dangers. Elle ne se laisse pas prendre aux pièges des mots et des concepts, ni emmurer dans leurs prisons. Pensée économique, qui laisse l'être disponible, le rend présent aux choses et aux êtres, *lui restitue l'objectivité du monde* dans la fraîcheur de la sensation immédiate. Pensée créatrice aussi, génératrice d'intuitions neuves et d'éveils paranormaux, parce qu'elle plonge ses racines dans les profondeurs de l'être et se meut parfaitement à l'aise dans le monde des symboles et des mythes créateurs dont elle est issue et dont elle ne cesse d'éprouver et de goûter la légèreté évanescente et l'infinie liberté.

Cette première évocation des caractéristiques de la pensée mythique ou intuitive nous donne à croire qu'elle représente en soi un phénomène irréductible aux modes habituels de fonctionnement psychologique auxquels nous sommes habitués de façon courante. Reflet d'une conscience fondamentalement différente, c'est une pensée tout *autre*, qui ne se dissocie pas de l'être, pensée au présent qui échappe aux rigidités, aux pièges de l'espace et du temps, pensée du non-moi, qui est en définitive perception pure, directe, immédiate.

Capable de penser sur deux registres, l'homme de cette pensée-là, l'Homme du double plan, passe avec aisance de l'un à l'autre. C'est un être dont la pensée rationnelle fonctionne à certains moments, mais reste totalement suspendue dans d'autres circonstances, où entre au contraire en activité la pensée mythique ou intuitive. L'Homme du double plan est apte à inhiber avec une extrême facilité sa pensée rationnelle au profit de sa pensée intuitive (sa conscience rationnelle au profit de sa conscience intuitive), et réciproquement. Il fonctionne comme un servomécanisme, diraient les cybernéticiens.

Présent au monde extérieur et usant de la raison qui en est à la fois le reflet et le levier, l'Homme du double plan sait d'instinct que l'erreur vitale serait aussi bien de confondre les deux plans que de les dissocier. La faute vitale serait ici de faire intervenir la pensée rationnelle ou la pensée mythique là où elles n'ont que faire. La raison, analytique par essence, n'est pas l'outil adéquat pour scruter les abîmes du monde intérieur et pour découvrir le sens profond et ultime de l'existence : c'est du ressort de la pensée mythique, intuitive. La pensée mythique n'est pas davantage l'instrument qui convient pour cueillir des baies sauvages, pour allumer un feu sous la pluie, pour ériger un barrage hydroélectrique ou pour faire voler un avion à réaction. C'est du ressort de la pensée rationnelle. Bien entendu nous simplifions et schématisons par souci de clarté. La pensée rationnelle a sa place, et une place très importante, dans certains des processus de la pensée intuitive et réciproquement. Mais il y a un danger à ne pas privilégier celui des deux modes de pensée qui convient selon le cas, et en même temps danger mortel à prétendre exclure l'une des deux pensées au profit de l'autre. Celle qui serait prétendument exclue n'en disparaîtra pas pour autant. Simplement refoulée, elle passera dans l'inconscient où, devenue incontrôlable et pathologique, elle exercera ses ravages. Ceci aussi bien sur le plan individuel que collectif. Il y a une coexistence pacifique entre la pensée rationnelle et la pensée intuitive. Pensée de l'hémisphère gauche du cerveau : la pensée rationnelle ? Pensée de l'hémisphère droit : la pensée intuitive ? Leur coexistence harmonieuse est en tout cas indispensable à la santé des individus, comme à celle de la race humaine. Mais il y a malheureusement aussi entre elles une coexistence conflictuelle, désastreuse pour l'espèce comme pour l'individu.

Le drame de ce conflit entre les deux types de pensée, c'est celui que nous vivons présentement, mais c'est aussi celui que vit l'humanité depuis des milliers et des milliers d'années.

Dans les sociétés dites « archaïques » et possiblement aussi dans l'humanité de la préhistoire (comme j'en ai émis l'hypothèse fortement motivée dans l'ouvrage précité), l'équilibre des deux types de pensée — la rationnelle et l'intuitive — s'est trouvé menacé — déjà — par un affaiblissement, un étouffement progressif et finalement, dans les sociétés protohistoriques et historiques, par ***une quasi-annihilation de la pensée intuitive au profit de la pensée rationnelle et du type de conscience égocentrique, égomaniaque, que suscite cette dernière lorsqu'elle tend à devenir exclusive.***

Les zones profondes de la psyché humaine sont le domaine de l'intuition *surconsciente*[7]. L'envahissement de l'inconscient profond par la prolifération pathologique de la pensée rationnelle s'est accentué sans cesse davantage au fil de l'évolution des sociétés humaines, au fur et à mesure que se faisait plus lourd l'impact du monde extérieur sur l'organisation neurologique de l'être humain. Cet impact était le résultat d'une activité de plus en plus déployée dans le monde matériel, d'une activité lancée à la conquête et à la domination du monde extérieur. La contrepartie des victoires remportées dans cette conquête a été l'asservissement neurologique de la race humaine à ce même monde extérieur, avec une triple conséquence : 1. l'exaltation des désirs multiples, insatiables, dirigés vers le monde matériel et spatio-temporel ; 2. une extraversion hyperrationnelle de la conscience et de la pensée ; 3. conséquence dialectique de cette suractivation de la fonction rationnelle, une inhibition de la fonction intuitive de plus en plus prononcée.

Un autre visage de cette prévalence de la fonction rationnelle — une prévalence maladive, proliférante comme un cancer psychique — a été la *masculinisation* sans cesse plus marquée de la pensée et de la conscience humaine, au détriment des valeurs et des modes de pensée spécifiquement *féminins,* liés à l'intuition, plus naturels à la femme qu'à l'homme pour des raisons certes socioculturelles, mais aussi psychophysiologiques. Domination de l'homme, asservissement de la femme : un autre aspect du déséquilibre vital, et dramatique, qui vient d'être évoqué.

Amorcée depuis des milliers d'années déjà, cette évolution s'est brusquement accélérée dans les deux derniers siècles avec l'avènement des sociétés modernes industrialisées, hautement techniciennes, produit d'un mode de pensée de plus en plus rationalisé, dans son fonctionnement comme dans les valeurs — exclusivement masculines — qu'il sécrète, et comme dans le type d'être humain égomaniaque qu'il fomente et dont il aggrave les traits ancestraux de déséquilibre fondamental.

Comment rétablir l'équilibre détruit entre la pensée-conscience intuitive profonde — un autre nom pour l'Esprit — et la pensée rationnelle — sous son aspect le plus positif . la Science ?

Rétabli, cet équilibre l'était, ou tentait de l'être dans les sociétés archaïques (et possiblement aussi dans les sociétés préhistoriques) par *l'initiation.* L'objectif de cette dernière ? Provoquer, au moins dans les initiations avancées d'adultes, l'effondrement des structures mentales rigides et sclérosées de la raison, reflet du monde matériel, et provoquer en même temps l'effondrement de ce qui était la conséquence directe, et désastreuse, de la rationalisation excessive de la pensée : *l'identification de l'être humain à son « moi » conscient,* limité et borné, prisonnier de l'espace et du temps.

A leur origine, les religions étaient en réalité des systèmes psychothérapeutiques monumentaux qui, à travers l'extrême diversité des images symboliques et mythiques qu'elles proposaient à leurs adeptes, poursuivaient toutes un objectif unique : rétablir dans l'être humain la conscience intuitive perdue ou en favoriser l'éclosion évolutive (ce qui, en langage symbolique, revient à dire la même chose). Et, à leur origine, tous les mouvements religieux s'attachaient, pour y parvenir, à rendre opérationnel le mythe que l'illustre historien des religions, M. Eliade, considère comme le seul et unique mythe de l'humanité, sous-jacent à *toutes* les traditions religieuses sans exception : le mythe de la mort du « moi », rationnel et égomaniaque, et la résurrection de l'être nouveau, de l'être à la fois intuitif et rationnel, de l'Homme du double plan. Une mort et une résurrection, liées par un mouvement dialectique d'inhibition-activation, de décréation — recréation, une mort et une résurrection symboliques *à vivre dans cette existence-ci.*

Ce mythe de la mort du « moi » et de la naissance au fond de nous-même de l'être authentique se veut à la fois expression et agent du surgissement de ce « quelque chose » hors de l'espace et du temps et qu'on ne peut *ni définir ni même penser,* mais seulement expérimenter et vivre, et qui fait partie intégrante de la psyché humaine. Le mythe de la mort du « moi » et de la seconde naissance, soulignons-le à nouveau avec force, se retrouve, tantôt explicite, tantôt voilé, dans les religions historiques de type symbolique et mythique comme l'hindouisme, le judéo-christianisme ou les religions amérindiennes et précolombiennes, mais aussi dans ce qu'on pourrait appeler les *religions du refus* (bouddhisme, taoïsme, islam, zen, etc.). Ces dernières, au moins à leur origine, ont très largement ou même radicalement répudié le symbolisme mythique des religions traditionnelles de leur temps, considéré par elles comme dégradé en *superstitions* anthropomorphes institutionalisées et rationalisées, où les images mythiques ont été prises pour des réalités spatio-temporelles, ce qui leur a enlevé leur pouvoir éclairant et transformant sur la psyché humaine et les a rendues incapables de susciter dans l'être humain le réveil ou l'apparition de l'intuition profonde, cette intuition aux mille facettes qu'évoquent dans le chatoiement même et la richesse de leur diversité les images des déesses et des dieux des religions dites polythéistes, ou encore le Dieu ou l'Éternel (dans l'âme humaine) du monothéisme, tout comme le Brahman et l'Atman indiens, le Tao chinois, le Nirvâna bouddhiste, le Satori du zen, etc.

Usant de modes d'expression certes différents, mais identiques dans leur nature fondamentalement symbolique, l'Ikebana, l'art des fleurs japonais, et l'Évangile judéo-chrétien, délivrent le même message millénaire : il faut à l'être humain mourir au « moi » ancien de la raison et de l'intellect pour naître à la vie authentique. De cette « mort » intérieure là, jaillit la vie.

Il s'agit ici d'une *mutation* fondamentale à intervenir dans l'espèce humaine. Cette mutation est liée à l'apparition de la *surconscience* (peu importe que l'on adopte ou non ce terme) où se concilieraient harmonieusement en chaque être les exigences à la fois intuitives et rationnelles qui conditionnent une adaptation réaliste et heureuse à l'existence.

Il y a plusieurs décennies déjà le psychologue français Pradines évoquait, sans le nommer ainsi, le surconscient en ces termes : « Une sorte de miracle naturel..., un inconscient extraordinaire et rare, sans être anormal ni morbide, qui n'apparaît (encore) que chez un petit nombre de sujets, sous la forme de l'*intuition* ou de l'*inspiration*[8], et qui ressemble en eux à une sorte de mutation progressive et adaptative analogue à celle que l'on a pu supposer à l'origine du progrès de certaines espèces[9]. »

Un problème capital se pose ici : celui de la réappropriation dans *toutes* ses dimensions, verbales ou non, de ce que le grand psychologue E. Fromm appelait le « langage oublié » du symbolisme mythique, langage du dialogue entre le conscient et l'inconscient-surconscient, langage progressivement disparu ou adultéré au fil des millénaires chez les êtres humains, mais qui a cependant subsisté essentiellement dans deux domaines : celui de l'*art* et celui des *rêves*. Réactions historiques antimythologiques, les « religions du refus », à leur origine, en rejetant très légitimement le symbolisme *verbalisé* de leur époque, tenu par elles pour dégénéré et superstitieux, n'auraient-elles pas privé en même temps la foule de leurs adeptes, passés et présents, de toutes les infinies ressources et richesses d'un symbolisme mythique du « second plan », régénéré, non rationalisé, non spatio-temporel et non superstitieux ? Se pourrait-il que le Bouddha et bien d'autres après lui aient, à cet égard, « jeté le bébé avec l'eau du bain » ?

La réappropriation non superstitieuse, et intériorisée, du symbolisme mythique, ou en d'autres termes la re-mythisation [10] de la pensée-conscience humaine, seraient-elles *une des voies* qui mèneraient à l'éclosion de l'être de demain — ou d'aujourd'hui —, à l'éclosion du « mutant », de l'Homme du double plan libéré de la prison du « moi », de la femme et de l'homme en qui la vie de l'Esprit, la vie « spirituelle », serait devenue réalité vivante, naturelle et quotidienne ? Une réalité fondamentalement « intuitivo-rationnelle », qui rejoindrait les données les plus récentes de la Science, et dont la présence dans l'être humain favoriserait au plus haut point l'essor enfin conjoint des sciences de la matière et des sciences de l'homme.

Et se pourrait-il — simple hypothèse — que cette voie de la réappropriation de la pensée-conscience symbolique et intuitive (un autre nom pour la vie « spirituelle » concrètement incarnée et vécue), soit infiniment plus *courte* que nous ne pourrions le supposer, si cette réappropriation passait par une certaine façon *suggestive,* directe (et non rationnelle) d'appréhender le symbolisme de l'*art* et de comprendre celui des *rêves ?*

A cet égard, la *suggestologie,* la dernière apparue des sciences humaines (née, ou tout au moins constituée en science organisée dans les pays du monde communiste), ne pourrait-elle se défricher un champ nouveau, en étendant le domaine de ses investigations infiniment au-delà de ce qui a été fait jusqu'à présent dans les pays de l'Est — et aussi dans ceux de l'Ouest, sous d'autres noms, depuis près de deux siècles [11] ? La jeune suggestologie moderne, en abordant une sphère entièrement nouvelle pour elle, celle du *symbolisme* mythique, artistique et onirique, dont j'ai la conviction qu'il constitue sa dimension la plus profonde et la plus spécifique (une conviction longuement exprimée dans l'ouvrage mentionné précédemment, *Les Troupeaux de l'Aurore*), la suggestologie, donc, ainsi conçue comme la science du dialogue du conscient et du surconscient, comme la science de l'intuition créatrice, serait-elle en mesure d'ouvrir à l'éclosion évolutive de l'Homme du double plan dans la race humaine un *chemin de traverse,* écourté et décisif ?

Une voie à explorer, entre bien d'autres.

RÉFÉRENCES

1. PAVLOV, I., *La Psychologie et la psychiatrie,* traduit du russe ; Éditions en langues étrangères, Moscou, 1961, p. 284.
2. Les *artistes* auxquels Pavlov fait ici allusion désignent, est-il besoin de le souligner, un type fondamental d'être humain, et non les seuls créateurs d'œuvres d'art au sens spécifique du mot.
3. LERÈDE, J., *Les Troupeaux de l'Aurore* (Mythes, suggestion créatrice et éveil surconscient), Les Éditions de Mortagne, Boucherville-Montréal, 2e édition, 1983. Distribution en Europe : Delachaux et Niestlé, Lausanne, Paris.
4. LÉVI-STRAUSS, C., *La Pensée sauvage,* Paris, Plon, 1974, p. 24.
5. *Ibid.,* p. 290.
6. LEENHARDT, M., *Do Kamo,* Paris, Gallimard, 1947, p. 252.
7. Le *surconscient :* un terme dont j'ai proposé l'adoption en tant que composante essentielle, dynamique et évolutive de l'inconscient profond et sur lequel je me suis longuement expliqué dans l'ouvrage précité, *Les Troupeaux de l'Aurore.*
8. Souligné dans le texte.
9. PRADINES, M., *Traité de psychologie générale,* Paris, P.U.F., 1943, pp. 28-29.
10. Une *re-mythisation* qui accorderait sa place légitime et indispensable à la « traduction » rationnelle des images mythiques en ne permettant cependant pas à celle-ci de se substituer à elles.
11. Cf. LERÈDE, J., *Qu'est-ce que la suggestologie ?* (Toulouse, Privat, 1980) et *Suggérer pour apprendre* (Les Presses de l'Université du Québec, Québec/Delachaux et Niestlé, Lausanne, Paris, 2e édition, 1983).

DISCUSSION

PAUL CHAUCHARD. — *Je veux dire mon enthousiasme à la communication de Jean Lerède. Il s'agit bien pour notre colloque de commencer à bâtir une éducation de la conscience sur une neuropédagogie. Beaucoup de congrès se développent actuellement en France autour de ces notions, qui sont très importantes. J'ai assisté récemment à un colloque sur l'importance du yoga dans l'éducation. En tant que neurophysiologiste, je pense que ce que l'on nomme en France un cérébral ou un intellectuel est quelqu'un qui utilise très mal son cerveau, et qui est en fait un névrosé. Nous assistons actuellement à un refoulement de l'ego en Occident et, au contraire, à un refus de l'ego en Orient. Je pense qu'une éducation plus équilibrée entre l'intuition et le rationnel, comme l'a indiqué Jean Lerède, serait quelque chose qui serait à souhaiter.*

HENRY BONNIER. — *Je ne suis pas tout à fait d'accord avec vous, docteur Chauchard, mais je crois que c'est plutôt un problème de vocabulaire. Jean Lerède paraît vouloir mettre l'une en face de l'autre la pensée intuitive et la pensée rationnelle et je crois que, ce qui caractérise véritablement l'intuition, c'est d'être tout sauf une pensée.*

Puisque nous sommes en Orient, je rappellerai la phrase orientale : « Connais-toi toi-même, et connais-toi toi-même parce que tu connaîtras alors le Seigneur qui t'habite. » Or, quand on parle de l'abolition du moi, c'est précisément pour faire surgir des profondeurs de nous-mêmes ce Seigneur qui nous habite.

C'est ça le type même de l'initiation soufie ou extrême-orientale. Je pense qu'il faut mettre en face le rationnel et l'intuitif, mais le monde occidental n'a vu que la construction du monde sur une pensée rationnelle alors que, en ce qui concerne l'intuition, elle nous vient directement de Dieu. Telle est au moins ma façon de voir.

JEAN LERÈDE. — *En ce qui concerne le mot « pensée », on parle de pensée intuitive ou pensée rationnelle, mais je pense que vous avez raison, c'est un problème de mots, et derrière ces mots il y a ce que vous venez de dire.*

HENRI LABORIT. — *Le mot intuition est encore un mot, et pour moi c'est un mot suspect. Je pense que tout ce qui est intuition nous vient de l'inconscient, mais tout ce qui est inconscient a d'abord été conscient. Par conséquent, l'intuition est toujours la remontée, mais qu'on ne peut pas provoquer à sa volonté, la remontée de quelque chose qu'on a déjà vécu et emmagasiné. L'homme était intuitif au paléolithique parce qu'il ne connaissait pas encore les lois de la nature. La pensée rationnelle est venue ensuite comme un effort de l'homme pour dominer la nature.*

JEAN CHARON. — *Beaucoup de monde demande à parler et je voudrais simplement te faire remarquer que pour toi, Henri, il n'y a qu'un inconscient, c'est l'inconscient acquis du déjà vécu. Il y a quand même, depuis Jung, un inconscient collectif qui est d'une nature différente.*

HENRI LABORIT. — *Tu l'as vu, toi, l'inconscient collectif ?*

RICHARD RUBENSTEIN. — *Je ne partage pas la distinction de Jean Lerède entre intuitif et rationnel. Je pense que tout est du domaine du rationnel, y compris d'ailleurs l'art. Mais les symboles portés par la pensée peuvent être plus ou moins abstraits, ce qui peut parfois donner l'impression qu'un nouveau mode de pensée pourrait être quelque chose qui puisse se distinguer de la pensée rationnelle.*

KARL PRIBRAM. — *En ce qui me concerne, je pense qu'il y aurait plutôt lieu de faire les distinctions entre rationnel et logique. La logique fait le partage entre les choses : ceci est ceci ou cela, tandis que le rationnel cherche à introduire l'harmonisation. Ce sont deux opérations de l'esprit tout à fait différentes.*

Je serai assez d'accord, pour ma part, à classer comme Richard

Rubenstein l'art dans le rationnel et la science ou les mathématiques dans ce qui est le logique, ou l'hyperlogique.

RENÉE BOUVERESSE. — *Je ne suis pas d'accord avec la distinction qui a été faite par Jean Lerède entre intuition et rationnel. L'intuition est pour moi une des quatre grandes fonctions de l'esprit, tel que l'a défini Jung : intuition, pensée, sentiment et sensation. Ce qui est intuitif est difficilement communicable et le rationnel joue, en fait, un grand rôle dans la communication avec les autres.*

SANDRA SCARR. — *Pour ma part, je penserais plutôt en termes de pensée divergente et pensée convergente, le rationnel est le mode de pensée quand on veut s'adresser aux autres et, au contraire, l'intuition quand on réfléchit soi-même à un type de problème ; et, alternativement, on va d'un mode de pensée à l'autre.*

PAUL KURTZ. — *Je suis d'accord sur la distinction qu'il faut faire entre intuition et rationalité ; mais, quand on parle de rationalité, il s'agit de modes de pensée qui peuvent se vérifier à travers l'expérience, au contraire, l'intuition, ce sont les modes de pensée, et il y en a, qui ne cherchent pas et qui ne peuvent pas être vérifiés par l'expérience.*

JEAN CHARON. — *Nous aurons l'occasion de reparler de l'intuition et de la raison, puisque nous avons encore plusieurs papiers là-dessus. Je donnerai moi-même mon point de vue, je dois dire que pour les scientifiques, pour les mathématiciens notamment, l'intuition est le langage de la complémentarité, alors que le rationnel est le langage de la non-contradiction, ce sont deux choses très distinctes, mais nous y reviendrons.*

JERZY WOJCIECHOWSKI. — *Je voudrais rappeler que pour les Anciens, il y avait deux modes de pensée : le mode de pensée appelé le raisonnement, qui allait des prémices aux conclusions, et ce processus se terminait par un acte de « NOUS » c'est-à-dire un acte où on saisissait l'objet dans sa totalité. C'est l'état d'intuition, qui est l'état le plus parfait de la pensée. L'intuition était saisir la chose dans son dedans, ce qui est évidemment une opération qui n'est pas tellement, tellement normale, tellement évidente. L'intuition serait donc quelque chose se distinguant nettement du rationnel, c'est le post-rationnel, qui est supérieur au raisonnement rationnel. Je crois qu'il y a lieu de faire cette distinction fondamen-*

tale entre le raisonnement et ce que les Anciens appelaient le NOÛS, *qui est l'intuition.*

JEAN LERÈDE. — *Je voudrais dire mon accord total avec les formules que vient d'exposer Jerzy Wojciechowski. L'intuition, c'est l'état le plus parfait de la raison.*

Les propriétés évolutives de l'esprit humain

HANS ZEIER

Le cerveau humain et l'esprit forment une unité fonctionnelle. Le cerveau permet, mais aussi limite, nos capacités mentales. Vu que nous sommes un produit de l'évolution biologique, les activités de notre esprit doivent être guidées par des principes évolutifs. Afin de proposer des conclusions à propos de ce que nous ne devrions pas faire, pour des raisons évolutives et biologiques, il est très important de connaître les propriétés évolutives du cerveau humain et de l'esprit. Plus importants encore, cependant, sont les indices déductibles de cette connaissance sur la manière dont nous pouvons efficacement mettre en œuvre nos capacités mentales.

Les forces suscitant l'évolution biologique sont généralement considérées comme la mutation et la sélection. A travers l'occurrence hasardeuse des mutations génétiques, différentes variantes sont engendrées à partir desquelles l'environnement sélectionne celles qui sont les plus adaptées à la survie. Cette sélection, que Darwin appelait la sélection naturelle, est considérée comme le résultat de la lutte pour la survie, dans laquelle toutes les créatures vivantes sont engagées.

L'adaptation à l'environnement d'une créature vivante ne représente qu'une des composantes du processus évolutif. Les créatures vivantes ne sont pas seulement réactives ; elles ont aussi à leur disposition une certaine activité autonome. Cette activité autonome est un attribut significatif du système vivant. Certains auteurs voient même en elle une force surnaturelle. Le philosophe français Henri Bergson, par exemple, appelait cette caractéristique du vivant l' « élan vital ».

La réactivité et l'activité autonome s'expriment dans le comportement de l'organisme qui, aux niveaux plus élevés d'évolution, est toujours plus indéterminé et plus ouvert. A travers leur comportement, les créatures vivantes non seulement s'adaptent à l'environnement, mais elles peuvent aussi changer l'environnement et l'adapter à leurs besoins. Même un arbre défie l'environnement quand, par exemple, ses racines forcent leur passage à travers des fissures dans le roc afin d'avoir accès à un sol de composition différente. Cela ne veut pas seulement dire que la vie végétale s'est adaptée à la couche d'humus dans le sol, mais plutôt que des micro-organismes ont composé une couche d'humus qui, à son tour, a rendu possible l'apparition de formes de vie plus complexes.

Ainsi les créatures vivantes ont à leur disposition une sélection intérieure qui dirige leur comportement. Le succès dans la vie ne dépend pas seulement de la sélection extérieure ; la sélection intérieure — c'est-à-dire le traitement de l'information conduisant à un comportement autodéterminé — est aussi importante. Elle peut faire face, et même éliminer, la sélection extérieure. Cela est spécialement le cas pour l'homme.

Les possibilités d'accomplir des sélections s'améliorent avec l'augmentation du nombre des choix. La disponibilité de niches écologiques et des comportements détermine les chances de développements futurs possibles. Déjà au niveau de l'évolution biologique, la sélection est un processus plus positif et constructif que négatif et destructif. La sélection n'empêche pas les processus de développement, mais les dirige vers certaines directions, tout comme un torrent est dévié mais jamais stoppé par les obstacles. Les organismes qui réussissent biologiquement sont ceux qui produisent le plus de descendance capable de survivre mieux que le membre moyen de leur espèce. Le succès biologique ne repose pas nécessairement sur l'échec des autres.

Au niveau de l'évolution culturelle aussi, la sélection est tout d'abord un processus créatif et positif. Afin de les utiliser, nous devrions être plus attentifs aux aspects positifs des limites que nous donnent notre nature humaine et notre environnement. Certainement, il est correct et nécessaire de détecter et de critiquer les défauts, parce que l'homme peut aussi apprendre de ses erreurs. Cependant, au lieu de définir par des interdits tout ce qui ne devrait pas être fait, nous devrions plutôt nous assurer que notre société fournit à chaque individu assez de possibilités de se développer et d'agir. Nous devrions enseigner aux jeunes générations les valeurs humaines positives et les possibilités de comportement possible ; tout comme un guide gastronomique, par exemple, ne donne pas la liste des endroits où l'on mange mal pour un prix outrageux, mais essaye plutôt de déterminer les meilleurs restaurants. Pour les processus plus complexes de l'évolution culturelle, la diversité est encore plus importante qu'elle ne l'est pour l'évolution biologique. Si nous éliminons la diversité en égalisant tout, comme nous essayons malheureusement de le faire dans beaucoup de secteurs de notre société, non seulement nous mettons en péril l'évolution culturelle mais finalement aussi l'existence même de l'homme. En fait, la diversité rehausse la capacité d'un groupe à faire face à des situations nouvelles. Ainsi, dans une période de changements brutaux et difficiles, les sociétés pluralistes sont celles qui possèdent les plus grandes chances de survie et de développement ; l'existence d'une diversité de valeurs sert, de plus, à atténuer les conflits d'inégalité prenant place dans une société particulière. La rareté des ressources conduit inévitablement à des conflits sévères. Ces conflits peuvent être réduits en augmentant l'approvisionnement. Par conséquent, le fait que les membres d'une société n'aspirent pas aux mêmes buts est un avantage pourvu que les efforts individuels ne soient pas trop restrictifs et que la capacité du système à l'intégration ne soit pas surchargée. Cela demande non pas un maximum, mais un optimum de diversité.

Les forces du processus évolutif sont les interactions multiples entre la sélection intérieure et extérieure, c'est-à-dire les transformations de l'organisme résultant de l'environnement et la transformation complémentaire de l'environnement lui-même, provoquée par l'organisme. Ainsi, le processus évolutif trouve sa dynamique intérieure propre, qui l'empêche d'être réduit aux simples mécanismes de cause à effet. C'est un phénomène en mouvement, changeant continuellement le niveau du système. Les conditions du système entraîneront une sorte de comportement orienté vers un but, tout comme dans le jeu d'échecs, dans lequel il n'existe aucune nécessité pour qu'un cours prédéterminé soit suivi, mais dans lequel les règles strictes sont établies. Chaque pas dans la direction du développement pave le chemin pour d'autres possibilités de développement. Chaque niveau de développement contient de nouvelles caractéristiques, qui avaient déjà pris forme dans les niveaux précédents.

La nécessité de construire sur les bases d'éléments préexistants, aussi bien que l'influence décisive du passé sur les développements ultérieurs, affectent aussi les processus de développements personnels et même culturels. La structure et les institutions d'une société donnée ne sont généralement pas le produit d'une planification humaine consciente ni d'un agrément, mais le résultat temporaire des processus évolutifs. Nous ne pouvons vraiment pas planifier consciemment, ni donner forme, à la manière dont la société est supposée fonctionner. C'est-à-dire que même si l'individu peut consciemment poursuivre des buts particuliers, ses actions interféreront avec les actions et les intentions des autres, faisant en sorte que le résultat vraiment accompli ne corresponde généralement pas avec celui qui avait été originellement fixé. Il peut même arriver que des situations ou des choses soient créées sans que personne les ait vraiment souhaitées.

Aussi longtemps que l'on reconnaît ces facteurs, et que l'on garde à l'esprit la nature multiple des relations dans la sphère culturelle et biologique, on ne court pas le danger de retourner à l'erreur primitive consistant à tenir certaines forces obscures responsables des processus sociaux, ou de toujours attribuer aux autres des intentions mauvaises.

Avec le rythme accéléré des changements culturels, il devient de plus en plus difficile pour l'individu de réaliser ses intentions et ses plans dans leurs formes originelles. Des changements culturels plus rapides mènent, sans aucun doute, à des frustrations accrues. Ces frustrations peuvent être réduites au moyen d'une stratégie de comportement flexible et évolutive.

La stratégie évolutive du comportement est ouverte aux changements, et essaye toujours de tirer le meilleur parti de circonstances données. Par exemple, en faisant des plans de carrière ou des plans pour la vie future, nous ne devrions pas nous fixer un itinéraire devant être strictement suivi, mais chacun devrait garder en réserve une variété d'itinéraires et de possibilités. La décision du chemin à suivre doit donc être prise quand la croisée des chemins a été atteinte effectivement.

Une caractéristique de l'évolution biologique que nous devons mentionner est le déséquilibre. Pour que quelque chose se passe, les déséquilibres ou les différences de tension sont nécessaires. Par exemple, quand nous branchons du matériel sur un circuit électrique, il commence à fonctionner du fait que la prise de courant fournit une différence de potentiel.

D'habitude, nous tendons à considérer l'état d'équilibre, dans lequel les forces et les contre-forces s'annulent, comme une condition désirable.

Dans la nature, cependant, les équilibres n'existent que dans des territoires écologiques relativement fermés, ou en tant que moyennes statistiques calculées sur de longues périodes de temps.

La vie n'est pas un système fermé et statistique mais est un système ouvert et dynamique, qui est en changement et en développement continuels. C'est pourquoi, à l'intérieur du système total, beaucoup d'inégalités spatiales et temporelles sont continuellement générées. D'après la théorie de Prigogine sur les structures dissipatives, un système dynamique ouvert peut être mieux stabilisé par le déséquilibre que par un état d'équilibre, qui est en général susceptible d'être perturbé par l'extérieur.

Afin de mettre les processus de développement en marche, les déséquilibres sont nécessaires. Si un changement accidentel n'est pas supprimé mais renforcé par une rétroaction positive, suffisamment d'élan est engendré pour créer quelque chose de nouveau. Par exemple, si quelqu'un a une idée géniale, ou découvre une invention exceptionnelle, des tentatives sont souvent faites pour entraver ces innovations afin de maintenir l'équilibre existant. Mais si l'idée ou l'invention sont vraiment bonnes, elles enflamment l'intérêt des autres et gagnent rapidement de la popularité, partout où les circonstances sont favorables. Il existe cependant certains dangers inhérents à la rétroaction positive. L'autorenforcement peut s'intensifier au point de n'être plus contrôlable. Le système total, par conséquent, ne devrait pas être surchargé. Il doit être capable d'intégrer les processus de renforcement et de les utiliser comme des occasions de développement. Cependant, ni un système culturel ni un système biologique ne peuvent se permettre de fonctionner sans des mécanismes de renforcement. Comme les conditions de l'environnement changent constamment, la flexibilité et l'interaction avec l'environnement sont nécessaires pour s'accommoder à ces changements. Ce sont précisément cet engagement continu et ce développement constant qui fournissent au système vivant la stabilité nécessaire. D'un autre côté, la stratégie consistant à essayer de supprimer tous les changements, qu'ils soient accomplis dans la sphère biologique ou la sphère culturelle, conduirait tôt ou tard au désastre.

Les forces contraignantes de notre comportement nous sont fournies par différents types de déséquilibres dans nos motivations. La motivation est en général caractérisée par des déficiences, dont nous sommes plus ou moins conscients et que nous essayons de surmonter par notre comportement. La motivation alors est engendrée par les déséquilibres existant entre nos désirs ou besoins et la manière dont nous faisons l'expérience de notre situation actuelle. Tout comme dans les processus évolutifs, les déséquilibres sont au travail dans le comportement individuel afin d'assurer que quelque chose se passe. Les déséquilibres entre nos désirs ou besoins et l'évaluation subjective de notre situation actuelle sont donc les forces motivant notre comportement. La manière dont l'homme agit dans une action particulière dépend rarement d'un seul déséquilibre, mais de l'intégration de tous les déséquilibres de la personnalité totale. Le point significatif est de savoir comment nous relions ces déséquilibres à nos expériences et à nos convictions fondamentales.

La satisfaction complète de tous les besoins entraînerait une vie très ennuyeuse. Les déséquilibres sont nécessaires pour que la vie reste intéressante. L'homme doit aussi apprendre à faire face aux déséquilibres entre ses désirs ou besoins et son évaluation subjective de la situation actuelle, à la manière dont l'évolution biologique intègre les déséquilibres et les mécanismes de rétroactions positives et les exploite comme des occasions de développement. Par-dessus tout, nous devons apprendre à être capables de ralentir la satisfaction de nos besoins.

Comme dans les processus évolutifs, les déséquilibres à chacun des niveaux de besoins ne devraient pas être trop grands, sans quoi des dommages physiques ou psychiques sont occasionnés. Les déséquilibres extrêmes c'est-à-dire trop grands ou trop petits, constituent un danger pour le système ; nous avons besoin de déséquilibres optimaux, que nous serons capables de maîtriser.

La manière dont nous devons faire face aux déséquilibres est ce qu'il nous faut apprendre. L'encouragement à ce processus d'apprentissage constitue l'une des tâches importantes de l'éducation. L'éducation devrait consister à ouvrir des champs d'investissements valables pour les activités innées et spontanées des enfants, et devrait aussi fournir des informations sur la manière de faire face aux déséquilibres. Bien que l'éducateur doive imposer des buts, les efforts devraient surtout conduire à faire l'expérience des succès. Et, bien sûr, la manière de faire face aux échecs doit aussi être apprise, parce que la vie n'est pas uniquement constituée de succès. Si quelqu'un n'apprend pas dans son enfance à faire face aux obstacles, il aura encore plus de difficultés à leur faire face quand il sera adulte.

Parmi les sources nombreuses de frustrations on trouve les

désirs excessifs et les visions irréalistes, soit que nous engendrons nous-mêmes, soit qui nous sont imposés par les autres. La création et la poursuite de visions irréalistes, et par-dessus tout fausses, constituent en fait une maladie de notre temps. Le déséquilibre qui surgit entre ce qui peut être accompli et ce que l'on désire accomplir devient alors trop grand. Cela inhibe l'activité spontanée, au lieu d'encourager ses engagements valables. Depuis les années 50, par exemple, il existe une tendance croissante à éduquer les enfants de plus en plus librement. Pour les adultes, d'un autre côté, les restrictions sous forme de lois, de règles, de codes de comportement, et de jours fixés qui doivent être observés, ont toutes augmenté en nombre pendant la même période de temps et leur observation devient même de plus en plus efficacement contrôlée (1984 n'est pas si loin !). Une liberté fausse et mal comprise, qui ne sera pas en accord avec la réalité ultérieure, peut en fin de compte faire des jeunes des individus plus malades que libres.

Les mass media aussi, et spécialement la télévision, entraînent souvent des désirs faux et une attitude de consommation passive. L'excès de télévision et l'accumulation d'expériences passives, avec le manque de participation et d'activité biologiques qu'elle entraîne, donnent naissance à une sorte de pollution de notre conscience. La pollution de la conscience, tout comme la pollution de l'environnement, est difficile à contrôler à partir du moment où elle a commencé. Ici aussi la prévention vaut mieux que la correction. L'éducateur a la possibilité de réduire les frustrations, ou de prévenir leurs occurrences, en démontrant et en exprimant à travers son propre comportement comment l'on peut être satisfait et heureux avec peu. Le succès est généralement plus la récompense de ceux qui ont investi leurs efforts d'abord dans des activités pour lesquelles les capacités préexistantes sont optimales. Une base solide est la meilleure position à partir de laquelle on peut prendre avantage des possibilités futures de développement.

Les différences individuelles de talent et de développement entraînent le fait que les conditions sociales ne peuvent pas être également favorables à tous. Il y aura toujours des individus privilégiés et d'autres moins nantis. Un changement de la structure sociale serait incapable de changer cet état de choses ; il entraînerait simplement des changements de rôles chez ceux occupant les positions privilégiées et remplacerait les anciens dirigeants par les nouveaux. Mais les progrès du système social ne seront possibles que quand de nouvelles possibilités de comportement, ainsi que des secteurs d'activité comportant des buts alternatifs, seront créés. La critique des insuffisances est insuffisante ; quelque chose de créatif doit être proposé, puis rendu suffisamment attractif pour réussir. L'ampoule électrique, par exemple, n'a pas été inventée à cause de protestations tapageuses contre les lampes à gaz et à pétrole qui existaient à l'époque.

La participation des structures phylogénétiquement plus anciennes de notre cerveau à notre comportement et à notre expérience est souvent considérée comme un désavantage, ou un anachronisme, parce qu'elles sont la source constante de conflits entre notre raison et nos instincts. Comme je l'ai déjà souligné, ce sont précisément ces tensions qui mènent au succès culturel, à condition que ces déséquilibres soient intégrés avec succès dans la personnalité totale, et utilisés créativement.

La crise présente qui affecte l'humanité est d'abord une crise mentale. La menace est d'abord constituée de développements et d'événements qui dérivent des décisions prises par la raison calculatrice de l'homme. Ce qui s'avère difficile pour nous, c'est de relier et d'intégrer notre tête à notre cœur, le rationnel avec l'émotionnel. Notre existence ne devient digne d'être appelée humaine que dans la confrontation avec ce qui fait le passé. Cette confrontation avec le passé donne à notre expérience la coloration émotionnelle et la tension nécessaires, et aux objectifs leur forme complexe et leur signification individuelle. Elle fonctionne comme un éperon du succès et garantit une diversité suffisante du comportement. Une créature qui ne se comporte que sur une base rationnelle, comme un ordinateur, serait très limitée dans ses champs d'action et ainsi ne pourrait sans doute pas survivre très longtemps.

Comme il a été dit plus haut, les principes d'évolution biologique influencent et limitent les activités mentales de l'homme et son évolution culturelle dans son ensemble. La diversité, la sélection extérieure par l'environnement, la sélection intérieure menant au comportement autonome, et la nécessité de construire sur la base des équilibres et d'éléments préexistants, jouent tous un rôle important dans l'évolution culturelle. Le saut de la biosphère à la noosphère a introduit de nouvelles propriétés du système, superposant et augmentant énormément les capacités créatives qui existent dans le système biologique. Cependant, l'expansion consiste — tout à fait en accord avec le principe évolutif qui construit sur des éléments préexistants — en une meilleure utilisation et non en un abandon des caractéristiques du système déjà présentes au niveau biologique. Le résultat principal de cette utilisation améliorée est que les développements culturels vont avancer beaucoup plus vite que les développements biologiques. Les réactions en chaîne, incluant des rétroactions positives, jouent un rôle beaucoup plus significatif dans l'évolution culturelles que dans l'évolution biologique. Par exemple, l'invention effectuée par une seule personne peut proliférer en un temps très court et modifier ainsi l'environnement de tous.

Quand les processus culturels développent leur propre dynamique, ils peuvent échapper à tout contrôle et devenir très dangereux pour toute l'humanité. Afin de résoudre les problèmes causés par la vitesse actuelle des développements, nous devons apprendre à réfléchir sur les processus évolutifs. Ce dont nous avons besoin, c'est d'un horizon large de temps et une flexibilité d'approche. Notre comportement déterminera le développement futur de l'homme et son environnement. Il existe suffisamment de possibilités de développement pour une vie à visage humain. La tâche consiste à les utiliser en harmonie avec la nature et avec les caractéristiques du système des processus évolutifs. A longue échéance, nous ne pourrons pas survivre contre la nature, mais seulement avec elle.

BIBLIOGRAPHIE

BERGSON, H., *Œuvres complètes,* Genève, Skira, 1954.

BERTALANFFLY, L., *General System Theory,* New York, Braziller, 1968.

CAMPBELL, D. T., « On the conflicts between biological and social evolution and between psychology and moral tradition », *American Psychologist,* n° 30, 1975, pp. 1103-1126.

DARLINGTON, C. D., *The Little Universe of Man,* Londres, George Allen & Unwin, 1978.

DARWIN, C., *On the Origin of Species by Means of Natural Selection,* Londres, Murray, 1859.

DITFURTH, H. von, *Der Geist fiel nicht vom Himmel. Die Evolution unseres Bewusstseins,* Hambourg, Hoffmann und Campe, 1976.

ECCLES, J. C. et ZEIER, H., *Gehirn und Geist. Biologische Erkenntnisse über Vorgeschichte, Wesen und Zukunft des Menschen,* Munich, Kindler, 1980.

GEBSER, J., *Urspriung und Gegenwart,* vol. I et II, Stuttgart, Deutsche Berlangsanstalt, 1949, 1953.

MASLOW, A. H., *Motivation and Personality,* New York, Harper & Row, 1954.

ORWELL, G., *Nineteen eighty-four,* Londres, 1949.

POPPER, K. R., et ECCLES, J. C., *The Self and its Brain,* Heidelberg, New York, Londres, Springer, 1977.

PRIGOGINE, I., « Order through fluctuation : Self-organization and social system », in E. Jantsch, C. H. Waddington (éd.), *Evolution and Consciousness ; Human Systems in Transitions,* Reading, Mass., Addison-Wesley, 1976, pp. 93-126.

TEILHARD DE CHARDIN, P., *Le Phénomène humain,* Paris, Éditions du Seuil, 1955.

ZEIER, H., « Evolution von Nervensystem und Verhalten », in H. Wendt, N. Loacker, éd., *Der Mensch : Im Vorfeld des Menschen,* vol. I, Zurich, Kindler, 1982, pp. 462-491.

— « Biologische Rahmenbedingungen der menschlichen Existenz », in H. Wendt et N. Loacker, éd. *Der Mensch : Im Vorfeld des Menschen,* vol. II, Zurich, Kindler, 1982, pp. 664-677.

DISCUSSION

RÉMY CHAUVIN. — *Le biologiste que je suis est toujours inquiet quand il entend parler des mécanismes de l'évolution, car nous les connaissons fort mal, surtout quand ces mécanismes sont appliqués à l'évolution des sociétés humaines. Des mots comme « adaptation » ne veulent en effet, aujourd'hui, plus dire grand-chose de précis, de scientifique, et sont difficilement explicables. D'autre part, l'idée néo-darwinienne que le but de l'évolution est de fabriquer toujours le plus grand nombre de petits possibles est certainement fausse. S'il en était bien ainsi de l'évolution, on en serait resté aux sardines et aux microbes. Or il est clair, notamment dans la série des anthropoïdes, que plus on va dans l'évolution, plus la fécondité diminue. Il faut donc admettre que tous ces mécanismes, qui ont été longtemps admis comme allant de soi, ne sont en réalité que des tautologies.*

C'est notamment le cas de ce que l'on appelle la sélection naturelle. Ce qui ne veut naturellement pas dire qu'on nie aujourd'hui l'évolution, mais plutôt que nous sommes amenés à une critique beaucoup plus approfondie de ses mécanismes. Si on en vient à l'évolution humaine, je me demande comment le concept d'évolution biologique s'applique à ces sociétés. Les hommes, tantôt acceptent un défi, tantôt le refusent, et je ne vois pas comment ces choix ont affaire avec la biologie et l'évolution biologique.

HANS ZEIER. — *En fait, je ne nie pas l'importance de l'évolution culturelle, mais tout commence par le biologique et on peut ensuite étendre de l'évolution biologique à l'évolution culturelle ; notamment, bien sûr, pour les sociétés humaines.*

RÉMY CHAUVIN. — *Ce que je veux dire c'est que, notamment quand on arrive à l'évolution humaine, l'influence du milieu, c'est-à-dire l'influence biologique, devient de moins en moins importante.*

Six

LA PLACE DE L'ESPRIT DANS LA LIGNÉE ANIMALE

Rémy Chauvin
Paul Chauchard

La percée de l'esprit dans la souche animale

RÉMY CHAUVIN

Je suis professeur, comme tout le monde, à la Sorbonne, et j'enseigne le comportement animal à toute une série d'étudiants, sociologues et psychologues, qui ne se soucient guère de l'apprendre. Mais enfin, c'est comme cela que je gagne ma vie. Mon travail consiste particulièrement dans l'étude du comportement animal, et je suis spécialiste des fourmis et des abeilles. C'est pourquoi je vais vous parler de tout autre chose ; mais tout de même du comportement animal. Alors, voyez-vous, ma spécialité est assez particulière ; c'est l'éthologie. L'éthologie est née il y a une quarantaine d'années, et plusieurs fois à vrai dire, mais enfin, sa véritable naissance date des travaux de Lorenz et de Tinbergen, qui étaient, non pas des psychologues, non pas des physiologistes, mais des zoologistes.

La zoologie est une très vieille discipline, qui constituait jadis à peu près exclusivement ce qu'on appelait l'histoire naturelle et qui se ramenait, à peu près exclusivement aussi, à la systématique, c'est-à-dire à la classification. Mais, pour les anciens auteurs, la classification des animaux impliquait non seulement la description des paramètres morphologiques, qui permettaient d'établir et de distinguer les espèces, mais aussi elle consistait à amasser le plus possible de données sur leur vie. Et c'est pourquoi les zoologues étaient dépositaires d'une science tout à fait curieuse, qui a fourni à la fin l'éthologie, qui est éminemment destructive des notions établies. En effet, comme je vais avoir l'avantage de vous le présenter tout à l'heure, si on élargit l'enquête sur le monde qui nous entoure, en la faisant porter non seulement sur les mammifères et sur l'homme, mais sur la généralité du monde vivant, dans lequel les mammifères ne sont, comme vous le savez, qu'une toute petite entité insignifiante par rapport aux invertébrés, eh bien, dans ce cas-là, que voit-on ? Eh bien, on voit que les éthologistes sont en état d'apporter des contradictions à presque toutes les notions que beaucoup de physiologistes et de neurophysiologistes croient établies. Plus précisément, ils sont en état de citer des faits inexplicables, mais ils ne sont généralement pas en état d'en apporter d'explications, même de leur propre point de vue. En revanche ils sont en état de mettre en doute une grande quantité de théories que l'on émet actuellement et qui ne portent que sur un petit nombre d'animaux, toujours les mêmes, à savoir les mammifères, qui ne sont qu'un accident dans la généralité des êtres.

Bien, tout cela ce sont de pompeuses généralités ! Si vous le permettez, entrons maintenant dans des détails plus précis. Je commencerai donc par ce qu'on peut savoir de l'évolution du psychisme à l'intérieur de la série des mammifères. J'ai donné à mon papier un titre horriblement prétentieux, qui me ferait fusiller par une série de collègues, s'ils le savaient : « La percée de l'esprit dans la souche animale ». Ce que je voulais dire par là, dans un langage qui m'est plus familier, c'est la percée du système nerveux ou du cerveau dans le monde animal. Eh bien, qu'est-ce que nous voyons chez les mammifères ? C'est une histoire qui commence à être bien connue. Vous savez que, dans les fouilles récentes, qui se sont déroulées en grande partie en Afrique, c'est certainement en Afrique orientale que quelque chose de fondamental s'est passé. Depuis que ces fouilles ont eu lieu, on est en état de distinguer avec une très grande clarté les phases de l'évolution de l'homme, qui a commencé par un vague *Australopithecus*, un vague qui tend à se préciser d'ailleurs bien sûr, lui-même précédé par une foule d'autres animaux, dans les détails desquels je ne prétends pas m'aventurer. Et ensuite, cet *Australopithecus* a donné lieu à différents types d'*Homo*, qu'on a baptisés de dénominations peut-être pas très solides : *erectus*, *habilis* et enfin *sapiens*, l'homme sage. Ce dernier n'a point à en douter qu'il l'est, sage, puisque c'est nous-mêmes qui nous sommes décerné ce beau titre, que nous avons quelquefois un peu de mal à justifier. Vous savez que l'homme, enfin l'homme, la sorte de singe qui devait donner naissance à l'homme, a commencé par marcher droit. Ce qui est un phénomène rare dans la série des primates. Tout simplement à cause d'une grande faiblesse des muscles du bassin. Les singes ne peuvent pas se tenir debout longtemps, et les chimpanzés marchent, comme vous le savez, en s'appuyant la plupart du temps sur le dos des mains. Ils marchent en réalité à quatre pattes, bien qu'ils puissent tenir debout pour un petit moment. L'homme a donc commencé, presque seul parmi tous les primates, à marcher debout d'une manière habituelle. Et c'est ensuite... je rappelle des notions, je m'en excuse auprès des spécialistes, qui sont assez banales ; certaines personnes n'ont pas la même spécialisation que moi, et peut-être aiment-elles entendre répéter ces notions.

Et donc, ensuite seulement, la céphalisation a commencé, c'est-à-dire que le cerveau a commencé à enfler, et l'homme a commencé à se faire des idées, des idées d'hommes bien sûr.

Et c'est ainsi que notre espèce a pris place dans le monde des mammifères. A vrai dire, c'est un résumé horrible, qui me ferait massacrer par tous les anthropologistes, s'il en existait dans cette noble assemblée, parce que en réalité les choses sont assez compliquées.

L'*Homo sapiens* a paru évoluer à une vitesse considérable, à peine 2 ou 3 millions d'années, ce qui est un éclair dans les temps zoologiques. Ce qui est notamment bizarre pour le généticien, c'est que cette évolution s'est déroulée dans une population peu nombreuse, ce qui est épouvantable du point de vue statistique ; mais enfin, bref, l'anthropologie préhistorique est une science qui se constitue tous les jours, et il ne faut pas lui demander plus qu'elle ne peut apporter. Alors, on voit très bien, ou plutôt vous voyez très bien, l'évolution générale. Il y avait, dans toute la série animale, des cerveaux plus ou moins gros, mais enfin il était entendu que, dans la série des mammifères tout au moins, tout se serait déroulé d'une manière en quelque sorte linéaire : un beau jour, la souche des primates a fait varier la course à la céphalisation et a donné lieu, à la fin, à l'*Homo sapiens,* qui est le dernier des mammifères. Il n'en apparaît plus d'autres à nouveau après lui. C'est d'ailleurs assez curieux en soi, ça mériterait réflexion. Seulement, même chez les mammifères, ce n'est pas exact. Parce que c'est oublier les cétacés, et notamment les dauphins. Alors, j'aimerais bien vous raconter des histoires plus ou moins funambulesques sur les dauphins. Mais je ne le peux pas, parce qu'une grande partie du matériel que l'on connaît sur les dauphins, ou que l'on devrait connaître, a été mis à jour par les Américains, et il est « classifié », c'est-à-dire il est secret, et on ne sait qu'en partie ce que font nos collègues américains. Mais enfin, il y a quand même des choses qu'ils nous ont laissé savoir, et en particulier l'extrême développement du cerveau des dauphins. Vous savez que le dauphin est à peu près le seul animal à avoir, par rapport au poids de son corps, un cerveau aussi lourd que celui de l'homme. Oh ! attention, ne comparons pas ce qui n'est pas comparable ! Un cerveau de dauphin, ce n'est pas un cerveau d'homme, et le critère du poids est un critère grossier, je le sais parfaitement. Toutefois, le développement du cerveau est tellement étonnant chez cette espèce, que l'on s'est demandé si cette céphalisation, ce développement du cerveau correspondait à un développement comparable du comportement. Eh bien, comme vous le savez, comme nous devrions le savoir, mais comme nous ne le savons qu'en partie, le comportement du dauphin présente des particularités tout à fait étonnantes, en particulier cette si curieuse familiarité avec l'homme, qui donne à croire à certains que la plupart des fables grecques sur le dauphin et l'homme devaient probablement être vraies. Et puis, il y a cette possibilité d'apprentissage, si considérable chez les dauphins. Et il y a enfin ce langage sifflé, si particulier des dauphins ; et alors il y a des bruits qui circulent, mais doit-on en tenir compte ? Vous savez, on a tenté, depuis je ne sais combien de temps, d'essayer de comprendre le langage des dauphins. Le mot « langage » paraît un peu prétentieux. Mais les émissions des dauphins, les émissions sonores, sont tellement nombreuses, tellement compliquées, encore plus compliquées que celles des oiseaux les plus complexes, que invinciblement on se demande si ces animaux ne « parleraient » pas. Je mets « parler » entre guillemets, bien entendu. Nous n'allons pas nous engager dans des discussions sémantiques infinies sur ce qu'est le langage, nous n'en sortirions pas. Je ne crois pas qu'il y ait deux linguistes qui soient d'accord sur la définition du mot langage. Alors, n'entrons pas là-dedans. Aux dernières nouvelles, il semble que ce langage aurait été déchiffré. Deux mots, deux petites explications techniques, si vous voulez savoir pourquoi c'est si curieux. Vous savez que l'on peut enregistrer bien sûr, sur magnétophone, la voix humaine. Et vous savez qu'on peut naturellement transcrire les sons enregistrés sous forme visuelle, sous forme d'une courbe très compliquée, à l'aide d'un appareil qu'on appelle le sonagramme ; peu importe, ça fait partie de la ferblanterie des laboratoires. Mais ce que vous ne savez peut-être pas, c'est que si on vous présente un enregistrement sonagraphique d'une conversation humaine, vous êtes incapables de le déchiffrer, même si vous savez de quoi il s'agit. Nous ne savons pas analyser cette courbe, les innombrables harmoniques compliquent terriblement son interprétation.

Or, il paraît que les Américains seraient parvenus à le faire chez le dauphin. Mais je vous donne cette nouvelle pour ce qu'elle vaut, je ne la sais que de manière tout à fait épisodique. Alors, pourquoi n'a-t-on pas attaché d'importance à cette divergence fondamentale, dans la série des mammifères, que constitue le dauphin ? Eh bien, à cause d'une superstition, qui voulait que l'animal ne puisse être intelligent s'il ne disposait pas à la fois du cerveau et de la main. C'est, si j'ose m'exprimer ainsi, du chauvinisme humain, parce que nous pensons que chez nous la main a été étroitement associée au cerveau, et nous voulons, ce qui est vrai d'ailleurs bien sûr, et nous voulons étendre cette association et en faire une loi générale. Or le dauphin n'a pas de main. Il ne peut manipuler les objets que la malice des expérimentateurs lui donne qu'à l'aide de son museau, qui est allongé et dont il se sert fort habilement. Mais il faut convenir qu'il n'y a donc aucune règle générale, l'évolution ne s'est pas opérée que dans une direction, celle des mammifères, mais au moins dans deux, si l'on tient compte des dauphins, ce qui complique beaucoup l'idée qu'on peut s'en faire. Maintenant, encore une fois, je vais poser les problèmes et les problèmes, vous allez voir que dans l'immense majorité des cas, je suis incapable de les résoudre. Mais c'est quand même quelque chose de les poser.

Il existe un autre problème, beaucoup plus difficile, qui est celui des oiseaux. Là je vais faire allusion, en grande partie, aux travaux de ma femme, qui est assise derrière moi. C'est elle qui devrait faire cette présentation, mais elle ne veut pas. Elle est très, très peu bavarde pour une femme. Alors, les oiseaux, qu'en est-il ? Eh bien, c'est un matériel avec lequel, à part les pigeons, les physiologistes ont peu de pratique. Alors, quelques points : les oiseaux n'ont pas de main, alors ils ne peuvent pas être intelligents. Et vous n'avez jamais pensé que lorsque l'homme veut faire un travail particulièrement fin, il se sert d'une pince et non pas de ses mains. Et que les oiseaux possèdent une pince, c'est leur bec. D'autre part, comment est le cerveau des oiseaux ? Il est évidemment infiniment plus petit que celui des mammifères, tout le monde le sait. Y a-t-il une différence entre le développement du psychisme chez les oiseaux et le développement de leur cerveau ? Question extrêmement difficile à résoudre. Tout ce qu'on peut savoir, c'est qu'il y a de grosses différences entre le poids du cerveau comparé au poids du corps ou à la surface corporelle, comme vous voulez, critère extrêmement grossier, je le répète ; mais, il vaut mieux un critère que pas de critère du tout, et il y a d'énormes différences entre les différents oiseaux.

Le grand corbeau, par exemple, le *Corbus corax,* qui a presque entièrement disparu en France, c'était le dépeceur des morts sur les champs de bataille ; depuis qu'il n'y a plus de batailles sur notre sol, elle meurt de faim, la pauvre bête. Et le corbeau a, paraît-il, huit fois plus de cerveau qu'un pigeon par rapport au poids de son corps. Qu'est-ce que cela veut dire ? Je n'en sais rien. De toute manière, là n'est pas tout à fait le problème. Il faut dire l'horrible vérité, qui n'est contestée par personne : c'est que les oiseaux font tous des choses beaucoup plus compliquées que n'importe quel chimpanzé. Ce que tous les zoologistes savent, et tous les biologistes aussi, mais il est indécent d'en parler. Alors, si vous me permettez d'être indécent, je vais lever un voile sur les secrets de la nature, que tout le monde devrait connaître.

Prenons des exemples très précis. Prenons l'usage des outils si vous voulez. Nous savons tous que, quand un être est capable d'utiliser des outils, c'est quand même une marque de psychisme fort élevé. Et le chimpanzé, d'après les travaux de différents spécialistes, et notamment de John David Goodel, qui a étudié le chimpanzé dans la nature, le chimpanzé connaît au moins six ou sept espèces d'outils, qu'il utilise ; et, selon Goodel toujours, il y en a probablement beaucoup plus. Par exemple, le chimpanzé sait se servir d'une sorte de bâton pour pêcher les termites, d'un autre pour attraper les fourmis voyageuses, les mayans, ou *anoma migricos ;* et j'ai essayé de faire la manœuvre dont se sert le chimpanzé, qui consiste à casser un morceau de bois, à le débarrasser de son écorce pour le rendre glissant et ensuite à en caresser l'échine des fourmis anoma. Je ne sais pas si vous leur avez été présenté, mais moi si, à mon corps défendant, en Afrique. La colonie d'anoma peut compter 25 millions de fourmis et lorsque, par hasard, il vous arrive de vous casser une jambe dans la forêt loin de tout secours, vous n'avez rien à craindre du python ou de la panthère, qui ne s'amusent pas du tout à attaquer l'homme : mais les fourmis vont venir et vous allez y passer. C'est-à-dire que, le lendemain, votre corps va être réduit en squelette très proprement nettoyé. Alors le chimpanzé, on savait depuis longtemps que le chimpanzé avait dans ses excréments une grande quantité de carapaces de fourmis. On se demandait pourquoi. Eh bien, c'est parce qu'il les mange. Comment procède-t-il ? Prenant son bâton lisse, il leur caresse le dos. Les fourmis recouvrent immédiatement le bâton d'une couche épaisse de fourmis, et le chimpanzé racle le bâton avec sa main, comme cela, il en fait une boule et il les mange. J'ai essayé, non pas de les manger, je me suis arrêté avant, mais j'ai essayé de ramasser les fourmis à la manière des chimpanzés. Je me suis fait atrocement mordre et je n'ai pas du tout insisté. Il y a donc une technique, un tour de main très difficile. Donc l'usage du bâton est connu par le chimpanzé, peut-être même pour déterrer des racines, et vous savez que chez les Mayas le bâton à fouir était le seul outil agricole qu'on connût. Le chimpanzé connaît aussi le jet de pierre, il connaît toute une série de choses comme cela. Qu'en est-il chez les oiseaux ? Est-ce que cela existe ? Mais bien entendu, on connaît le cas du captospisa, un petit pinson des Galapagos qui a un bec trop court, et qui, pour enlever les vers qui sont au fond des trous d'écorce, se sert d'une baguette qu'il a détachée d'un arbre et dont, très habilement, il se sert comme d'une sorte de tournevis : il enlève le ver du fond de son trou et le mange. Essayez-donc. Moi, j'ai encore essayé, je n'ai jamais pu y arriver. Mais, lui, il y arrive très bien.

L'usage d'une sorte de levier est connu par une sitta, c'est une sittelle, un animal bien connu en France, et dont il existe des exemplaires dans le monde entier. Il semble bien, d'après de récentes observations, que cet animal utilise un morceau d'écorce exactement comme un levier. D'autre part, nous savons que le chimpanzé peint, soi-disant il peint, enfin, il peint ! Si vous lui donnez une série de blocs de couleur, il va s'amuser à barbouiller du papier, à peu près comme un enfant le fait. Mais sans aller au-delà du stade du barbouillage. Je vous dirai, d'ailleurs, qu'un de mes amis anglais, qui étudiait les chimpanzés, et qui n'avait pas beaucoup d'argent pour son laboratoire, a imaginé de vendre les toiles peintes par le chimpanzé comme celles d'un jeune peintre non figuratif et plein d'avenir. Vous ne doutez pas que cela s'est très bien vendu, naturellement. Aucun problème. Seulement, préparer la peinture et préparer le pinceau, le chimpanzé ne sait pas le faire. Il y a un oiseau au moins qui sait le faire. C'est le tililorenque d'Australie ; écoutez, je suis horriblement pédant, je vous jette à la figure des noms savants, mais je n'en connais pas d'autres, ça s'appelle *Tililorencus violaceus*. Je m'en excuse, ce n'est pas moi qui l'ai appelé comme ça. Et le tililorenque, c'est un oiseau assez commun qui, lorsqu'il veut se marier, éprouve beaucoup de difficultés. Le *violaceus*, en particulier, doit d'abord se faire une hutte, qu'il construit avec des herbes nouées. L'oiseau sait faire des nœuds, ce qu'aucun chimpanzé ne sait faire. On a même trouvé 22 espèces de nœuds marins, confectionnés par les oiseaux dans la classe des tisserins, qui savent tisser aussi, nous y reviendrons tout à l'heure. Alors le tililorenque fait une hutte ; mais ce n'est pas fini. Devant les femelles, qui feignent ne pas le voir, mais qui ne le quittent pas de l'œil, bien entendu, il doit aussi se peindre la poitrine et peindre aussi les murs de sa hutte, en violet. Alors, pour cela, il écrase des baies violettes, à peu près de quoi remplir un bol ; ensuite, déchiquetant une racine, il en constitue une sorte de pinceau, qu'il trempe dans la bouillie violette, et il s'en peint la poitrine et les murs de sa hutte. Et ensuite, ainsi accoutré, il danse devant les femelles, dont l'une finit par couronner sa flamme. Il serait vraiment dommage qu'il se donne tout ce mal pour rien. Attention, ces faits, aussi étonnants qu'ils puissent paraître, ne sont contestés par personne. Cela a été abondamment filmé, il n'y a pas de discussion sur la matérialité des faits. L'interprétation, vous seriez gentils de ne pas me la demander, parce qu'elle est compliquée. Mais il y a quand même un point que j'évoquerai tout à l'heure. Alors, j'ai donc parlé des nœuds que fabriquent les oiseaux, et j'ai parlé de tissage. Ce n'est pas une figure de style. Je me souviens très bien que, lorsque je me promenais au Gabon, on m'a présenté une sorte de tube, à peu près gros comme cela et long comme ceci, qui était tissé de très minces branchettes ; c'était plutôt de la vannerie que du tissage, mais enfin peu importe. C'était un travail d'une extrême finesse. Je me souviens m'être extasié devant le pisteur africain en disant : « Mais dites donc, vous les Africains, vous êtes de très habiles vanniers, je n'ai jamais rien vu d'aussi fin. » J'ai perdu la face quand il m'a dit : « Mais enfin patron, tu sais bien que c'est un oiseau qui fait ça. » Eh bien non, je ne savais pas. Mais enfin, vous savez, moi je suis spécialiste des fourmis et des termites, alors moi, les oiseaux… J'ai des lacunes. Donc, le tissage est constitué de mailles parfaitement régulières, réalisées avec une extrême vitesse, et il est évident qu'aucun singe n'est capable même d'ébaucher une chose pareille. L'abri des chimpanzés, qu'ils constituent pour dormir, est composé de branches cassées et très grossièrement entrecroisées. Mais ça n'a rien de comparable au nid des oiseaux.

Alors qu'y a-t-il encore ? Il faut quand même que je cite un dernier cas d'oiseau qui… écoutez, je m'excuse, ça fait pédant : la bête s'appelle *Orthotomus sutorillus*, c'est-à-dire le tailleur qui coud droit, en grec et en latin ; parce qu'il coud, et il coud réellement. C'est-à-dire que, pour faire son nid, la femelle rapproche deux feuilles comme ceci, et elle perce avec son bec une série de trous. Ensuite, il faut trouver du fil. Alors, elle va chercher une fibre végétale. S'il n'y a pas de fibres végétales, elle va aller chercher une toile d'araignée, qu'elle arrache en l'entortillant rapidement ; elle en fait un fil, avec lequel elle va coudre.

Alors, je m'arrête ici, je ne vais pas faire défiler ainsi un catalogue complet des merveilles de la nature. Il faudrait examiner chaque problème. Je vous demande, mais pourquoi est-ce qu'on n'a pas considéré ces choses-là plus attentivement ? Eh bien, parce que nous étions extrêmement simplistes, nous autres éthologistes. Dans le temps, pour calmer notre conscience de primates, inquiets tout de même, nous rangions tout ce que faisaient les primates dans la noble catégorie de l'apprentissage, et tout ce que faisaient les oiseaux dans la catégorie, un petit peu inférieure tout de même, de l'inné. C'était dans leurs chromosomes. Mais enfin, remarquez que c'est repousser un peu plus loin le problème et que ce n'est pas le résoudre. Il n'y a d'ailleurs qu'un petit détail, c'est que ce n'est pas vrai. Dans les rares cas où on a essayé d'étudier l'autogénèse, le développement de ces animaux-là, de ces oiseaux, chez le jeune qui vient d'être pris au nid, que voyons-nous ? Eh bien, je vais faire allusion ici aux travaux de ma femme, qui a eu l'occasion d'étudier le comportement d'un pic, le pic épeiche, qui est assez commun dans nos forêts mais qu'on ne voit pas souvent, parce qu'il n'aime pas tellement se montrer. Le pic épeiche est friand de noisettes et de noix, de tout ce qui peut se casser en fait, de graines et de graines extrêmement dures. Il ouvre ces graines avec une extrême rapidité, c'est une chose tout à fait étonnante à voir ; et, pour cela, il immobilise les graines dans une cavité de l'écorce d'un arbre, de manière à pouvoir viser juste. S'il ne trouve pas de cavité, il va fabriquer une cavité de la taille convenant à celle de la noix qu'il a attrapée, c'est-à-dire qu'il dispose, qu'il fabrique, un instrument de contention comparable à un étau, ce n'est rien d'autre. Alors, ma femme a eu l'occasion d'examiner comment la chose se développait. Chez le jeune, pris au nid et qui n'a jamais vu ses parents le faire, on constate que le jeune sait vaguement, paraît savoir qu'il y a quelque chose à faire avec les noix, et quelque chose à faire pour les immobiliser ; mais il n'y parvient pas. Il cherche à les immobiliser dans les plumes de sa poitrine, mais ça ne marche pas très bien. Au premier coup de bec qu'il donne, la noisette s'en va à tous les diables, vous vous en doutez un peu. Alors par hasard, un beau jour, il arrive que la noisette se coince contre une paroi, ça va déjà un peu mieux. Ce n'est que très tardivement que l'illumination jaillit et qu'il dit : « Mais oui, il faut faire un trou. » C'est généralement parce qu'il a rencontré une crevasse, et alors, ensuite, il va fabriquer son instrument de contention. Mais, s'il a à l'apprendre, il va l'apprendre très péniblement, et il y avait donc dans ses chromosomes simplement une *très vague* direction, c'est toujours comme ça en éthologie d'ailleurs, une direction qui était très sommairement inscrite, et qu'il devait développer.

Malheureusement, je ne peux pas vous dire comment se développe, par exemple, l'habitude de coudre chez l'*Orthotomus vitorillus,* puisque ça n'a jamais été fait. Des amis ont juré de m'envoyer de ces animaux, qui se vendent couramment sur les marchés de Sri Lanka, l'ancienne Ceylan comme on dit. Seulement, ils n'ont jamais tenu leur promesse, et je n'en ai jamais reçu. Il paraît que c'est un animal très commun.

Un dernier point, concernant encore le langage animal : vous savez qu'il y a eu des travaux, américains pour la plupart, et même pratiquement entièrement américains, qui ont été très controversés, mais que je trouve pour ma part enthousiasmants, sur l'apprentissage du langage des sourds-muets aux singes. Vous savez très bien qu'un singe ne parle pas, car il a un larynx qui est un peu différent du nôtre ; mais ça ne veut rien dire du tout. Le perroquet a un larynx encore beaucoup plus différent du nôtre, et il imite cependant la parole humaine, donc l'infériorité de l'appareil phonateur n'est pas en cause. Quoi qu'il en soit, une série d'expérimentateurs ont essayé d'apprendre à parler aux singes. Eh bien, les résultats ont été nuls. Jusqu'au jour où les Gardner, que je connais personnellement, ont essayé : il y a déjà, oh là là, ça fait bien une dizaine d'années. Les Gardner ont eu l'idée d'apprendre aux singes le langage gestuel des sourds-muets, et cela avec un résultat étonnant. Je ne vais pas développer ça ici, il faudrait discuter cela à fond, je n'en ai pas le temps. Mais enfin, il y a un point sur lequel tout le monde est d'accord, et c'est que le singe peut parler comme un sourd-muet. Est-ce un véritable langage ? La question est discutée. Mais il peut au moins désigner des objets, de nombreux objets, d'une manière tout à fait claire et sans équivoque. Ce n'est déjà pas mal ; je vous ferai remarquer que, il y a encore peu d'années, une pareille chose, qu'un singe sache désigner des objets, aurait soulevé parmi les biologistes des hurlements unanimes. Maintenant, les hurlements sont moins unanimes.

Alors, vous me direz, cela au moins l'oiseau ne peut pas le faire. Eh si. Il y a des travaux tout à fait récents d'Irène Péperbergue, qui a essayé de faire un travail sur un terrain entre tous maudit : est-ce que le perroquet peut parler ? Tout le monde sait bien qu'il parle, mais que ce qu'il dit est tout à fait absurde. Alors, il y a encore un détail, ce n'est pas vrai. C'est-à-dire que ce qui a pu tromper l'expérimentateur, c'est la chose suivante, que nous savons tous, mais que nous ne disons pas parce que c'est embêtant. Lorsque nous nous adressons, nous autres éthologistes, aux sphères supérieures du psychisme, nous voyons apparaître chez les animaux des différences énormes. Il y a des animaux « intelligents », je mets ça entre guillemets, mais c'est une pure hypocrisie bien sûr, et des animaux qui sont bêtes. Et comme nous publions des résultats « remarquables » dans ce genre de travaux, nous les avons triés. Nous ne le disons pas forcément, mais nous n'avons pas gardé les plus bêtes pour nos études, vous vous en doutez un peu.

Chez les perroquets, et chez les chimpanzés d'ailleurs, il y a également des animaux incapables d'apprendre l'exercice compliqué qui consiste à articuler un mot pour demander quelque chose qui ne se trouve pas là et qu'il veut. Mais Irène Péperbergue a réussi à dresser un perroquet pour le faire. La technique est assez compliquée, je ne m'étends pas là-dessus. Si bien que le perroquet peut demander une série de nourritures, une quinzaine, qui ne se trouvent pas là. On peut vérifier que vraiment le mot qu'il prononce correspond bien à ce qu'il voulait. S'il demande, par exemple, du chocolat (je ne sais pas pourquoi, mais il y a beaucoup d'oiseaux qui feraient n'importe quoi pour manger du chocolat), et si on lui donne une noix, il prend l'attitude de colère du perroquet. Il hérisse ses plumes et émet le cri de colère, il fait : « rrrhhaaa » ; et, ensuite, il prend la noix et la jette à la tête de l'expérimentateur.

Mais le perroquet de Mme Péperbergue n'a plus besoin de se mettre en colère, parce qu'on lui a appris l'affirmation et la négation, dont il se sert très bien. C'est-à-dire, si on lui donne une cacahuète au lieu du chocolat, il dit : « Non, non, non, non, non, non, non » ; puis il jette la cacahuète et dit : « Chocolat, chocolat, chocolat. »

Des travaux autour de tels sujets sont en plein développement actuellement, et tout ce qu'on peut dire, c'est que le perroquet sait désigner, en employant le langage humain, un certain nombre d'objets. Je ne parle pas de langage, je mesure mon propre langage, parce que je ne veux pas soulever des oppositions inutiles. Mais, quant à la désignation des objets, je crois que c'est une chose qu'on ne peut plus nier. J'ajouterai que ma femme a fait, sur le pic épeiche, des travaux exactement analogues. Le pic devant désigner des objets par le code de percussion. Par exemple « toc, toc », c'est chocolat ; « toc, toc, toc, toc », c'est criquet, ou quelque chose dans ce goût-là. Et que l'animal se comportait exactement comme le perroquet à ce point de vue.

Alors, quel est le problème ? Eh bien, le voilà. En fait, je ne sais depuis combien de temps je cherche désespérément un spécialiste du cerveau des chimpanzés, des oiseaux et des dauphins, qui puisse m'expliquer pourquoi des appareils nerveux si fantastiquement différents et dont le nombre de cellules est aussi fantastiquement différent... écoutez, entre un cerveau d'oiseau et un cerveau de chimpanzé, il y a une certaine différence, vous le savez... comment se fait-il qu'ils donnent des résultats souvent similaires, ou comparables ? Et comparables parfois aux « prouesses » du cerveau humain, voire supérieures à celles-ci ?

C'est là-dessus que je voudrais conclure. Sur ces bizarres problèmes que pose l'éthologie, qui remettent en question toute une série de données neurologiques qu'on croyait bien acquises. Elles étaient acquises, chers collègues, parce que notre enquête n'avait pas été assez large. Et le rôle de l'homme de science n'a-t-il pas toujours été de bouleverser ce que l'on croyait savoir ?

Je vous remercie de votre attention.

BIBLIOGRAPHIE

CHAUVIN R., *Les Sociétés animales,* Presses Universitaires de France, 1982.

GRASSÉ, P. P., *Traité de Zoologie,* Masson. Ouvrage de base développant largement les exemples que je viens de citer.

LEAKEY, R. E., *The making of Mankind,* Dutton, 1981.

TANNER, N. M., *On becoming human,* Cambridge, Univ. Press, 1981.

DISCUSSION

SANDRA SCARR. — *Je suis d'accord avec vous que le cerveau et la main ne doivent pas être considérés comme des caractéristiques limitatives de l'intelligence animale. Je voudrais suggérer deux autres critères. Les limitations dans les possibilités d'apprentissage et, également, la flexibilité que possède l'animal pour s'adapter à telle ou telle situation. Si on tient compte de ces divers critères, on peut distinguer entre l'intelligence animale des diverses espèces, et il est possible que les primates se trouvent à ce moment-là favorisés.*

RÉMY CHAUVIN. — *Cela n'est nullement certain. De récents travaux, japonais notamment, viennent d'étudier la vie sociale chez les macaques, montrant que l'organisation de cette vie sociale est finalement très proche de celle des sociétés primitives. Les Japonais parlent là d'une sous-structure mais, voyez-vous, on vient de montrer la même chose dans des sociétés d'oiseaux, avec les mêmes détails dans l'organisation sociale ; et, dans certaines conditions, les oiseaux peuvent même s'adapter aux conditions mieux que ne le font les chimpanzés qui, par exemple, vont rester sous la pluie tropicale sans être capables de se mettre à l'abri. Si on leur fabrique une hutte, dans ce cas, au lieu de se mettre en dessous du toit, ils se mettent sur le toit ; et l'oiseau est au contraire capable de se fabriquer un abri où il ira se protéger : donc le chimpanzé serait moins adaptable qu'on ne le croit, alors que les oiseaux seraient plus adaptables qu'on ne le désirerait. Jouer sur des critères trop spécialisés, c'est le dernier refuge derrière lequel vient se réfugier notre orgueil de primate. Les oiseaux, devant des changements de situation, sont capables de s'adapter générale-*

ment beaucoup mieux que les primates. Il faudrait aller beaucoup plus loin, bien sûr, mais malheureusement nous n'en avons pas le temps.

KARL PRIBRAM. — *Il faudrait de toute manière faire des distinctions, notamment entre l'homme et l'animal : il y a des cas où nous sommes mieux adaptés et parfois moins bien adaptés que l'animal. Mais l'humain paraît, de toute façon, avoir une beaucoup plus large panoplie d'adaptations.*

RÉMY CHAUVIN. — *Vous raisonnez ainsi, mon cher collègue, parce que vous êtes dans la lignée des primates ; mais si vous aviez un bec et des plumes vous raisonneriez tout à fait autrement. Je reconnais cependant que, sur ce problème de la souplesse adaptative, il faudrait y consacrer un colloque entier.*

HENRI LABORIT. — *Je fais des réserves sur les mots suspects d'intelligence et d'adaptation. On ne sait généralement pas ce qu'il y a derrière. Il faudrait aussi distinguer entre apprentissage et adaptation. Je pense à cette guenon qui, un jour, s'est mise à laver ses pommes de terre parce qu'elle trouvait que c'était plus agréable à manger ; et, peu de temps après, toute la communauté des singes en a fait autant. Il est probable que si les scientifiques viennent étudier cette famille de singes dans dix ou vingt ans, ils diront que ceci est une donnée de l'instinct alors que, bien entendu, à l'origine ça ne l'était pas : c'était un apprentissage.*

Il aurait fallu aussi peut-être, mais nous n'avons pas le temps, parler de la fourmilière, qui se comporte comme un seul être social. Un dernier mot sur le volume du cerveau : ce ne sont pas tellement les neurones ou le nombre de neurones qui comptent, mais la façon dont ils sont associés l'un avec l'autre.

RÉMY CHAUVIN. — *Oui mais, malheureusement, je voudrais bien que les neurologistes me disent comment ces associations se font chez les oiseaux, et de telles études sont complètement manquantes.*

Cerveaux et Conscience

PAUL CHAUCHARD

Quand on qualifie de spirituel le psychisme humain, c'est en général dans une perspective dualiste qui sépare et oppose le corps et l'âme, la nature et la culture. La part la plus importante de lui-même ferait de l'homme un être essentiellement différent de l'animal, un être coupé du cosmos. On bute alors sur l'insoluble problème des rapports entre matériel et spirituel, âme et corps.

Avant de se situer au plan philosophique, il faudrait tenir compte de ce que nous apporte de mieux en mieux la plus négligée des sciences dites humaines, la neurophysiologie du cerveau humain dans sa spécificité, les lois cérébrales de notre spiritualité, le fait que l'homme est une unité *psychosomatique,* un mot double qui rend bien mal l'unité. Le spirituel humain en tant que cérébral est un phénomène corporel, donc matériel, naturel, cosmique, ce qui ne doit pas conduire à nier sa supériorité et sa spécificité.

La différence entre homme et animal est une différence de complexité cérébrale qui fait de l'homme, non un être à part, sorte de monstruosité biologique pour certains évolutionnistes, mais un animal perfectionné. On ne saurait opposer homme et animal, car l'animal n'existe pas : il y a la *série animale,* de l'amibe au chimpanzé, cette montée de cerveau et de psychisme dont l'homme en tant qu'homme est le fleuron, l'être au cerveau le plus complexe. C'est seulement dans cette perspective psychobiologique qu'on peut comprendre l'homme et fixer la norme de ses comportements dans une perspective psychobiologique de bonne pédagogie (neuropédagogie). Cette réincarnation du psychisme réfléchi humain permet aussi de mieux comprendre les niveaux animaux de psychisme, les animaux n'étant nullement des machines inconscientes, mais des êtres doués d'une sorte de *préspiritualité,* d'autant plus forte qu'ils ont plus de cerveau et préparant et s'approchant de plus en plus de la pleine spritualité humaine, sans nier, dans cette perspective de continuité, la discontinuité du pas de la réflexion, non pas naissance de la conscience, mais émergence du niveau supérieur de conscience, de la conscience (Teilhard de Chardin) ; la continuité s'accroissant encore avec la paléontologie des préhumains, ni encore animaux, ni pleinement hommes (*sapiens sapiens*).

C'est à cause de cette méconnaissance de ce qu'est vraiment l'homme que les cultures coupées des aptitudes naturelles, et se fondant sur des idéologies fausses coupées du réel, font de l'homme un animal raté, infidèle à sa vocation psychobiologique, proie des maladies de la civilisation et d'un faux progrès, source de fatigue nerveuse et d'agressivité. Et ceci aussi bien dans une perspective de faux matérialisme, niant la spiritualité humaine, que dans celle d'un faux spiritualisme, la coupant du corps en la privant de son essentielle dimension affective, cette dévaluation de l'amour commune au rationalisme et à l'angélisme.

La juste volonté de faire de la psychologie une véritable science avait abouti à un *béhaviorisme* négligeant l'essentiel : l'intériorité, la conscience. C'est curieusement la neurophysiologie qui, par ses progrès (étude du cerveau humain éveillé et dialogue de l'expérimentateur et du sujet), est devenue la science des états de conscience, permettant d'étudier le « behavioral self-control », c'est-à-dire de réhabiliter une volonté non volontariste du contrôle cérébral de soi, base d'une liberté-libération. Évoquons, en particulier, la neurophysiologie des états mystiques zen au Japon, qui montre une conscience plus normale et lucide que celle des intellectuels énervés, en conflit avec leur corps. La conscience n'apparaît plus comme un épiphénomène illusoire, mais comme le phénomène cérébral essentiel.

Et, cette conscience, on la comprend mieux quand on en voit les degrés inférieurs animaux, quand on comprend que son niveau spirituel humain se fonde sur une *bioconscience* que possède déjà l'animal, une conscience inconsciente au sens humain. Celle-ci, avant d'être neurologique, est d'abord biologique : la matière vivante, à proprement parler, n'existe pas, il n'y a que des êtres vivants doués de comportements, donc de psychisme et surtout d'une individualité dirigeant ce psychisme qui est, déjà, une conscience. C'est l'idée de l'*âme cellulaire* de mon maître L. Lapicque, protestant contre ceux qui voulaient donner la conscience aux rouages inanimés d'un robot, si perfectionné soit-il. Un homme doit se sentir plus proche d'une amibe que d'un robot, qui n'est que le fruit de son intelligence. Sans faire aucunement de l'anthropomorphisme, on doit dire que toutes les qualités psychiques humaines sont en germe dans l'unicellulaire sans système nerveux, et que l'homme ne les posséderait pas si elles n'existaient en germe dès le début de l'organisation vitale (ce qui d'ailleurs suggère un niveau plus élémentaire de préconscience et de prépsychisme dans les individualités de l'inanimé, atomes et molécules). Les spécialistes reconnaissent de plus en plus la complexité du psychisme inférieur, qui ne saurait se ramener à la simple mécanique des tropismes de Loeb, ce qui négligeait la sensibilité différentielle des préférendum, et l'aspect protoaffectif des pathies (Viaud). Il serait ridicule de dire un infusoire capable d'attention, et pourtant sa réactivation par le renouvellement du milieu est la source élémentaire de notre attention. Ou, plutôt, de notre aptitude, de notre loi cérébrale d'attentivité, dont nous ne sommes pas comme l'animal esclaves. Ce qui est instinctif chez l'animal, génétiquement programmé, devient appris chez l'homme, ressortit aux réflexes conditionnés, aux habitudes. Mais l'important est de distinguer les bonnes habitudes, libératrices, des mauvaises, asservissantes. Bon et mauvais ne ressortissant pas à une morale idéologique discutable, mais à la référence objective incontestable, car scientifiquement fondée, aux lois cérébrales de notre libération. Enfermés dans nos préjugés, nos ignorances — personne ne nous apprend la bonne utilisation de notre cerveau — nous pensons que l'attention, c'est un effort de tension déséquilibrant, de lutte contre les distractions et les pulsions naturelles.

Alors que la neurophysiologie de l'attention, basée sur la connaissance de la machine à attention (formation réticulaire) située dans la base de notre cerveau, montre que l'attention est à l'opposé de la tension, nécessite un optimum de détente, de relaxation entre l'énervement et l'endormissement.

La vraie différence entre l'animal et l'homme, une supériorité qui par ignorance devient infériorité, c'est que chez l'animal normal (sauvage, non névrosé par l'homme) le comportement est correct, favorable, en raison des bons instincts et des bons conditionnements spécifiques, sans grande capacité d'invention ; alors que l'homme a des besoins et des pulsions, mais que la manière de les satisfaire ressortit à des usages culturels qui ne sont pas obligatoirement bons, au moins si on ne se réfère pas à l'hygiène psychosomatique, base objective d'une morale humaine commune.

Prépondérance chez l'animal des tropismes et des réflexes instinctifs, passage chez l'homme aux réflexes conditionnés. Un orgueil spiritualiste ignorant nous interdit de comprendre que le conditionnement est une loi cérébrale, et que tout en l'homme est conditionnement, c'est-à-dire appris, ce qui ne nie nullement la spiritualité humaine, mais en précise les mécanismes cérébraux. Conditionnement spécifiquement humain que le langage intérieur, moyen de penser, le second système de signalisation de Pavlov ; mais aussi moyen humain de conscience dans la verbalisation de l'image du corps, ou schéma corporel. Conditionnement humain également le contrôle cérébral de soi, la volonté à visage humain, qui est la bonne habitude d'associer au schéma corporel tous les processus cérébraux, ce qui nécessite l'harmonie cérébrale de l'optimum de vigilance attentive que nous venons d'évoquer.

Observant avec objectivité les comportements humains, A. Koestler, notamment dans *Janus,* déclare l'homme mal fait. Ceci n'est exact qu'en apparence : il n'est pas mal fait, mais mal élevé. En effet, on nous propose un homme dont le néocortex est un ordinateur intellectuel et technique, déséquilibré par un héritage animal de cerveau primitif, affectif et pulsionnel. Ce déséquilibre des refoulements, comme des défoulements, est réel, mais il est une erreur éducative, basée sur une ignorance de ce que sont les lois du cerveau.

L'homme se drape dans une supériorité intellectuelle rationnelle, idéologique et verbaliste, qu'il attribue à son ordinateur, et se qualifie ainsi de « cérébral », ce qui pour le neurophysiologiste averti indique qu'il ne sait pas se servir de son cerveau.

Insistant justement sur le fait que la pensée humaine est verbalisée, on en est venu à privilégier le cerveau gauche (droitier) du langage, abaissant le gaucher dans le sinistre. On oppose le néocortex gauche, qualifié d'ordinateur (alors que tout son fonctionnement, même verbal, est à base d'images cérébrales sensorimotrices), au cerveau primitif, traité d'animal, et on est tenté de chercher à améliorer l'homme, cet inconnu, en bloquant son héritage animal, le transformant en robot paranoïaque, sans affectivité. C'est oublier ce qui situe, au niveau humain, le cerveau animal : le néocortex droit, dit cerveau muet, dont on a oublié le rôle psychique humain essentiel. Il est heureux que le prix Nobel attribué à Sperry puisse nous sortir de cette erreur, si nous consentons à donner la pleine et vraie dimension humaniste et pédagogique à sa découverte (*split brain*).

S'il est juste d'attribuer la supériorité humaine au cerveau gauche, ce fut un grand tort de l'isoler du corps dans l'idéologie et le verbalisme. Le secret de l'équilibre humain n'est pas seulement de réincarner la pensée et la conscience dans l'imagerie cérébrale, il est, grâce au corps calleux (n'oublie pas ton corps calleux, base de la morale), de brancher le cerveau gauche sur le cerveau droit pour le réincarner, en nous délivrant des fausses idéologies intellectualistes ; et aussi de supprimer la coupure entre intellectuel et affectif. L'homme, comme et plus que l'animal, est un être de désir, dont la bioconscience hypothalamique est Éros et Libido (vérité du biologiste refoulé Freud, bien compris). Mais, chez lui, la sagesse automatique animale doit, de par son cerveau, être une sagesse apprise d'un culturel favorable à l'épanouissement naturel : il s'agit non du refoulement ou du défoulement des désirs déshumanisants, mais du contrôle des désirs ; de la sagesse lucide des désirs, de la mise des désirs au service de la liberté et non de l'asservissement-aliénation. C'est ce qui manque à notre époque de survivance moraliste désincarnée, et de revendications amorales tout aussi ignorantes et désincarnées.

Quand nous parlons de cerveau gauche du langage, en fait nous sommes incomplets, car le langage a aussi un aspect affectif qui dans nos langues, à l'inverse du japonais, dépend des voyelles, une caresse auditive. Le chanteur, comme l'a bien montré M.L. Aucher, créatrice de la psychophonie, l'éducation de l'équilibre par le contrôle de soi détendu, est un bon utilisateur de ses deux hémisphères cérébraux, et celui qui veut bien humainement parler doit apprendre à parler comme on chante, en se branchant sur la sensibilité phonatoire, en contrôlant la musicalité de sa voix au service d'un dialogue affectueux.

L'équilibre humain psychosomatique exige la réinsertion du cerveau dans le corps, organe du corps (hérédité, sang, sensibilité) branché sur le corps. C'est ce que permettent de nombreuses méthodes de reprise du contrôle cérébral dans le calme relaxé de l'hypnosophrologie ou la suggestopédie (Jean Lerède), qu'elles soient occidentales ou orientales (zen, yoga). Mais cet art de vivre, correct en référence aux lois cérébrales, a surtout été codifié par le Dr Vittoz, dans ses exercices qui sont un art de mieux et plus vivre en utilisant correctement le cerveau, avec le contrôle de la réceptivité sensorielle et de l'émissivité imaginaire (concentration, déconcentration, élimination), qui doit devenir une bonne habitude, les « petites voies » de notre humanisation, moyen de bien pratiquer, à notre goût, les autres méthodes.

Quand on les a pratiquées, on sait (car on l'a senti) ce que c'est que le vrai Moi branché sur la présence au corps du schéma corporel, qui n'a rien à voir avec le faux ego imaginaire, apeuré ou orgueilleusement agressif, dont l'Orient a raison de dire qu'il faut nous délivrer ; ces méthodes sont destinées à exalter le vrai Moi, qui trouve sa force dans le dialogue avec les autres, égaux en valeur mais différents. Le faux moi imaginaire ne se défend des dangers de l'humiliation que dans l'agressivité. La neurophysiologie nous enseigne l'énergie équilibrée et équilibrante des doux, ceux qui sont engagés pour la justice dans un combat non violent, qui vise à guérir non seulement les pauvres de la névrose de leur misère matérielle et psychique, mais plus encore les riches, les violents, les orgueilleux, les instruits, les compétents, tout autant névrosés par leur fausse et inhumaine supériorité, contraire à la loi de l'équilibre relationnel humain. L'égalité dans la différence, la complémentarité ; aimer son prochain comme soi-même, aimer ses ennemis en apprenant à le faire, telle est la loi de l'équilibre, individuel, relationnel et civique, une difficile ascèse, mais vivifiante et non mortifiante. C'est cette civilisation de l'amour, conforme aux lois de notre être, cette société d'épanouissement humain, que le biologiste Teilhard nous propose de construire sous le nom de *noosphère,* qui ne se fera pas sans un immense effort de lucidité et de contrôle de soi, d'orientation vers la vie et non vers la mort, de notre énergie vitale Eros-Libido, qui meurt coupée d'Agapé ; mais l'Agapé n'est rien sans Éros. Accord profond et incompris du vrai christianisme et de la vraie intuition de Freud, l'apôtre de l'érotisme sublimé de vie.

Ainsi, pour être pleinement humain, il faut respecter les lois de son corps et de son cerveau en apprenant à les écouter, situant ainsi dans les réels déterministes notre vraie liberté-libération. Le secret de l'équilibre apparaît ainsi mystique, si la mystique est l'art de se taire pour écouter (l'opposé de s'écouter), une mystique du corps et du cosmos, dans cette « *Musique du silence* » (Ed. du Cerf) dont nous parle le P. Johnston, apôtre du zen chrétien qui, en accord avec la neurophysiologie, nous précise ce qu'est une vraie mystique, une vraie méditation, qui est fidélité d'écoute et fidélité au Verbe-Logos (logothérapie de V. Frankl) ; qui n'est en rien verbalisme, mais être chaud et vivant, ce que vivaient les mystiques chrétiens du Sinaï ou de l'Athos, comme l'a rappelé G. Pégand (psycho-intégration).

Amour pour demain, avec la participation de la science complète humaniste, l'œcuménisme de la mystique d'amour. Certains pensent que, l'écouter mystique, c'est l'accueil silencieux d'une conscience cosmique impersonnelle. Telle ne saurait être la conclusion du neurophysiologiste. L'évolution montée vers un plus grand cerveau est un processus d'amorisation qui exige rationnellement que son moteur soit personnel et amour, ce que nous confirme la Révélation chrétienne. Nous nous personnalisons authentiquement dans le refus de l'égoïsme, en nous immergeant mystiquement dans ce courant où nous pouvons accélérer notre vocation, ou freiner notre péché-échec.

Mystère philosophique donc que l'esprit, propriété du cerveau matériel, cette certitude scientifique s'opposant au matérialisme comme au spiritualisme séparatiste, mais s'accordant avec le spiritualisme incarné de l'âme forme du corps, et des degrés d'animation formulé par Aristote et développé par ses disciples œcuménistes arabes, juifs et chrétiens, une philosophie de l'information admirablement accordée à l'informatique moderne et à l'information — organisation-néguentropie — si on consentait, sortant de l'idéologie, à s'en apercevoir.

BIBLIOGRAPHIE

CHAUCHARD P., *Les Mécanismes cérébraux de la prise de conscience,* Masson, 1956.
— *La Maîtrise du comportement,* PUF, 1956.
— *Des animaux à l'homme,* PUF, 1961, 1970.
— *Notre corps ce mystère,* Beauchesne, 1962.
— *La Maîtrise de soi,* Dessart, 1963.
— *Le Message de Freud,* Salvator, 1971.
— *Force et sagesse du désir,* Fayard, 1972.
— *Médecine et beauté,* Épi, 1973.
— « Volonté et contrôle cérébral », in *Science et conscience,* Stock, 1980 (Colloque de Cordoue).
DESHIMARU et CHAUCHARD P., *Zen et cerveau,* Courrier du Livre, 1976.
CHAUCHARD P. et CHAUCHARD J., *Apprendre à vivre et à penser avec Vittoz,* Éd. du Pavois, 1978.
— *La Prière,* Éd. du Pavois, 1978.

DISCUSSION

JERZY WOJCIECHOWSKI. — *Vous avez mentionné la bioconscience. La bioconscience surgit déjà à un niveau très inférieur ; il y aurait un commencement de conscience biologique dès le niveau de la matière, qui irait en s'élevant tout au long de l'évolution pour culminer jusqu'à l'homme. Cette idée n'est donc pas tellement vraiment nouvelle.*

PAUL CHAUCHARD. — *C'est vrai, l'idée d'une conscience biologique, dès le niveau de la matière, est très ancienne, elle date au moins des Grecs, et on la retrouve encore chez Leibniz, au* XVIIIe *siècle, avec ses monades. Que l'idée soit ancienne ne doit cependant pas nous décourager de penser qu'elle soit encore un concept d'importance pour comprendre aujourd'hui comment Matière et Esprit sont associés entre eux. Je pense que cette idée a été reprise particulièrement clairement, et sous une forme scientifique, par Pierre Teilhard de Chardin, pour rendre compte des théories évolutionnistes, comme je l'ai mentionné.*

JEAN CHARON. — *Je voudrais pour ma part ajouter, comme je l'ai précisé dans ma propre communication, que ce problème de l'interaction de la Matière et de l'Esprit est un concept devenu central dans la Physique contemporaine. Mes propres travaux sur la Relativité complexe, qui est un prolongement des Relativités restreinte et générale d'Einstein, conduisent à penser que l'Esprit peut être identifié dès le niveau des particules de matière, un peu dans l'optique selon laquelle Teilhard de Chardin identifiait une certaine « psyché » associée à chaque particule de Matière. Ce qui est ici plus précis c'est que, en Relativité complexe, on peut commencer par* définir, *et en termes de la Physique, ce qu'on va convenir de nommer « Esprit ». Rechercher l'Esprit dans la Matière, par les méthodes de la Physique, c'est en effet, d'abord, se donner une définition précise de ce que l'on se propose de rechercher. Je renvoie à ce que j'ai dit à ce sujet.*

Sept

INCONSCIENT ET CONSCIENT

Willis W. Harman

Conscience humaine : implications de la recherche

WILLIS W. HARMAN

Cette étude traite des recherches sur la conscience humaine, et de l'impact de cette recherche sur les solutions aux dilemmes de plus en plus importants qui confrontent les sociétés industrielles modernes. Considérant l'étendue du sujet, nous ne ferons ici que proposer quelques grandes lignes de réflexion susceptibles d'ouvrir un dialogue sur cette question. Nous nous efforcerons de soulever les quelques questions que nous considérons être les plus urgentes aujourd'hui et essaierons de donner un aperçu schématique des points les plus essentiels.

UNE SCIENCE NÉGLIGÉE

Au cours d'un exposé qu'il avait donné en 1981 à l'invitation de l'*Annual Review of Neurosciences,* le Dr Roger Sperry, prix Nobel, affirmait que :

« Les concepts actuels relatifs à la relation entre l'esprit et le cerveau témoignent d'une rupture radicale par rapport à la doctrine matérialiste et béhavioriste bien établie qui a dominé la neurologie depuis plusieurs décennies. Au lieu de renoncer à l'étude de la conscience ou de l'ignorer, la nouvelle interprétation reconnaît pleinement la primauté du phénomène intérieur de la conscience en tant que réalité causale[1]. »

Aucun scientifique d'aussi grande envergure n'avait jusqu'alors fait une telle affirmation, et il serait naïf d'imaginer que tous les collègues du Dr Sperry sont de son avis. Il existe néanmoins, en 1983, un champ de recherche sur la conscience humaine tel qu'il n'en existait pas vingt ans auparavant.

Pourquoi, tout au long du développement des sciences, n'y a-t-il pas eu davantage d'efforts consacrés à la recherche sur la conscience humaine ? Plus on y pense, plus cette question apparaît déroutante. L'étude de la conscience et du rôle joué par les processus inconscients est de toute évidence d'une importance centrale pour la compréhension du comportement humain, de sa motivation et de son bien-être.

Le peu d'intérêt porté à cette matière n'est certainement pas dû à son manque d'importance.

Des explorations sérieuses dans beaucoup de secteurs directement liés à cette science (états seconds de la conscience ; processus mentaux inconscients ; aspects psychologiques en pathologie et en prophylaxie ; imagination, créativité et intuition ; pouvoirs et phénomènes paranormaux) ont été menées depuis plusieurs siècles par bon nombre de chercheurs. Et cependant, non seulement ces expériences n'ont pas été incluses dans l'édifice patiemment construit qu'est la science moderne, mais il semble même qu'elles aient été perdues.

Nous identifions pour notre part trois raisons qui peuvent expliquer l'absence de progrès dans ce domaine :

1. *Les problèmes méthologiques particuliers à ce domaine d'étude en ont rendu les progrès difficiles.* Ces difficultés comprennent :

— La difficulté qui se présente lorsque des résultats d'expériences menées sur soi-même revêtent un caractère trop subjectif.

— La non-reproductibilité relative des phénomènes en rapport avec la conscience.

— Le problème de l'influence de l'observateur.

— Le problème de la crédibilité des informations issues de sujets influencés eux-mêmes par des choix, conscients ou inconscients.

— La question de l'unicité de chaque individu, chaque être étant différent.

— La question de la place que doivent occuper les explications téléologiques.

— La question de la base adéquate permettant une reconnaissance publique des connaissances acquises.

2. *Certains facteurs propres à l'environnement culturel de la communauté scientifique.* La science a ses modes, et ceux qui prétendaient vouloir explorer ce qui n'était pas à la mode se sont vus taxés de ridicule, et ont même eu à faire face à de l'hostilité. L'influence du positivisme, en science, s'est fait fortement sentir, et les recherches qui ne cadraient pas avec des modèles déterministes, vérifiables et exacts étaient facilement jugées vaines, sinon « non scientifiques ». Pour remonter plus loin encore, la lutte que les scientifiques ont menée pour se libérer du dogmatisme de l'Église les a rendus hésitants à vouloir se plonger trop profondément dans les questions relatives à l'âme et à l'esprit humain.

3. *Les scientifiques eux-mêmes sont très ambivalents face à l'objet de leurs recherches dans ce domaine.* Abraham Maslow parle, dans un petit ouvrage intitulé *Psychologie de la Science*[2], de la manière selon laquelle la psychodynamique des scientifiques influence la nature et la pratique de leur science. Faisant remarquer que nous vivons tous une tension entre « le besoin de savoir et la peur de savoir », il note que nous avons très particulièrement peur de nous connaître nous-même, connaissance qui pourrait transformer notre amour-propre et notre définition de nous-même. Et, au-delà de notre peur de connaître un jugement déplaisant, disparate, négatif de nous-même, et refoulé jusqu'alors, il y a notre ambivalence face à ce que nous appelons « l'aspect divin en nous-même ».

Sans aucun doute, ces trois catégories de raisons jouent toutes un certain rôle. Mais explorons un peu plus la dernière.

LA CROYANCE, LE CHOIX ET LA CONNAISSANCE INCONSCIENTS

Il n'y a sans doute pas de découverte (ou plus précisément de redécouverte) aussi bien établie, dans les sciences sociales et psychologiques, que le fait que la plus grande partie de notre activité mentale se produit en dehors de notre champ de conscience. Nous croyons, nous choisissons, et nous savons inconsciemment aussi bien que consciemment. Cependant, nous vivons, nous pensons, et nous nous comportons, sans prendre au sérieux les implications de cette découverte.

Notre vie est sans doute plus influencée par ce que nous croyons inconsciemment que par ce que nous croyons consciemment. Les croyances conscientes (par exemple, que la Terre tourne autour du Soleil) peuvent être changées par des procédés éducatifs directs. Des croyances plus enracinées, et partiellement inconscientes (par exemple, que je suis incapable et indigne) ne sont pas si facilement changées, et leur réexamen en psychothérapie entraîne souvent des luttes intérieures considérables. D'autres croyances, encore plus profondément enracinées (en rapport avec mon identité, ma relation avec l'univers) peuvent être acquises tôt dans la vie, et ne changeront pratiquement pas par la suite : et si elles sont transformées, cela se fera sans doute dans un contexte de traumatisme très important[3].

Ces croyances inconscientes influencent la perception d'une manière beaucoup plus grande qu'on ne l'admet généralement. Leurs effets sont particulièrement apparents dans les phénomènes d'hypnose, dans lesquels une personne hypnotisée « voit » ce qui en fait n'existe pas, ou ne peut pas voir ce qui existe en fait sous ses yeux ; ceci étant le résultat de croyances transformées par la suggestion de l'hypnotiseur. Mais des recherches poussées sur la perception, la répression, la psychodynamique des mécanismes de défense, l'autorité, les préjugés, les désirs, etc., nous montrent clairement, d'une manière surprenante et même inquiétante, que nous percevons ce que nous voulons percevoir, ce qui nous a été suggéré, ce que nous avons « besoin » de percevoir, ce que l'autorité nous a dit de percevoir. Nous avons tendance à ne pas percevoir les choses qui menacent les images qui sont profondément enracinées en nous, ou qui entreraient en conflit avec des croyances déjà profondément enracinées. Nous ne savons vraiment pas jusqu'à quel point ce que nous percevons est une conséquence de nos propres croyances inconscientes plutôt que l'image de ce qui « est vraiment ». Parmi ces croyances inconscientes, on trouve les croyances concernant les limites et les potentiels propres à chacun. Elles ont généralement tendance à se vérifier à l'expérience. De nouveau, le phénomène de l'hypnose nous en procure un bon exemple. Le fait d'accepter, sous hypnose, que je ne peux pas soulever une chaise pesant quelques kilogrammes, entraîne mon incapacité à soulever cette chaise, comme si elle était vissée au parquet. D'un autre côté, une suggestion plus positive peut conduire le corps à accomplir des exploits impossibles en temps normal — comme celui de former un pont rigide entre deux chaises, ou de soulever un poids énorme.

Le phénomène des limites fictives causées par suggestion, ou autosuggestion, est beaucoup plus omniprésent qu'il ne le paraît. Toutes les conditions requises pour mouler notre perception par suggestion hypnotique sont présentes en nous depuis notre enfance. Nous sommes extrêmement ouverts à la suggestion, et nous sommes entourés de personnes empressées de nous expliquer la manière dont nous devons percevoir notre environnement. Il en résulte que nous sommes tous hypnotisés culturellement depuis notre enfance. Nous percevons le monde comme on nous a enseigné à le percevoir ; des personnes grandissant avec une hypnose culturelle différente percevront un monde tout différent. Nous percevons nos limites comme on nous a enseigné à les percevoir. Par exemple, dans certaines cultures dites primitives, on repère du bétail égaré en envoyant son esprit par-dessus les collines pour le trouver ; dans une culture dite moderne, ce genre de clairvoyance à distance est considérée comme impossible, et l'on envoie un hélicoptère. (Cependant, depuis quelques années, les militaires des deux côtés du rideau de fer portent intérêt à « la vision à distance ». Ils la considèrent comme une activité possible, qui peut être développée en détruisant le concept inconscient qu'elle est impossible[4].)

Non seulement croyons-nous inconsciemment, mais nous *choisissons* aussi inconsciemment. De ce point de vue, nous sommes relativement fragmentés — le choix inconscient entrant souvent en conflit avec le choix conscient. Dans le phénomène de répression, par exemple, une partie de l'esprit choisit de cacher des informations — et de mentir — à la partie consciente. Le super-ego freudien, parent autoritaire intériorisé, se choisit certains comportements et certains buts et punit les déviations avec des sentiments de culpabilité. Une autre partie du Moi, sorte d'intuition profonde, connaît les directions de la croissance harmonieuse et guide avec douceur dans cette direction. A moins que ces divers fragments du Moi ne soient amenés à aligner leurs choix dans la même direction, le conflit intérieur est inévitable. La personne dans laquelle une intégration de ces divers fragments est plus au moins accomplie est appelée une « personne accomplie ».

Nous *savons* aussi inconsciemment. La recherche dans le domaine du *biofeedback training* nous montre que nous savons inconsciemment comment relâcher la tension musculaire, changer nos ondes cérébrales, notre rythme cardiaque ou notre pression sanguine, notre circulation sanguine ou la température de notre peau — mais nous ne savons pas que nous savons sans le signal de *feedback* pour nous en instruire.

Nous savons inconsciemment comment faire fonctionner cette mécanique remarquable qu'est le corps humain — pour produire des ulcères de l'estomac ou les soulager, pour guérir des blessures, ou procréer. Des anecdotes relatives à la créativité suggèrent que nous savons inconsciemment des choses encore plus surprenantes, comme nous allons le voir.

RÉSISTANCE

Un des tours que nous savons tous nous jouer à nous-mêmes consiste à nous protéger contre des informations ou des expériences qui menaceraient notre système inconscient de croyances. Le phénomène est familier en psychothérapie : le patient créera des obstacles pour s'empêcher de voir la connaissance de lui-même qu'il recherche (résistance), ou bien échoue à voir ce qui lui fait trop peur mais qui est parfaitement évident pour l'observateur (dénégation). Sans doute, l'exemple le plus évident de résistance est la rationalisation dont se sert le fumeur pour se convaincre que, en dépit de tout ce que les statistiques peuvent indiquer, *sa* vie ne sera pas raccourcie par le tabac. Un autre exemple courant est celui de l'homme d'affaires souffrant d'une maladie due au surmenage et « incapable » de comprendre qu'il pourrait améliorer sa situation en changeant ses habitudes.

Le scientifique désireux de mieux comprendre l'inconscient rencontre inévitablement sa propre résistance dans le processus même de sa recherche. Il résiste à découvrir qu'il s'est jugé autrefois indigne et incompétent, et qu'il a refoulé ces affirmations déplaisantes. Il résiste inconsciemment à se dévoiler les contradictions qui existent dans son système total de croyances (comme celles qui existent entre une croyance consciente qu'il possède une sorte d'essence immortelle, et la peur intérieure, appartenant à une couche intermédiaire de l'esprit inconscient, qu'il n'existe en fait rien de pareil). Et, comme le dit Maslow, il résiste tout particulièrement à révéler à sa conscience son propre caractère divin.

Cette résistance à la découverte de soi est paradoxale, parce que personne ne m'a caché moi-même, sinon moi-même. A un certain niveau inconscient, je sais où se trouvent toutes les barrières et comment les retirer, parce que c'est moi qui les ai mises là. Mais une autre partie de moi-même se battra contre ce retrait, avec acharnement.

Une partie de cette résistance est culturelle. On nous a parfaitement enseigné, dans notre culture industrielle, à ne pas nous faire confiance à nous-mêmes — à ne pas croire qu'en fait nous connaissons nos désirs les plus profonds —, et comment résoudre la confusion résultant de notre fragmentation. On nous a enseigné que sous le fin vernis de l'esprit conscient « socialisé * » se cachent des instincts animaux, des haines refoulées et bien d'autres maux. On nous a enseigné à ne pas nous risquer à explorer l'esprit inconscient — au moins, à ne pas le faire sans être guidé par un psychiatre professionnel. (A ce moment précis, le lecteur peut très bien se sentir réagir aux lignes qu'il vient de lire : il est dangereux d'explorer l'inconscient sans un psychiatre ; beaucoup de personnes ont perdu leurs sens et ont sombré dans la schizophrénie en essayant de le faire ; il est socialement dangereux de ne pas reconnaître le mal qui habite l'inconscient des hommes, etc.)

La tâche centrale, en psychothérapie, consiste à vaincre la résistance du sujet à percevoir la vraie nature de ses problèmes, et à admettre qu'il a déjà toutes les ressources nécessaires pour les résoudre. Une observation du même genre est valable pour les problèmes sociaux. Par exemple : continuer dans notre tradition industrielle consistant à consommer toujours plus nous mènerait droit à un effondrement de l'environnement et de la société. Nous pouvons facilement observer une variété de résistances à la perception de ce fait (par exemple, rejeter la validité du rapport « GLOBAL 2000 », professer que les avances technologiques résoudront les problèmes, rejeter le blâme sur les politiciens et les industriels) et à la compréhension de la solution — qui inclurait sans aucun doute un changement des axiomes de base de la société industrielle, tacitement approuvés. Ceci n'est qu'un exemple, fruit d'une observation plus générale nous conduisant à penser qu'une grande partie du problème de ce monde tient justement à notre résistance à percevoir la vraie nature des problèmes et leurs solutions.

* De *socialized*, sans consonance politique (*N.d.T.*).

LE SPECTRE DE LA CRÉATIVITÉ

Comme nous l'avons précédemment affirmé, nous savons inconsciemment beaucoup de choses sans savoir que nous les savons; nous résistons en outre beaucoup à découvrir ce fait. Considérons par exemple ce que nous appellerons le « spectre de la créativité ».

Les phénomènes quotidiens nous dévoilent notre connaissance inconsciente, bien que nous l'ignorions volontairement. Nous savons inconsciemment, par exemple, comment nous rappeler un morceau d'information manquant dans le nom de quelqu'un. Consciemment, je n'ai aucune idée sur la manière dont je fouille mes registres de mémoire, trouve ce qui manque et le rapporte à la « surface » consciente. Il se peut que je tente pendant un moment de retrouver un nom, puis que l'enregistre une « demande d'information » dans une partie inconsciente de mon esprit qui, plus tard, dans un moment de repos ou de distraction, répondra à ma demande.

Nous ne pensons pas, ordinairement, à appliquer le terme de créativité à un fait aussi ordinaire que de se rappeler un nom. Nous ne l'appliquons pas non plus à tous ces autres accomplissements de l'esprit inconscient, tels que l'acte de guérir nos blessures, protéger notre corps contre les bactéries et les virus, improviser au piano ou conduire une voiture sans y penser. Il sera utile, dans notre discussion, de donner au mot créativité un sens plus large que d'habitude, afin de mieux comprendre certains exemples.

Représentons-nous un spectre de créativité comprenant, vers son extrémité inférieure, les phénomènes « ordinaires » dont nous venons de parler, un peu plus haut; nous trouvons la capacité créative de résoudre des problèmes, celle du jugement intuitif, la création esthétique, etc. Certains exemples de créativité, ou de résolution créative de problèmes, sont tout à fait remarquables, comme par exemple le cas où un compositeur « entend » une composition musicale entière, et n'a plus qu'à l'écrire; ou encore lorsqu'un inventeur découvre par intuition une solution à un problème complexe. A un niveau plus élevé encore, on trouve les exemples « d'écriture automatique », où le manuscrit semble passer directement de l'esprit inconscient à la main sans passer par l'esprit conscient. Et puis d'autres exemples plus extraordinaires, tels que des cas où des personnes reçoivent des informations impossibles à recevoir par des moyens normaux (diagnostics à distance, sans voir le malade ni communiquer avec lui) ; le fait aussi de pouvoir produire des effets défiant notre compréhension usuelle de la réalité (par exemple, des guérisons extrêmement rapides, dépassant les limites connues des processus physiologiques). Enfin, vers l'extrémité supérieure du spectre de la créativité, nous pouvons situer les inspirations grandioses, les écritures sacrées des grandes traditions religieuses, qui sont considérées comme divinement inspirées.

Chacun est plus ou moins familier avec des phénomènes appartenant à ce spectre. Chacun place une limite et déclare qu'au-dessus d'elle les phénomènes rapportés sont « incroyables ». Des personnes différentes, des sociétés différentes, placent l'indice de crédibilité plus ou moins haut.

Ce que nous découvrons, dans le champ de recherche sur la conscience humaine, c'est que les préjugés de la société industrielle occidentale (déguisés par la science objective réductionniste) ont imposé des limites jusqu'ici largement insoupçonnées.

Plus nous explorons le spectre de créativité, plus il nous apparaît que la ligne de démarcation entre le « plausible » et le « saugrenu » est un indice de notre résistance, dont nous n'avons par ailleurs nul besoin. Cela ne veut pas dire, non plus, que nous devrions croire tout ce que nous voyons ou entendons. Mais cela veut certainement dire que nous ne devons pas nous raccrocher avec ténacité à des croyances selon lesquelles certaines choses ne devraient pas se passer. Comme le dit le philosophe danois Kierkegaard, il y a deux moyens d'être trompé : l'un, de croire ce qui n'est pas ; l'autre, de refuser de croire ce qui est.

En fin de compte, on peut penser que ce qui limite les capacités de l'esprit inconscient n'est pas autre chose que notre croyance dans de telles limites. Mais, bien que cette croyance soit maintenue inconsciemment, elle est susceptible d'être modifiée.

Nombre d'individus témoignent sans cesse du fait que plus ils se tournent vers leur esprit créatif/intuitif pour trouver des réponses ou des solutions, et plus ils mettent de foi dans cette méthode, plus les résultats corroborent leur foi. Cela nous conduit à une question évidente : pourquoi ne pas soumettre à notre intuition profonde toutes les questions et problèmes de la vie ? A ce point, nous rencontrons une résistance profonde, qui a ses raisons. Accepter de ne s'en remettre qu'à nos intuitions profondes pour recevoir nos réponses entraîne en effet l'abandon de toutes les autres méthodes de décisions, buts, principes éthiques et ambitions, et l'abandon aussi de la souveraineté de l'ego.

L'ego possède un moyen de défense tout particulièrement efficace, qui consiste à convaincre l'esprit conscient qu'il ne sait pas comment questionner l'esprit profond, pas plus qu'il ne sait comprendre les réponses provenant de ce dernier. La confusion ainsi engendrée est si complète que l'esprit conscient n'est même plus sûr de croire encore que l'esprit profond existe vraiment. Il lui paraît plus facile de croire qu'il doit être très compliqué et très difficile d'atteindre l'esprit profond, et que cela requiert beaucoup d'années de discipline rébarbative. Heureusement, il existe un certain nombre de techniques simples, basées sur l'imagerie ou encore l'affirmation, qui ont la capacité de reprogrammer le système de croyances inconscientes. Ma résistance, évidemment, me convaincra qu'il n'existe pas d'approche simple, et s'arrangera dans le cas où j'essaierais pour que je me décourage aussi vite que possible. De plus, un grand nombre de recherches sur les capacités humaines exceptionnelles semblent arriver immanquablement à la conclusion que nos extraordinaires possibilités latentes, mentales et physiques, n'attendent plus pour se manifester que la disparition de nos barrières inconscientes.

La vision et la sagesse de l'intuition profonde transcendent toutes les limites qui semblent nous être imposées par le fait que nous considérons l'esprit comme une sorte d'ordinateur encastré dans un crâne impénétrable, relié au monde extérieur par des impulsions nerveuses. En fait, au niveau de l'esprit profond, nous ne semblons pas être séparés les uns des autres, ni être coupés de la terre et de l'univers. Notre sens ultime de sécurité nous apparaît comme n'étant que la pleine reconnaissance de cette unité : le sens ultime de notre signification vient de notre identification avec le Centre profond.

LE SENS DE LA CRISE GLOBALE

La grande importance de la réestimation actuelle des potentiels propres au système esprit-cerveau se comprend par le fait qu'elle éclaire la recherche de sens et de valeur, pour la société industrielle comme pour le reste du monde.

La nécessité, pour chacun de nous, de trouver à sa vie une signification, est ce qui donne le plus de valeur à toutes nos expériences. De graves pathologies psychiques, avec même des symptômes physiques, peuvent provenir d'une incapacité à trouver un sens à sa vie ; le suicide peut n'être que l'affirmation que la mort a plus de sens que la vie dans certaines circonstances. D'un autre côté, nous nous passerions volontiers de confort physique, tolérerions les adversités, ou risquerions nos vies dans une recherche persistante, pour ce qui donnerait un sens à tout notre être.

Au niveau le plus fondamental, le problème de base de la société industrielle moderne est une crise de sens. Dans les sociétés traditionnelles, la matrice sociale instruit l'individu sur le sens et lui procure simultanément le contexte nécessaire pour des expériences riches de sens ; mais le comportement individuel rendu nécessaire par la société urbanisée à haut niveau de consommation concorde de moins en moins avec les manières dont chaque individu trouve un sens à sa vie privée. Des décisions, prises par la société d'aujourd'hui, affecteront des générations futures autour du globe, sans qu'il y ait eu cependant de consensus préalable sur les sens profonds de telles décisions, basées sur des définitions étroites de gain à court terme.

A travers le monde, les politiques économiques, sociales et internationales se basent implicitement sur une image de développement global — sur une certaine image de la manière dont le progrès humain s'effectuera dans diverses sociétés et comment nous exploiterons ou gérerons les ressources terrestres et les systèmes du cadre de vie. Pratiquement parlant, toute cette politique se fonde sur des images globalisantes d'un futur qui, examiné avec soin, recèle la même crise de sens dont nous parlions plus haut. Le futur global que ces politiques supposent est un futur permettant une misère humaine étendue, ainsi que des conflits, à cause des disparités grossières qui existeront entre les privilèges des riches et la désolation des pauvres, à cause des forces poussant les paysans à quitter leurs terres et à venir s'entasser dans les taudis citadins, à cause de la décomposition des sociétés sous l'action des tentations et des impératifs de la modernisation, à cause de la destruction des forêts, de la pollution des eaux, de la destruction des sols et de centaines d'autres atteintes à l'environnement, à cause de la richesse soudaine provenant des ressources mises à notre disposition par l'industrie, à cause des changements irréversibles survenant chez les espèces végétales et animales, la composition du sol et le climat, et à cause de toutes sortes d'anomalies encore.

L'image la plus largement répandue du futur, depuis la Seconde Guerre mondiale, est celle qui nous montre les sociétés en voie de développement se moulant sur les sociétés industrielles — afin de parvenir, finalement, au stade de sociétés de consommation poussée, comme celle des États-Unis, avec la majorité de la population trouvant son emploi dans l'activité économique normale. Mais il est devenu clair que la planète ne peut soutenir six ou huit milliards de personnes dont le genre de vie se moule sur le style de vie à haute consommation des États-Unis ou d'autres pays fortement industrialisés.

Une autre image nous dépeint les populations des pays industrialisés avancés retenant leur style de vie à haute consommation (nécessaire pour maintenir leur économie), pendant que la majorité de la population mondiale demeure à un niveau de basse consommation — c'est-à-dire qu'elle reste pauvre. Une version de cette image est l' « usine globale », dans laquelle existe une spécialisation des tâches, certains pays produisant et consommant les services, et les produits dits de luxe, d'autres se contentant de fournir une main-d'œuvre à bon marché, des matières premières et des fruits tropicaux. Cependant, les populations de ces pays, informées par les moyens modernes de communication, sont de plus en plus conscientes de la disparité qui existe entre leur mode de vie et celui des travailleurs des pays riches. Il est difficile d'imaginer un futur global stable si ce modèle se maintient.

Dans ces divers scénarios nous voyons des groupes, régions ou nations — le plus souvent d'anciennes colonies — désavantagés par l'introduction de techniques et d'impératifs économiques qui aboutissent à la destruction de leurs traditions, et les emprisonnent dans un état de dépendance aussi pernicieux que celui de la colonisation, affaiblissant leur capacité à contribuer, avec leur génie créatif et leur vitalité propres, à la communauté globale. La prise de conscience de ce défaut fondamental dans les concepts conventionnels de développement économique nous conduit à rechercher des voies alternatives, qui composent avec les racines culturelles locales plutôt que de les supprimer. Cependant, le succès de développements alternatifs n'est pas assuré dans les conditions actuelles où les populations sont assujetties aux tentations de la société de consommation ; le prestige de la haute technologie occidentale exerce une attraction puissante ; les devises étrangères ne peuvent être gagnées qu'en approvisionnant les marchés mondiaux ; la participation dans les marchés mondiaux profite à l'élite ; ajoutons à cela que chaque pays désire s'industrialiser plus vite que son voisin. Tout cela laisse peu de place à une vision du futur qui soit viable à l'échelle globale, et nous fait penser qu'aucun changement global n'est possible sans un changement fondamental de l'ordre mondial actuel.

Les populations pauvres ne sont d'ailleurs pas les seules à démontrer à quel point le paradigme des sociétés industrielles se heurte à des problèmes. Le monde industriel, ayant perdu tout consensus quant au sens et aux valeurs profondes, se dirige vers une pseudo-éthique basée sur une logique économique. Une éthique de « consommer-jeter » nous est présentée comme la source de nos emplois ; les êtres humains ne sont plus identifiés comme des citoyens, mais plutôt des consommateurs. Les problèmes se multiplient : pluies acides, concentration de produits chimiques toxiques, détérioration des sources d'eau potable, dégradation de l'environnement — résultant tous d'objectifs économiques à court terme. Les gouvernements locaux et nationaux sont couverts de dettes ; une éducation de qualité, ou encore la sécurité dans les rues des villes, sont des choses qui deviennent de plus en plus inabordables. En dépit de tout cela, l'hédonisme et la vente d'armes continuent d'apparaître « bons pour l'économie » (autrement dit le PNB augmente avec la pollution). Les activités humaines font de plus en plus partie intégrante de l'économie en place et sont évaluées avec des barèmes économiques ; la rationalité économique prévaut dans les décisions sociales. Une pareille mentalité amène l'aliénation des personnes et conduit à des décisions à courte vue.

Ce n'est certes pas par hasard que cette perte du sens et cette confusion des valeurs suivent de si près la période, il y a à peu près un demi-siècle, du grand débusquement des religions opéré par la science réductionniste et positiviste. Mais l'émergence d'une nouvelle compréhension de l'esprit humain, dont parle Sperry, nous permet d'espérer pouvoir trouver une nouvelle base pour un consensus des valeurs, et une solution à la crise de sens que nous traversons actuellement.

LA « SAGESSE ÉTERNELLE »

Les découvertes de la recherche sur la conscience, contrairement à celles menées dans les autres branches de la science, nous apparaissent souvent comme étant surtout des redécouvertes. D'autres explorateurs nous ont précédés. Pour un ensemble de raisons idéologiques, historiques et psychologiques, leurs découvertes ne nous ont pas été facilement accessibles. Cependant, depuis le dernier demi-siècle, et particulièrement les deux dernières décennies, trois développements remarquables se sont produits :

1. A travers des études d'anthropologie culturelle et de religions comparées on découvre que, dans les diverses traditions spirituelles et chamaniques du monde, la compréhension ésotérique partagée par les initiés repose, d'une tradition à l'autre, sur des axiomes essentiels communs, mis en relief différemment selon chaque tradition. (Ceci contraste avec la publicité qu'on en fait généralement qui, pour sa part, accentue les aspects exotiques, rituels, croyances et pratiques, qui diffèrent beaucoup, évidemment, les uns des autres[5].)

2. Ce noyau ésotérique des traditions spirituelles du monde est devenu accessible, surtout dans les deux dernières décennies, et en particulier dans les couches les plus éduquées de l'Occident anglophone. Cela se voit non seulement par l'intérêt largement répandu pour la méditation, le yoga, les approches holistiques dans le domaine médical ; mais aussi par l'intérêt porté au bouddhisme Zen, au Vedanta, au soufisme, à la Kabbale, aux croyances fondamentales des Indiens d'Amérique, etc.

3. Cette « sagesse éternelle » s'avère par ailleurs ne pas être en conflit avec la science, comme on avait tendance à le supposer autrefois. Aucune découverte scientifique ne la contredit ; certaines découvertes dans la recherche sur la conscience semblent même la cautionner[6].

Il est difficile d'estimer ce que pourrait signifier, en termes de compréhension mondiale et de potentiel pour une paix globale, un accord mondial sur la nature fondamentale de l'homme, et de ses désirs ultimes. Un tel accord pourrait fournir un fondement pour une société globale qui respecterait les aspirations universelles du genre humain et l'écologie diversifiée des cultures qui expriment, chacune avec ses priorités, l'unité sous-jacente des buts.

Beaucoup d'évidences nous suggèrent que la société industrielle se rapproche à grands pas d'une catharsis nécessaire. Cela pourrait vouloir dire, comme beaucoup l'ont suggéré, que le paradigme industriel commence à s'estomper devant un paradigme qui accorderait plus d'importance aux valeurs écologiques, humaines et spirituelles[7].

L'expansion de la science, s'émancipant de sa vision positiviste et réductionniste du passé, incluant désormais une exploration de la conscience humaine, pourrait fort bien faire partie d'un tel changement de paradigme. D'autre part, en répandant une compréhension de la « sagesse éternelle » des traditions spirituelles mondiales, on pourrait fort bien fournir une base à ce nouveau paradigme.

Il y a un résultat particulièrement encourageant : l'exploration de la conscience humaine, dans le contexte d'une enquête scientifique publiquement reconnue, signale un changement des axiomes servant de base à la société industrielle, changement qui rivalise en importance avec celui qui eut lieu à l'époque de Galilée et de Copernic ; et quand les axiomes changent à un niveau aussi fondamental, tout le reste de la société s'en trouve affecté.

CONCLUSION

Le nouvel ensemble de connaissances, que l'on appelle « recherche sur la conscience », a beaucoup d'applications possibles dans l'éducation, la santé, le développement de capacités créatives et intuitives et dans beaucoup d'autres domaines.

Mais son impact se fera surtout ressentir par rapport au problème de la confusion des valeurs de notre société industrielle moderne, et dans le dénouement des dilemmes toujours plus graves, présents dans la société industrielle avancée.

La découverte centrale dans la recherche sur la conscience consiste surtout dans la démonstration que notre activité mentale totale est largement *inconsciente.* Cette découverte a trois implications particulièrement importantes. Ces implications dépassent ce que l'on reconnaît généralement comme des découvertes scientifiques ; toutefois beaucoup d'éléments dans la recherche sur la conscience nous dirigent dans cette voie :

1. Le premier aspect est la *résistance*. Les problèmes de société deviennent plus faciles à aborder au fur et à mesure que l'on reconnaît la *résistance*, qui nous empêche de comprendre la vraie nature de nos problèmes, et qui empêche de voir les possibilités présentes et les ressources qui constitueraient les solutions, si seulement elles n'étaient pas bloquées par nos croyances inconscientes.

2. La résistance est fonction de nos *croyances inconscientes*, et les croyances peuvent être changées. Un moyen consiste à reprogrammer l'esprit inconscient en affirmant ses potentiels libérateurs et créatifs.

3. Il n'existe pas de limites connues aux ressources qui nous seraient disponibles pour résoudre les problèmes de notre société si nous pouvions *changer notre mentalité*.

L'économie a été appelée la « science du déclin ». Nous pouvons conclure de notre propos que la recherche sur la conscience pourrait, pour sa part, mériter le titre de « science de l'espoir ».

RÉFÉRENCES

1. SPERRY Roger W., « Changing Priorities », in *Annual Review of Neurosciences*, 1981, vol. 4, pp. 1-15.
2. MASLOW Abraham H., *The Psychology of Science*, New York, Harper and Row, 1966 (les phrases ici citées sont tirées d'un livre plus ancien de A. MASLOW, *Toward a Psychology of Being*).
3. Pour trouver une bonne discussion sur ce point de vue, on peut se référer aux premiers chapitres de *The Open and Closed Mind*, de Milton ROKEACH, New York, Basic Books, 1960.
4. Charles TART, Harold PUTHOFF et Russell TARG (éd.), *Mind at large*, New York, Praeger Press, 1979.
5. La remarque sur la « sagesse éternelle » des traditions spirituelles mondiales a été faite par nombre d'érudits. Nous en trouvons une très bonne source chez Perry WHITALL, *A Treasury of Traditional Wisdom*, New York, Simon & Schuster, 1971. On en trouve une version plus populaire dans *The Perennial Philosophy*, New York, Harper and Brothers, 1945.
6. Voir, par exemple, « Science and the Clarification of Values : Implica-

tions of Recent Findings in Psychological and Psychic Research » de Willis HARMAN, *Proceedings of the Ninth International Conference on the Unity of the Sciences*, 27-30 novembre, 1980, New York, International Cultural Foundation, 1981.

7. Voir, par exemple, *The Aquarian Conspiracy : Personal and Social Transformation in the '80s*, de Marilyn FERGUSON, Los Angeles, Jeremy Tarcher, 1980 ; *Person-Planet : The Creative Disintegration of Industrial Society*, de Theodore ROSZAK, New York, Doubleday, 1979 ; *The Third Wave*, d'Alvin TOFFLER, New York, William Morrow, 1980, et *Changing Images of Man* de O. W. MARKLEY et Willis HARMAN, Oxford, U.K., Pergamon Press, 1982

DISCUSSION

PAUL KURTZ. — *Vous suggérez de partir du subjectif, ou de tenir compte en tout cas du subjectif, pour construire la science. Ma question est d'ordre méthodologique : si vous prenez des données purement subjectives comme celles, par exemple, concernant les rapports sur les soucoupes volantes, ou sur la parapsychologie, vous savez comme moi que ces données ne peuvent avoir le caractère objectif qui concerne les faits scientifiques habituels.*

D'autre part, une des méthodes de la science est de pouvoir répliquer les phénomènes étudiés. Or, quand il s'agit du subjectif, comme en parapsychologie, par exemple, ces réplications paraissent pour le moins très difficiles. Voulez-vous dire, en suggérant de partir du subjectif pour construire la science, qu'on devrait abandonner toute la méthodologie générale habituelle de la science ?

WILLIS HARMAN. — *Bien sûr que non. Mais prenons un exemple : les militaires, comme c'est bien connu, à l'Est comme à l'Ouest, s'intéressent beaucoup aux expériences parapsychologiques ; comme celle de pouvoir transmettre un message à distance sans passer par les méthodes de transmission habituelles, mais en se servant des propriétés de l'esprit. Il est bien connu que ces faits ne sont pas rigoureusement répliquables. Mais ils le sont cependant assez pour que ce soit intéressant et que l'on puisse faire entrer de tels phénomènes dans le domaine des études scientifiques.*

DIANE MC GUINNESS. — *Oui, je suis assez d'accord avec Paul Kurtz qu'il faut, dans l'étude des phénomènes scientifiques, exiger la réplicabilité. Mais, d'un autre côté, si par exemple une bombe atomique tombe sur la terre et produit un certain nombre d'effets, j'hésite à demander qu'on en relance une autre pour m'assurer qu'il s'agit bien d'un phénomène scientifique, ou entrant dans le cadre de la science !*

KARL PRIBRAM. — *Je ne suis pas certain que le critère de réplicabilité soit le plus essentiel de la méthodologie scientifique ; en matière de théorie quantique, par exemple, compte tenu du caractère probabiliste des phénomènes, on ne peut pas parler d'une véritable réplicabilité des phénomènes. C'est ce que signalait déjà Eugène Wigner dans sa communication d'introduction à ce colloque. Ce que la science prétend faire, c'est d'avoir une certaine explication permettant de rendre compte des phénomènes qui vont être observés, quels que soient ces phénomènes. D'autre part, il y a des disciplines, comme la psychologie, qui sont essentiellement basées sur des rapports verbaux, des rapports donc subjectifs. Va-t-on ou ne va-t-on pas classer la psychologie parmi les sciences ? Et va-t-on accepter sa méthode comme une méthodologie scientifique ? Ce qu'il me semble, la science actuelle est en train de le montrer, c'est qu'il y a des rapports étroits entre l'organisation de l'univers et le fonctionnement du cerveau. De telle sorte que la science d'aujourd'hui va inévitablement devoir de plus en plus tenir compte du psychologique.*

ELIZABETH RAUSCHER. — *Ce que dit Willis, c'est que pour les expériences portant plus spécialement sur le psychologique, il est nécessaire de préparer très très soigneusement les conditions de l'expérience, ainsi que l'interprétation. Mais c'est exactement ce que l'on fait pour les phénomènes physiques ordinaires en science. Là aussi l'expérience doit être très minutieusement préparée, sinon nous n'aurons pas de réplicabilité.*

JERZY WOJCIECHOWSKI. — *En tant qu'historien des sciences, je voudrais souligner certains aspects du caractère scientifique. Notre science actuelle a débuté avec Galilée : on a commencé à mesurer les choses, et on a rejeté tous les aspects qualitatifs au nom de la quantité. Mais la mesure du quantitatif porte toujours sur du macroscopique et suppose donc un univers homogène ; seulement ce qui est homogène entrera donc ici dans le scientifique. Mais nous sommes maintenant au-delà de l'homogène ; nous allons vers l'étude de la diversité : alors il y a ces gens, qui passent pour un peu fous, qui disent : « Eh bien, moi je mesure des choses qui ne sont pas classiques en science. » C'est-à-dire qu'ils s'écartent de l'aspect homogène des phénomènes. Autrement dit, on commence à s'intéresser aujourd'hui à des phénomènes sur lesquels il n'est pas possible d'obtenir l'unanimité des observateurs ; mais tel ou tel observateur va observer des aspects particuliers, qui ne sont pas confondus avec l'aspect global sur lequel tous les observateurs peuvent se mettre d'accord. C'est là, comme le souligne Willis Harman, que le psychologique prend son importance, et peut même devenir premier dans l'investigation scientifique.*

RÉMY CHAUVIN. — *Je voudrais présenter le point de vue d'un praticien sur la notion de réplicabilité et sur les phénomènes paranormaux ou parapsychologiques. Tout le monde sait bien en France que je m'amuse, depuis un certain nombre d'années, à ce genre de choses. Depuis vingt-cinq ans au moins, et je continue encore maintenant. Alors, ce problème de réplicabilité ? Écoutez, chers collègues, prenons les différentes disciplines dites scientifiques : en physique, il faut prendre des quantités de précautions pour se remettre dans des cas de réplicabilité, ce n'est pas si facile. Et comme on l'a fait remarquer, dans le domaine quantique, c'est parfois même théoriquement presque impossible. Enfin, en physique ou en chimie, disons la plupart du temps, on trouve, c'est exact, la réplicabilité, à condition de préciser avec beaucoup de soin les détails des processus expérimentaux. Mais passons maintenant à la physiologie : des expériences simples donnent généralement le même résultat ; mais si elles sont un peu plus compliquées, on voit des quantités de laboratoires qui essayent de répliquer des expériences décrites par d'autres et qui n'y arrivent pas. Ce qui est d'ailleurs l'objet de controverses infinies. Passons à la sociologie : je suis actuellement en train de dépouiller un travail concernant l'influence de la densité urbaine sur les réactions psychologiques de l'homme. Si vous saviez le tintamarre que font les expériences contradictoires sur un tel sujet ! Il n'y a peut-être pas deux expérimentateurs qui, malgré leurs efforts, parviennent à se placer exactement dans les mêmes conditions. Et, cependant, personne ne prétendra qu'il ne faut pas essayer d'expérimenter pour voir cette influence de la densité urbaine sur la psychologie humaine. Voir, par exemple, les conséquences d'une densité excessive. Pour la parapsychologie, les expériences ne seraient pas réplicables ? Mais si, elles sont réplicables. Elles ne le sont pas facilement, mais, dans les autres disciplines scientifiques non plus ; il faut généralement un grand nombre d'expériences, et établir des protocoles pour ces expériences qui soient extrêmement précis. Ce que les gens feignent généralement de ne pas savoir, c'est qu'un grand nombre de ces expériences sur le paranormal ont été faites par des hommes de science, dans des conditions de précision qui sont parfois bien meilleures que dans des expérimentations scientifiques plus classiques. Mais, en parapsychologie, les phénomènes sont naturellement complexes, nous ne dominons pas encore tous les facteurs, et nous devons donc recommencer les phénomènes souvent, recommencer l'expérimentation souvent. Mais il ne faut absolument pas prétendre que les expériences ne sont pas réplicables. Ce sont des gens ignorants qui prétendent cela. Ignorants, et qui ne veulent généralement pas chercher à savoir ; s'arrêtant à des préjugés* a priori, *et n'ayant pas eux-mêmes procédé à la moindre expérimentation dans ce domaine.*

JERZY WOJCIECHOWSKI. — *Je voudrais rappeler le principe platonicien que le semblable est plus beau que le dissemblable, principe qui est justement à la base de la méthode scientifique de vérification. Qu'est-ce que ça veut dire « vérifier », ça veut dire retrouver le semblable ou ce qui nous paraît comme tel ; et, en présence du semblable, nous nous sentons en présence du familier, le familier nous satisfaisant psychologiquement. Alors, là, nos inquiétudes sont apaisées. C'est le dissemblable qui est troublant et pose des problèmes. Mais chercher à résoudre des problèmes, n'est-ce pas le domaine de la science ? C'est pourquoi, justement, il y a ce principe de vérification ; on prétend que la science est objective, que la science est impersonnelle, mais à la base de cette objectivité, à la base de cette impersonnalité, il y a cet aspect personnel, cet aspect subjectif auquel on ne peut pas échapper.*

JEAN CHARON. — *Je voudrais ajouter à ce que vient de dire Jerzy que le principe (ou l'hypothèse) d'*homogénéité *est d'ailleurs, en matière scientifique aussi, un peu une facilité pour dépouiller l'observable. On le voit, par exemple, pour les cosmologies, où un principe de base proposé il y a une trentaine d'années pour toutes les cosmologies, était le principe d'homogénéité et d'isotropie de l'univers, qui permet de développer des modèles cosmologiques, en particulier à partir de la théorie d'Einstein. Mais, depuis une dizaine d'années, on s'intéresse beaucoup à un univers qui serait beaucoup plus compliqué, qui serait* diversifié, *qui ne subirait plus cette hypothèse d'homogénéité et d'isotropie. Il faut donc quand même bien souligner le fait que la réplicabilité des phénomènes observés, eh bien, c'est en fait une sorte de facilité que s'est donnée la science pour dégrossir les phénomènes au départ et* *que, ensuite, et ça rejoint ce que nous disait Willis Harman, nous allons certainement être amenés à distinguer, à essayer de décrire, de représenter les choses qui ne sont certainement pas du domaine de la réplicabilité et qui, quand même, font partie de l'univers*

HENRI LABORIT. — *Je pense qu'il y a deux domaines séparés, celui de la foi et celui de la science.*

HENRY BONNIER. — *Voilà une bonne parole.*

HENRI LABORIT. — *Attends ! attends ! on ne doit pas essayer de démontrer scientifiquement l'objet d'une foi. Par contre, ce qui est scientifique, à ce sujet, c'est de se demander* pourquoi *un individu croit. Alors, le point d'interrogation que je poserai est de savoir ce qui a commencé : est-ce l'angoisse ? ou est-ce la foi ? Personnellement je pense que c'est l'angoisse, et l'angoisse, on commence à connaître ce que c'est.*

HENRY BONNIER. — *En tout cas, en ce qui me concerne, je peux dire que ce n'est absolument pas l'angoisse qui m'a donné la foi*

HENRI LABORIT. — *C'est inconscient.*

HENRY BONNIER. — *Pardon ?*

HENRI LABORIT. — *Parce que ton angoisse est inconsciente.*

HENRY BONNIER. — *Absolument pas. Tu as une vision un peu trop réductrice de l'homme.*

PAUL CHAUCHARD. — *Si, au lieu d'angoisse, on parlait plutôt d'admiration.*

JERZY WOJCIECHOWSKI. — *Ce problème posé par Henri Laborit de l'angoisse est quand même fondamental. Je me demande quelle est la justification biologique de l'angoisse. Est-ce une attitude purement négative ? Ou y a-t-il quelquè chose de positif là-dedans ? Moi je pense que l'angoisse est une structure d'accueil envers le monde. Être angoissé, c'est être ouvert et c'est vouloir se remplir avec quelque chose. Et, dans ce sens, on peut regarder l'angoisse comme un élément nécessaire au développement de la vie.*

HENRI LABORIT. — *Pour moi, l'angoisse est le résultat de l'inhibition de l'action ; si on ne peut pas agir, c'est qu'un problème se pose et on est angoissé.*

JEAN LERÈDE. — *Est-ce qu'on pourrait dire, dans ce cas, que l'angoisse est un véhicule de l'évolution ?*

HENRI LABORIT. — *C'est l'évolution. Si l'homme a évolué conceptuellement, non pas biologiquement, c'est parce qu'il était angoissé.*

Huit

L'ESPRIT ET LA MORT

Paul Kurtz

Deux théories de la mort : l'humanisme séculier face au théisme

PAUL KURTZ

I

L'humanisme séculier et le théisme divergent sur quelques questions métaphysiques essentielles : quelle est la nature ultime de l'univers ? Y a-t-il une finalité divine associée à la réalité ? Quelle est la place de l'homme dans l'ordre de la nature ? La vie humaine a-t-elle quelque signification ou but ultime ? Mais s'il y a une question qui divise particulièrement l'humanisme séculier et le théisme, c'est bien la question de l'immortalité de l'âme. Dans une perspective théiste, l'âme de la personne survit à la mort du corps physique en conservant son identité personnelle ; et le théisme relie les plus hautes obligations morales et les devoirs religieux de l'homme à cet article de foi. Les humanistes rejettent cette thèse, qui voudrait que l'âme soit séparable du corps et que la vie puisse être maintenue après la mort du corps physique, estimant que les preuves de ces affirmations sont insuffisantes. Ils ajoutent que nous devrions chercher à créer une vie authentique ici et maintenant, sans nous soucier de la « bénédiction de l'immortalité ».

La critique humaniste de la thèse immortaliste comprend trois aspects :

1. Elle estime que les concepts d' « âme » et d' « immortalité » sont ambigus, souvent inintelligibles.

2. Qu'on ne peut soutenir aucune preuve convaincante à l'appui de cette thèse de l'immortalité.

3. Que l'argument soi-disant éthique en faveur de l'immortalité (à savoir que la vie et la moralité n'auraient pas de signification véritable sans le salut éternel) est autocontradictoire.

Je répondrai à chacune des trois objections, mais en me concentrant plus spécifiquement sur la troisième à cause de ses profondes implications pratiques.

II

La première objection à l'immortalité — et elle est aujourd'hui très populaire — se comprend logiquement. A savoir que la signification même du terme d' « âme » n'est pas très claire. Les philosophes classiques, d'Aristote à Hume et Kant, ont émis de sérieuses objections à l'idée d'une « âme » substantielle séparable du corps. Plusieurs philosophes contemporains ont émis des objections plus radicales. John Dewey et les béhavioristes, par exemple, rejetaient le « mentalisme » et l'existence d'un dualisme esprit-corps comme n'offrant pas de garanties expérimentales. Au cours des dernières années, Gilbert Ryle, Antony Flew, Peter Geach et d'autres philosophes linguistes, ont trouvé le concept d' « âme » logiquement inintelligible. Ryle pense qu'il n'est pas sensé de parler de « l'esprit dans la machine » et il fait le procès de Descartes et de tous ceux qui avaient une vision dualiste et platonique, leur reprochant de commettre une erreur catégorielle. L'être humain est une entité formant un tout ; ce que nous appelons « âme » ou « esprit » est simplement un aspect fonctionnel de l'organisme physique dans sa relation avec l'environnement. Si tel est le cas, il devient difficile de savoir ce qu'on entend lorsqu'on affirme qu'une entité appelée « âme » survivrait à la destruction du corps. Les notions d' « être désincarné », de « projection astrale » ou d' « âme non matérielle » sont basées sur des abstractions et sur un processus de réification dû à un usage ambigu du langage.

Hume souleva le problème de l'identité personnelle. Y a-t-il, se demandait le philosophe britannique, une âme substantielle indépendante soutenant mes expériences particulières ? Si mon corps n'existe plus après ma mort, et si moi je survis, me souviendrai-je de mon être passé ? Continuerai-je à avoir des sensations liées à mes membres, à mes organes génitaux, à mon estomac, après que je les aie perdus ? Comment puis-je garder des souvenirs, si je n'ai pas de cerveau pour emmagasiner mes expériences ? Est-ce que c'est bien moi qui vais survivre ou seulement une ombre sans consistance ?

Antony Flasks se demande, pour sa part, s'il lui est possible d'assister à ses propres funérailles. Alors que mon corps repose dans le cercueil, est-ce que je peux, tapi que je suis dans les limbes, regarder la scène ? Est-il sensé de dire que je peux voir si je n'ai pas d'organes visuels pour recevoir des impressions ou de système nerveux pour les enregistrer ?

Ainsi, nombreux sont les philosophes contemporains à déplorer la confusion du langage lorsqu'on s'aventure à dire qu'une prétendue « âme » survit à la mort du corps. Pour eux, le problème fondamental n'est pas tant de savoir si l'âme existe ou non que de surmonter les problèmes que pose à la logique la définition du concept lui-même.

Dans une telle alternative, le seul sens à donner à l'immortalité est d'affirmer, avec saint Paul (Rm 6 : 5 ; 1 Cor : 15/42-58), qu'à un moment donné, dans l'avenir, surviendra la résurrection du corps, y compris de l'âme. Ainsi éviterait-on la question de savoir si l'âme est distincte du corps ; nous serions alors conduits à croire qu'un être divin, dans le futur, assurera la survie de *tout* l'être humain.

III

Cette conjecture paraît nous sortir de la confusion sur la signification même du mot « âme », mais elle ne fait cependant que soulever des questions encore plus sérieuses. Quelle preuve ai-je donc pour prétendre survivre à ma mort sous une forme ou une autre, que ce soit comme âme indépendante ou comme un être ressuscité d'un seul bloc ? Car, en vérité, il y a ceux qui soutiennent que le sujet décédé revient aussitôt après sa mort sous une forme ou une autre, alors que, selon un autre point de vue, les morts seront, dans un avenir plus ou moins éloigné, ressuscités sous une nouvelle apparence.

Nombre de cultures et d'individus ont inévitablement cru en une survivance de quelque chose après la mort du corps physique ; certains le voient comme une fusion dans l'âme universelle, d'autres comme un maintien de l'identité personnelle. Autant que je sache, néanmoins, nous avons été incapables, tout au long de l'histoire humaine, de trouver des preuves suffisantes à de semblables assertions. Or je voudrais m'attacher ici à des évidences *objectivement confirmables.* Je veux éviter les « on-dit », les histoires de bonnes femmes, les rapports inconsistants émanant de personnes mal informées ou crédules, je veux m'en tenir aux faits bruts.

Voici ce qui pourrait constituer un test : l'aptitude des morts à communiquer avec les vivants ou à les influencer, et d'avoir des effets observables sur notre existence ; ou alors, notre expérience à mourir, à revenir à la vie et, en nous souvenant de notre passage dans l'au-delà, à en rendre compte aux autres.

Je ne considère pas les soi-disant données de la recherche physique comme en aucune manière concluantes. L'histoire des recherches paranormales semble avoir échoué jusqu'à présent à prouver l'hypothèse d'une survie désincarnée. On ne compte plus les efforts pour entrer en communication avec les esprits défunts, en ayant recours par exemple à des médiums. Mais on ne prête plus aujourd'hui aucun crédit à ce genre d'expériences. Il existe d'innombrables comptes rendus sur les apparitions de fantômes ou d'esprits frappeurs. Peut-on leur accorder quelque authenticité, ou bien doit-on les mettre simplement sur le compte de l'imagination subjective et de l'hallucination ?

Dernièrement, des efforts ont été entrepris pour recourir à de nouvelles techniques dans cette tentative pour communiquer avec les morts : on recueille les « voix de défunts ». Mais c'est là aussi une donnée fort peu probante : tout se passe, en effet, comme si les magnétophones servaient simplement de récepteurs, et ce qui est capté se réduit en définitive à des bruits de fond plutôt qu'à des voix de l'au-delà.

Les recherches récentes sur « l'heure de la mort » (Karlis Osis et Erlendur Haraldsson) ne décrivent pas tant des sujets sur le point de franchir les portes de la mort, comme on l'a prétendu, mais plutôt leur état psychologique à l'approche de la mort. Quant aux souvenirs de patients dont le cœur et les poumons se sont arrêtés, puis qui sont revenus à la vie, ils ne prouvent pas non plus qu'il y ait une « vie après la vie » (Raymond Moody, Michael Sabom, etc.). Une justification plus naturelle des faits fournis à l'appui de cette thèse est que les patients ressuscités ne subissent pas une « mort » du cerveau : ce que ces faits décrivent sont donc des expériences prémortelles, et les mécanismes de défense psychologique qui les accompagnent alors que le sujet affronte son décès imminent. A bien des égards, ces états sont phénoménologiquement semblables à d'autres formes d'expériences « extra-corporelles » assez banales (sommeil hypnagogique ou hypnapompique). Et, souvent, ils rappellent aussi les hallucinations narcotiques.

D'aucuns pourraient revendiquer qu'il n'est pas possible de confirmer de manière absolue l'existence d'une après-vie avant de mourir et d'y être soi-même confronté (mais alors n'est-il pas trop tard pour pouvoir « en parler » ?) ; s'il en est ainsi, ne vaut-il pas mieux s'abstenir de tout jugement — même si, pour ma part, vu l'abondance des faits connus concernant la mort animale et humaine comme processus purement biochimique, j'incline à penser que l'hypothèse d'une survie désincarnée relève de la plus haute improbabilité.

Bien sûr, il y a des choses qui survivent à la mort sous une forme ou une autre. Il y a le corps physique, qui se décompose rapidement, et aussi le squelette ; ce dernier, sous de bonnes conditions, peut être conservé pendant des milliers d'années. Il se peut aussi que, de la même façon, de l'urine soit excrétée par la vessie après la mort ; certaines énergies peuvent aussi être libérées à ce moment-là ; et pendant un certain temps, jusqu'à la décomposition totale du corps physique. Quant à savoir si cette énergie libérée est douée de conscience personnelle et pourrait donc faire l'objet d'expériences sur l'identité du mort, c'est une autre affaire. Il faudrait soumettre ceci à de minutieuses mesures scientifiques et rien de tel n'a jusqu'alors était fait de manière probante. Mais s'il existait un tel moyen de vérification, il s'agirait là d'une percée capitale.

Une autre question soulevée par la survie est l'échelle de temps. Il se peut que des structures énergétiques survivent un certain temps, cela peut aller d'une dizaine de minutes à quelques années, ou au plus quelques siècles (comme les prétendus esprits qui hantent les châteaux anglais, jusqu'à ce qu'ils soient « libérés »). Mais la revendication de survie « éternelle » n'a en tout cas jamais été vérifiée et apparaît virtuellement invérifiable. Car comment parvenir à prouver que quelque chose qui survit à la mort (un esprit ou quelque chose d'autre) ne s'éteindra jamais ?

En tous les cas, il nous serait difficile de donner un « âge » à une âme, si, d'aventure elle était découverte ; il faudrait pour cela que nous disposions d'une technique semblable à celle du carbone 14, pour dater des éléments de nature non corporelle. Si nous découvrions alors une « très vieille » âme, elle ne serait pas nécessairement éternelle. Elle a eu un commencement (à moins de croire en la théorie de la réincarnation et à une existence antérieure à notre naissance). Dans tous les cas, cette âme ne paraît pas pouvoir précéder l'espèce humaine elle-même. Mais, de manière plus significative, même dans ce cas nous n'aurions pas de garantie que cette âme continuerait à vivre indéfiniment dans le futur, à moins d'entendre par « éternité » quelque chose qui transcende toutes les catégories de temps. De telles revendications ne pourraient être, au mieux, que des postulats ou des conjectures, mais nullement des preuves. Ainsi, la thèse de l'immortalité demande à être vérifiée. Et elle ne l'a jamais été.

Il est évident que la croyance en l'immortalité transcende les concepts de la science. C'est ce que nous rappellent les tenants de cette croyance. La croyance en l'immortalité est seulement « pensable » dans le cadre d'un système de pensée plus large : métaphysique ou théologique. La thèse de l'immortalité s'inscrit dans le cadre d'une vision théiste de l'univers (laquelle est également rejetée par les humanistes). Mais la question soulevée par la thèse de l'immortalité est que, d'une part cela demeure un concept « flou », sans signification claire ; d'autre part, elle n'a jusqu'à présent pu être confirmée par des données véritables suffisamment probantes.

Donc, en dernière analyse, la croyance en l'immortalité est un article de foi, dérivé d'une vision globale de l'univers accepté comme issu d'une création divine ; c'est un article de vérité révélée, et non pas une vérité philosophique ou scientifique. La thèse de l'immortalité implique la croyance en un être divin capable de nous accorder une survie après notre mort ; cet être divin ressuscitera le corps physique et l'esprit à un certain moment du futur, en nous restituant notre identité personnelle et même notre mémoire, en dépit du fait qu'il a pu s'écouler un intervalle de plusieurs milliers d'années, pendant lequel les vers ont eu le temps de dévorer proprement notre cervelle, notre moelle et notre chair.

Il est paradoxal que la doctrine de l'immortalité ne soit pas une simple annexe de la croyance en l'existence de Dieu, ou un simple corollaire de cette croyance. La croyance en l'immortalité est en soi, à mon avis personnel, une composante centrale de la croyance en Dieu, sinon son ressort psychologique le plus puissant. Je veux dire par là que la doctrine de l'immortalité relève moins d'une tentative de décrire une soi-disant réalité que d'un idéal normatif, lequel est postulé pour combler une « faim psychologique ». Bien évidemment, l'introduction de l'idée de Dieu est ici capitale parce que, l'homme devant affronter la mort, Dieu est présenté en même temps que l'immortalité comme une solution à ce problème de la mort. Tel est l'argument existentiel/psychologique en faveur de l'immortalité, si souvent défendu par des humanistes, comme par exemple James et Santayana. Cet argument implique au moins trois facteurs :

a) une réponse au problème de la mort, une tentative d'expliquer la mort et de la vaincre ;

b) une sorte de direction morale donnée à ce qui ne serait autrement qu'un univers de hasard et de vanité ;

c) un soutien psychologique octroyant courage et consolation à ceux qui se croient abandonnés et s'en affligent ; on aide ainsi les individus à surmonter l'inquiétude, la solitude et l'aliénation.

Dans cette acceptation éthiquement pragmatique, la doctrine de l'immortalité revêt l'aspect d'un guide moral plus que d'une vérité décrivant la réalité du monde. Se dire partisan de l'immortalité par idéal est une chose. Mais affirmer que l'immortalité de l'âme existe nécessairement, au sens littéral, est une tout autre chose.

IV

Quant à la critique adressée par l'humanisme séculier à l'argument éthique de l'immortalité, elle est tout aussi décisive, et sur plusieurs points. Pour l'humaniste, cette doctrine est fondamentalement morbide. Elle provient d'une double attitude de peur et de fascination à l'égard de la mort. L'immortaliste est obsédé par la mort et il essaie néanmoins d'en ignorer la terrifiante réalité. L'humaniste y voit le signe d'un échec à regarder en face la finalité de la mort et une incapacité à voir la vie telle qu'elle est vraiment. Cette attitude a tous les caractères d'une pathologie, tant elle témoigne d'une inadéquation avec le réel. C'est une attitude immature et malsaine, l'exacerbation d'une pure chimère dans le but de soulager un cœur tourmenté par la perte d'un être cher ou d'éviter à quelqu'un qu'il accepte sa propre condition.

La mort est source de profonde angoisse. Il y a une répugnance à passer de l'autre côté. L'on met alors son espoir dans une ouverture sur une autre vie, où l'on pourra réaliser ses aspirations inassouvies. L'esprit primitif, ne disposant pas de la science contemporaine, a enveloppé la mort de mystère et de crainte. La mort était insondable, source de brutale souffrance. Le mythe eschatologique permet de transcender la douleur.

Cette espèce de dénégation de la réalité traduit fondamentalement un manque de courage à affronter avec persévérance les difficultés. L'immortalité est un symbole traduisant notre angoisse devant un univers impénétrable, et notre espérance en quelque future délivrance. Elle est un refus tenace d'affronter la finitude brutale de notre existence, le caractère précaire et contingent, souvent tragique, de la vie humaine. Les tenants de l'immortalité croient que quelqu'un nous sortira de notre misère, quel que soit le temps qu'il nous faille attendre. C'est la croyance gratuite que cette vallée de larmes pourra être surmontée ; et que, à la fin, en dépit de nos souffrances présentes, nous serons réunis avec ceux qui nous sont chers. L'immortalité est un expédient thérapeutique ; et dans l'histoire passée de l'humanité, quand la maladie était encore une chose très répandue et que la durée de vie était si courte pour la plupart des gens, cette doctrine semble avoir eu un certain sens. La vie était souvent pénible, bestiale et brève, de sorte qu'une espérance de vie de plusieurs dizaines d'années n'était pas la norme mais l'exception.

Aussi le mythe de l'immortalité fonctionnait alors comme un tranquillisant. Aujourd'hui, d'autres attitudes dominent. Armés de la médecine moderne et de la technologie, nous pouvons combattre la mort par d'autres moyens. Certaines tentatives visent à prolonger la durée de la vie et à la rendre plus riche et plus agréable jusqu'à la fin — c'est-à-dire jusqu'à ce que le processus de la mort se mette en place. Arrivés à cette phase terminale, certains préfèrent même en accélérer le terme si la souffrance est devenue trop vive, et accepter l'inévitable avec une stoïque résignation.

Le courage existentiel est l'une des vertus clés de l'humanisme. Le courage est si essentiel dans l'existence que Kierkegaard et Tillich ont reconnu que, sans lui, la vie devient difficile et insupportable. Dans une perspective humaniste, il ne suffit pas de rassembler tout son courage pour « être » — pour survivre face aux adversités : il faut encore cultiver le courage de devenir. En d'autres mots, le problème de la vie pour chacun d'entre nous est de construire nos vies malgré toutes les forces de la nature, y compris les forces de la société qui tentent parfois de nous submerger.

L'humaniste voit en l'immortaliste quelqu'un qui a renoncé à assumer complètement sa responsabilité morale, car il répugne à prendre sa destinée en main propre. Il y a, certes, des limites à l'accomplissement de l'homme et à son indépendance, et nous devons faire la distinction entre les choses qui sont en notre pouvoir et celles qui ne le sont pas, ainsi que l'ont reconnu les stoïciens. Mais, ce qui est en notre pouvoir, nous avons le défi d'en faire la meilleure part de notre vie. Nous devons recréer et redéfinir le pouvoir humain, en élargir les paramètres.

La liberté de choix et d'action impartie à l'homme est capitale. L'humaniste ne se contente pas de découvrir et d'accepter l'univers tel qu'il est, il s'efforce de le transformer. Et la tâche de notre vie n'est pas de découvrir ce qu'est notre nature essentielle (qu'elle soit ou non donnée par Dieu), ni simplement de la réaliser, mais de surpasser notre nature. C'est ainsi que l'homme invente la culture. Nous sommes des postprométhéens, volant aux dieux le fer et les arts de la civilisation, prenant constamment la chance qui nous est donnée de refondre notre destinée.

Une objection fondamentale faite par l'humanisme contre les tenants de l'immortalité concerne la disparition des valeurs éthiques — on ne peut être pleinement responsable de soi et des autres, créatif, indépendant, libre et autonome si l'on croit que la moralité prend sa source *en dehors* de l'homme. La conscience réfléchie, la morale, est une chose trop sérieuse pour être déférée au transcendant. Nous sommes responsables de ce que nous sommes et, en faisant preuve de compassion vis-à-vis de nos semblables, en désirant que la justice s'accomplisse, nous pouvons réaliser une vie satisfaisante « ici et maintenant », à condition de travailler suffisamment pour y parvenir. Ce n'est pas la peur de la damnation, ou l'espoir du salut qui nous amènent à rechercher un monde meilleur pour nous et pour notre prochain, mais une disposition innée à un sentiment moral, sans égard aux récompenses ou punitions éventuelles. La moralité est autonome.

Pour l'humaniste, la foi fait commettre une grave erreur : elle ruine la majeure partie de la vie de l'homme. La vie a beau être courte, elle n'en est pas moins riche de possibilités, suffisamment pour être vécue avec entrain et dans la joie. Ceux qui sont morbides, craintifs, timides, qui répugnent à prendre en main leur destinée, sont souvent incapables d'apprécier pleinement les joies bienfaisantes de la vie.

Beaucoup trop souvent les tenants de l'immortalité sont pleins de sombres pressentiments, se surchargeant de culpabilité et d'un sentiment excessif de péché. Trop souvent les plaisirs charnels, le sexe et l'amour sont refoulés, les occasions variées de se réjouir de manière créative sont réprimées. Bien des individus ont donc échangé leur âme contre la vie éternelle ; mais, si cette promesse d'éternité est un leurre, ce que personnellement je pense, alors cela signifie que les tenants de l'immortalité sont passés à côté des valeurs importantes de la vie. J'irai même jusqu'à dire que leurs vies ont été stériles. Ils ont laissé passer bien des occasions, refusé de faire ce qu'ils désiraient vraiment faire ; ils n'ont pu saisir les occasions à cause d'une peur profondément enracinée en eux.

Nombreux cependant sont les théistes pour qui la vie, sans l'immortalité, n'a pas de signification. Qu'il me paraît singulier et paradoxal de penser ainsi ! C'est un aveu de leurs limitations personnelles. Car si quelque chose appauvrit le sens de la vie, rétorquera l'humaniste, c'est bien la doctrine de l'immortalité. Si vous croyez en l'immortalité, finalement rien ici-bas n'a vraiment de valeur. Tout n'est que préparation ; la vie se réduit à une salle d'attente vers une éternité transcendante. Ainsi, cette vie n'est pas pleinement utilisée car c'est seulement « la suivante » qui compte. Pourtant cette vie n'a-t-elle pas elle-même d'autre signification que ce que nous choisissons d'y investir ? Tout ce que nous présente la vie, ce sont des opportunités, nous pouvons choisir de les exploiter, ou de les laisser passer.

L'humaniste dit : « La vie est remplie de plans et de rêves, d'espoirs et d'aspirations, de joie et de chagrin, de tragédie et d'accomplissement. Elle est trop belle pour être dilapidée à chanter oisivement un lendemain qui pourrait ne jamais venir. »

V

La question est souvent posée : quand bien même l'immortalité serait inintelligible et improbable, pouvons-nous vivre sans illusions ? Peut-être avons-nous tous nos illusions et nous n'avons pas évacué un mythe qu'un autre déjà surgit et nous induit trompeusement en tentation. La version utopique du marxisme, par exemple, semble remplacer le théisme en différentes parties du monde. Mais cela est-il inévitable ? L'illusion est peut-être le résultat d'un refus d'accomplissement enraciné dans la nature humaine (pour l'humaniste, cela serait la théorie du péché originel). Néanmoins certaines illusions sont peut-être moins fausses et nocives que d'autres.

Les humanistes ont sans conteste leurs propres illusions ; la croyance que l'on puisse résoudre les problèmes majeurs de la vie par le seul usage de l'intelligence et mener ainsi une existence saine et heureuse pourrait fort bien être au nombre de ces illusions. Néanmoins, certaines illusions finissent par nuire aux intérêts humains tout entiers et aux besoins sociaux. Le mythe de l'immortalité, si puissant qu'il ait pu être dans l'histoire de la culture — notamment aux époques de pauvreté et de maladie — n'a plus guère de rapports avec nos préoccupations humaines actuelles.

La croyance en l'immortalité satisfait-elle un besoin psychologique nécessaire ? J'en doute. Car j'ai constaté que ceux qui n'ont pas foi en l'immortalité craignent souvent beaucoup moins la mort et sont prêts à l'accepter et l'affronter avec beaucoup plus de courage que ceux qui ont cette croyance. De tels individus non croyants sont aptes à développer la confiance en leurs capacités humaines, une conscience morale indépendante, un engagement pour la justice sociale ou le bien-être de l'espèce sur la planète ; et, pour eux, la vie est chargée de signification. Ces personnes peuvent d'ailleurs n'être pas dépourvues d'idéaux transcendants, plus vastes qu'eux-mêmes. Ils peuvent croire en la contruction d'un monde meilleur et se montrer profondément concernés par l'avenir de l'humanité ; et leur sentiment d'obligation envers cet idéal n'a rien à envier à celui dont peuvent témoigner les immortalistes.

Les tenants de l'humanisme séculier peuvent, en vérité, croire en l'immortalité dans un sens métaphorique : les travaux auxquels nous sommes voués nous survivront. Mais si nous luttons pour eux ce n'est pas en vue d'une récompense ou d'un châtiment de la postérité, c'est parce que, durant notre existence, nous trouvons que nos buts ont de la valeur. Nous sommes motivés pour accomplir ici et maintenant ce qui nous paraît contribuer à un avenir meilleur pour nos enfants, et les enfants de nos enfants, même si nous ne serons plus là pour le voir. Il ne nous en faut pas davantage pour nourrir et développer nos principes moraux. L'humanisme séculier n'a pas besoin d'une doctrine de l'immortalité pour donner un sens à la vie ou pour asseoir la moralité sur un fondement. Le sens et la moralité grandissent tous deux en prenant pied sur l'expérience vécue, et notre insertion totale dans cette « bonne vieille vie », telle que nous la définissons, peut s'avérer un stimulus aussi puissant pour l'existence que la doctrine traditionnelle de l'immortalité.

BIBLIOGRAPHIE

DEWEY, J., *Experience and Nature,* Chicago, Open Court, 1925, 1929.

FLEW, A. G. N., « Can a man witness his own funeral ? », *Hibbert Journal,* 1955-56, n° 54, pp. 242-250.

FLEW, A. G. N. (éd.), *Body, Mind and Death,* New York, Macmillan, 1964.

GEACH, P., *God and the Soul,* New York, Schocken, 1969.

HUME, D., *A treatise of Human Nature.*

JAMES, W., *The Will to Believe,* New York, Longmans Green, 1896.

KIERKEGAARD, S. A., *Concluding Unscientific Postscript,* Princeton, Princeton University Press, 1941.

MOODY, Raymond, *Life after Life,* Covington, Géorgie, 1975.

OSIS, KARLIS HARALDSSON, et ERLENDUR, *At The Hour of Death,* New York, Avon, 1977.

RYLE, G., *The Concept Mind,* Londres, Hutchinson, 1949.

SABOM, Michael B., *Recollections of Death,* A Medical Investigation, New York, Harper's, 1982.

SANTAYANA, G., « Reason in Religion », in G. Santayana (éd.), *The Life of Reason,* New York, Scribner, 1905-1906.

TILLICH, P., *The Courage to Be,* New Haven, Yale University Press, 1952.

DISCUSSION

KARL PRIBRAM. — *Je crois, en science, qu'une question a été posée sans avoir de réponse précise pendant des siècles, même des millénaires, c'est la question de la mort ; chaque fois que cela arrive, on est tenté de penser que la question a été mal posée. Je crois, comme José Delgado l'a bien précisé dans sa communication, qu'il y a lieu de distinguer entre les activités mentales de l'esprit et du cerveau et l'activité spirituelle. Par activité spirituelle, je veux dire l'activité du cerveau qui se rapporte à quelque chose qui n'est pas directement ce que l'on peut étudier ici sur terre, mais à quelque chose de cosmique, ou à Dieu, ou quelque chose qui par conséquent dépasse le domaine de nos perceptions habituelles. Je pense que Paul Kurtz a réfléchi à ce problème de la mort en le situant dans le domaine de notre réflexion mentale et en essayant de le placer même sur le plan scientifique. Je ne suis pas certain qu'un tel problème, celui de la mort, qui se rapporte vraiment à l'activité spirituelle de notre cerveau, peut entrer dans le cadre de ce que l'on est capable de comprendre par nos perceptions directes, puisque, aussi bien, nous n'avons pour l'instant aucun commentaire direct d'une personne qui est morte.*

FRANZ SEITELBERGER. — *Je crois que nous faisons partie de l'univers et nous voyons l'univers évoluer autour de nous depuis le passé vers un futur quasi éternel ; et il peut y avoir quelques bases physiologiques qui nous donnent le sentiment d'avoir quelque chose en nous appartenant, comme pour l'univers, à l'éternité.*

PAUL KURTZ. — *Oui, mais ceci peut être une spéculation totalement erronée.*

PAUL CHAUCHARD. — *Je suis tout à fait d'accord que le problème de l'immortalité échappe complètement à la science. Échapper à la science, cela veut dire que celle-ci ne peut pas plus prouver la mortalité que l'immortalité. Mais en tant que neurophysiologiste, je constate que nous sommes faits d'informations et qu'une information a toujours un côté matériel et un côté spirituel. Notre mémoire, qui stocke les informations, peut avoir également ce côté matériel et ce côté spirituel et je ne vois pas pourquoi la science voudrait démontrer sans preuves convaincantes que ce caractère spirituel ne persiste pas après la mort corporelle. Personnellement, je crois à l'immortalité de la libido.*

HANS ZEIER. — *Je suis également d'accord que le sujet qui est traité dans la communication de Paul Kurtz dépasse très largement le domaine de la science.*

MORTON KAPLAN. — *Je pense que, ici, on ne parle pas tellement de la survivance de l'esprit, mais on voudrait parler de la survivance de la personne et je crois que ceci ne peut pas être situé parmi les concepts scientifiques habituels d'espace et de temps. La réflexion doit ici largement déborder la science. Je ne crois pas aux fantômes ou à l'apparition du corps d'un homme après sa mort, mais je pense que l'immortalité de la personne est quelque chose de tout à fait différent.*

PAUL KURTZ. — *Comment pouvez-vous encore parler de la personne quand il n'y a plus de mémoire ?*

MORTON KAPLAN. — *Je pense que vous vous trompez complètement dans l'approche que vous faites à cette question.*

JEAN LERÈDE. — *Paul Kurtz est un stoïcien courageux qui, semble-t-il, a voulu nous parler de l'immortalité de l'ego. Paul Kurtz a dit : « La conscience suggère une sorte de cadre temporel. » Personnellement, je voudrais vous dire mon désaccord personnel sur cette affirmation. La conscience ne me suggère pas un cadre temporel, elle me suggère le contraire, c'est-à-dire un cadre non temporel.*

PAUL KURTZ. — *N'avez-vous pas le sens du temps qui passe ?*

JEAN LERÈDE. — *Je vous ai parlé, dans ma propre communication, de l'humain du double plan, le plan rationnel et le plan intuitif. Sur le plan rationnel, j'ai un sens du temps qui passe ; mais, sur le plan intuitif, j'ai conscience de quelque chose qui déborde largement le cadre temporel. Et une partie de moi-même, qui est la plus profonde, fonctionne sur ce plan. C'est une partie de moi-même qui vit hors de l'espace et du temps. Je n'ai bien entendu aucune preuve, moi-même, de cette affirmation. C'est simplement un témoignage.*

JEAN CHARON. — *Je voudrais d'ailleurs rappeler ici qu'en science actuelle, dans ce qu'on appelle la théorie du bootstrap, on essaye de parler d'une façon plus générale des relations qu'il peut y avoir entre les choses indépendamment de l'espace et du temps. Il faut bien avoir conscience du fait que l'espace et le temps sont également des symboles qui sont imaginés par ce que tu appellerais, Jean, le plan rationnel de l'humain.*

JEAN LERÈDE. — *Un deuxième point, Paul Kurtz s'est à juste titre plaint que les concepts d'âme et d'immortalité sont des concepts vagues et il insiste sur la difficulté que pose à la logique ce concept d'âme. Je répondrai à ceci que l'âme n'est pas un concept, ce n'est pas de l'ordre de la logique. Si on tente de définir l'âme, on tombe immédiatement dans les discussions habituelles. Et l'histoire nous montre qu'on a été jusqu'à s'entr'égorger simplement pour savoir si l'âme existe ou non. L'âme est un terme symbolique. Freud disait que le langage symbolique est un langage oublié. Peut-être, avant de discuter le problème de l'âme, devrait-on revenir à des tentatives de compréhension de ce langage oublié.*

PAUL KURTZ. — *Vous soulevez, dans tout ceci, un grand nombre de questions. Plus simplement, le problème est ici de savoir ce que la science actuelle peut nous dire du paranormal ou de l'existence de l'âme. Si vous voulez parler par métaphores, symboliquement, vous sortez de la discussion scientifique.*

JEAN LERÈDE. — *Métaphoriquement et symboliquement, ce n'est pas du tout la même chose. Je crois qu'il faut distinguer entre les possibilités logiques et le cadre conceptuel, à l'intérieur duquel on veut discuter.*

JEAN CHARON. — *Je crois que, s'il est un vaste problème, c'est bien celui de la mort. Aussi, pour attaquer un tel problème à la fin de notre* xx*e* *siècle, conviendrait-il de faire appel à* toute *la connaissance contemporaine, avoir le concours de toutes les disciplines du savoir, notamment la physique, et bien sûr aussi la philosophie. Je l'ai dit dans ma propre communication, la physique commence aujourd'hui à définir en termes précis ce qu'elle nomme l'Esprit, avec l'objectif de parler de l'association de cet Esprit aux atomes de matière, dont l'expérience montre que la vie est pratiquement éternelle : n'est-ce pas là une ouverture sérieuse pour examiner « scientifiquement » le problème d'une « immortalité » éventuelle de l'Esprit ? J'aurais aimé entendre Paul Kurtz mentionner cet argument puisque, à juste titre, il souhaite un éclairage « scientifique » à notre discussion sur la Mort. Plus généralement encore d'ailleurs, je crois qu'un tel problème exige le concours de la philosophie, car on est ici en face des concepts d'Être, d'Âme et de Réalité, qui sont propres à la connaissance philosophique. Je m'efforcerai de dire quelques mots de cette approche « ontologique » de l'âme et de la mort en conclusion à ce colloque, si nous avons le temps.*

RICHARD RUBENSTEIN. — *Juste un point, on veut parler ici de science. Je voudrais rappeler qu'il y a une étude scientifique des religions. Je voudrais notamment faire remarquer que le problème de l'immortalité de l'individu ne s'est pas posé avant qu'on en soit venu à la notion d'individu elle-même. Si on regarde vers les grandes religions occidentales, la notion d'une âme indépendante du corps ne se trouve pas. Le créateur a créé l'âme et le corps, et si le corps disparaît au moment de ce que l'on appelle la mort corporelle, le créateur a la possibilité de le faire ressusciter dans une dimension temporelle différente. Maintenant, que ceci ait lieu ou non est moins important que d'essayer de réfléchir à ce que ceci symbolise. Cela symbolise le fait que le corps et l'âme sont absolument inséparables, sinon la doctrine de la résurrection serait inutile et incompréhensible. Donc, on peut dire que le sujet, tel qu'il est discuté ici, tout simplement n'entre pas dans le cadre de réflexion des religions occidentales, telles que le judaïsme ou la chrétienté.*

PAUL KURTZ. — *Je comprends, et ceci aide beaucoup, que vous précisiez ce qui historiquement a eu lieu. Il n'y a pas de séparation du corps et de l'âme. Mais maintenant, en science actuelle, on considère, je crois, généralement, que l'âme et le corps représentent deux entités séparées.*

JOSÉ DELGADO. — *On parle de la survivance après la mort. Qu'est-ce qui survit ? Est-ce le cerveau, avec toutes ses possibilités neurophysiologiques ? Ceci n'est pas possible. Les activités mentales n'ont plus les structures pour se produire. Il faut donc nous poser clairement la question : Qu'est-ce qui survit ? A quoi demande-t-on de survivre ?*

JEAN CHARON. — *Nous avons largement dépassé le temps de parole, ce que je regrette. Mais sur ce problème il faudrait, pour que nous puissions en discuter pleinement, avoir un véritable colloque. Je vais donc devoir arrêter là la discussion.*

RÉMY CHAUVIN. — *Je regrette beaucoup qu'on en reste là car c'est un problème tout à fait fondamental. Je voudrais en tout cas dire immédiatement que l'exposé de Paul Kurtz me paraît être tout à fait inexact sur plusieurs points et démontre une naïveté très regrettable dans l'interprétation de ce que pensent réellement les immortalistes**.

* Rémy Chauvin précisera sa pensée vis-à-vis de l'exposé de Paul Kurtz dans la discussion qui suivra l'exposé de Richard Rubenstein (voir cette discussion).

Neuf

ESPRIT ET SPIRITUALITÉ

Richard L. Rubenstein
Henry Bonnier
Se-Won Yoon
G. Niangoran-Bouah
J. Martin Ramirez

La chute et la rédemption dans les Écritures et la psychanalyse, avec une référence spéciale à Paul de Tarse [1]

RICHARD L. RUBENSTEIN

Au cœur de l'expérience religieuse du monde occidental, nous trouvons la conviction que l'existence humaine est fondamentalement aliénée dans son caractère ; que le but de toutes choses est leur restauration à l'état originel, sans défaut. Dans l'imagerie des écritures apocryphes, pseudépigraphiques, rabbiniques et dans le Nouveau Testament, Adam chassé du Paradis connaît, en premier, l'exil : chacun des descendants d'Adam récapitule le destin du Premier Père. Cette existence d'exil ne prendra pas de fin jusqu'à ce que la descendance d'Adam soit restaurée dans l'Eden. Selon cette tradition, on peut s'attendre à ce qu'à la fin des temps, l'humanité rachetée jouisse de la félicité immortelle, que le Créateur prévoyait originellement pour Ses créatures avant la Chute.

Pour autant que l'on regarde le Messie comme l'agent décisif dans le processus de la restauration cosmique, sa fonction est de réparer le dommage causé à la création par la rébellion d'Adam. C'est pourquoi Paul désignait celui en qui il voyait le Messie comme le Dernier Adam.

Récemment, des universitaires chrétiens tels W. D. Davies, Robin Scroggs et C. K. Barrett ont souligné la pertinence d'une étude des spéculations rabbiniques concernant Adam pour une compréhension de la théologie de Paul. Scroggs, en particulier, a souligné l'importance de la spéculation rabbinique et apocryphe concernant la Chute pour une compréhension de l'interprétation paulinienne du rôle du Christ comme « Dernier Adam », qui renverse la condamnation apportée à la race par le premier Adam [2].

Scroggs résume la tradition rabbinique concernant Adam avant la chute comme suit :

a) Avant la Chute, Adam jouissait de prérogatives royales sur toute la Création. Tout comme Dieu est Roi en haut, Adam est censé être Roi en bas.

b) Adam possédait originellement une sagesse très grande, bien plus grande même que celle des anges.

c) Adam était vraiment fait à l'image de Dieu. Adam, de ce fait, ressemblait plus à Dieu que les anges, qui lui furent créés inférieurs.

d) Adam possédait une glorieuse nature, partageant la gloire même de Dieu autant qu'il est possible pour un être créé.

e) Adam possédait des dimensions cosmiques. Sa réduction à des dimensions mortelles fut une conséquence de la Chute[3].

L'image rabbinique-apocryphe d'Adam avant la Chute ressemble à cette image traditionnelle de l'existence immortelle et glorieuse qui attend les justes rachetés dans l'Age à venir. Bien que la spéculation rabbinique concernant le monde à venir comporte un caractère élusif, une affirmation de Rab, une autorité babylonienne du IIIe siècle, peut être pertinente pour une compréhension de la conception paulinienne de la Chute et de la Rédemption.

« Le monde à venir n'est pas comme ce monde. Dans le monde à venir, on ne boit ni ne mange ; il n'y a ni procréation ni affaires ; ni envie, ni haine ou lutte ; mais les justes se tiennent assis sur leurs trônes avec leurs couronnes sur leur tête, jouissant de la lumière du Saint-Esprit[4]. »

L'affirmation de Rab selon laquelle, dans le monde à venir, on ne mangera ni ne boira, a été reliée aux traditions qui veulent qu'avant la Chute, Adam possédait des dimensions cosmiques et était originellement coextensif avec l'environnement créé dans son ensemble[5]. Lorsque nous enquêtons pour voir s'il existe quelque état biologique correspondant à ces images, nous pouvons désigner l'état intra-utérin. Dans le sein de la mère, il ne semble pas y avoir de dichotomie entre sujet et objet, ni l'expérience d'un intervalle entre la demande et la gratification. L'existence prénatale est donc l'approximation la plus juste de la félicité sans effort et sans durée que les hommes aient expérimentée. Pour autant que les images religieuses de Paradis, de chute d'Adam et de monde à venir aient quelque contrepartie biologique, elles peuvent être vues comme des expressions symboliques du contraste entre l'existence prénatale et l'existence postnatale.

Nous avons tous expérimenté une catastrophique « chute » à

la naissance. Quelque chose, en chacun de nous, ne cesse pas de retourner dans le Jardin. Nous fûmes « plantés » dans le sein de la mère et sommes demeurés enracinés là pendant neuf mois à travers le cordon ombilical, notre ligne de vie pour la nourriture et la croissance. Originellement, le fœtus n'a aucun moyen d'expérimenter l'altérité. Le langage échoue à décrire la condition du fœtus. Pour être en mesure d'avoir un sens de l'identité discontinue, on doit confronter un domaine d'altérité. Autant que nous le sachions, le fœtus n'a pas d'expérience consciente du temps, de l'effort, ou de la limitation. Par contraste, l'existence postnatale semble être une chute catastrophique, depuis l'état de grâce.

Nous ne pouvons passer en revue les nombreuses tentatives religio-symboliques visant à dépeindre la nature de la Rédemption. Il doit suffire de noter que certaines ont été « conservatrices », impliquant la restauration des commencements primordiaux ; d'autres ont été progressistes », optant pour une transformation cosmique non anticipée[6].

Un motif important pour la soutenance d'une interprétation conservatrice-restauratrice de la Rédemption a été le fait qu'il y a une contrepartie biologique connue à cette doctrine imprécise. Si la Rédemption est comprise comme restauration, nous devons en conclure que la félicité qui attend les justes n'est autre que celle dont ils jouissaient dans le sein maternel.

L'interprétation restauratrice et conservatrice de la Rédemption est particulièrement évidente dans la théologie de Paul. Comme nous le verrons, cela devient évident dans ses réflexions sur les origines de la mort : « Ainsi donc le péché est entré dans le monde par un seul homme, et par le péché est arrivée la mort ; et la mort s'est répandue à travers la race tout entière, parce que tous ont péché » (Rm 5 : 12). Paul nous offre alors sa vision de ce qu'est la Rédemption : « Adam, figure de celui qui doit venir (...) Mais si, par la faute d'un seul, la multitude est morte, combien plus la grâce de Dieu et le don conférés par la grâce d'un seul homme, Jésus-Christ, se sont-ils répandus à profusion sur la multitude » (Rm 5 : 15). Selon Paul, le « don gratuit » qu'accorde le Christ est l'opposé de la peine encourue par l'humanité à cause de son antitype : Adam apporte la mort ; Jésus apporte la vie éternelle[7].

Les assertions de Paul concernant l'extraordinaire pouvoir rédempteur du Christ soulève la question de la base du pouvoir du Christ pour sauver. Selon la tradition biblique, la mort est le salaire du péché plutôt qu'une conséquence inexorable du processus de la vie elle-même. Bien plus, dans la religion biblique, tous les péchés sont finalement réductibles à un seul péché, la désobéissance. Puisque tous les commandements expriment la volonté de Dieu, un seul acte de rébellion est suffisant pour entraîner la mort. C'est pourquoi Paul, comme les contemporains rabbiniques, considérait qu'Adam s'était apporté la mort à lui-même et à sa descendance par un seul acte. Par contraste, Paul tenait le Christ pour le seul homme à s'être montré absolument obéissant et donc juste. L'obéissance incomparable du Christ alla même jusqu'à accepter l'extraordinaire agonie de la croix comme un innocent immaculé. Paul faisait ressortir le caractère décisif de l'obéissance du Christ, à cause de sa croyance :

a) Que la mort est la conséquence d'une désobéissance de l'humanité ;

b) Qu'une personne, en témoignant d'une totale et inconditionnelle obéissance aux commandements de Dieu, éviterait la condamnation à mort. Pour Paul, le caractère de suprême obéissance du Christ consistait dans le fait que Jésus, prétextant sa droiture immaculée, aurait pu revendiquer qu'on lui épargnât la mort; or il choisit l'obéissance sans réserve à une mort sacrificielle.

Paul est des plus explicites en affirmant que par son obéissance et sa mort sacrificielle, le Christ est devenu un « esprit donneur-de-vie » (*pneuma zoopoioun*) I Co 15 : 45 ; c'est-à-dire qu'il est l'agent pour renverser la sentence de mort infligée à l'humanité par le péché d'Adam.

Dans une perspective psychanalytique, il apparaît très probable que Paul regardait la désobéissance primale d'Adam comme motivée par la quête du pécheur pour l'omnipotence. Ce thème est traité par Philippiens 2 : 6-11 qui est largement interprété comme une présupposition de la dichotomie Adam-Christ.

Lui, de condition divine,
ne retint pas jalousement
Le rang qui l'égalait à Dieu.
Mais il s'anéantit lui-même,
prenant condition d'esclave
et devenant semblable aux hommes.
S'étant comporté comme un homme,
il s'humilia plus encore,
obéissant jusqu'à la mort,
et à la mort sur une croix !

Aussi Dieu l'a-t-il exalté
et lui a-t-il donné le nom qui est au-dessus de tout nom,
pour que tout, au nom de Jésus, s'agenouille au plus haut des cieux,
sur la terre et dans les enfers.
Et que toute langue proclame
de Jésus-Christ, qu'il est Seigneur
à la gloire de Dieu le Père[8].

Dans cet hymne, Paul affirme que, en sa qualité de Fils de Dieu éternel, préexistant, Christ était à égalité avec le Père ; mais, dans une obéissance parfaite, il s'est dépouillé lui-même de son statut divin, devenant la créature parfaitement obéissante que Dieu prévoyait originellement de trouver en tout homme. Ceci contraste avec l'image d'un Adam jouissant originellement des prérogatives royales dans la sphère terrestre, alors que le Christ en avait joui dans le ciel. Adam était censé ne vivre qu'en soumission à son créateur. Dans les Philippiens se trouve l'explication implicite de Paul sur les conséquences catastrophiques du péché d'Adam : Adam aurait tenté d'accomplir ce que précisément le Christ rejetait, en un mot, l'égalité avec Dieu.

Dans *Totem et Tabou* Freud nous présente un mythe des origines : les fils rebelles cherchent à éliminer le père tous ensemble pour que leur accès à la mère et aux compagnes féminines ne soit plus interdit[9]. Bien plus, Freud en vint à soutenir que les élans instinctuels qui poussèrent les fils rebelles au parricide sont à la fois conservateurs et régressifs.

« ... Les instincts sont donc destinés à donner l'apparence trompeuse d'être des forces tendant vers le changement et le progrès, alors qu'ils cherchent en fait purement à atteindre un but ancien par des chemins indifféremment anciens et nouveaux. Bien plus, il est possible de spécifier ce but final de toute lutte organique. Il serait contraire à la nature conservatrice des instincts que le but de la vie fît un état de choses qui n'a jamais encore été atteint. Au contraire, ce doit être un état de choses ancien, un état de choses initial duquel l'entité vivante s'est à un moment ou à un autre détaché et vers lequel elle s'efforce, en luttant, de revenir par les chemins tracés le long desquels la conduit son développement[10]. »

Exprimé différemment, pour Freud tout progrès est une régression déguisée. Une vision psychanalytique similaire est exprimée par Ferenczi, qui acceptait le point de vue freudien sur la nature des instincts en l'appliquant à la sexualité humaine. Ferenczi prétendait que la conduite sexuelle même était une expression d'une régression multidimensionnelle vers la place des origines humaines : le sein maternel. Il attirait ainsi l'attention sur la manière dont le sein sert d'océan, de substitut, dans lequel les hasards de la reproduction terrestre sont circonvenus et que le fœtus récapitule cette partie du développement de la race qui prit place dans la matrice océanique. Il appelait l'acte sexuel une « régression thalassale », soutenant qu'en pénétrant la femelle, l'organe mâle revenait à la place de l'organisme tout entier — à l'endroit de l'origine individuelle, le sein maternel, et de l'origine de l'espèce, l'océan de substitut. Dans le sommeil sans rêve qui accompagne souvent une relation sexuelle bienheureuse, Ferenczi voyait une allusion à la régression finale de l'organisme, la restauration du calme imperturbable de l'état inorganique qui précédait les besoins et contraintes de l'existence organique[11].

Ainsi, pour autant que Paul voyait en la Rédemption une restauration de la condition d'Adam avant la Chute, il utilisait l'imagerie de la religion pour exprimer une vision de l'existence humaine qui n'est pas sans rappeler Freud et Ferenczi. Souvenons-nous que la contrepartie biologique à l'image du retour dans le « jardin » est le retour dans la matrice maternelle. Comme on l'a noté, cette image est particulièrement soulignée dans le caractère restauratif de la vision paulinienne apocalyptique de la victoire finale de Dieu.

« Mais non, le Christ est ressuscité d'entre les morts, prémices de ceux qui se sont endormis. Car la mort étant venue par un homme, c'est par un homme aussi que vient la résurrection des morts. De même en effet que tous meurent en Adam, ainsi tous revivent dans le Christ. Mais à chacun son rang : comme prémices, le Christ, ensuite ceux qui seront au Christ, lors de son avènement. Puis ce sera la fin, lorsqu'il remettra la royauté à Dieu le Père, après avoir détruit toute principauté, Domination et Puissance (...). Et lorsque toutes choses lui auront été soumises, alors le Fils lui-même se soumettra à Celui qui lui a tout soumis, afin que *Dieu soit tout en tous* » (I Co. 20 : 28).

Paul dépeint l'acte rédempteur final du Christ comme une totale soumission au Père, et alors ce sera la fin de l'aliénation de Dieu avec Lui-même. La Chute est surmontée quand toutes les aliénations d'avec l'Être Divin, telles que la distinction entre Dieu comme sujet et le cosmos comme autre et objet, sont vaincues. Alors, Dieu sera vraiment tout en tous. Exprimé différemment, on pourrait dire que le Christ comme Dernier Adam est vu par Paul comme l'agent cosmique à travers lequel le retour eschatologique de toutes les choses dans leur Sein sacré originel est finalement atteint [12].

La vision de Paul a été reformulée dans le langage théologique contemporain par le théologien protestant américain Thomas J. Altizer. Ce dernier a proposé que l'expérience de la transcendance de Dieu, une expérience de séparation dichotomique entre l'homme et Dieu, est une « conséquence de la Chute [13] ». Altizer identifie la Chute avec la perte du « Tout primordial ». Il soutient que le but ultime de l'existence humaine est « l'actualisation de la Nouvelle Jérusalem », qu'il définit comme « la réalisation eschatologique du Nirvana ». Il nous rappelle que « le Nirvana est l'un des nombreux noms orientaux pour désigner une totale et primordiale félicité [14] ».

Altizer voit le but de l'existence comme le recouvrement de la primordiale Totalité. Altizer dépeint ainsi le monde comme se déplaçant de l'avant dans un mouvement de retour à sa condition originelle de félicité. Il est fascinant d'observer la manière dont ce théologien harmonise les thèmes religieux orientaux et chrétiens, insistant sur l'identité ultime du Bouddha et du Christ, du Nirvana et de la Nouvelle Jérusalem. Les préoccupations d'Altizer unifient les images psychanalytiques, phénoménologiques et théologiques de la Chute et de la Rédemption. Bien plus, son identification de l'Eden, de la Nouvelle Jérusalem et du Nirvana est en accord avec l'image paulinienne du Christ comme dernier Adam, qui est l'agent cosmique de la restauration de Dieu à la condition de « tout en tous ».

Le problème de la Chute et de la Rédemption a aussi été discuté dans le mysticisme juif, spécialement le Kabbalisme lurianique. Dans cette tradition la chute est vue comme le moment catastrophique au cours duquel la Shekinah sacrée de Dieu, Sa Présence Divine, fut exilée de sa terre divine primordiale. Pour R. Isaac Luria et ses disciples mystiques, le but de toute l'existence est de mettre un terme à l'exil cosmique, et de restaurer à la fois la Shekinah et le Cosmos à la source divine, l'Urgrund primitif. Aussi, le renversement final de la Chute d'Adam implique une restauration de toutes les choses à Dieu, en sorte que la transcendance divine est surmontée et Dieu devient indistinctement tout en tous [15]. Si nous mettons sur le même plan l'image lurianique avec le langage de l'Orient, ainsi que la théologie d'Altizer et la métapsychologie psychanalytique, le but de Dieu est vu comme la restauration du Nirvana primordial et le retour de toutes les choses dans le sein générateur de toute existence. Se pourrait-il qu'une telle perspicacité puisse être trouvée dans cette version de la théorie du « Big Bang », qui soutient que la destinée ultime de l'univers est l'implosion dans un « trou noir » cosmique ? Nous ne devrions pas non plus être surpris de discerner des parallèles entre les images psychanalytiques chrétiennes, juives, mystiques et bouddhistes. Toutes ces images sont enracinées dans une commune participation à la condition humaine.

La vision paulinienne de la Chute et de la Rédemption transcende donc sa propre foi par son universalité. Bien plus, sa vision du triomphe final de Dieu comme « tout en tous » n'est pas différente de celle d'un Hegel concernant la fin et le but du processus de l'histoire mondiale par des moyens *permettant à l'Esprit du Monde d'en venir à se connaître lui-même comme Esprit et comme l'unique réalité.*

« Das Ziel, das absolute Wissen, oder sich als Geist Wissende Geist hat zu seinem Wege der Erinnerung der Geister, wie sie an ihnen selbst sind der Organisation ihres Reiches vollbringen. Ihre Aufbewahrung nach der Seite ihres freien in der Form der Zufälligkeit erscheinenden Daseins, ist die Geschichte, nach der Seite ihrer begriffnen Organisation aber die Wissenschaft des erscheinenden Wissens : beide zusammen, die begriffne Geschichte, bilden die Erinnerung une die Schädelstätte des absoluten Geistes, die Wirkilichkeit, Wahrheit und Gewissheit seines Throns, ohne den er das leblose Eisame wäre ; nuraus dem Kelche dieses Geisterreiches schäumt ihm seine Unendlichkeit[16].

RÉFÉRENCES

1. Le matériel utilisé dans cette étude est largement extrait du livre de l'auteur : *Mon frère Paul,* New York, Harper and Row, 1972.
2. Voir W. D. Davies, *Paul et le judaïsme rabbinique,* New York, Harper and Row, 1967 ; C. K. Barrett, *Du premier au dernier Adam : une étude dans l'anthropologie paulinienne,* Philadelphie, Fortress Press, 1966.
3. Scroggs, *op. cit.,* pp. 46-50.

4. Midrash Bereshith Rabbah 8 : 1 ; *cf.* Midrash Bereshith Rabbah, 12.6 et 19.9.

5. Voir RUBENSTEIN, *op. cit.*, pp. 147 sq.

6. Voir Gershom SCHOLEM, *Sabbatai Sevi, Le Messie mythique 1626-1676.*

7. Omit.

8. Cet arrangement du passage fut originellement suggéré par Ernst Lohmeyer qui argumenta que c'était primitivement un hymne chrétien. Que l'auteur originel ait été Paul ou quelqu'un d'autre, Paul n'aurait pas inclus cet hymne dans sa lettre s'il n'avait été l'expression de sa pensée. Voir LOHMEYER ; *Kyrious Jesus : Eine Untersuchung zu Phil 2 :* 5-11, Sitzungberichte der Heidelberger Akademie der Wissenschaften, Phil. Hist. Klasse, 1928.

Pour un parallèle intéressant avec la doctrine paulinienne du sacrifice de soi (Kenosis) du Christ, comparer la conception de Hegel : « L'esprit se vida de lui-même dans le temps » comme processus de Kénose : « Die andere Seite aber seines Werdens, die Geschichte, is das wissende, sich vermittelnde Werden-der an die Zeit entäusserung ihrer selbst... » G. W. F. HEGEL, *Phänonenologie Des Geistes,* Hambourg, Felix Meiner, 1952, p. 563.

9. Sigmund FREUD, *Totem and Taboo,* trad. James Strachey, New York, W. W. Norton et Compagnie 1962 ; Voir Richard L. RUBENSTEIN, *L'Imagination religieuse,* Indianapolis, Bobbs-Merrill, 1968, pp. 1-21.

10. Sigmund FREUD, *Au-delà du principe du plaisir,* trad. James Strachey, New York, Bantam Books, 1967, p. 70.

11. Sandor FERENCZI, *Thalassa, une théorie de la génitalité,* trad. A Bunker, New York, W. W. Norton et compagnie, 1968.

11. Voir RUBENSTEIN, *Mon Frère Paul,* pp. 169 sq.

13. Thomas J. J. ALTIZER, *La Descente aux Enfers,* Philadelphie, Lippincott, 1970, p. 189. Pour un examen des positions théologiques d'Altizer et Rubenstein au sujet de la chute et de la rédemption, voir Klaus ROHMANN *Vollendung im eine Nihts Dockumentatin der Amerikanischen Gott — Ist zwei too Theologie,* Benziger Verlag, Cologne et Zurich, 1980.

14. ALTIZER, *op. cit.*, p. 191.

15. Voir SCHOLEM, *op. cit.*, pp. 22-43.

16. HEGEL. *Phénoménologie,* p. 564.

« Le but, la Connaissance absolue, où l'Esprit se connaissant lui-même comme Esprit, a comme son chemin la récapitulation de tous les Esprits tels qu'en eux-mêmes ils sont, et tels qu'ils accomplissent l'organisation de leur domaine. Leur préservation, regardée du point de vue de leur libre existence, apparaît sous la forme de la contingence dans l'histoire. Mais, regardée du point de vue de leur organisation (philosophique) compréhensive, c'est la science du savoir dans la sphère de l'apparence (i.e. la phénoménologie) : les deux ensemble, l'Histoire comprise dans sa totalité, forment pareillement l'intériorisation et le Calvaire de l'Esprit Absolu, l'actualité, la Vérité, et la certitude de son trône, sans lesquels il serait sans vie et seul. Seulement du calice de ce règne de ces esprits monte l'écume pour Lui de sa propre infinitude. » (Adapté de Schiller's Die Freundschaft ad. fin, *Phénoménologie de l'Esprit*).

DISCUSSION

DIANE MC GUINNESS. — *J'ai trouvé ce que vous avez dit, Richard, très stimulant et ça soulève en moi des quantités de questions. Je voudrais vous en poser une qui me semble fascinante. Pour vous, l'atome cosmique primordial est Dieu ? Dans toutes les religions primitives, avant le monothéisme, la grande mère, la mère indifférenciée, est la déesse. A partir de cette femelle non différenciée naîtraient toutes les formes, y compris les atomes. C'est-à-dire toute la matière. Est-ce bien là votre point de vue ?*

RICHARD RUBENSTEIN. — *Vous soulevez là un point très important. Quelle est la métaphore qui est la plus appropriée pour Dieu ? La métaphore de paternité ou la métaphore de maternité ? Souvent, avec mes étudiants, je dis que Dieu est l'océan et nous sommes les vagues. Chaque vague peut être identifiée comme ayant une identité temporelle, mais chaque vague est néanmoins une partie, une partie épiphénoménale de l'océan entier. Cependant, ceci est prendre la métaphore au niveau terrestre. Et on rejoint donc dans ce cas, dans cette métaphore, l'image de la divinité femelle, la mère est l'océan, source de toutes les formes. J'ai parlé de ceci dans mon livre traduit en français chez Gallimard,* L'Imagination religieuse. *Dans ce cas, la métaphore de la maternité paraît donc mieux appropriée que celle de la paternité pour représenter Dieu. Cette métaphore féminine vient peut-être du fait que l'homme peut s'éloigner de l'acte de reproduction, ceci n'a pas de grande conséquence pour lui, mais une femme ne peut pas. C'est elle qui donne naissance à l'enfant, et donc aussi au monde. C'est pourquoi toutes les religions ou toutes les traditions religieuses qui mettent l'accent sur la masculinité insistent sur le caractère transcendant de Dieu, afin d'éviter cet aspect logiquement maternel que l'on serait conduit d'attribuer, à prime abord, à Dieu. Le calvinisme en est un exemple. Le courant principal du judaïsme non mystique en est un autre exemple. C'est une erreur que le catholicisme romain n'a jamais faite. A côté de la transcendance masculine de Dieu, il a placé la féminité de la Vierge Marie. Il a gardé l'image de la mère de Dieu comme la grande Mère.*

PAUL KURTZ. — *Votre communication, très créative, me suggère une question. Vous faites l'hypothèse qu'il y a une unité de tous les êtres, une unité de toute la connaissance. Mais l'univers, tel que je l'aperçois, est essentiellement pluraliste. Nous ne sommes nullement unifiés.*

RICHARD RUBENSTEIN. — *Je n'ai pas dit que nous avions d'ores et déjà établi l'unité des êtres et de la connaissance. Je pense que le but de la religion et de la science est d'établir cette unité de tous les êtres, et l'unité de toute la connaissance.*

PAUL KURTZ. — *En fait, c'est sans aucun doute le but de la science ; mais que la religion vienne aussi s'associer à cette recherche est un problème d'un autre niveau.*

RICHARD RUBENSTEIN. — *Oui, ça, d'accord. On pourrait en débattre. Toutes les discussions qui ont eu lieu au cours de ce colloque, qui s'interroge à la fois sur l'esprit, la matière et la science, m'ont paru cependant se diriger vers une sorte de recherche de cette unité de tous les êtres.*

PAUL KURTZ. — *Ce que je voudrais simplement dire, c'est que l'univers tel que nous le regardons aujourd'hui est pluraliste.*

RICHARD RUBENSTEIN. — *Que faites-vous des études en physique, depuis plusieurs décennies, sur les théories « unifiées » ? Je pense que se contenter du pluralisme dans l'avancement de la connaissance est une position anti-intellectuelle.*

PAUL KURTZ. — *En fait, je crains que des généralisations hâtives, telles que celles que nous faisons actuellement, risquent d'introduire à la fois l'ordre et le désordre dans la connaissance.*

JERZY WOJCIECHOWSKI. — *Je voudrais revenir sur le point de Richard Rubenstein des conséquences de l'idée de la transcendance de Dieu. Ceci, à mon avis, a une conséquence directe sur la science et sur sa voie de développement. Sans cette idée de transcendance de Dieu, nous n'aurions aucune idée de ce qu'on appelle l'objectivité. Et sans cette notion d'objectivité nous n'aurions pas la science que nous avons aujourd'hui.*

Parce que Dieu est transcendant, Il a parlé à Moïse. Il a pu parler à Moïse, et par conséquent parler aux Juifs et par conséquent parler aux êtres humains : en affirmant que les êtres humains étaient supérieurs à la nature. Ce qui n'est pas évident en soi, mais qui est une idée qui découle directement de la notion de transcendance de Dieu. Dieu, en tant qu'Être transcendant, a affirmé à l'homme qu'il était supérieur à la nature. Ce qui est à la base de notre idée d'objectivité, car l'homme est alors détaché *de la nature, il peut la regarder comme quelque chose se trouvant « en dessous » de lui. Je rappelle que cette idée d'objectivité n'existe que dans notre culture occidentale. Toutes les autres cultures ne regardent pas la nature en considérant l'homme comme détaché d'elle, mais en étant au contraire immergé dans elle, que ce soit la culture indienne, chinoise ou japonaise, enfin toutes les autres cultures. C'est pourquoi le berceau de la science, dans le sens où on l'entend aujourd'hui, est basé sur cette notion d'objectivité et est en fait occidental. Ceci ne veut, bien entendu, pas dire qu'il n'y a pas d'autres formes de connaissance que celles de la science occidentale.*

ELIZABETH RAUSCHER. — *Voulez-vous dire que les Japonais n'ont pas de science ?*

JERZY WOJCIECHOWSKI. — *Non, ce n'est pas ce que j'ai voulu dire. Les Japonais sont parfaitement capables de participer à la science, telle qu'on la conçoit aujourd'hui, en adoptant eux-mêmes l'approche que l'on fait dans la civilisation occidentale. C'est d'ailleurs ce qu'ils font, et ils le font très bien.*

JEAN CHARON. — *Je voudrais marquer ici mon désaccord (pour une fois !) avec Jerzy Wojciechowski. Je pense qu'il y a deux approches, et des approches qui sont complémentaires, pour l'avancement de la science. On peut prendre l'attitude qu'on regarde la réalité en étant distinct d'elle ; et on peut également, c'est une approche complémentaire, aller également très loin dans la connaissance en prenant l'attitude que nous sommes immergés dans le tout. Si je voulais, une fois encore, donner un exemple, je me référerais à ce qu'on appelle la théorie du bootstrap en physique où la science avance, la connaissance avance, en considérant uniquement les relations de chaque chose* avec l'ensemble *du cosmos. Chaque chose étant, en quelque sorte, immergée dans un tout, dans le tout. Donc je suis d'accord sur l'importance de prendre l'attitude, qui est essentiellement celle de la raison, d'avoir l'observateur distinct de la réalité et regardant cette réalité. Je suis également d'accord que cette attitude est, sans aucun doute, comme l'a bien indiqué Jerzy, associée à la notion de transcendance de Dieu, ou en tout cas je l'accepte volontiers. Mais je crois qu'il y a une approche complémentaire qui est aussi valable, et qui participe de façon complémentaire à l'avancement général de la connaissance. Une fois encore, je veux vous suggérer de lire attentivement le papier du Japonais Izutsu à ce sujet. Ainsi que le papier de la Canadienne Diane Cousineau.*

RÉMY CHAUVIN. — *Bien! la discussion s'est écartée quelque peu du point où je voulais intervenir. Je voulais en effet répondre plutôt, non pas à Rubenstein avec lequel je suis tout à fait d'accord,* mais à Paul Kurtz. *Et en profiter pour lui répondre sur sa communication sur la mort, puisqu'il ne m'avait pas été donné le temps de le faire au moment de son exposé. Il me semble, mon cher collègue, que votre conception de la religion pèche par un excès de simplicité. Ce que nous appelons religion, c'est un terme extrêmement vague, est en effet quelque chose d'extraordinairement compliqué. Mais il a été souligné à plusieurs reprises dans ce colloque à quel point il est probable que les différentes notions judéo-chrétiennes ont joué un rôle important, quoique sans doute pas exclusif, dans la naissance de la science occidentale ; je sais parfaitement la part qu'y ont prise les Grecs, mais enfin la science est née d'abord dans les pays judéo-chrétiens, il doit bien y avoir à cela une raison. En tout cas, c'est une raison que certains orateurs ont explorée avec beaucoup de détails, je ne voulais pas parler là-dessus. Mais je voudrais attirer votre attention, monsieur Kurtz, sur le simplisme de certaines de vos idées concernant ce que vous appelez l'humanisme. En effet il me semble, quant à moi, qu'une énorme tautologie se rencontre dans ce que vous dites. Si je lis vos phrases, par exemple « nous devons nous dévouer aux travaux bons, (good works), qui nous feront nous dépasser et qui donneront du bénéfice à nos descendants ». Je vous demanderai ce que vous entendez par « bons », si ce n'est une idée judéo-chrétienne ? Si vous étiez un Indien, vous considéreriez que la chose la meilleure est de ne pas bousculer une vache. Et vous ne vous rendez pas compte vous-même de l'imprégnation profonde des idées judéo-chrétiennes dans ce que vous appelez l'humanisme. Ce que je verrais ici, ce qui est le plus important peut-être dans les notions religieuses que vous traitez avec légèreté, c'est la chose suivante : la religion est essentiellement la recherche du sens. La recherche du sens parce qu'il n'est pas raisonnable pour un homme de vivre si l'existence n'a pas de sens. Et je rapprocherai cela quelque peu du théorème de Gödel, c'est-à-dire que la justification de l'existence ne peut pas se trouver dans l'existence elle-même. Je m'abstiendrai de porter à nouveau la discussion, on n'a pas eu le temps hier, on ne peut pas le faire aujourd'hui, sur les critiques que vous avez apportées contre la parapsychologie, soi-disant comme président d'un comité d'investigation sur le paranormal, dont je conteste formellement l'objectivité. Vous devriez vous apercevoir vous-même qu'il ne s'agit pas d'une discussion scientifique, mais d'une guerre de religion. C'est tout ce que je voulais dire.*

JEAN CHARON. — *Je pense qu'on s'écarte un peu ici du centre des débats de notre colloque. Paul Kurtz, je vous laisse répondre à Rémy Chauvin.*

PAUL KURTZ. — *Vous avez soulevé un grand nombre de points. Je ne peux pas répondre à tous dans le détail. C'est toujours facile de critiquer quelqu'un avec lequel on n'est pas d'accord, comme de dire que son attitude est simpliste. Ce qui est très simple est parfois très complexe.*

RÉMY CHAUVIN. — *C'est ce que je vous reproche. Vous faites parfois apparaître simples des choses qui sont justement très complexes.*

PAUL KURTZ. — *En ce qui concerne mes critiques sur les recherches dans le domaine du paranormal, je pense qu'il est plus indispensable, ici qu'ailleurs, d'être objectif. Mais, en tout cas, j'ai souvent remarqué que beaucoup de gens qui ne sont pas d'accord avec les critiques qu'on leur fait sont précisément subjectifs dans leurs réactions. Ainsi le problème est de savoir, monsieur Chauvin, qui est objectif quand il s'agit de décider devant les faits.*

Le surgissement de l'esprit dans les différentes cosmologies

HENRY BONNIER

« Savez-vous que l'univers épouse la forme d'une huître ? »

Voilà, mesdames, messieurs, la question que nous eût posée un Babylonien, un Égyptien ou un Hébreu, si le colloque s'était tenu il y a trois mille ans ; et, avec gravité, nous eussions discuté sur le point de savoir si cette huître était ronde, comme l'affirmaient les Babyloniens, ou bien rectangulaire, selon ce qu'en disaient les Égyptiens.

Faut-il en rire aujourd'hui ? Je ne le crois pas et je m'en garderai bien, sauf à rire tous ensemble de nos propres connaissances présentes, sous prétexte que nous ignorons encore ce que sauront les savants et les philosophes du prochain millénaire.

Mais il y a mieux encore que l'histoire de l'huître : c'est celle de la lyre. Je la raconterai brièvement.

Au VIe siècle avant notre ère, Pythagore fut frappé par « le fait que les sons produits par une lyre, dont les cordes sont soumises à des tensions identiques, reproduisent les notes de la gamme si l'on choisit des longueurs de corde qui sont entre elles dans des rapports exprimables sous la forme du quotient de nombres entiers, c'est-à-dire sous la forme de ce qu'on nomme aujourd'hui les nombres rationnels », ainsi que le note Jean Charon dans son précieux essai, *La Conception de l'univers depuis 25 siècles.*

Ce concept de nombre rationnel allait contribuer à décrire tout l'univers, et cette description aurait alors le double avantage de pouvoir être comprise par tout homme et de poser, comme la lyre en musique, l'idée d'une harmonie du monde. Si bien que la cosmologie pythagoricienne se fonde sur les nombres à la façon dont ceux-ci s'introduisent dans l'harmonie de la lyre.

De nouveau, je pose la question : « Faut-il en rire aujourd'hui ? » Et, de nouveau, je réponds : Je ne le crois pas et je m'en garderai bien, sauf à rire tous ensemble de nos propres connaissances présentes sous prétexte que nous ignorons encore ce que sauront les savants et les philosophes du prochain millénaire.

La grande intuition de Pythagore aura été de supposer que le mouvement des astres répondait à des règles. Quant à entendre la musique qui résultait de la rotation des sphères, elle ne me gêne pas plus que l'histoire de la lyre.

Au demeurant, savez-vous pourquoi la communauté pythagoricienne allait être dispersée ? Non point à cause de cette musique que je disais, mais parce que ses membres, soucieux d'assujettir les lois morales et sociales aux lois universelles, avaient préconisé des principes qui, pour l'époque, étaient jugés révolutionnaires, tels que l'égalité des hommes ou l'émancipation des femmes.

Victor Hugo, se moquant de soi-même, écrivait : « Un âne descendait au galop son savoir. » Bravant vos sourires, mesdames, messieurs, je descendrai à mon tour au galop mon savoir, et dans un galop d'autant plus fou que mon savoir est incertain : puis, suant, soufflant et courbatu, je m'arrêterai devant la maison de Platon.

Désormais, tout va changer.

Autant Pythagore, recherchant le tout premier un principe qui régirait tous les phénomènes cosmologiques, s'en était tenu au « comment » des choses, autant Platon allait s'intéresser au « pourquoi » du monde, et ce seront les admirables affirmations du *Timée :* « ... Et Dieu donna à l'univers la figure convenable et naturelle... Il le façonna comme au tour, rond et sphérique, les extrémités à la même distance du centre dans toutes les directions, figure de toutes la plus parfaite et la plus semblable à soi, car il jugea le semblable plus beau que le dissemblable... »

Lancinante, la question se pose une nouvelle fois : « Faut-il en rire aujourd'hui ? » Et, une nouvelle fois, je répondrai : Je ne le crois pas, et je m'en garderai bien, sauf à rire tous ensemble de nos propres connaissances présentes sous prétexte que nous ignorons encore ce que sauront les savants et les philosophes du prochain millénaire.

Au reste, je rappellerai que l'axiome du cercle, repris par Platon puis par Aristote, fut si bien argumenté qu'il sera accepté sans grande discussion pendant dix-sept siècles, sinon jusqu'à nos jours, puisque nous pouvons constater que nos physiciens et astrophysiciens sont nombreux à choisir l'hypothèse d'un univers sphérique, même s'ils accordent au mot « sphérique » une définition plus rigoureuse.

Naturellement, je ne m'engagerai pas dans une discussion sur la « substance », ni même sur la matière de l'univers. Tel n'est pas mon propos. M'intéresse seulement ce que j'appellerai la métaphysique de la science, cette eschatologie secrète qui justifie toutes les recherches et toutes les espérances. Il n'y a de science que du général, a-t-on coutume de dire. A quoi, j'ajouterai cette pensée de Parménide, qui me paraît toujours d'une exacte actualité : « On ne peut connaître ce qui n'est pas, ni l'énoncer ; car ce qui peut être pensé et ce qui peut exister sont une même chose. »

Arrêtons-nous un instant et faisons réflexion.

De l'huître des Babyloniens aux sphères parfaites de Platon et d'Aristote, en passant par la lyre de Pythagore, y a-t-il ou non continuité de pensée ?

Apparemment, non. Quoi de commun, en effet, entre une huître et une lyre ? Les apparences sont trompeuses. Souterrainement, secrètement, une pensée chemine, qui est la même qui intéresse l'homme dans sa relation au monde et qui se ramène à une seule et obsédante question : « D'où venons-nous ? » Ou encore : « Où allons-nous ? » C'est pourquoi Jean Charon est tout à fait fondé à écrire : « Examiner les différentes cosmologies qui se sont succédé dans la pensée humaine c'est donc aussi, pour cette raison, étudier l'aventure humaine tout entière, une aventure où la connaissance se bâtit sur la métaphysique autant que sur la physique. »

Cette réflexion conduit à de redoutables interrogations. Et si une « cosmologie » n'était que le résultat de l'ensemble des réponses que l'homme, à tel ou tel moment de son histoire, c'est-à-dire de son développement spirituel, apportait au formidable défi que l'univers ne cesse de lui lancer ?

Les historiens des sociétés savent que celles-ci avancent frontalement et ne souffrent pas qu'un de leurs éléments constitutifs — science, art, techniques — fasse cavalier seul. Il en va de même dans le domaine qui nous préoccupe. La preuve ? Aristarque de Samos !

Né en 310 avant notre ère, c'est-à-dire douze ans après la mort d'Aristote, Aristarque de Samos aurait dû révolutionner les connaissances de l'Antiquité, puisque, au témoignage d'Archimède puis de Plutarque, par qui nous connaissons sa pensée, il avait posé « que le ciel est en repos et que la terre décrit un cercle en oblique autour du soleil, tout en tournant autour de son axe ».

Affirmation qui, d'un coup, aurait dû faire avancer le monde antique de dix-sept siècles et le mettre à portée d'un Copernic, d'un Kepler ou d'un Newton. Or il n'en a rien été.

Qu'est-ce que cela signifie ? Scientifiquement, Aristarque de Samos avait raison. Mais il eut raison trop tôt. Faut-il citer ici Aristote, qui notait : « Devant les choses les plus claires et les plus simples, les hommes demeurent souvent aveugles, comme les chauves-souris devant la lumière » ? Ou bien faut-il admettre que les connaissances humaines ont besoin d'avancer du même pas pour que les découvertes apparaissent « évidentes » ?

Car enfin, il est « évident » d'affirmer que les planètes tournent autour du soleil, *si* l'on connaît l'attraction gravitationnelle. Étrange « évidence », n'est-il pas vrai, qui se prouve par autre chose ?

En vérité, ce que nous appelons « évidence » tient moins à la preuve qu'administre la science qu'à la disponibilité du cœur de l'homme. En d'autres termes, sommes-nous prêts, à tout instant, à accueillir de nouvelles découvertes ? Poser la question, c'est y répondre.

Insensiblement, pas à pas, nous avons quitté les planètes, délaissé les astres, et nous sommes descendus dans le cœur de l'homme.

N'étant ni un savant ni un philosophe — voyez mes mains : elles sont nues, tremblantes et ouvertes —, je réclame le droit au paradoxe, non point pour passer à vos yeux pour un esprit brillant, mais pour débusquer, s'il se peut, quelque vérité cachée derrière la vérité ou scientifique ou philosophique.

Le cœur de l'homme ! Sans lui, rien ne se vit, si tout peut se dire dans nos bouches bavardes. Et c'est dans ce cœur-là que s'est réfugié puis fortifié l'esprit — qu'il s'agisse de l'*esprit mythologique* des aurores de l'humanité, de l'*esprit rationnel* qui allait prendre son essor près des rivages de la mer Égée au

VIᵉ siècle avant notre ère, ou enfin de l'*esprit relativiste*, dont l'initiateur fut Albert Einstein.

Que faut-il entendre ici par « esprit », puisque le thème même de notre colloque est : *Esprit et science ?*

Si l'esprit mythologique s'entend aisément, posant que les hommes d'alors avaient besoin d'adoucir un monde qui leur apparaissait tout autant effrayant que merveilleux ; si l'esprit rationnel s'entend bien, lui aussi, qui substitue à l'effroi des premiers temps la raison, c'est-à-dire un discours explicatif — discours, soit dit en passant, qui durerait, pour l'essentiel, pendant vingt-cinq siècles — ; l'esprit relativiste, quant à lui, appelle de nouveaux développements. Il représente une véritable révolution en ce que, en apparence du moins, il nous place devant une affirmation strictement scientifique.

En posant sa fameuse équation, Einstein a ruiné les anciennes cosmologies. Avec lui, pourrait-on dire, s'est effondré le monde antique. Triomphe de la science pure ? Triomphe du discours scientifique ? Oui et non.

De même que l'idée de nombre, posée par Pythagore, a inauguré, en science, la notion de mesure, constituant ainsi la première ébauche de la représentation des phénomènes au moyen d'un formalisme mathématique, au point que nous pouvons réduire aujourd'hui cette représentation à une description purement mathématique sans lien aucun avec nos sens ; de même l'esprit relativiste a complètement bouleversé nos connaissances en présupposant qu'un observateur pouvait se placer hors de l'univers et considérer celui-ci, tant dans son espace que dans son temps, avec les hommes en prime.

Ce qui revient à dire que l'homme a été chassé du centre du monde, où il se tenait, à la fois en acteur et en observateur, depuis Pythagore.

Chassé ? Si l'homme n'avait pas été prêt à être délogé de sa position, Einstein aurait pu s'égosiller. Si, en revanche, Einstein s'est fait entendre, c'est que l'homme pouvait l'entendre.

Ce qui revient à dire que ce qui formait l'armature des vieilles cosmologies avait déjà cédé. Ce qui revient à dire qu'on ne pouvait plus écrire, à la suite de Platon : « ... Et Dieu donna à l'univers la figure convenable et naturelle... » Ce qui revient à dire, en fin de compte, que la place était vide, que l'homme occupait depuis vingt-cinq siècles.

Tel est l'esprit, à son niveau le plus simple, le plus évident, le plus immédiat. Cet esprit-là, je me garderai bien de l'écrire avec une majuscule. Il rend compte seulement d'une disposition du cœur humain à faire sienne telle ou telle découverte scientifique.

Reste l'Esprit. Celui que j'orthographie avec une majuscule. Celui qui, je l'espère, anime nos débats. C'est par lui que je veux terminer ce trop long exposé. Et puisque j'ai le bonheur de m'adresser à vous, mesdames, messieurs, de cette tribune de Fès, dans cette ville sainte qui est la plus occidentale de l'Orient, à moins qu'elle ne soit la plus orientale de l'Occident ; puisque j'ai le bonheur, dis-je, de parler de cette terre d'Islam, c'est à l'exégèse coranique que je ferai appel pour vous livrer, suivant les arabesques d'une pensée tout orientale, ce qu'il faudrait entendre par Esprit, si nous acceptions, nous Occidentaux, d'admettre que la science, ainsi que je me suis efforcé de le montrer, n'est qu'une approche, tout ensemble humble et subtile, d'une réalité autre.

Voici donc ce texte, entre tous admirable, que je vous offre en guise de conclusion :

« Puis il me dit : le secret de la science, c'est de viser la réalité (*'ayn*) de la chose nommée en elle, puisqu'elle est son secret, et son secret ne lui appartient pas pour qu'elle le communique. Ce secret est le dépôt de Dieu confié à elle. La science appelle donc à ce qu'elle ne peut pas dévoiler, et à cause du secret qui est en elle, on répond à l'appel de la science en l'apprenant.

« Ainsi vient à toi la science des créatures, et elle contient en elle les réalités des créatures et les attributs des créatures. Elle t'incite à l'apprendre afin de prendre possession de ces réalités et de ces attributs. Or, par la science tu n'appréhendes que la science, tandis que les réalités et les attributs des réalités ne se laissent pas saisir par la science. De même ne viendront à toi les sciences du Seigneur pour t'appeler au Seigneur. Or, le Seigneur n'est ni manifesté ni voilé par aucune science, car les sciences ne peuvent conduire en sa Présence. Mais toi, tu réponds à l'appel de toute science à cause de son secret, qui est la recherche de la réalité nommée.

« Maintenant que tu connais cela, tu ne répondras plus à la science, mais à Dieu, et la science deviendra une voie d'entre tes voies vers Dieu. »

COMMENTAIRE

JEAN E. CHARON. — *Merci, mon cher Henry, de ton beau texte que tu viens de nous lire, où j'ai reconnu ton grand talent d'écrivain. Mais je pense que c'est surtout un texte à méditer par chacun de nous, plus qu'un texte à « discuter ». Tu as parfaitement mis en lumière le rôle du « cœur », qui est bien celui qui, à toutes les époques, a été la véritable source de l'image que l'homme a accepté de se faire du monde. Tu nous rappelles, de cette manière, que notre représentation du monde n'est jamais, pas plus hier qu'aujourd'hui, un « absolu » : la science ne soulève pas progressivement un mouchoir qui dissimulerait à nos yeux une réalité « objective », elle est d'abord vision du cœur, c'est-à-dire jaillissement de ce que notre cœur « imagine », tout comme le fait un artiste, au moyen des ramifications invisibles qui relient chacun de nous à « ce qui est ». Et, « ce qui est », comme l'exprime d'une si remarquable façon le passage d'exégèse coranique que tu nous as cité pour conclure, « ce qui est » c'est « le secret de la science », son secret éternel, car c'est un secret qui « n'appartient » pas à la science, mais à ce que nous possédons de plus intime dans notre cœur, ce qui transcende la réalité existentielle scientifique, qui demeure hors du temps et de l'espace, qui est du domaine de l'essence et non de l'existence — qui n'est autre, finalement, que Dieu en nous. Je veux formuler à nouveau avec toi ce que le magnifique texte que tu nous as proposé de cette terre d'Islam nous invite à méditer, afin de nous aider à mieux comprendre ce qu'il faut entendre par l'Esprit, quand on l'examine à travers la réflexion scientifique :*

« Maintenant, tu connais cela, tu ne répondras plus à la science, mais à Dieu, et la science deviendra une voie d'entre tes voies vers Dieu. »

Physique et Métaphysique

SE-WON YOON

Je voudrais d'abord faire remarquer que, en dépit du fait que les organisateurs de ce colloque classent ma communication dans la rubrique « Spiritualité », je ne me suis personnellement jamais considéré comme un spiritualiste. J'enseigne la physique à l'Université depuis trente ans. Je suis donc totalement physicien.

Je pense cependant que les modèles du monde et de l'Esprit qui ont été jusqu'ici présentés à ce colloque sont des modèles typiquement occidentaux. Je suis donc heureux de pouvoir présenter ici un modèle « oriental ».

Compte tenu du fait que les physiciens, tels que le professeur Steven Weinberg de Harvard ou le professeur Abdu Salam du Pakistan ou le professeur Benjamin Lee (Waeso) de la Corée du Sud, et d'autres, ont clarifié vers la fin des années 60 et au début des années 70, le problème de l'unité des interactions faibles et électromagnétiques et ont montré que, dans le cadre des théories de jauge, il s'agissait d'un même type d'interaction, seulement trois types de forces dans la nature sont à considérer au point de vue physique, à savoir : les interactions gravitationnelles, fortes et électromagnétiques ou, comme on appelle parfois ces dernières : électrofaibles.

Albert Einstein a recherché longtemps une théorie du champ unifié qui aurait permis de formuler mathématiquement, comme un même type d'interactions, les interactions électromagnétiques et les interactions gravitationnelles. Quoique Einstein n'ait pas tout à fait réussi à formuler un tel résultat, tous ses travaux suggèrent qu'un formalisme d'unification à l'échelle de toutes les interactions de la nature pourrait être réalisé, et en tout cas ses travaux ont stimulé les recherches dans ce sens.

La tendance de la physique moderne, cherchant à rassembler tous les phénomènes dans une formulation unifiée, semble à son tour suggérer une possibilité philosophique, qui considérerait à la fois *l'essence* des êtres humains et *les valeurs associées* à ces êtres humains dans un formalisme unifié.

Dans l'esprit oriental, et plus particulièrement en Corée, on considère que l'essence des êtres humains consiste en intelligence, volonté et affection, tandis que les critères de valeur seraient faits de la vérité, de la vertu et de la beauté.

Le manque de place nous oblige à être très bref et nous dirons que l'essence de l'intelligence, de la volonté et de l'affection doit être réunie dans ce qu'on appelle le « véritable cœur » ; et, d'un autre côté, les valeurs de vérité, de vertu et de beauté doivent être réunies dans ce qu'on appelle l'amour.

Cette façon de voir paraît s'associer à un principe très naturel. Il est aussi extrêmement naturel, à mon avis, de supposer que quand l'intelligence, la volonté et l'affection sont prises comme étant des caractéristiques séparées les unes des autres, les valeurs telles que la vérité, la vertu et la beauté perdent également leur harmonie ; le péché originel pourrait bien résider dans cela. On rencontre une grande différence de points de vue sur le monde, ou sur la vie humaine, ou sur l'histoire, ou sur Dieu, entre deux types de philosophies, à savoir celles qui considèrent que l'intelligence, la volonté et l'affection sont des essences séparées ou séparables l'une de l'autre, et celles qui proposent, au contraire, que ces trois essences ne sont jamais des concepts séparés mais des attributs d'un seul et même « cœur » et un seul amour ; la séparation ne pourrait avoir lieu que dans des situations exceptionnelles déterminées.

Dans ce papier je voudrais passer en revue le rôle de l'esprit en science, en m'efforçant d'associer le monde physique avec le monde métaphysique.

Je vais m'efforcer de montrer que le monde physique, comme le monde métaphysique, sont deux points de vue qui proviennent d'un changement du système de référence, de l'observation directe vers un référentiel des idées spéculatives.

Le monde de notre conscience peut être divisé en quatre mondes différents, à savoir :

- un monde phénoménal
- un monde de la représentation

- un monde abstrait
- un monde spirituel.

Au début, les sciences physiques sont parties du monde phénoménal, et ont développé peu à peu l'étude du monde de la représentation ; la physique moderne, au cours du XXe siècle, a progressé en construisant des théories au moyen du monde abstrait et commence maintenant à envisager le monde spirituel. Je vais considérer ces résultats avec un peu plus de détails.

Dans l'ère prémoderne, à la fois la pensée d'Aristote sur la nature, qui était représentative de la pensée occidentale de l'époque, et les bases de la philosophie orientale sur la nature essayèrent de se référer seulement à ce qui pouvait être observé d'une façon phénoménologique. Des exemples représentatifs de telles pensées sont le modèle céleste de Ptolémée en ce qui concerne le monde occidental et les globes chinois de la pensée orientale, respectivement.

Alors vint Copernic, qui alla au-delà du simple cas de l'observation de la nature et commença à spéculer avec le monde de la représentation, soutenant que nous ne devions pas seulement décrire l'observation phénoménologique de la nature, mais encore nous interroger sur l'essence même de la nature. Cette idée l'a conduit à conclure qu'il était plus normal de penser que la Terre tournait autour du Soleil plutôt que le Soleil autour de la Terre.

Copernic représente un tournant dans la pensée scientifique, dans l'effort de cette pensée pour atteindre le monde de la spéculation à travers sa représentation.

Au XVIIe siècle, Römer, le physicien danois, calculait la vitesse de la lumière en observant l'éclipse d'un satellite de Jupiter. C'était une « première » en sciences.

Le concept que la lumière pouvait avoir une vitesse déterminée n'avait pas été, jusqu'alors, considéré. Einstein a ensuite formulé sa théorie de la Relativité restreinte et ensuite de la Relativité générale sur le principe que la vitesse de la lumière doit être constante, quelle que soit la vitesse relative de la source de lumière et de l'observateur.

Cependant la physique moderne était à nouveau confrontée avec le problème des limitations de la représentation, et des efforts commencèrent à être faits pour aller du monde de la représentation au monde abstrait. Au fait, quand nous travaillons avec le monde quantique, nous sommes contraints de mettre toutes les mesures dans une formulation mathématique tout à fait abstraite et les prévisions des observations qui seront faites sur le monde phénoménologique deviennent de pures abstractions mathématiques. En d'autres mots, la physique moderne doit considérer un temps et un espace abstraits, des formulations abstraites et un monde abstrait, tout ceci représentant ce qu'on nomme le monde physique. Cependant, le monde encore inconnu ne devient pas plus petit au fur et à mesure que le monde de la raison se développe. C'est plutôt le contraire. En dépit du fait que la physique moderne et l'astronomie ont ouvert un grand champ de connaissance à la fois sur le macroscopique et sur l'origine et le futur de l'univers, ainsi que, d'un autre côté, sur le monde microscopique avec les molécules, les atomes, le noyau atomique, les particules élémentaires et les quarks, malgré tout ceci, la physique moderne aborde beaucoup plus de problèmes, et des problèmes beaucoup plus difficiles que précédemment.

LE CADRE DU PRINCIPE

Je voudrais examiner les relations entre le monde physique et le monde métaphysique en termes de ce que je vais nommer le Principe. L'idée du Principe est que tous les êtres évoluent sans cesse et modifient leurs objectifs suivant des relations où ces êtres donnent ou reçoivent des autres ; il y a ainsi un échange continuel entre un sujet et un objet (ces interrelations peuvent être appelées des relations de « donner et recevoir »).

D'après la théorie du big bang, l'univers a commencé à partir d'une grande explosion, il y a environ 20 milliards d'années, et l'univers serait actuellement dans un état d'expansion. Si la densité moyenne de l'univers est en dessous d'une densité dite critique, il continuera son expansion ; tandis que si cette densité excède la densité critique, il continuera son expansion pendant seulement 60 milliards d'années environ, puis se contractera pendant 80 milliards d'années, pour revenir à son état initial de l'instant de la grande explosion ; et ainsi l'univers continuera à évoluer selon des cycles continuels d'expansions et de compressions. Si nous rapportons cela à nos courtes vies, nous n'avons pas à nous préoccuper tellement de l'expansion et des oscillations de l'univers dans son ensemble.

Cependant, selon Weinberg, un certain nombre de cosmologistes sont philosophiquement attirés par le modèle de l'univers en expansion-compression, car cela évite le problème crucial de la création de l'univers. En effet, l'univers aurait été dans cet état de compression et d'expansion successives depuis un temps infini, et continuerait ainsi pendant un temps infini.

Cependant, il faut préciser qu'il existe pour le moment plusieurs modèles de l'univers dans son ensemble, et qu'on ne peut pas encore s'arrêter sur un modèle définitif, qu'on incorporerait dans un principe unique.

D'un autre côté, il est clair que le système solaire dans lequel nous vivons arrivera à un certain moment à sa fin, étant donné que tout l'hydrogène existant et brûlant dans le Soleil sera bientôt épuisé par la fusion nucléaire qui prend place au centre du Soleil, et le Soleil flottera alors dans l'univers comme un corps sans lumière, évoluant vers l'état de naine blanche ou éclatant dans des explosions successives produites par le déséquilibre dans les pressions s'exerçant dans le corps du Soleil.

Compte tenu de tout ceci, notre Terre va partager le sort du Soleil et disparaître à un certain moment. Nous sommes donc confrontés à une question très sérieuse : comment et dans quel dessein, Dieu a-t-il créé l'humanité pour cette courte vie sur notre planète flottante dans un univers sans limites ? Ceci est une question qui ne peut pas être résolue par aucune théorie existante, quel que soit le point de vue sur la nature, la religion ou notre développement scientifique. Ici, cependant, je voudrais me hasarder à examiner ce problème d'apparence insoluble dans le cadre de ce que j'ai appelé le Principe.

BUT DE L'UNIVERS

Revenons au problème de l'univers ; il paraît clair que l'univers a sa propre évolution, quel que soit le modèle d'univers adopté par la science moderne.

Le fait qu'il existe ainsi une évolution bien déterminée montre que cette évolution est une transformation vers un but, un objectif particulier. Donc, quel est cet objectif de l'univers ? Nous devons admettre que l'évolution du système solaire est un but en soi et qui est unique. De la même manière, nous devons admettre qu'il y a un objectif, une signification à la Terre et à l'humanité, en dépit du fait que leur destin va être de disparaître à un certain moment. Nous arrivons ici au problème de l'homme.

L'homme consiste en un corps et un esprit ; et le corps n'est que transitoire, tandis que l'esprit est éternel. Si nous admettons que l'être spirituel disparaît comme le fait le corps, tout ce que je m'en vais proposer n'a plus de signification. Le Principe d'Unification nous explique que la relation entre l'esprit et le corps est similaire à une relation de sujet à objet, et que l'être spirituel grandit à travers une action de « donner et recevoir », tandis qu'il est également donné au corps physique de se diriger vers un certain objectif. Selon le Principe d'Unification, le monde phénoménologique que nous pouvons apercevoir est un objet, tandis que notre corps est un sujet. En dépit du fait que nous ne pouvons pas l'apercevoir, il faut croire qu'il y a un sujet qui dirige le monde phénoménologique vers un certain objectif, et que la volonté de ce sujet est de conduire ce monde de tous les êtres dans une direction idéale, qui réaliserait finalement un monde unifié de la vérité, de la vertu, de la beauté.

Arrivé en ce point, je souhaiterais penser à la relation absolue entre le Sujet originel éternel qui conduit à la fois le monde physique et le monde métaphysique vers une direction d'amour, c'est-à-dire dans la direction de la vérité, de la vertu et de la beauté d'une part, et l'être spirituel éternel que représente l'être humain d'autre part.

Pour les êtres humains, le Soleil ou la Terre sont des endroits temporels abritant leur corps humain, tandis que l'univers entier est une sorte de demeure éternelle pour l'être spirituel.

Le point critique est ici de savoir quelle est la volonté du Sujet originel, c'est-à-dire la volonté de l'Être absolu qui contrôle à la fois le monde physique et le monde métaphysique : vers où conduit-il ces deux mondes ?

Je crois fermement, sur la base du Principe d'Unification, que l'Être absolu conduit l'univers dans le sens de la vérité, de la vertu, de la beauté, c'est-à-dire dans la direction de l'amour, puisque son essence est le cœur véritable et la valeur qu'il veut réaliser est l'amour.

SAGESSE DES ANCÊTRES

Il est nécessaire de considérer à nouveau les transformations de la pensée, pensée mentionnée ci-dessus, quand on considère l'histoire de la physique. Nous faisons actuellement l'expérience que la théorie de la Relativité, c'est-à-dire le point de vue mécanistique de la nature, se heurte à de sérieuses limitations dues au fait que nous sommes passés d'une physique classique à une physique moderne. Nous savons tous que nos ancêtres physiciens se sont arrangés pour surmonter ces limitations, en développant avec succès la théorie quantique.

Ce type de limitation de la physique moderne est tout à fait de même type que les limitations rencontrées par la science actuelle devant le problème des religions. Ces physiciens n'ont pas pensé du tout aux possibilités de sujet et d'objet, pas plus qu'aux problèmes de direction et d'objectif. Nous devons reconnaître que le monde physique n'existe pas pour lui-même, mais est contrôlé par le monde métaphysique se comportant comme un sujet, et que l'évolution et les transformations du monde physique prennent place en accord avec l'objectif d'atteindre une valeur absolue, valeur absolue qui réside dans le monde métaphysique.

Admettant ce Principe la physique moderne, traitant du monde physique et phénoménologique, va trouver des difficultés à progresser. Je n'hésite pas à déclarer que la physique moderne est dès maintenant confrontée à une situation de limitation certaine, ou va rencontrer une telle situation dans un proche futur, à moins qu'elle n'accepte le cadre du Principe.

Je veux me rappeler une nouvelle fois de Copernic à ce sujet. Il était un catholique fervent, aussi bien qu'un chercheur de la vérité. Ce qu'il a réussi est-il simplement le résultat de ses études et observations, ou plutôt un résultat de son inspiration, qui lui faisait discerner un nouveau système astronomique qui serait centré sur le Soleil ?

Nous savons tous que Isaac Newton a fait une étude très poussée de la Bible en se joignant à l'école d'Arius, et qu'il fut critiqué comme hérétique par l'Église traditionnelle, qui avait adopté la position de la Trinité. Là encore, est-ce que sa loi de la gravitation universelle a été simplement tirée de l'observation du mouvement de la Lune ? Ou n'est-ce pas l'objet d'une inspiration, une intuition fondamentale associée à ses recherches ?

Il est aussi bien connu qu'Einstein a découvert le quantum de lumière et expliqué l'effet photoélectrique. Il est l'homme qui a fortement contribué, non seulement à la physique, mais aussi à l'histoire de la pensée humaine, en établissant les nouveaux concepts de la théorie de la Relativité. Il a toujours été conscient du rôle joué par son inspiration et son intuition en développant ses théories et ses modèles pour formuler l'ordre du monde.

Tout comme le prix Nobel de physique japonais Ideki Yukawa. J'ai été son élève et j'ai lu beaucoup de ses œuvres. Il aimait citer Lao Tseu. Il disait aussi qu'il avait reçu une grande partie de son inspiration de Lao Tseu.

Je voudrais inviter Sahalope, le physicien russe, à participer à cette revue d'un certain nombre de grands scientifiques. Il a été élevé et a étudié dans le monde du matérialisme historique, mais il a réalisé des travaux exceptionnels en physique nucléaire. Alors, devons-nous supposer qu'il a pu développer ses théories seulement en observant les phénomènes ? Est-ce que ce n'est pas vrai qu'une certaine inspiration l'a conduit à ses merveilleux résultats, en encourageant toutes ses tentatives ?

LA RELATION ENTRE LE SUJET ET L'OBJET

J'en viens à reconnaître qu'il doit exister un monde physique comme objet et un monde métaphysique comme sujet, chaque fois que je pense aux principes de la nature et à l'ordre de l'univers. Le sujet et l'objet maintiennent entre eux une relation de donner et recevoir, qui est à la base de la valeur absolue dans laquelle la volonté du sujet se développe continuellement, en entraînant l'objet vers un « vrai cœur » et dans la direction d'un monde d'amour.

L'évolution de l'univers doit aller vers la réalisation des buts de Dieu qui sont précisés dans la Genèse. Par conséquent, la physique moderne doit être capable de créer un nouveau monde et de développer des théories remarquables à condition que les physiciens qui étudient l'ordre du monde physique tiennent compte et développent l'activité *spirituelle,* qui doit permettre de réaliser des progrès dans la recherche des valeurs absolues.

Le Principe d'Unification, en tant que tel, nous indique que la science et la religion ne sont pas séparées l'une de l'autre, mais composent une relation de sujet à objet, et l'humanité sera mise correctement sur ses rails quand la religion et la science deviendront les deux bouts d'une même chaîne : celle de la culture humaine. Au contraire, aussi longtemps que la religion et la science ne respectent pas cette étroite relation et restent dans un domaine conflictuel, aucune science ne sera capable de poursuivre son développement, tandis que la religion, de même, sera conduite à disparaître.

En conclusion, la religion et la science sont les deux faces d'un être unifié et ont des fonctions relationnelles comme sujet et objet. Elles sont le produit des efforts de l'homme pour surmonter l'ignorance relative où nous sommes des deux mondes physique et métaphysique. Nous avons rappelé quelques exemples historiques de physiciens surmontant les limitations scientifiques au moyen d'une inspiration religieuse. Nous savons que les chefs religieux pourront de leur côté contribuer à l'humanité en acceptant et en étudiant les faits scientifiques. Un nouveau monde est en préparation si la religion et la science s'unissent.

Je vous remercie.

DISCUSSION

PAUL CHAUCHARD. — *Je voudrais dire combien j'ai été enthousiasmé par cet exposé. Je pense que le grand tort de la civilisation occidentale, et notamment de la pensée chrétienne, a été de séparer la science et la religion. C'est pourquoi la pensée de Teilhard de Chardin me paraît si importante, puisqu'elle est un effort pour réconcilier science et religion, exactement dans le sens où vous l'avez proposé. J'ai également été heureux de voir que vous donniez la primauté à l'amour. Il y a une science de l'amorisation, qui condamne précisément l'action désamorisante d'une science positiviste.*

HENRI LABORIT. — *On parle beaucoup d'amour. Plusieurs orateurs en ont parlé. Moi-même j'en ai parlé dans* Éloge de la fuite. *Mais c'est un mot qu'on peut difficilement définir ; la preuve en étant que, depuis plus de deux mille ans, et même plus, ce mot est utilisé pour, par exemple, excuser les pires génocides. On va à la guerre par amour, on défend sa nation, son foyer, etc., par amour…*

JEAN CHARON. — *Je pense que de prétendre que l'on part à la guerre par amour est un abus de langage, même avant d'avoir défini le mot amour. Comment pourrait-on affirmer que de tuer son prochain soit compatible avec l'amour ? Mais nous soulevons là de grands problèmes qu'il n'est pas dans notre propos d'essayer de résoudre dans le cadre de notre petit colloque.*

L'animisme et la science : coexistence spirituelle des êtres et des choses

G. NIANGORAN-BOUAH

INTRODUCTION

Aujourd'hui encore, de nombreuses personnes côtoient, dans l'exercice de leurs fonctions, des Noirs de toutes les ethnies, de toutes nationalités et de toutes les conditions sociales, mais ignorant naturellement leurs habitudes de vie, leurs croyances et pratiques religieuses et surtout leur vision du monde. Cette méconnaissance est le résultat d'un préjugé tenace généralement admis dans les milieux bien-pensants, à savoir que ces choses ne peuvent être que le fruit de sociétés ayant atteint un haut niveau de développement intellectuel et technologique. Cependant, à l'instar de toutes les sociétés du monde, les Noirs d'Afrique possèdent plusieurs conceptions du monde, et c'est en fonction de cela qu'ils organisent leur vie de tous les jours.

Notre communication a pour objectif de montrer, de façon sommaire, quelques aspects de la spiritualité des Noirs qui, d'une manière générale, demeurent profondément animistes. L'animisme, c'est la doctrine philosophique selon laquelle les minéraux, les éléments de la flore et les éléments de la faune ont une âme analogue à celle de l'homme ; les animistes croient que l'univers est peuplé d'esprits de toutes sortes, qui agissent de façon directe sur le destin de l'homme. Pour les adeptes, l'âme et le principe du dualisme sont les éléments fondamentaux sur lesquels repose toute l'organisation de l'univers.

Certains principes importants de l'animisme se trouvent consignés dans les textes des différents tambours parleurs[1] ; ces tambours sont pour les Noirs ce qu'est la Bible pour les chrétiens, et le Coran pour les musulmans. En effet, c'est dans cette institution qu'ils ont consigné leur mémoire collective ou textes fondamentaux destinés à affronter l'épreuve du temps.

VISION DU MONDE

Conception de Dieu

Odumagan (Dieu) est l'être suprême, il est informe, atemporel et omniprésent ; il est le créateur de l'univers cosmique et terrestre. Cet être prend la forme que lui donnent toutes les conceptions philosophiques de toutes ses créatures, c'est-à-dire qu'il y a une conception de Dieu selon les humains, une conception de Dieu selon les éléments de la flore, une conception de Dieu selon les éléments de la faune et une conception de Dieu selon les minéraux. C'est cette idée qui fait dire aux humains qu'ils sont créés à l'image de Dieu. L'homme ne peut pas seul définir Dieu car, avant lui, les éléments de la flore existaient, ainsi que ceux de la faune. Dieu est incréé et créé, il a créé l'homme et l'homme l'a créé. Dieu n'est pas omniscient car il ne connaît pas son origine.

Dieu est l'incarnation du principe de la gémellité (Aflahui Gnamien-Nda Aflahui-Dieu Jumeau). Les animistes pensent que le principe du dualisme est l'élément fondamental sur lequel repose la structure de tout être et de toute chose. A partir de ce principe, ils déduisent que Dieu est *matière* et *esprit;* sa matérialité, c'est tout ce qui est matériellement concevable par l'esprit humain, de l'infiniment petit à l'infiniment grand. Sa spiritualité, c'est l'idée que toutes ses créatures se font de lui. Dieu est *mâle* et *femelle,* Dieu est *bon* et *méchant,* Dieu est *juste* et *injuste,* Dieu est *mortel* et *immortel.* A ce sujet, nous communiquons la version du tambour

Dieu a créé la mort
et laissé la mort le tuer.
C'était au commencement
de la création
et cela est la cause
de nos souffrances[2].

Dieu ne s'occupe pas directement des problèmes des humains. C'est une tâche qui revient de droit aux génies, aux esprits et aux mânes des ancêtres. Cette situation explique le fait que Dieu n'est jamais représenté en sculpture et en peinture. Bien que connu et souvent invoqué au début de tout rituel religieux, Dieu ne possède pas d'autel, de sanctuaire et de lieu de culte spécifique.

Conception du monde

Il y a deux mondes (monde du Jour et monde de la Nuit) à quatre dimensions : le domaine de Dieu, le monde des génies et des esprits, le monde des ancêtres morts et le monde des vivants.

Toutes les forces cosmiques possèdent un principe de vie et une âme. La terre est un être vivant, les montagnes sont ses membres, l'eau constitue son sang ; les volcans, ses narines par lesquelles elle respire ; les lits des cours d'eau sont les veines qui apportent le sang à son organisme ; la végétation ses poils, les océans son ventre, le magma son cœur. La terre parle, bouge, marche et mange, le tambour confirme tout cela en disant :

La terre est mère
de la pierre.
S'il y a à manger
et à boire,
faites en sorte
qu'elle ait sa part[3].

Le même tambour précise :

Terre, quel malheur !
Terre, nous allons
te faire une blessure
en creusant une tombe,
l'humus enlevé te reviendra.
Terre, il y a décès,
Je te l'annonce !
Nous enterrons un cadavre,
Nous enterrons un cercueil brun
et faisons cela par solidarité humaine[4].

A. Les minéraux et les roches

Les métaux, qui émettent des radiations et qui ont une influence sur la santé des humains qui les détiennent, sont supposés avoir un principe de vie, un esprit et une âme.

L'or, par exemple, n'est pas un simple métal, il possède un esprit fort et redoutable. Véritable être vivant, l'or ne demeure pas en place dans la nature, il se déplace d'un point à un autre et peut se rendre invisible. Il n'est pas rare d'entendre dire que l'or, certains jours, sort de terre et se manifeste sous forme d'arc-en-ciel. Quand il monte, il aboie comme un chien et sa sortie est toujours précédée d'une épaisse fumée. L'or trouvé dans la nature est considéré comme un présent envoyé par les génies et les dieux pour récompenser son possesseur. Par contre, voir ce métal en rêve est un mauvais présage (ruine et mort). Chez les Akan, en Afrique de l'Ouest, autrefois on ne volait pas l'or car il tue par mort violente ; l'or est lié à l'âme et la vie. Le métal jaune symbolise le feu rituel et spirituel ; de ce fait, une pépite d'or est toujours placée sur l'autel des grandes divinités du pays. Avant de planter un arbre fruitier dans une cour, on place souvent, dans le trou préparé pour recevoir la plante, une petite pépite d'or destinée à lui donner vigueur et productivité.

Quand le rocher meurt, on dit qu'il devient caillou, quand le caillou meurt, il devient sable et quand le sable meurt, il devient poussière, considérée comme cellule de base de la pierre.

B. Les éléments de la flore

Les plantes parlent et l'humain entend et comprend leur langage. Cette croyance est le fondement de l'offrande de la boisson qu'on fait pour apaiser leur esprit et celui des génies de la forêt avant d'abattre certains arbres. Celui qui n'accomplit pas ce rituel peut être puni par l'esprit de l'arbre.

C. Les éléments de la faune

Les animistes croient et pensent que ce sont les animaux qui ont enseigné la médecine à l'homme. Certains grands mammifères (éléphant, buffle, sanglier, panthère, lion, etc.) ont la possibilité, se trouvant en danger de mort, de se métamorphoser sept fois pour échapper à leur destin. Être poursuivi en rêve par un taureau ou une vache noire signifie que les sorciers malfaisants essaient de vous tuer ; de ce fait, et d'une manière générale, tous les animaux qui s'attaquent et tuent l'homme sont considérés comme des sorciers déguisés. Un enfant qui naît anormal est un animal venu au monde dans la peau d'un humain. S'il bave beaucoup, c'est un serpent et on organise un rituel approprié pour lui permettre de retrouver sa forme d'origine afin de rejoindre son univers naturel.

D. **L'humain et la destinée de l'âme**

Après les minéraux, les éléments de la flore et les éléments de la faune, Dieu a créé, en dernier lieu, le premier couple humain (Ezouamèlè et Wamla). Il les a descendus sur terre dans un vaisseau spatial de forme ronde, pareil à une grande cuvette de couleur bronze. D'autres légendes les font descendre au bout d'une corde ou d'une chaîne. Le premier couple était noir et les hommes de cette première race humaine étaient des géants, velus et forts.

L'être humain a un esprit et une âme qui, à certains moments, peut mener une vie indépendante. Chaque être qui naît possède son conjoint dans l'au-delà, afin qu'il ne demeure jamais seul, où qu'il se trouve. L'ombre d'un individu est considérée comme son âme. Le nom également est une âme.

Chez les peuples de civilisation akan, dans les grandes cérémonies religieuses d'intronisation ou de fête des ignames, l'âme du roi (Kra) est symbolisée et représentée par un garçonnet richement habillé et couvert d'or qui se tient assis ou debout près du Roi, son double. Après la mort, l'âme va dans l'au-delà, qui est un lieu identique à celui qu'elle quitte, et les morts exercent les mêmes métiers que lors de leur passage dans le monde des vivants. L'âme ne quitte définitivement le corps qu'après l'enterrement. Sur le chemin du cimetière, elle se tient sur le cercueil, regardant continuellement à gauche et à droite. L'âme ne quitte définitivement son ancien domicile et sa localité qu'après les funérailles. Nous comprenons à présent le sens et l'importance de cette cérémonie en Afrique. L'âme et l'esprit d'un accidenté demeurent au lieu de l'accident jusqu'à ce qu'un rituel approprié ne les sorte de là. Une fois dans l'au-delà, après avoir traversé un fleuve dont le passage est payant, l'âme se rend au domicile du patriarche de son clan ; là, elle est accueillie par les parents et par les membres de sa classe d'âge avec des danses. Cette croyance explique l'organisation des danses au moment des obsèques. La mort n'arrête pas la vie et n'arrête pas les activités, celles-ci changent simplement de lieu et de résidence.

La mort n'est normale que lorsque le défunt a ses cheveux blanchis et possède des petits-enfants ; autrement, elle est considérée comme provoquée, prématurée et anormale. Après la mort, on ne passe pas en jugement, on va voir les parents pour leur donner des nouvelles des vivants et remettre à chacun d'eux ses commissions (vêtements et espèces). Mais s'il s'avère que la mort est le fait d'un tiers (assassinat, empoisonnement), on convoque le coupable avec les complices, on les passe en jugement et les coupables payent une amende. Après cela, le défunt retrouve une vie normale auprès des siens, avec son conjoint de l'au-delà qui l'initiera à sa nouvelle vie. Le mort peut souffrir quand les vivants négligent d'organiser ses funérailles, qui représentent son droit de cité et sa liberté de mouvement.

E. Le monde de la nuit (esprit) et le monde du jour (matière)

En dehors des quatre dimensions du monde déjà mentionnées, il existe le monde de la Nuit dominé par les Noirs et le monde du Jour dominé par les Blancs. Les Jaunes et les Rouges sont membres du clan blanc.

L'Univers ou monde du Jour est matériel et l'univers ou monde de la Nuit est spirituel. Dieu n'a pas achevé la construction du monde. Une fois ébauché, il a laissé sa finition à l'homme. Le Blanc et le Noir, continuant l'action de l'Architecte de l'univers, créent et achèvent la construction du monde. Les différentes réalisations scientifiques naissent et existent au même moment dans les deux univers (matériel et spirituel). Les bâtisseurs de l'univers (chercheurs, savants et techniciens) possèdent le don de transformer leurs idées en matière, et organisent le monde selon leur conception. Une fois que cette construction complexe sera achevée, c'est-à-dire lorsqu'il n'y aura plus de vide à combler, à ce moment-là, les mots n'auront plus leur pouvoir et leur force de création. Le jour où nous atteindrons ce stade d'évolution, ce jour sera le début de la fin du monde. Un changement s'opérera. Tous les mots se chargeront d'une puissante force de destruction. Prononcer un mot ne créera plus mais détruira le nommé. Après chaque destruction, les clans se remplacent et changent de position. La position actuelle des Blancs vient du fait que, dans l'ancien monde détruit, le jour était dominé par les Noirs.

Des hommes de génie ont inventé des machines compliquées

et des robots, ils ont construit la radio, la télévision et découvert l'énergie atomique, etc. Ces hommes ont matérialisé leurs idées. Ils ont mis quelque chose à l'endroit où, auparavant, il n'existait rien, pas même un nom, car là où existe un nom existe un contenu. Ils ont chargé ensuite le mot d'une force magique. Grâce à eux, nous connaissons, par exemple, la forme du mot *bombe atomique* et connaissons la puissance de ce mot. Ils ont donc sorti *bombe* du domaine de l'esprit, des idées et du néant. Nous connaissons aussi la puissance du mot *fusée balistique intercontinentale*. La Nuit, les Noirs possèdent leurs avions, leurs transatlantiques, leur télévision en couleur, leur téléphone, des fusées capables de photographier et d'atteindre d'autres planètes, et aussi leur navette spatiale. La Nuit, les réalisations scientifiques des Noirs forcent l'admiration des Blancs. Le Noir illettré, manœuvre, ou paysan que nous rencontrons est, dans l'univers de l'esprit, ingénieur, inventeur et savant de renommée mondiale. Les diminués physiques et les mendiants qui traînent au coin des rues dans les grands centres urbains sont, la Nuit, de hauts dignitaires dans divers domaines socioprofessionnels.

Si l'ensemble des activités du monde de la Nuit restent inconnues et invisibles du grand public, certains objets de ce monde se matérialisent en revêtant d'autres formes. En effet, il arrive qu'un vulgaire récipient en terre cuite abandonné, qui trône sous un arbre ou dans un coin d'une cour, représente, la Nuit, une soucoupe volante ou un avion capable de transporter des passagers d'un continent à l'autre. Dans la même ligne de pensée, on expliquera avec beaucoup de conviction que la canne sur laquelle s'appuie péniblement un vieux pour se déplacer est une arme redoutable, un fusil équipé d'une lunette de précision capable d'atteindre n'importe quel objectif. On peut multiplier ces exemples à l'infini.

L'UNIVERS SPIRITUEL DE LA NUIT

Il s'agit de montrer comment, dans l'univers de la Nuit, les guérisseurs, les devins, les prêtres, les sorciers, les esprits et les génies de la brousse se comportent, et comment leurs gestes et actions sont interprétés. Ces différents membres ne communiquent que par le phénomène de la possession, de la transe. Une possession peut venir d'une divinité, de l'esprit d'un ancêtre mort, ou de soi-même. Dans cette ligne de pensée, l'inspiration, le pressentiment et l'intuition sont considérés comme des phénomènes de possession religieuse. C'est l'esprit de l'ancêtre mort qui introduit la bonne parole dans la bouche des orateurs inspirés ou d'un poète. C'est également un esprit qui guide les mains de l'artiste, sculpteur ou peintre. Souvent l'artiste voit en rêve l'image de l'objet à réaliser. Dans de nombreux cas, le sculpteur noir conserve cette vision jusqu'à la fin de son œuvre. « Quand un esprit veut être matérialisé, il se fait voir d'un homme pendant que celui-ci est en train de dormir et lui dit quelle forme il veut prendre. Il m'arrive parfois d'apercevoir une jolie fille dans un village voisin et mon cœur ne me laisse alors plus en paix tant que je n'ai pas sculpté son visage sur un manche de cuillère[5]... » Ici la possession se fait obsession, qui ne prend fin qu'à la réalisation complète de son image matérielle. Le joli visage quittera enfin la mémoire de l'artiste. Dépossédé, le cœur de l'artiste le laissera en paix. Mentionnons, pour conclure, que les admirables statuettes funéraires en terre cuite des Agni, en Côte-d'Ivoire, furent réalisées dans les mêmes conditions et dans le même esprit. « L'artiste commençait son travail par cette évocation ; un tel, après ton départ au pays de la vérité, les hommes se préparent à célébrer ton jour. C'est moi qui suis désigné pour modeler ton mma (statuette en terre cuite), viens t'asseoir devant moi, guide ma main afin que je te fasse un mma magnifique et digne de toi. Viens prendre la boisson, et qu'après t'avoir représenté dans la terre, il ne m'arrive aucun mal[6]. » Ici, l'artiste ne veut prendre aucune initiative, il laisse cette responsabilité à l'esprit de l'ancêtre, qui doit venir poser devant lui, l'inspirer et finalement guider sa main pour que l'œuvre d'art soit une réussite dans le sens souhaité par l'ancêtre venu prendre possession de lui, de ses mains et de ses yeux. Le travail, finalement, ne sera pas celui d'un humain, mais celui de l'esprit de l'ancêtre. Le potier ne revendiquera même pas la paternité de l'œuvre créée, afin de ne pas en courir les conséquences en cas d'échec. L'artiste auteur du *mma,* c'est l'esprit lui-même. C'est pour cette raison que les œuvres d'art ne sont pas signées par les artistes qui les créent.

Est devin, voyant, guérisseur et sorcier tout individu qui possède un pouvoir magique ou force occulte, ou une activité quelconque dans le monde de la Nuit, ou est encore capable de contrôler une possession religieuse. Contrôler une possession consiste à se rendre compte, par des moyens occultes et magiques, que l'individu possédé par un esprit est lui-même sorcier et possède une force occulte ou un pouvoir magique inné, c'est se rendre compte par les mêmes moyens que la divinité ou l'esprit qui vient périodiquement animer le corps d'un fidèle, est une divinité principale, ou secondaire, comme l'esprit d'un défunt ou des génies de la brousse.

Ayê, en abouré, désigne le mauvais principe sorcier ; le bon principe se nomme *Kroa*. Par extension, le premier terme désigne un sorcier malfaisant, jeteur de sorts et mangeur d'âmes.

En principe, les sorciers ne mangent que l'âme des membres de leur clan. Manger l'âme d'un individu, c'est le tuer. Dans les sociétés où la dévolution des biens se fait dans le lignage maternel, les sorciers ne s'attaquent qu'aux membres de leur lignage.

Les sorciers mangeurs d'âmes vivent en petites communautés fermées qui s'ignorent les unes les autres. A l'échelon du village, il existe autant de groupes de mangeurs d'âmes qu'il y a de clans ; autrement dit, chaque clan possède ses sorciers. A l'intérieur du clan, les sorciers ne tuent que l'individu influent, fortuné, dont la mort crée un vide important.

Dans le domaine de l'esprit, les femmes et les diminués physiques assument les fonctions de premier plan. Leurs réunions se tiennent la nuit, dans le village ; c'est l'âme qui s'y rend, le corps, simple enveloppe et simple support matériel, reste sur la couchette. L'âme vole et quand elle passe dans le ciel, on entend son cri. Elle miaule comme un chat.

Le sorcier mangeur d'âmes commet rarement ses forfaits directement. Il atteint ses objectifs toujours par voies détournées. Pour tuer, il provoquera un accident et la victime y trouvera la mort. L'accident ici sert de prétexte et de couverture au crime prémédité. Les individus qui possèdent un pouvoir occulte, ou une puissance magique, peuvent le donner à quelqu'un qui n'en possède pas et peuvent également le confier à un autre individu qui en est déjà pourvu. D'une manière générale, ceux qui se privent et donnent leur principe sorcier à autrui ne le font que dans le laps de temps qui précède leur mort. Autrement dit, un individu privé de son principe sorcier est un individu qui est appelé à mourir d'un instant à l'autre.

On signale des cas où des génies ont supprimé, ou neutralisé pour toujours, le principe sorcier d'un humain. La victime, dans ce cas, change d'un instant à l'autre de comportement, elle devient amorphe et se comporte de façon anormale. Sa santé se détériore de jour en jour et, visiblement, on sent que quelque chose d'essentiel manque en elle. Inversement, celui qui reçoit ce pouvoir devient également maladif. Ce constat montre bien que le pouvoir sorcier est affecté à un individu nommément.

L'enfant hérite de son père le nom, auquel restent intimement liées les qualités morales et physiques paternelles. Le nom, c'est l'âme, la destinée et la vie. Cette pensée nous fait connaître les raisons qui poussent les animistes à attacher beaucoup d'importance au principe des homonymies et au rituel d'imposition du nom patronymique. C'est également parce qu'ils assimilent *le nom à l'âme, à la destinée et à la vie,* qu'il est de tradition, chez eux, de ne pas crier à haute voix ou d'interpeller un voisin à certains endroits précis. Le génie malfaisant qui habite ces lieux pourrait retenir prisonnière l'âme du nommé, et provoquer ainsi sa mort. Pour ensorceler ou tuer, c'est le nom de l'intéressé qu'on communique au sorcier. Les lagunaires affirment qu'au nom reste attachée une quantité de vitalité. Avant d'engager un combat décisif à la guerre, les soldats des deux camps en présence éprouvent toujours un sentiment de frayeur. Pour annihiler ce sentiment chez les combattants, on commence par tambouriner le nom de guerre de la classe d'âge, puis celui de chacun des membres. Ces noms sans cesse tambourinés réveillent, animent les combattants et leur donnent du courage. Dans les deux cas, le nom incite à combattre et à faire face au danger. Le nom tambouriné pousse à l'acte héroïque, qui consiste notamment à préférer la mort à la fuite et à la honte. Le nom possède une force ; s'il pousse à réaliser un exploit, il peut également empêcher d'accomplir un méfait, en retenant et immobilisant le nommé. Crier avec fermeté et à haute voix le nom d'un malfaiteur peut arrêter ce dernier dans son action, et même l'immobiliser au moment précis où il s'apprête à accomplir son forfait.

CONCLUSION

L'animisme fut longtemps considéré comme étant une croyance des peuples primitifs. Mais, aujourd'hui, à la lumière des résultats de recherche dans le domaine de la botanique, de la génétique et surtout des sciences de l'homme, nous sommes en droit de poser la question de savoir si, finalement, cette doctrine n'est pas celle des peuples qui ont derrière eux une longue pratique religieuse et ont atteint un haut niveau de spiritualité.

Cette modeste contribution permet de comprendre l'origine de la spiritualité négro-africaine et les raisons qui font que le Noir, malgré le progrès des religions révélées, demeure en majorité encore profondément animiste, quelle que soit sa condition sociale ; car, malgré tout, sa problématique du salut n'a pas encore trouvé de solution satisfaisante.

RÉFÉRENCES

1. La drummologie est l'étude des sociétés africaines d'expression orale de la période précoloniale, à travers les textes des tambours parleurs.

2. G. Niangoran-Bouah, *Introduction à la drummologie,* Université nationale de Côte-d'Ivoire, Abidjan — Collection Sankofa, p. 57.

3 et 4. G. Niangoran-Bouah, *op. cit.*, p. 54.

5. H. Himmelheber, *Les Masques africains,* p. 26.

6. Amon d'Aby. *Croyances religieuses et coutumes juridiques des Agni de la Côte-d'Ivoire,* Paris, Éd. Larose, p. 70.

DISCUSSION

JEAN LERÈDE. — *Pourriez-vous nous préciser exactement ce que l'on entend, en Afrique, par tambour parleur ?*

NIANGORAN-BOUAH. — *Il y a deux sortes de tambours en Afrique. Certains instruments sont utilisés simplement pour faire de la musique; et puis il y a d'autres tambours, qui sont uniquement utilisés pour garder la parole, c'est-à-dire emmagasiner les textes importants. La parole de ces tambours est donnée pendant certaines grandes manifestations, soit religieuses, soit civiles.*

Souvent ces tambours rappellent la sagesse ou les lois. Ces tambours sont dits « parleurs » car on ne les utilise pas pour danser. Le tambour commence généralement par dire : « Écoutez, écoutez, écoutez tous, voici le message du tambour » ; et quand le tambour parle, personne ne parle. Avant toute cérémonie, même les grands rois viennent se prosterner devant les tambours parleurs. Maintenant, qu'est-ce que la drummologie, qui est la science des tambours parleurs ? Nous avons toujours su que, pour représenter l'histoire africaine, il y avait un maillon qui manquait, venant du fait que l'histoire n'était pas écrite. *En remontant aux traditions orales qui, depuis des siècles, constituent les thèmes des tambours parleurs, on remonte véritablement à l'histoire africaine. Les grands peuples d'Afrique ont tous des tambours parleurs qui nous racontent l'histoire de ces peuples. Ces voix des tambours me paraissent aussi importantes que celles de la Bible, ou du Coran.*

JEAN CHARON. — *Une question : le tambour parle, mais il parle uniquement par le rythme qu'il crée, le rythme qu'il fournit ?*

NIANGORAN-BOUAH. — *Oui, c'est exactement cela, celui qui écoute le tambour, compte tenu du rythme du tambour, comprend exactement ce qu'il veut dire. C'est exactement comme une langue.*

JEAN CHARON. — *Mais cette voix du tambour, est-elle plus évocatrice que si c'était un écrit par exemple ?*

NIANGORAN-BOUAH. — *C'est exactement comme chez vous, il y a la langue écrite et la langue parlée. Avec la voix du tambour, on est sûr que le thème original n'est pas déformé. Ce qui ne manquerait pas d'avoir lieu, si ce thème était parlé, était raconté. Le tambour communique toujours un message authentique, qui ne s'est pas transformé depuis des siècles. Il joue le rôle de la langue écrite.*

JEAN CHARON. — *Et tout le monde connaît-il la signification de la voix du tambour ?*

NIANGORAN-BOUAH. — *Les anciens connaissent tous la voix du tambour. Les jeunes générations ont un peu perdu cette écoute, et c'est pourquoi d'ailleurs nous avons créé la drummologie, afin de conserver cette voix du tambour qui porte sur des thèmes qui, parfois, ont plus d'un millénaire d'âge.*

DIANE MC GUINNESS. — *Vous avez dit que, quand on tue Dieu, Dieu est mort. Qu'est-ce que cela veut dire en Afrique que Dieu est mort ?*

NIANGORAN-BOUAH. — *L'Africain pense que toute création est fonctionnelle, que ce soit une création de l'esprit ou même une création matérielle. Sans sa fonction, une création n'a pas sa raison d'être. Et si Dieu a créé la mort, il faut que la mort se manifeste ; et c'est pourquoi Dieu a créé la mort, et la mort a tué Dieu, pour montrer qu'elle est la mort. Mais, ensuite, Dieu est redevenu Dieu. Et cette tradition des tambours parleurs rejoint un peu votre christianisme, qui dit que Dieu est mort sur la croix et a ressuscité le troisième jour, car Jésus est aussi Dieu.*

RÉMY CHAUVIN. — *Vous avez dit que le mort devait traverser une rivière. Y a-t-il une seule rivière ou, comme c'était le cas, je crois, chez les Grecs, trois rivières ?*

NIANGORAN-BOUAH. — *Cela dépend des régions, l'important c'est qu'il y a une rivière certainement à traverser. On donne d'ailleurs, on dépose à côté du mort, une somme d'argent, pour que précisément il puisse payer son passage sur cette rivière.*

JEAN CHARON. — *Oui, c'est exactement la traversée du Styx des anciens Grecs, avec le passeur qui d'ailleurs s'appelait comme moi, Charon.*

SANDRA SCARR. — *Est-ce que le tambour n'a pas des difficultés avec les différentes langues qui existent en Afrique ?*

NIANGORAN-BOUAH. — *Oui, c'est vrai. Il existe plusieurs langues en Afrique. Il y en a des petites et des grandes. Le tambour s'exprime généralement dans les très grandes langues. Comme chez vous : on s'efforce de s'exprimer plutôt en anglais qu'en flamand ou en breton.*

DIANE MC GUINNESS. — *Existe-t-il un concept d'enfer dans les religions africaines ?*

NIANGORAN-BOUAH. — *Dans beaucoup de religions africaines, l'enfer n'existe pas. Ou, en tout cas, l'enfer tel que nous le décrivent les religions révélées. Pour l'Africain, la condamnation d'un individu, c'est le fait qu'il meure plus tôt qu'il n'aurait dû. Il ne faut pas mourir jeune, car alors la mort n'est pas naturelle. C'est pourquoi, quand un être est mort jeune, on va jusqu'à lui donner une arme blanche, qu'on dépose près de son cadavre, de façon qu'il puisse se venger s'il est mort injustement, parce que nous sommes sûrs que la vie dans l'au-delà n'est pas aussi bonne que la vie sur cette terre. Ce qu'il faut donc protéger, c'est la vie ici. D'abord, avoir beaucoup d'enfants ; et aussi être fortuné, avoir une santé de fer et éliminer si possible les ennemis, ceux qui sont censés vous faire du mal. Donc, comme vous le voyez, on protège la vie ici-bas.*

JEAN CHARON. — *Est-ce que le mort peut revenir en chair et en os dans la vie matérielle ?*

NIANGORAN-BOUAH. — *Oui, souvent il peut revenir. Il y a des enfants qui naissent avec des cicatrices, ou avec une infirmité, ou alors une ressemblance avec quelqu'un ayant déjà vécu. On dit alors que c'est l'ancêtre qui revient, le frère ou le grand-père qui revient.*

L'évolution doit-elle être en conflit avec la création ?

J. MARTIN RAMIREZ

Je voudrais commencer en rappelant Velis Vel Nolis, l'intelligence a la tâche de forger les idées et les valeurs illuminant le chemin de l'histoire ; qu'elle élabore les différentes *Weltanschauungen** qui laissent leur empreinte dans l'humanité, et qu'elle fabrique les verres des lunettes à travers lesquelles l'homme de la rue voit la vie, généralement inconscient d'être manipulé par la sélection des lunettes et la teinte des verres à travers lesquels il regarde (Cervos Navarro, J. Martin Ramirez, 1976). On comprend donc l'énorme responsabilité qui incombe aux scientifiques et aux intellectuels face à la société et l'importance de colloques comme le nôtre promouvant, au sein de la communauté scientifique, tout ce qui tend à réunir ses membres plutôt que ce qui les divise. Ce genre d'initiative travaille au succès de la compréhension et de la paix entre les humains, les scientifiques recherchant (chacun partant de sa spécialité professionnelle sans toutefois perdre de vue la perspective multidisciplinaire caractéristique de la science moderne) l'unité des sciences, qui pourrait tant nous aider dans notre cheminement vers la Vérité absolue.

Ayant été invité en tant que psychobiologiste à participer à la discussion sur le thème « Psychobiologie (esprit et évolution) », je ferai quelques commentaires sur un des sujets les plus passionnés et actuels, si l'on en juge d'après la vivacité nouvelle d'une vieille dispute, parfois alimentée par des arguments pseudo-scientifiques : la dichotomie « évolution-création » rela-

* Philosophies, perspectives philosophiques. En allemand dans le texte (*N.d.T.*).

tive à la question des origines de l'univers, de la vie et de l'homme. Plus précisément, je m'efforcerai, dans les pages qui suivent, d'appliquer à mon travail intellectuel l'esprit de conciliation que je cherche à garder autant que possible — la science n'étant pas, en effet, la propriété d'un individu, mais plutôt le résultat de beaucoup de contributions. La dichotomie dont je parlais plus haut est surtout le fruit d'extrapolations extrémistes, qui sont pour moi toujours fausses et anachroniques parce qu'elles ne lèvent pas les équivoques et les erreurs propres à toute déclaration à caractère trop exclusif.

Mon but n'est pas d'essayer de montrer les supériorités possibles de l'évolutionnisme ou du créationnisme. Beaucoup d'entre vous, présents à ce colloque, pourraient donner une meilleure représentation de l'un ou de l'autre. Mon travail consistera plutôt à soutenir qu'il n'existe pas d'incompatibilité entre l'évolution et la création, qu'elles ne sont pas les deux termes d'une alternative s'excluant mutuellement. J'irai jusqu'à dire qu'il existe une très bonne copénétration entre ces deux théories : d'un côté, le créationnisme apporte des réponses à ce que l'évolutionnisme ne peut résoudre ; d'un autre côté, l'évolutionnisme semble être la meilleure explication de l'histoire naturelle, c'est-à-dire de la création dans son sens le plus large.

Ces deux théories se trouvent à différents niveaux de connaissance, comme l'a fait remarquer Artigas en 1981, et aucune des deux ne peut être absolument vérifiée par l'expérience. C'est pourquoi nous ne pouvons pas considérer comme attitude scientifique raisonnable celle qui consiste à ne pas admettre que l'on puisse douter d'une théorie qui n'a pas encore été convenablement démontrée. L'évolutionnisme, en tant qu'hypothèse universelle, n'a pas encore trouvé sa démonstration dans l'expérience, comme cela peut être déduit d'une épistémologie aussi indubitablement évolutionniste que celle de sir Karl Popper. Tout aussi inacceptable est l'affirmation que toutes les opinions autres que l'évolutionnisme sont faites d'idées fausses — par exemple que toute intervention divine a été scientifiquement prouvée impossible, comme on le lit dans certains manuels d'instruction.

Que veulent dire les termes évolution et création ? Dans leur sens le plus large, « évolution » désigne tout processus de changement, de croissance, de développement ou de déroulement, allié à une augmentation de complexité, d'efficacité ou de succès ; et « création » désigne la production de quelque objet ou être, impliquant une nouveauté issue de la transformation de quelque chose lui préexistant. Ici, cependant, nous ferons référence à une plus stricte signification de ces deux termes : nous verrons l'évolution comme un concept biologique et chimique, suggérant une différenciation graduelle parmi les objets animés et les objets inanimés à partir d'un ancêtre commun, et la création comme la production de quelque chose à partir de rien.

Selon la conception générale d'une réalité en continuel devenir qu'offre la théorie de l'évolution, l'univers devrait normalement évoluer[1] au fil du temps à travers un processus graduel et maladroit. La plupart des chaînons, des mécanismes et des formulations logiques proposés par les évolutionnistes semblent être chaque jour plus acceptables par les biologistes contemporains, à cause de la grande quantité de nouvelles informations scientifiques — génétiques, écologiques, embryologiques, biochimiques, paléontologiques... — qui mettent en évidence l'unité profonde qui existe entre les espèces. En dépit de certains « trous » importants, la théorie de l'évolution est, à ce jour, la meilleure hypothèse permettant de justifier les observations scientifiques (Martin Ramirez, 1978).

Néanmoins, il reste trois problèmes majeurs pour lesquels une réponse scientifique expérimentale fait toujours défaut : l'origine de l'univers, l'origine de la vie et l'origine de l'homme — c'est-à-dire les *alpha Kai Omega* cosmiques.

La science expérimentale n'offre aucune réponse sur l'origine première de la matière, c'est-à-dire sur le concept de création à l'état pur. Afin de répondre à la question la plus fondamentale à propos de l'origine de l'univers, un évolutionniste radical supposerait que tout, sans exception, a pris origine dans une particule matérielle inerte, par le biais d'un mécanisme naturel. Mais cette approche, soutenue au siècle dernier par certains naturalistes tels que Lamarck, Haeckel, Spencer et Darwin, se trouvait incapable d'expliquer comment la première particule de l'univers a vu le jour ; elle inclut le danger de porter atteinte à la rigueur indispensable au scientifique et d'accepter une série d'hypothèses « scientifiques » improbables, comme celle affirmant que les choses se succèdent sans n'avoir jamais eu de commencement. A ce point, les créationnistes apportent une contribution : nous devons accepter l'existence d'un être causal, créateur de la première matière, qui n'a pas lui-même de commencement, et dont la nature propre serait précisément celle « d'être », et devrait donc être appelé « celui qui est » — c'est-à-dire le Yahvé de la Torah.

Il ne semble pas du tout difficile à l'étudiant en sciences de comprendre le concept d'un être créateur de l'univers, transmis par la tradition judéo-chrétienne « Beresith Bara Elohim », « Au commencement, Dieu créa la terre et le Ciel (Gen. 1) — ou par la tradition musulmane — « Kun Fa Yakun », Dieu dit « Sois » et « Il faut » (Coran) — (pour un point de vue islamique, voyez la note Ali, 1983). Toute chose trouve son origine absolue en Dieu. La négation de Dieu n'est pas digne d'une véritable science mais seulement d'une pseudo-science défendue par ceux qui, prétendant que les lois naturelles suffisent à résoudre les énormes problèmes en question, ne comprennent pas que ces lois naturelles, même si elles expliquent beaucoup de choses, ne pourront jamais résoudre la question de savoir qui eut la puissance de créer l'univers et de lui donner ses lois.

Les enseignements religieux dont nous venons de parler nous disent que tout trouve son origine en Dieu, sans toutefois essayer d'expliquer scientifiquement la méthode ou le mécanisme de la cosmogenèse. Les « six jours » de la création, dont la Bible fait mention, commencent avec la lumière se séparant de l'obscurité, et s'achèvent avec l'homme, suggérant que l'univers n'est pas apparu d'une manière instantanée, mais graduellement. Ceci est relativement proche de ce que propose l'évolutionnisme. En science, il existe principalement deux théories : la théorie de l'état stationnaire et celle du big bang, cette dernière semblant être la plus acceptable (elle suppose que l'univers commença avec une explosion soudaine et dans toutes les directions).

L'acceptation de la création comme origine cosmique laisse entièrement libre l'acceptation de n'importe quelle théorie scientifique tentant d'expliquer les lois gouvernant la relation éventuelle entre le Créateur et les créatures, ainsi que les mécanismes de développement ultérieur de l'univers : il y a possibilité de création directe et immédiate de toutes les espèces, l'une après l'autre, ou bien la possibilité d'une évolution continue obéissant à ses propres lois (c'est-à-dire la création originelle d'une masse d'atomes et l'établissement de lois de la matière ; sous l'action de ces lois, cette masse évoluerait jusqu'à donner le cosmos dans son état actuel). Sans vouloir me livrer à de vaines spéculations, je dirai que la puissance créative se refléterait mieux au moyen d'un déroulement *graduel* à partir d'une intervention initiale, puis à travers des causes secondes, plutôt que plusieurs interventions directes du créateur, personnellement, à chaque étape.

Une des interprétations cosmologiques que de plus en plus de biologistes adoptent est celle de l'émergence, qui défend la thèse de l'évolution créative, pour reprendre une expression de Popper. D'après cette théorie, la nature « créerait », au moyen de sauts successifs allant des niveaux inférieurs vers de nouvelles créations, tout au long d'une évolution qui se passerait des « interventions miraculeuses d'un créateur ». Popper (1959, 1982) ne fait pas référence ici à la création de l'univers, à la création de la première matière à partir de rien, mais à la création immédiate de toutes les choses, se servant de ce terme dans un sens beaucoup plus large que dans celui précédemment défini.

La seconde question, toujours sans réponse dans la théorie de l'évolution, est celle ayant trait à l'origine de la vie. Les tentatives faites pour expliquer comment le premier corpuscule vivant (protobion) a pu apparaître à partir de la matière inerte n'ont pas encore vraiment abouti, bien que des hypothèses et des spéculations parfois raisonnables existent déjà (par exemple, les séries de processus catalytiques et l'auto-organisation structurée d'oligomènes se retrouvant en association coopérative — Dickerson, 1978 et Oro, 1980). Un créationniste n'est pas du tout opposé à l'intervention éventuelle d'un tel mécanisme.

Aujourd'hui, le fait qu'une évolution biologique se soit produite à partir de l'apparition des premiers organismes vivants est presque unanimement accepté. Par exemple, le biologiste Dobzhanski (1962) a fait ressortir que « rien, en biologie, ne tient debout si on refuse l'hypothèse de l'évolution ». L'énorme diversité que représentent les deux millions d'espèces a pu apparaître par évolution, au moyen de mutations, de recombinaisons génétiques et d'adaptations à différents sites. L'unité évolutive de l'univers, l'origine évolutive possible des différentes espèces d'êtres vivants — soutenue par beaucoup de découvertes scientifiques, montrant une abondance de similitudes dans le pluralisme général —, et l'universalité du code génétique s'accordent très bien avec l'unité de cause et de but propre au créationnisme.

La question de l'origine de l'homme est l'un des obstacles auxquels les hypothèses de l'évolution se heurtent avec le plus de violence. Le problème essentiel concernant l'origine et l'histoire de l'homme n'est pas un problème simplement biologique — l'homme partage beaucoup de caractéristiques biologiques avec d'autres êtres vivants et visiblement avec les autres primates — mais c'est surtout un problème relatif aux particularités spécifiques à l'espèce humaine, laquelle est nettement différenciée des autres espèces animales, et pour laquelle il serait difficile de parler d'origine commune.

En fait, même s'il existe divers exemples de substrats anatomiques et physiologiques possibles dans l'anthropogenèse (cérébralisation, bipédestration, main préhensile pourvue de cinq doigts, pronation et supination des membres supérieurs, vision binoculaire et perception de la profondeur, réduction relative des dents, longue période de grossesse, puberté tardive...) il ne nous semble pas que l'une ou l'autre de ces caractéristiques originelles puisse être LE facteur responsable des particularités humaines. De plus, beaucoup d'animaux ont des sens plus perfectionnés que l'homme, et les machines cybernétiques modernes dépassent l'homme dans certaines de ses activités (calcul rapide, précision, traitement des informations, et même activités appelées « intelligentes », comme le jeu d'échecs) ; personne, cependant, n'est capable de construire des modèles de « sens commun » (« bon sens »), lesquels supposeraient de la perception, du raisonnement et de l'action (Waltz, 1982). Les différences biologiques, ainsi, ne semblent être qu'accidentelles (Ramirez, 1974). Toute tentative de réponse basée sur une approche purement biologique semble être insuffisante. La biologie ne peut nous expliquer tout sur l'homme (Settle, 1982).

La réalité, toutefois, démontre pleinement le fait que l'homme est essentiellement différent des animaux et des constructions artificielles. Où donc devons-nous rechercher ce qu'il y a de vraiment humain dans un acte humain (ce qui fait l'homme « humain », dirait Pribram), c'est-à-dire ce qui fait l'homme différent des autres animaux ? Nous devons le rechercher dans un composant « métabiologique », c'est-à-dire dans une caractéristique humaine qui ne semble pas ajouter de matériau au substrat physiologique. Ces composants, même s'ils transcendent la biologie pure, ne peuvent agir que biologiquement. Voyez, par exemple, l'exposé de la corrélation complexe entre biologie et comportement par Campbell (1967). Beaucoup de facultés ont été désignées comme étant spécifiquement propres à l'*Homo sapiens,* même si elles ont été retrouvées dans certaines autres espèces à un degré beaucoup moindre :

a) la capacité de développer une culture et de dispenser une éducation ;

b) l'usage d'outils et la production de ces derniers (bien que d'autres primates se servent d'outils, l'homme est la seule espèce à le faire en accord avec un plan prédéterminé ; Lancaster, 1968).

c) l'usage d'un langage symbolique, qui rend possible une pensée abstraite et conceptuelle ;

d) la capacité d'avoir conscience de sa propre existence ;

e) l'homme pense, mais il sait aussi qu'il pense ;

f) l'analyse de sa propre personnalité ;

g) la capacité de libre choix ;

h) le choix de buts, la manifestation d'intentions, etc. (par exemple Bertalanfy, 1967 ; Pribram, 1971 ; Palafox, 1973 ; Martin Ramirez, 1974).

D'après Bertalanfy (1967), la principale caractéristique de l'anthropogenèse, sans laquelle aucune amélioration biologique ou de comportement ne serait possible, serait l'évolution du symbolisme : « Le symbolisme est ce qui met l'homme au-dessus des animaux les plus parfaits. » Une telle importance a été accordée à ce point particulier que Cassirer (1953-1957), dans son travail philosophique pour trouver une définition de l'homme, l'appelle Animal Symbolicum : la totalité du comportement humain, ses réalisations, ses travaux et ses souffrances, peuvent être exprimés en termes d'activités symboliques, postulées d'une manière gratuite (Werner, Kaplan, 1963).

En résumé :

1. Il semble être admis à l'unanimité l'existence de différences substantielles entre l'*Homo sapiens* et toutes les autres espèces.

2. Tout ce qui pourrait constituer une différence réelle entre l'homme et les animaux, en conférant à celui-là des caractères spécifiques, doit être recherché comme étant un composant immatériel qui, même s'il transcende la biologie, ne peut être produit que par la biologie.

D'où vient l'homme ? Nous avons été les témoins, au cours des deux dernières décennies, d'un renouveau dans l'interprétation évolutionniste de l'être humain, de son esprit, de son comportement, de ses activités cognitives et même de sa culture et de son organisation sociale ; cette interprétation nouvelle suggère que pratiquement aucun aspect humain ne peut être correctement interprété sans examiner l'héritage biologique de l'homme, c'est-à-dire l'évolution (voir, par exemple, Lorenz, 1967, Van Sommers, 1972, Popper, 1982, Bartley, 1983, Trivers, 1983, Wuketits, 1982). Aujourd'hui, c'est cette plus récente interprétation évolutionniste que nous devons accepter, bien qu'elle soit encore conjoncturelle et, *a fortiori*, provisoire (Maynard, Smith, 1978) ; et bien qu'elle soit, également, parfois alliée à certaines préoccupations politiques et philosophiques. Mais, même si l'on défend l'origine évolutive de l'espèce humaine comme venant d'une matière vivante préexistante, cela n'implique pas nécessairement une approche matérialiste. La possibilité d'existence d'une âme créée par Dieu et dont chaque individu serait le réceptacle — même si elle pouvait être raisonnablement démontrée — sortirait du cadre biologique auquel se limite la théorie de l'évolution. La biologie ne peut pas et n'a pas besoin de dire quoi que ce soit à propos de l'hypothèse de l'âme (Martin Ramirez, 1978).

Si le maintien de la dichtomie classique âme-corps pouvait être la source d'une confusion ou d'une éventuelle répugnance de la part de quelques créationnistes face à l'émergence récente d'une reconnaissance du fait que l'évolution affecte aussi l'esprit humain, ce conflit pourrait être surmonté en changeant les frontières traditionnelles entre création et évolution, et en distinguant (comme nous le suggèrent les quatre niveaux phénoménologiques de l'homme : matériel, biologique, psychique et spirituel) entre un « esprit psychique », gouverné, au moins indirectement, par des lois physiques et chimiques (beaucoup de maladies mentales ont des causes biochimiques qui pourraient être expliquées par une théorie « émergentiste » basée sur les processus biologiques (voir Pribram, Martin Ramirez, 1980) et entre une « âme spirituelle » directement créée et associée à chaque personne. Certains d'entre vous distinguent un esprit physique et un esprit spirituel, existant l'un par rapport à l'autre selon une relation proche de celle de la terminologie coréenne de Hyung Sang-Sung Sang.

Pour résumer, et comme cela a déjà été suggéré ailleurs (Martin Ramirez, 1978), les évolutionnistes et les créationnistes devraient pouvoir accepter les points suivants relatifs à l'origine des êtres humains :

1. Le corps humain semble être le produit d'une mutation néotomique, à travers une évolution ayant un anthropoïde encore mal identifié comme point de départ.

2. Il existe une différence claire — et qualitative — entre la psyché animale et la psyché humaine.

3. L'évolution biologique du corps humain n'exclut pas la « création » de son esprit mais, au contraire, la réclame (Zubiri, 1964).

4. Une distinction entre l'esprit psychique et l'âme spirituelle paraît d'un grand secours pour apporter une solution au conflit relatif à la création de l'âme et à l'émergence de l'esprit.

BIBLIOGRAPHIE

ALI, M. S., *On the synthesis of science and religion,* 11e ICUS, sous presse.

ARTIGAS, M., « Evolucionismo y creacion », *Nuestro Tiempo,* 328, 1981, pp. 144-223.

BARLEY III, W. W., *The challenge of evolutionary epistemology,* 11e ICUS, sous presse.

BEALS, R. L., et HOIJER, H., *An introduction to the Anthropology,* New York, MacMillan, 1971, 4e édition.

BERTALANFY, L. V., *Robots, Men and Minds,* New York, George Braziller, 1967.

CAMPBELL, B. G., *Human evolution : an introduction to man's adaptation,* Chicago, Aldine Pub, 1967.

CASSIRER, E., *The Philosophy of Symbolic Forms,* New Haven, Yale University Press, 1953-1957.

CERVOS NAVARRO, J. et MARTIN RAMIREZ, J., « La manipulacion psicosomatica de la personalidad », *Persona y Derecho* 3, 1976, pp. 275-295.

DICKERSON, R. E., « Chemical evolution and the origin of life », *Scientific American* 239 (3), 1978, pp. 62-83.

DOBZHANSKY, T., *Mankind evolving,* New Haven, Yale University Press, 1962.

LANCASTER, J. B., « On the evolution of tool using behavior », *Am. Anthropologist* 7, 1968, pp. 56-66.

LORENZ, K., *Evolution and the Modification of Behavior,* Chicago, University of Chicago Press, 1965.

MARTIN RAMIREZ, J., « Vida humana y biologia », *G.E.R.* t. XXIII, 1975.

— *Einführung in die Anthropobiologie,* Peter Lang, Berne, Francfort, Las Vegas, Peter Lang, 1978.

MAYNARD SMITH, J., « The evolution of behavior », *Scientific American* 239 (3), 1978, pp. 130-145.

ORO, J., « Prebiological synthesis of organic molecules and the origin of life », *The Origins of Life and Evolution,* Alan R. Liss, 1980, pp. 42-63.

PALAFOX, S., « Fundamentos biologicos de la educacion », *Boletin Asociac. Especialid. Médicas,* 1973.

Popper, K. R., *The Logic of Scientific Discovery*, Londres, Hutchinsson, 1959.
— *Postcript to the Logic of Scientific* Discovery, 3 vol, New Jersey, Rowman Littlefield, 1982.
Pribram, K. H., *What makes Man human*, New York, The American Museum of Natural, 1971.
Pribram, K. H., et Martin Ramirez, J., *Cerebro, mente y holograma*, Madrid, Alhambra, 1980.
Settle, T., *What biology cannot tell us about ethics*, 11e ICUS, sous presse.
Sommers, P. V., *The Biology of Behaviour*, Sydney, John Wiley, 1972.
Trivers, R., *The evolution of sense of fairness*, 11e ICUS, sous presse.
Werner, H., et Kaplan, B., *Symbol Formation*, New York, Wiley, 1963.
Wuketits, F. M., *Grundriss der Evolutionstheorie*, Darmstadt, Wissenschaftliche Buchgesellschaft, 1982.
Zubiri, X., « El origen del hombre », *Revista de Occidente*, Madrid, 1964.

Dix

ONTOLOGIE

Diane Cousineau
Toshihiko Izutsu

Mythe et Raison : les polarités créatrices de l'esprit humain

DIANE COUSINEAU

Pendant plus de deux siècles, particulièrement entre Descartes et le début du XXe siècle, la pensée occidentale a affirmé la suprématie d'une approche rationaliste, « objective », de la connaissance, nous représentant le monde visible comme une réalité absolue, obéissant à ses lois propres, quelque chose de défini et de définissable, susceptible de faire l'objet de certitudes intellectuelles ; une réalité du même coup extérieure et comme étrangère à celle de l'observateur, ce dernier étant posé comme « sujet » face à l' « objet » de son observation[1]. Même le probabilisme du début de ce siècle n'avait guère affecté la séparation totale entre le sujet et l'objet, puisque les caractéristiques probabilistes étaient considérées comme une prérogative de l'objet observé. L'indépendance de l'objet par rapport au sujet semblait aller de soi et la séparation entre les deux était d'ailleurs identifiée comme la condition même de l'acte de connaître.

L'approche rationaliste différait donc diamétralement de celle qui l'avait précédée, la connaissance « précartésienne », illustrée entre autres par la connaissance alchimique, se fondant au contraire sur une identification entre l'observant et l'observé, sur une intuition de l'unité fondamentale et paradoxale du distinct et du Tout. Je qualifierais cette approche de « mythique », à condition de n'attacher à ce terme aucune connotation péjorative, le mythe étant ici défini, comme le font par exemple Mircea Eliade[2], Georges Gusdorf[3] ou Jean Lerède[4], comme un instrument de connaissance non rationnelle, « subjective », l'expression en somme d'une expérience globale, d'une expérience « religieuse » au sens propre du terme, c'est-à-dire d'une réactualisation du lien qui unit la conscience individuelle à la totalité de l'Être. La connaissance mythique est donc le fruit d'une intuition active (et non pas seulement d'une reconnaissance théorique) de l'unité de l'Être et de l'intégration de la conscience individuelle dans le Réel qui la sous-tend. Contrairement à la connaissance de type rationaliste, elle procède non pas d'une séparation, d'une distinction sujet-objet, mais en quelque sorte d'une perception, d'une communication directe de sujet à sujet, de conscience à conscience, pourrait-on dire.

Ces deux approches, si profondément différentes, en arrivaient à paraître irréconciliables, voire même hostiles, les tenants de la pensée mythique voyant souvent le rationalisme comme une sorte de trahison de la Connaissance, les partisans du rationalisme, d'autre part, identifiant le mythe à une mystification, le classant automatiquement dans le domaine de l'irrationnel, autrement dit de ce qui est contraire à la raison, et donc incompatible avec elle. Il n'était pas rare (comme c'est encore souvent le cas d'ailleurs) que l'on associât l'approche mythique à une mentalité « primitive », dans le sens d' « infantile », correspondant à une étape inférieure du développement de la conscience humaine, par rapport à la pensée « moderne », caractérisée par l'approche rationaliste ; une telle optique impliquait l'idée d'un progrès de la conscience grâce au passage de la première vers la seconde, et sous-entendait le sacrifice nécessaire de l'une au profit de l'autre.

Cependant avec les recherches de Jung, particulièrement en ce qui concerne les archétypes, est apparu, comme un élément essentiel de la réalité psychologique de l'individu, son lien indissociable avec l'inconscient collectif. Les mythes étant en somme la mise en forme des archétypes, on peut dire qu'avec Jung l'approche mythique a ressurgi, comme un élément légitime de la connaissance moderne, en tout cas dans le domaine de la psychologie. Du même coup ses découvertes ont contribué à ébranler l'idée d'une séparation entre le sujet et l'objet, sur le plan de la réalité psychologique tout au moins, le sujet distinct (l'individu pensant) s'avérant lui-même participant étroitement et comme prenant ses racines dans un sujet global (la collectivité humaine).

Par ailleurs les récents développements de la physique, notamment dans son approche « bootstrap » du Réel, (telle que développée par Geoffrey Chew de Berkeley), nous amène encore plus loin en nous représentant non seulement le lien indissociable entre la psyché individuelle et une psyché commune à l'humanité tout entière, mais qui plus est, l'unité fondamentale entre ma réalité et toute Réalité, à l'échelle cosmique. La théorie du « bootstrap » nous dit en effet que « tout se tient » dans la nature, qu'une particule de matière est moins significative par la structure locale qu'elle présente que par les liaisons qu'elle a avec tout le reste du cosmos. Ceci s'est trouvé encore renforcé par ce que les physiciens nomment aujourd'hui la « non-séparativité ». Ainsi donc nous-mêmes, par l'intermédiaire de ce corps qui est le nôtre, nous participerions essentiellement à l'ensemble de la réalité cosmique. Et, d'une certaine façon, on peut dire que de telles théories réintègrent la dimension mythique dans le processus de la connaissance, puisqu'elles reconnaissent l'immersion du distinct dans le global, ou encore l'interdépendance des éléments du Réel, donc, en somme réintroduisent une vision unifiante, intégrative de notre relation avec le Réel.

Mais à partir du moment où de telles notions commencent à s'imposer au cœur même de la science la plus contemporaine, elles semblent remettre en question une certaine approche rationaliste, en ce sens qu'elles relativisent à tout le moins l'importance de la conscience distincte, de la distance sujet-objet dans le processus de la connaissance. De telles découvertes génèrent donc une interrogation fondamentale en ce qui concerne la fonction véritable de ma conscience individuelle dans ce que l'on appelle la connaissance. Car, dès que je m'interroge sur la Réalité quelle qu'elle soit, n'est-ce pas en termes de ce moi-même comme centre de toute perception que je me pose inévitablement ? N'est-ce pas, en premier lieu, comme une donnée immédiate de ma conscience, la notion de mon identité unique et irréductible à la Totalité qui s'impose et même permet cette connaissance de ce qui est autre que moi ? Ou bien ce moi distinct n'est-il lui-même qu'une illusion me confinant à une connaissance arbitraire du monde qui m'entoure ? Autrement dit, suis-je essentiellement immergé dans la Réalité, ce qui signifierait que ma connaissance des choses reposerait sur une fusion, une immédiateté ? Ou la connaissance n'est-elle pas plutôt le résultat d'une séparation, d'une distanciation ? Pour connaître dois-je m'identifier à la Totalité, comme semble le proposer la démarche mythique, ou au contraire me reconnaître, m'affirmer comme distinct, selon une approche rationaliste ? Et qui plus est : est-il même possible de m'identifier au Tout si j'en suis distinct, ou de m'en séparer si je lui suis essentiellement relié ?

D'aucuns voient (non sans appréhension) dans les nouvelles avancées de la science et de la psychologie se profiler l'ombre d'un retour à la mentalité mythique et craignent que soient par là mis en péril les acquis de la science moderne, ou tout au moins de voir celle-ci freinée dans son élan vers la connaissance. On connaît bien le mouvement de balancier qui tout au long de l'histoire fait osciller l'homme dans une direction puis dans une autre. Jung, de son côté, voit à l'œuvre ce mouvement de balancier dans la vie psychologique de tout individu, notamment dans le jeu entre le conscient et l'inconscient. Au niveau de son conscient, selon Jung, l'homme trouve sa capacité d'adaptation au monde, alors que lorsqu'il se porte vers son inconscient, il cherche à répondre à ses besoins intérieurs et, au cours d'une vie, l'individu a tendance à privilégier alternativement l'une et l'autre de ces deux polarités [5].

Je ne crois pas qu'il serait abusif, ici, de tracer un parallèle entre les fonctions consciente et inconsciente dans la psyché individuelle, d'une part, et d'autre part l'approche rationaliste et l'approche mythique dans le phénomène de la connaissance humaine dans son ensemble, car ces deux couples de polarités m'apparaissent répondre, dans l'esprit humain, à des aspirations correspondantes. La pensée rationaliste, ou même plus généralement l'usage du rationnel, s'attache au monde extérieur visible et plus globalement à la Réalité (c'est-à-dire au monde des formes, des concepts), ainsi qu'au rapport que nous entretenons ou souhaitons entretenir avec elle. La pensée mythique pour sa part, liée à l'inconscient et à l'usage de la faculté intuitive, nous invite à nous situer au cœur même de l'Être (c'est-à-dire de cet informulé d'où jaillissent les formes) et nous révèle le rapport inné et préexistant des formes entre elles et notre propre rapport avec elles [6]. Ces deux polarités seraient favorisées alternativement dans le processus de développement de la conscience, tout comme les polarités conscient-inconscient se répondent l'une l'autre, sans qu'une ne supplante l'autre au cours de la maturation psychologique d'un individu.

Des auteurs comme Mircea Eliade [7], Gilbert Durand [8], Denis de Rougemont [9] ont consacré une bonne part de leur œuvre à observer, au sein de la pensée moderne, la persistance de la pensée mythique [10]. Il ressort de telles recherches que l'homme moderne, même lorsqu'il se croit ou se veut affranchi de toute mentalité mythique, n'en témoigne pas moins, dans sa vision du monde et dans ses actes, d'une emprise sur lui de l'univers mythique qui l'habite et qui, à son insu, lui dicte en quelque sorte la trame de son comportement social, affectif, et influence même ses initiatives intellectuelles. Il semble donc que le rationalisme, au cours des époques ou chez les individus qui le favorisent, représente une tendance de l'esprit qui n'en laisse pas moins pour autant subsister, même lorsqu'elle est ignorée ou dévalorisée, sa contrepartie non rationnelle. Doit-on voir dans ce phénomène une simple réalité historique ? Dans ce cas on pourrait en supposer un dépassement possible. Ce « déchet mythologique (qui) survit dans des zones mal contrôlées » de l'imagination de l'homme moderne [11] peut-il éventuellement être évacué ? Autrement dit une connaissance, une perception du monde purement rationaliste peut-elle exister ?

Je crois, pour ma part, qu'une analogie pourrait être tracée entre la connaissance et l'amour, puisque tous deux reposent sur le désir. Sans le désir, je ne recherche pas l'autre ; sans le désir, je ne cherche pas à comprendre le monde qui m'entoure. Or, dès que nous parlons de désir, nous parlons d'un phénomène, une impulsion, qui relève de l'inconscient. Nul raisonnement ne peut en effet expliquer totalement ce qui me fait me porter vers tel être ou vers tel objet. Le traditionnel adage « Le cœur a ses raisons que la raison ne connaît pas » n'a jamais encore été démenti, la raison ne réussissant qu'à identifier les lignes de force de mon désir, ses caractéristiques propres, sans en épuiser le pourquoi ; elle peut le justifier, l'encourager, ou au contraire le contrarier, mais en aucun cas le générer. On peut donc dire que les racines de la connaissance, même rationnelle, plongent dans une zone non rationnelle de l'esprit humain.

Qu'advient-il alors de la séparation du sujet par rapport à l'objet, qui caractérise la méthode rationaliste ? Si la séparation était absolue, le désir de connaître l'objet aurait-il quelque chance de subsister ? Si l'autre est totalement étranger à moi-même, ai-je le désir de le prendre ? Si l'objet que j'étudie m'est parfaitement étranger, ai-je le désir de le comprendre ? Le désir, qu'il s'agisse de celui qui me pousse à connaître ou à aimer, naît au contraire de mon sentiment d'une participation de ma réalité à celle de l'autre (être ou objet) ; d'un sentiment de complémentarité, ce qui veut dire que mon être, dans les limites que je lui perçois, n'est pas une réalité complète en elle-même ; le désir naît de la reconnaissance d'une affinité, ce qui au sens étymologique signifie une immédiateté entre ma réalité et celle de l'autre, et suggère en outre l'idée d'une convergence des deux vers une fin commune. Et, en définitive, le mot « connaître » lui-même ne renvoie-t-il pas à l'idée d'une certaine « naissance commune » ? Dans sa forme absolue, une connaissance qui réponde parfaitement aux critères rationalistes apparaît donc à la limite comme une impossibilité, puisqu'il s'y mêle inévitablement des éléments qui tiennent à une perception mythique.

Mais ne pourrait-on pas en dire autant d'une connaissance qui serait, pour sa part, parfaitement conforme aux données du mythe ? Une identification totale au Réel supposerait une fusion de mon être dans l'Être, un effacement en quelque sorte du distinct, du multiple dans l'unité du Tout, l'expérience mystique en somme, qui est, pour le mystique, la source de sa connaissance de Dieu, mais qui n'est pas identifiable à cette connaissance elle-même, puisqu'elle le plonge dans un au-delà des formes où la pensée, elle-même une forme, s'anéantit. D'autre part, il faut reconnaître que le mythe lui-même n'est pas ce Réel auquel il se réfère. « Mythes et symboles, écrit Jean Lerède, sont le langage de l'universel[12] » et même s'ils suggèrent à l'esprit humain ce Réel au-delà des formes, étant langage, ils appartiennent eux-mêmes au monde des formes. Le mythe existe donc, paradoxalement, pour évoquer ce qui est au-delà de sa propre réalité.

Par ailleurs, si le mythe représente une invitation à réactualiser mon unité avec la totalité de l'Être, il suppose par le fait même la reconnaissance d'une brisure effective de cette unité dans ma conscience ; me conviant à une immersion dans le Réel, il pose la réalité de mon émersion. Et si nous reprenons ici l'analogie entre la connaissance et l'amour, on peut dire que c'est précisément en reconnaissant implicitement ma séparation d'avec le Tout que le mythe agit comme un véritable instrument de connaissance, puisqu'il pose alors ce Tout comme un objet de désir. En effet, autant il est vrai, comme je le disais précédemment, que le désir ne saurait jaillir entre deux êtres qui se percevraient comme parfaitement étrangers l'un à l'autre, sans l'intuition d'une correspondance de leur nature, autant toutefois il s'anéantirait dans une fusion parfaite, dans un état symbiotique. Le désir étant une tension, une aspiration, on ne peut désirer que ce que l'on reconnaît comme distinct de soi. Et d'ailleurs, pour prendre conscience de l'unité de l'Être à laquelle le mythe me renvoie, ne faut-il pas d'abord que ma conscience « ex-iste », ce qui étymologiquement parlant signifie qu'elle soit « hors de » cette Unité ? Le mythe donc me parle d'un état où je suis identique à la Totalité, mais ne peut m'en parler que parce que je suis, en même temps, un individu, une réalité unique et irréductible à la Totalité.

En définitive, selon cette perspective, l'esprit humain ne serait pas ou bien intrinsèquement lié au Tout, ou bien distinct de lui, il serait *les deux à la fois*. Et, dans ce cas, la connaissance ne serait-elle pas à son tour analogue à la « libido » dont parle Jung [13], au sens où elle serait une énergie, une tension, une résultante engendrée par deux polarités ; un acte autrement dit, une dialectique créée par ces deux états opposés de l'esprit humain et ne pouvant exister que par la présence simultanée de l'un et de l'autre. Entre la conscience de ma séparation d'avec le Tout (dont me parle la pensée rationaliste) et de mon identité ontologique avec lui (dont me parle le mythe), il n'y aurait donc pas à favoriser une option au détriment de l'autre, encore moins à choisir entre l'une et l'autre, puisqu'elles sont, à elles deux, la condition *sine qua non* de la connaissance.

RÉFÉRENCES

1. C'est en ce sens que j'emploierai le mot « rationalisme » au cours de cette communication, sans tenir compte des variantes qui peuvent exister d'une école à l'autre, et sans y accorder non plus de signification péjorative.

2. Mircea ELIADE, *Images et symboles*, Gallimard, 1952 ; *Mythes, rêves et mystères*, Gallimard, 1957 ; *Aspects du mythe*, Gallimard, 1963.

3. Georges GUSDORF, *Mythe et métaphysique*, Flammarion, 1953.

4. Jean LERÈDE, *Les Troupeaux de l'Aurore*, Éditions de Mortagne, Montréal, 1980.

5. C. G. JUNG : « Two Essays on Analytical Psychology », in *The Collected Works of C. G. Jung*, 7, New York, Bollingen Foundation, Pantheon Books, 1953.

6. En employant les mots « Être » et « Réalité », je rejoins ici une distinction faite par Jean Charon ; voir « L'Être, l'Ame et l'Esprit », postface au présent ouvrage.

7. Mircea ELIADE, *op. cit.*

8. Gilbert DURAND, *Le Décor mythique de La Chartreuse de Parme*, Corti, 1961 ; *Les Structures anthropologiques de l'imaginaire*, P.U.F., 1963.

9. Denis DE ROUGEMONT, *L'Amour et l'Occident*, Plon, 1939 ; *Les Mythes de l'amour*, Albin Michel, 1961.

10. J'ai moi-même consacré à l'étude de ce phénomène une thèse dans laquelle je m'attachais plus particulièrement à sa manifestation dans la mentalité du XVIIIe siècle français, prenant comme illustration le roman de Choderlos de Laclos, *Les liaisons dangereuses*. Diane COUSINEAU-FANCOTT,

Les liaisons dangereuses : une mythologie du siècle des Lumières; thèse de doctorat de 3e cycle, faculté des lettres de Nanterre, janvier 1973.

11. Mircea ELIADE, *Images et symboles*, p. 20.
12. Jean LERÈDE, *op. cit.*, p. 46.
13. C. G. JUNG, *op. cit.*

L'ambivalence ontologique des « choses » dans la philosophie orientale

TOSHIHIKO IZUTSU

L'expression « ambivalence ontologique » qui figure dans le titre de la présente communication se réfère à l'un des problèmes fondamentaux de la philosophie orientale, concernant la condition ontologique des choses au sein du monde empirique, pour établir notamment si elles sont « réelles » ou « non réelles » ; ce problème central, qui est propre à la plupart des grandes traditions philosophiques de l'Orient, caractérise celles-ci d'une manière tout à fait remarquable.

Dans un premier temps, l'idée dont il s'agit peut être présentée succinctement sous la forme d'une proposition de base : chaque chose *est* et *n'est pas* simultanément. Ainsi formulée, l'idée semble révéler sa nature hautement paradoxale ou autocontradictoire. En fait, le sens du postulat est le suivant : tout ce qui est perçu comme existant n'existe point en réalité. Et ce n'est pas tout. Son sens est encore que tout ce qui est perçu en tant que telle ou telle chose, dans le monde empirique, n'est en réalité pas telle et telle. *A* est *A,* mais il n'est pas *A. A,* tout en étant en effet *A,* n'est pas *A. A* est « rien », et pourtant c'est *A.* D'où vient cette choquante contradiction ? Quel est le fondement d'une affirmation apparemment tellement illogique et qui ressemble à un contresens, et dans quel but est-elle émise ? La présente communication tente d'élucider théoriquement ce problème, du point de vue de la philosophie orientale.

L'esprit oriental, dirait-on, commence à philosopher — lorsqu'il le fait — à partir d'une négation radicale et résolue de la réalité ontologique du monde empirique. Il y a, bien sûr, de notables exceptions, tels le confucianisme primitif en Chine et le Nyâya-Vaisesika en Inde. Mais la majorité des principales traditions de la philosophie orientale sont caractérisées par un type spécial de négativisme ontologique, qui consiste à néantiser les choses, ou bien, pourrait-on dire, à « dé-réifier » les *res*, avec comme corollaire ce que le bouddhisme Mahayana exprime par la célèbre affirmation : *sûnyam sarvam,* « toutes choses sont vides ».

Cette concise mais forte affirmation résume toute la philosophie du bouddhisme Mahayana, tel qu'il est représenté par les Sutras *Prajnâpâranitâ.* La question est toutefois de savoir ce qu'il faut entendre par là. Au niveau de la pensée populaire, l'on a donné à ce postulat, de manière bien compréhensible, une interprétation extrêmement nihiliste et pessimiste. Voici, en guise d'exemple, le passage suivant d'une Écriture bouddhiste :

« Toutes choses viennent à être et deviennent néant. Rien ne dure éternellement. (Les choses) sont tels des fantômes, des nuages et des éclats de lumière. Aucune des choses ne continue d'exister. A dire vrai, aucune d'elles ne dure même un instant. Tout ce qui existe est en réalité non existant. Ce n'est qu'un rêve, un souffle de chaleur dans l'air. »

Et, pareillement, le maître du Zen Sêng Ts'an (?-606), troisième Patriarche du bouddhisme Zen en Chine, dit :

Rêves, illusions, fleurs voletant dans l'air,
Pourquoi es-tu si impatient de les saisir ?

Poèmes sur l'Esprit

En niant ainsi catégoriquement la réalité de toutes choses et en les nommant fantasmagories, la philosophie orientale s'attaque à la conception du monde basée sur le bon sens du commun des mortels, laquelle peut être décrite, suivant la terminologie philosophique, comme une conception du monde reposant sur le fondement d'un réalisme naïf.

Le réalisme naïf, que combat la philosophie orientale, doit être compris, dans le présent contexte, comme une croyance ontologique populaire en l'existence objective du monde extérieur, le monde physique étant conçu comme un tout solide consistant d'innombrables « choses ». Dans cette conception, le monde empirique devient ainsi un espace ontologique rempli de

« choses », chacune de celles-ci étant une substance physiquement *réelle* et se manifestant par des activités *réelles.*

Il est caractéristique à ces substances d'être « essentialisées », c'est-à-dire que chacune d'elles est dotée d'un noyau ontologique, d'une « essence », autour de laquelle elle est cristallisée, et par laquelle elle se distingue de toutes les autres. Chaque chose est, dans ce sens, irrémédiablement elle-même. Et c'est là que réside le secret de la suprématie de la Loi de l'identité et de la Loi de non-contradiction, qui régentent la pensée dite « logique » de l'homme ordinaire, lequel choisit de demeurer attaché à la philosophie du bon sens du réalisme naïf. C'est un monde conçu suivant la formule : *A* est *A, A* ne peut jamais être non-*A*. En d'autres termes, toutes choses sont — chacune d'elles à son tour — étroitement protégées par leurs propres limites « essentielles » contre toute autre infiltration dans son domaine. C'est une telle conception du monde empirique que la philosophie orientale combat, en tentant de « liquéfier », pour ainsi dire, la solidité « essentielle » de toutes choses.

J'ai cité plus haut quelques passages des textes bouddhiques, démontrant comment le bouddhisme Mahayana considère en général le monde empirique comme un rêve. Le taoïsme classique semble, à cet égard, être entièrement d'accord avec le bouddhisme. Il y a, en fait, plusieurs fameux passages dans le *Livre de Chuang-tzu,* où le philosophe taoïste essaie sérieusement de nous convaincre que le monde entier de l'existence n'est autre chose qu'un « grand rêve ». Le Vedânta semble exprimer exactement la même idée, à travers l'expression clef *Mâyâ,* qui veut dire que toutes les choses du monde ne sont qu'autant de fantasmes-*Mâyâ,* alors que la philosophie irfanique de l'islam semble parler de la totalité des choses du monde empirique comme étant une apparition du *Khayâl,* c'est-à-dire de l'Imagination cosmique.

Ainsi, nous enregistrons partout dans la philosophie orientale fondamentalement la même idée-image jouant un rôle décisif, en tant que premier point de départ de diverses formes d'ontologie négative — négative dans le sens qu'elle commence par nier la réalité du monde empirique. Comme on l'a vu, toutes choses, même les choses matérielles « les plus dures », sont traitées, dans ce genre d'ontologie, simplement comme des rêves, des illusions ou des erreurs. Toutes choses, donc, sont « absences » et « vides ».

L'idée suivant laquelle le monde entier n'est qu'une fantasmagorie cosmique, une illusion ontologique à grande échelle, est à même d'attirer l'homme dans les marécages du pessimisme. Le développement du bouddhisme populaire en porte témoignage. Nous devons faire remarquer, néanmoins, que la réelle implication philosophique de l'idée est quelque chose de très différent. En essayant de clarifier ce point au cours de l'analyse qui suit, j'espère pouvoir mettre en lumière la véritable nature de ce qui est généralement considéré comme étant caractéristique à la philosophie orientale, à savoir son négativisme notoire.

Nous devrions tout d'abord attirer l'attention sur le fait que le trait le plus saillant de l'esprit humain (ou de la conscience humaine), c'est que cet esprit est, dans son principe, polarisé, entre le domaine du sujet et celui de l'objet. La polarisation sujet-objet de la conscience, telle qu'elle apparaît au moins en surface, induit naturellement cette conscience à s'identifier entièrement avec son propre domaine subjectif, en excluant totalement l'objectif, et à s'établir en tant qu'*ego,* centre existentiel de toutes les expériences noétiques (intellectuelles-abstraites). Le domaine objectif de la conscience est, par conséquent, pour ainsi dire écarté et transformé en une réalité « extérieure », subsistant par elle-même et opposée à l' « ego ».

Dans une pareille situation, l'esprit ne peut plus agir autrement que comme une conscience objectivisante. Inévitablement, il ne fait qu'objectiviser tout ce qu'il rencontre dans le monde « extérieur ». Ceci constitue la structure de base de la *noesis* (abstraction intellectuelle), telle qu'on l'entend communément. Et, de même, ceci est le sens de l'assertion selon laquelle la conscience est invariablement et nécessairement « conscience-de » et jamais conscience pure et simple.

Remarquons dès l'abord qu' « objectiviser » une chose, c'est l' « essentialiser ». Car on ne peut, dans la sphère de l'abstraction intellectuelle, saisir quoi que ce soit en tant qu' « objet », à moins de reconnaître dans cette chose une « essence ». *X* est reconnu par la connaissance comme un objet, c'est-à-dire en tant que telle ou telle chose (une fleur, par exemple) uniquement parce que l'esprit retrouve dans *X* certaines caractéristiques essentielles (par exemple le fait d'être fleur), ce qui permet à *X* d'être un membre de la classe des choses désignées par le terme « fleur ». L'esprit peut (et communément doit) fonctionner comme « conscience-de », parce qu'il perçoit partout des « essences ». La « conscience-de » signifie simplement la conscience d'un objet établi à partir de sa propre détermination essentielle. La conscience dépourvue d'un objet devient, dans ce contexte, un non-sens.

Et c'est une pareille apparence « objective » du monde (qui est en fait un produit « subjectif » de la « conscience-de ») que le négativisme oriental essaie de balayer d'un trait, en affirmant que tous les phénomènes — qu'ils soient des choses ou des faits (événements) — ne sont que des rêves-images, que tout ce dont l'ego prend connaissance comme étant ceci ou cela (c'est-à-dire déterminé par une « essence »), n'est en vérité qu'une illusion de la part de l'esprit *quâ*, « conscience-de ».

Mais, s'il est vrai que l'ensemble du monde empirique dans lequel nous vivons en fait est — ainsi que ledit Chuang-tzu — un Grand Rêve *(ta mêng)*, nous devons, en ce moment même, être profondément endormis, en pensant dans notre sommeil que nous sommes éveillés. Chuang-tzu dit :

« Pendant que l'homme rêve, il ne se rend pas compte du fait qu'il rêve. C'est seulement après s'être réveillé qu'il comprend qu'il s'agissait d'un rêve.

« De même, c'est seulement lorsque l'on fait l'expérience d'un Grand Réveil que l'on se rend compte que tout ceci (c'est-à-dire tout ce que l'on expérimente dans ce monde) n'est qu'un Grand Rêve. Les sots, cependant, s'imaginent être en fait éveillés.

« En vérité, moi-même et vous-même, sommes pareillement un rêve. Bien plus : le fait lui-même, de ma part, de vous dire que vous êtes en train de rêver, est lui-même un rêve ! »

Chuang-tzu, II.

Si tel est le cas, il suffit à l'homme de se réveiller de son sommeil, afin de voir peut-être la Réalité, telle qu'elle est réellement. « Se réveiller du sommeil » est ici une métaphore, car c'est en fait mettre en œuvre une nouvelle dimension de l'esprit, tout en libérant les extraordinaires forces intellectuelles-abstraites, qui se cachent et dorment dans le tréfonds du psychisme, et dont l'activité est habituellement gênée par l'écrasante prédominance de la conscience de surface.

A la lumière de ce que j'ai déjà dit au sujet de la situation ontologique des choses empiriques, il sera aisé de comprendre que le Grand Réveil *(ta chüeh)*, dont il est question ici, est pratiquement notre déobjectivisation et déessentialisation des choses. Nous devons, en d'autres termes, créer avant tout une sorte d'horizon des profondeurs dans notre conscience, à travers lequel nous serons à même de voir les choses dans leur manière d'être préobjective, dans un état antérieur à leur objectivisation par notre « conscience-de », c'est-à-dire avant qu'elles ne soient enchaînées par la détermination essentielle.

Il est à noter que le genre de déobjectivisation des choses objectivisées, dont il est question ici, ne peut absolument pas se produire si le « sujet » demeure dans son état de subjectivité. La désubjectivisation du sujet doit également s'effectuer en même temps. La néantisation des objets doit s'accompagner d'une néantisation de l'ego. Ce qui veut dire que la démarcation sujet-objet de la conscience elle-même doit être transcendée. C'est seulement après l'accomplissement de tout ceci que la déobjectivisation des choses est effectuée, et c'est alors que les choses seront vues dans leur véritable réalité.

Néanmoins, bien que toutes choses se révèlent dans leur ultime réalité totalement déobjectivisées et déessentialisées, elles ne sont alors plus des « choses » dans le sens communément accepté du terme. Car, dans une telle situation, rien ne s'affirme comme telle ou telle chose. La conscience, quant à elle, cesse d'être une « conscience-de », puisque rien ne subsiste *de* ce dont l'esprit peut avoir conscience. Le *de* étant éliminé, l'esprit est à présent « conscience » pure et simple. De manière parfaitement significative, le Zen désigne l'esprit arrivé à ce stade comme étant Non-Esprit. Il s'agit, pour ainsi dire, d'un Vide illuminant, d'un Vide qui met tout en lumière, sans jamais objectiviser ; ou bien, en usant d'une autre image, qui met en lumière toutes choses, sans qu'il y ait une quelconque « chose » à mettre en lumière. Hung Chih Chéng Chüeh, l'un des grands maîtres Zen de la dynastie Sung, met en évidence de la sorte l'extraordinaire nature de l'activité noétique spécifique au Non-Esprit :

« Il consiste à actualiser la *noesis* sans venir en contact avec des choses, et à mettre tout en lumière sans l'objectiviser.

« On " connaît " sans venir en contact avec quelque " objet " que ce soit — et ce genre de *noesis* est infiniment subtil. On éclaire tout sans objectiviser. Naturellement, cette sorte d'illumination est mystérieusement profonde.

« S'agissant d'un acte de cognition qui n'a pas recours à la conscience discriminante, il demeure, dans son unicité, au-delà de la démarcation sujet-objet. Et, étant un état d'illumination, qui exclut toute trace de quoi que ce soit, il appréhende simplement tout, sans appréhender une " chose ", quelle qu'elle soit. »

Tso Ch'an Chên, « Paroles d'admonition sur la méditation ».

Vues avec les yeux du Non-Esprit, toutes les choses cessent d'être des « choses ». L'état originel de la réalité d'Être, telle que celle-ci se révèle au Non-Esprit, est caractérisé par la non-différenciation ontologique, par la présentation sous une forme amorphe, par la transparence et par la fluidité dynamique. Car, rien sur ce plan n'est sujet à discrimination, par rapport à tout le reste ; rien ne se distingue à travers des limites « essentielles » clairement marquées qui pourraient l'entourer ; rien ne demeure en état d'immobilité, rigidement fixé en soi-même.

Cet état de choses est ce que Chuang-tzu appelle *hun-tun*, c'est-à-dire Chaos, une chaotique de non-différenciation de toutes choses. Selon Chuang-tzu, la réalité de l'Être, *Tao,* n'a en elle-même absolument aucune limite intérieure. L'esprit humain, c'est-à-dire la « conscience », a cependant « émietté » arbitrairement ce tout originel indivis du Chaos en une infinité de segments ontologiques — certains grands, certains petits — tout en attribuant à chacun d'eux un nom particulier. Une fois le nom attribué, le segment respectif assume une illusoire apparence de fixité « essentielle ». Par là, le Tao inarticulé perd sa pureté métaphysique originelle et se convertit en un champ ontologique, composé de diverses unités articulées, un complexe d'atomes ontologiques, connus communément comme étant des « choses ».

C'est dans la nature même du langage — note Chuang-tzu — de diversifier le *Tao,* en produisant partout — grâce à son pouvoir magique d'évocation sémantique — des « essences » et des divisions « essentielles ». Toutes les choses — selon les vues de Chuang-tzu — sont ontologiquement « égales » entre elles, tant qu'elles ne se distinguent pas les unes des autres par leurs « essences » fictives. Il en ressort clairement que l'on ne peut aspirer à une pareille vision de la Réalité que si l'on dépasse le langage. La vision de la Réalité qui est alors obtenue sera la vision d'un « vaste espace illimité », où l'on constatera que ce que l'on appelle des « choses » existent — vu qu'elles sont dépourvues d' « essence » — dans un état de fluidité amorphe et dynamique, s'amalgamant les unes avec les autres sans s'obstruer mutuellement ; pour, finalement, se fondre toutes dans un état de totale non-différenciation, c'est-à-dire dans le Sans-Nom, ainsi que le désigne Lao-tzu.

Remarquons, à ce stade, qu'une méfiance profondément enracinée à l'égard du langage marque les traditions de la philosophie orientale. Il est surprenant de retrouver sans cesse et fondamentalement — chez des philosophes appartenant à des écoles divergentes — la même attitude négative face à la fonction d'articulation de la réalité qu'est celle du langage. Certes, cette attitude négative est, dans la plupart des cas, de nature métaphysique. L'on commence par nier la réalité du monde empirique, qui ne serait que création de l'esprit humain (c'est-à-dire la « conscience-de ») sous l'influence illusoire du langage, justement en vue de préparer le terrain à la construction positive ultérieure : celle d'un genre particulier d'ontologie, bâti sur la base d'une vision non illusoire de la Réalité prélinguistique. En principe, néanmoins, tant que l'on se maintient à l'intérieur des limites de l'aspect négatif, l'on doit observer à fond, à outrance, l'attitude négative.

Parmi tous les grands philosophes orientaux, Nâgârjuna le Mahayaniste (≃ 150-250 AD) est peut-être celui qui a poussé le principe du négativisme linguistique à sa limite extrême sur le plan de la possibilité théorique, en niant de façon dialectique la « réalité essentielle » de toutes choses, sans aucune exception. J'ai déjà rappelé, au début de cette étude, le postulat le plus fondamental de sa philosophie : *Sûnyam sarvam,* qui veut dire « toutes les choses sont vides ». Le terme clef est ici, évidemment, *sûnya,* « vide », « vacant ». En tant que terme technique caractéristique à son négativisme philosophique, il signifie « dénué d'essence », « sans essence », ce qui est la négation d'une existence réelle de la « nature essentielle » (*svabhâva*).

Nâgârjuna considère la croyance naturelle non critique de l'homme en la réalité objective des « choses » du monde empirique comme une « maladie ontologique invétérée ». Et il attribue cette « maladie » ontologique de l'homme ordinaire à l'influence illusoire des « noms », c'est-à-dire au langage, lorsqu'il se réfère particulièrement à la fonction d'articulation de la réalité des mots. Il réfléchit à ce problème en faisant un usage particulier du mot *prapañca.*

Le terme *prapañca,* qui en sanskrit ordinaire signifie diversité, diversification ou multiplicité, est — dans le contexte de la philosophie nâgârjunienne — utilisé techniquement dans le sens de la diversification (articulation multiple) du Vide (*sûnyatâ*) primordial (la Réalité prélinguistique, inarticulée) en accord avec la signification des mots. Je traduirais ce terme par « diversification sémantique » ou « dispersion sémantique ». L'idée centrale en est que le langage « disperse » l'énergie ontologique concentrée dans l'unité du Vide (de ce qui n'est pas encore articulé) dans toutes les directions, en créant de la sorte, et partout, de particulières configurations ontologiques appelées « choses ».

Avec sa fonction intrinsèque d'évocation sémantique, le langage — affirme Nâgârjuna — est fondamentalement illusoire. Le Sankara védantiste semble parler, dans le même sens, de la Mâyâ-illusion du brahmanisme — parce qu'il découpe sémantiquement la *sûnyatâ*-Réalité (qui est en soi un tout sans raccords) en des morceaux séparés qu'il « essentialise » ; et cela tout en évoquant ainsi l'apparence ontologique de choses différenciées, lesquelles sont, chacune à son tour, consolidées par leur propre *svabhâva* en tant que telle ou telle chose. Selon Nâgârjuna, tout ce que l'on désigne comme « choses » ne sont, dans le principe, que des mots-significations hypostasiés. (Un Lao-tzu dirait : le Sans-Nom, le « bois non taillé », coupé en une constellation de noms, les « vaisseaux ».) Ainsi prend sa source, sous nos yeux, le monde empirique.

Le processus tout entier pourrait également être décrit en disant que le langage est, du point de vue sémantique, de nature à évoquer (jusqu'à extraire) des « essences » là où il n'y en a pas ; et, par conséquent, qu'il fixe et stabilise la *sûnyatâ*-Réalité, qui s'écoule éternellement, en la dispersant dans toutes les directions. En établissant partout des frontières ontologiques rigidement fixées, il transforme le « champ ouvert et sans limites » de la Réalité en un système d'unités immobiles, de mots-significations hypostasiés, qui ressemblent à des cadavres ou à des formes fossilisées, dépourvues de vie. Et c'est ainsi que l'esprit de l'homme ordinaire considère la *sûnyatâ*-Réalité, laquelle, il va de soi, n'est plus *sûnyatâ.*

Telle est, brièvement exposée, la part négative de la critique du langage, si manifestement caractéristique, non seulement à Nâgârjuna, mais plus généralement à la philosophie orientale. Toutefois, l'on ne doit pas perdre de vue que le « négativisme linguistique » n'est en aucune façon exhaustif par rapport à la question dans son ensemble. Car, après la phase négative, la critique du langage atteint une phase positive constructive. Et cela parce que la *sûnyatâ* (nullité, vide ou néant) présente elle-même un aspect positif, aussi bien qu'un aspect négatif. Certes, dans son aspect négatif, la *sûnyatâ* est (ou semble être) le « rien » au sens littéral. Ce « rien » est, comme les bouddhistes Zen aiment à le dire, « encore moins qu'un grain de poussière ».

Pourtant, dans son aspect positif, la *sûnyatâ* est un *plein* ontologique. La *sûnyatâ*-Réalité, précisément parce qu'elle est « absence » et « vide » de quoi que ce soit d'essentiellement fixé et déterminé, est en mesure de se déterminer elle-même, en toute liberté, en toute forme phénoménale. La Réalité prélinguistique, qui est le point zéro de la Conscience et de l'Être, s'avère en même temps le point d'origine de la Conscience et de l'Être. En d'autres termes, la *sûnyatâ* est absolument néantisante et absolument créatrice, et ce en même temps. Ou bien, ainsi qu'il est souvent dit par les bouddhistes Mahayana de manière hautement paradoxale, *sûnyatâ* est par elle-même *a-sûnyatâ,* le « vide » et le « non-vide » *.

Ceci veut-il signifier que, du fait que *sûnyatâ* est *a-sûnyatâ,* nous sommes rejetés à nouveau vers le même vieux monde empirique, le monde à articulation ontologique-sémantique ? Non. Car, en dépit d'une identification superficielle, il y a une différence profonde et décisive entre le monde empirique, tel qu'il est vu au stade du réalisme naïf, non critique, et celui qui est vu au stade de la réaffirmation critique de l'*a-sûnyatâ,* cette dernière pouvant être atteinte seulement après avoir fait l'expérience de la *sûnyatâ.* Ce qui est observé dans cette dernière phase, c'est le monde empirique tel qu'il se révèle à l'œil de la conscience à un niveau profond, laquelle a déjà expérimenté une totale néantisation de toutes les choses.

La conscience au niveau profond, qui a donc été d'abord activée, demeure ensuite toujours active, même lorsqu'elle revient au monde empirique et continue à tout observer à partir du point de mire de la *sûnyatâ.* Ceci doit produire obligatoirement une vue extraordinaire du monde empirique. Car, tout ici se révèle comme une unité contradictoire de *sûnyatâ* et d'*a-sûnyatâ,* Rien et Existence. Une fleur, par exemple, *n'est pas* une fleur ; et *c'est* néanmoins une fleur.

Dans la mesure où elle est *a-sûnyatâ,* la Réalité est à ce stade clairement articulée. Comme nous l'avons dit, l'articulation ontologique de la Réalité implique l'activité sémantique du langage. Mais l'important est que, dans cette phase, le langage soit activé de telle manière qu'il parvient à articuler des choses sémantiquement, dans la dimension empirique de la Réalité, sans toutefois les essentialiser. C'est précisément par une articulation de la Réalité *absolument libre,* non essentialisante, que se manifeste la fonction du langage au niveau profond, conformément à l'aspect *a-sûnyatâ* de la *sûnyatâ.*

* *Note de Jean E. Charon :* On notera la similitude entre la sûnyatâ orientale et l'*Âme,* telle qu'elle apparaît dans le modèle du Réel que je présente ci-dessous, en postface.

Toutes les choses, par conséquent, sont — à ce stade — dépourvues d'essence. Toutes les choses *sont* articulées, mais elles le sont en dehors de l'essence. Toutes les choses empiriques sont ici *sûnyatâ,* directement articulées en formes phénoménales (*a-sûnyatâ*). Rien ne prend place entre ces deux dimensions de la Réalité, il n'y a donc pas de possibilité (d'occasion) pour les « essences » de s'y glisser. Et chacune des choses dans le monde empirique est, à chaque instant, une *incarnation* de l'énergie ontologique en train de se répandre sur tout le champ de la *sûnyatâ.* C'est le non-articulé en train de s'articuler *totalement,* sous la forme de chacune des choses empiriques. C'est — comme le dirait Lao-tzu — le Sans-Nom devenu directement et immédiatement Noms.

Il appert ainsi que chacune des choses empiriques *est* l'intégralité de la *sûnyatâ*-Réalité incarnée. Une fleur est une fleur (*A* est *A*). Mais elle est aussi toutes les autres choses (*A* est *B,C,D... X*). *A,* dans ce sens, est non-*A*. Le Zen exprime cette idée, plus poétiquement, par des phrases comme celles-ci : « Dans un grain de poussière tout l'univers est contenu » et « Une fleur s'épanouit et le monde entier fleurit sous la forme du printemps », etc.

Pour la conscience en surface (« conscience-de »), le monde empirique est une structure ontologique dont les unités composantes sont définitivement disjointes l'une de l'autre. C'est un monde dominé par le principe de l'obstruction mutuelle entre toutes choses.

Pour la conscience profonde, non objectivisante, non essentialisante, le monde empirique apparaît, au contraire, complètement transformé. Il n'y a plus là d'obstruction ontologique. Car, toutes les choses étant dépourvues d'essences sont *libres.* Infiniment transparentes, elles sont ouvertes l'une à l'autre. Vues avec l'œil de la « conscience-de », les choses étaient ontologiquement opaques et fermées l'une à l'autre. A présent, leurs frontières essentielles ayant été écartées, elles se trouvent dans un état de luminosité et de transparence ontologiques. Étant translucides en dehors de toute essence, elles se fondent librement les unes dans les autres, au point que l'univers entier semble un tissu chatoyant de lumières qui s'interpénètrent.

Toutes « choses » — en ce sens précisément — sont ontologiquement ambivalentes. Toute « chose » est réduite au Néant, mais en étant « rien », elle *est* une « chose ».

Postface

EN GUISE DE CONCLUSION

Jean E. Charon

La trilogie unitaire du Réel : l'Être, l'Âme et l'Esprit

JEAN E. CHARON

SOMMAIRE

On rappelle d'abord comment a évolué, en Physique, notre approche du Réel depuis le début du siècle. De la réalité « objective », où sujet et objet seraient entièrement distincts, on est allé vers une « participation » du sujet à l'objet représenté ; puis, aujourd'hui, à une « immersion » totale de sujet et objet dans un même Réel, qu'on ne peut représenter que par de meilleures approximations successives (bootstrap). On généralise ensuite cette progression de la connaissance en jetant les bases d'une philosophie « systémique » (c'est-à-dire globale) du Réel, selon laquelle celui-ci se décomposerait en une « trilogie » unitaire : Être, Âme et Esprit. On situe dans ce cadre philosophique les notions de Réalité et d'Ego, d'archétype et de symbole, d'intuition et de raison. L'ensemble (au sens mathématique) que constitue le Réel serait muni, selon ces conceptions, d'une structure algébrique dite en « treillis de Boole » (union, intersection et complémentation).

Par Réel nous voulons désigner ici, avec les physiciens, « ce qui est », c'est-à-dire ce qui constitue tout ce qui nous entoure, indépendamment de la représentation que notre Esprit peut en avoir en se servant des différents sens dont dispose notre corps.

Les physiciens du début de notre siècle étaient les fidèles continuateurs de Descartes, ils approchaient les phénomènes en admettant une totale séparation entre le sujet-observateur et l'objet-observé. En d'autres termes, notre Esprit était considéré alors comme une sorte de « lumière » éclairant, et sortant donc progressivement de l'ombre, un Réel qui aurait été là de toute éternité. La Physique croyait découvrir ainsi, peu à peu, ce que les choses étaient « vraiment », et cela *indépendamment* des mécanismes propres à notre Esprit ; de même que les objets éclairés par notre lampe de poche sont indépendants du mécanisme de la pile électrique qu'on a placée dans la lampe. D'où l'idée, dont les physiciens de ce début du xxe siècle étaient particulièrement fiers, que leur discipline constituait une science « exacte », dont les progrès permettraient de mettre à jour une réalité « objective », réalité qui comprenait d'ailleurs l'Esprit lui-même. Il n'y avait donc pas lieu de se préoccuper prématurément du difficile problème de la nature et de la structure de l'Esprit, chaque chose en son temps, notre Esprit tomberait un beau jour sous l'éclairage fourni... par l'Esprit.

Mais, au cours du premier quart de ce siècle, les physiciens commencèrent à avoir des doutes sur l' « objectivité » de ce Réel dont ils s'efforçaient de fournir une représentation. Les progrès de la connaissance théorique et expérimentale faisaient émerger des théories comme la Relativité d'Einstein (1905, puis 1915), et la Théorie quantique (1925), montrant que cette représentation du Réel dépendait en grande partie de l'observateur lui-même ; non seulement du mouvement de celui-ci par rapport aux phénomènes représentés (Relativité), mais encore de certaines « limitations » propres aux mécanismes de pensée de l'observateur (Théorie quantique). Les cinquante années qui suivirent ne firent que renforcer cette idée que l'observateur (et donc son Esprit) intervenaient de manière essentielle dans la représentation du Réel. Tout se passait comme si l'objet de notre observation (le Réel) était inévitablement « imprégné » des caractéristiques de l'Esprit du sujet (l'observateur). C'est ce que le physicien américain John A. Wheeler, directeur du département de Physique de l'université d'Austin (Texas), nomme aujourd'hui la « participation » directe de l'Esprit à la chose observée. Inacceptable dès lors de maintenir comme axiome scientifique la possibilité d'une séparation cartésienne entre sujet et objet : les perceptions traduites par notre Esprit ne restituent pas le Réel lui-même mais un Réel « déformé » par nos caractéristiques spirituelles. L'analogie avec la lampe de poche éclairant le Réel ne convenait donc plus, il aurait été préférable de dire que l'observateur scrutait le Réel avec des lunettes déformantes, des lunettes dont les verres étaient « moulés » sur les caractéristiques de son Esprit.

Ces dix dernières années ont définitivement fait tomber les derniers bastions des scientistes se réclamant de la prétention de la Physique à pouvoir révéler un Réel « objectif ». Ne voilà-t-il pas, en effet, qu'un nommé Geoffrey Chew, de l'université de Berkeley aux États-Unis, secoue alors une nouvelle fois les piliers de la Physique en développant une approche des phénomènes qu'il qualifie de « bootstrap » (boucle de chaussure). Ce que montre Chew, c'est qu'une meilleure approche du Réel peut être obtenue en admettant que « tout se tient » dans la Nature (comme la boucle de chaussure fait adhérer au pied chaque partie de la chaussure, de la pointe au talon). Ainsi, une particule de Matière ne prend pas son identité du fait qu'elle serait individuellement ceci ou cela, elle ne se caractérise que par *les relations* qu'elle possède avec *toutes* les autres particules : comme un petit morceau du cuir de la pointe de votre chaussure ne prend une réelle signification que si vous ne le considérez pas isolément, mais par rapport à l'ensemble de la chaussure. Autrement dit, cela n'a pas de sens de vouloir représenter le Réel en analysant *séparément* et successivement tel point puis tel point : il faut *tout* représenter *d'un coup,* ou se résoudre à une très mauvaise représentation du Réel. C'est finalement l'éternelle histoire de proposer une représentation de l'éléphant en n'examinant que sa patte et sa queue : le résultat n'est guère satisfaisant.

Mais, si le Réel ne peut être correctement représenté que quand on le décrit *en entier,* comment allons-nous pouvoir procéder, nous les minuscules hommes-fourmis considérant l'immense Univers-éléphant, avec notre vue encore si courte, même armée de nos techniques « évoluées » ? Geoffrey Chew nous donne la recette : vous devez construire votre représentation du Réel, non pas en observant et en analysant avec vos instruments tels ou tels points particuliers du cosmos, mais en vous appuyant seulement sur des principes de « cohérence globale » issus de la manière dont fonctionne *votre Esprit ;* vous direz, par exemple, que d'après la manière dont notre Esprit conçoit la représentation des choses, la cause doit toujours précéder l'effet ; ou encore, que « rien ne se crée, rien ne se perd ». Et le professeur Chew de démontrer l'efficacité de cette méthode en l'appliquant avec grand succès pour rendre compte des données *expérimentales* dans le domaine de la physique des particules.

Ce succès du « bootstrap » ne doit pas vous faire illusion, ajoute cependant Chew à l'intention des physiciens ; la représentation du Réel que fournit cette méthode, comme toute autre méthode d'ailleurs, n'est jamais qu'une *approximation* de ce Réel, et non pas la représentation du Réel lui-même ; la preuve en est que les théories que vous construisez, y compris avec le « bootstrap », nécessitent de faire intervenir encore un certain nombre de paramètres numériques, indispensables pour que ces théories s'ajustent aux données numériques *expérimentales* (les physiciens nomment ces paramètres numériques d'ajustement les constantes fondamentales de la Physique). Vous saurez, poursuit Chew, que telle nouvelle théorie constitue une *meilleure* approximation du Réel, si la seconde fait appel à moins de constantes fondamentales que la première pour représenter correctement le même « coin » du Réel. En d'autres termes, moins on aura à effectuer de « mesures » pour construire la représentation du Réel, meilleure sera cette représentation.

Mais les conséquences philosophiques de l'approche « bootstrap » ne pouvaient passer inaperçues des physiciens (au moins ceux ayant quelque peu l'esprit porté vers la philosophie, ce qui n'est pas le cas général). Ce que Chew venait de montrer, c'est qu'une représentation satisfaisante du Réel pouvait être formulée à partir de simples principes de cohérence globale, c'est-à-dire des principes ne concernant *que notre Esprit* et la logique que celui-ci choisit d'adopter. Les particules de Matière elles-mêmes, identifiées expérimentalement par centaines dans ces énormes « accélérateurs » construits par les physiciens, étaient *prévues* par Chew, avec toutes leurs caractéristiques, en cherchant à simplement répondre à la question : « Comment fonctionne mon Esprit ? » Et l'expérience *vérifiait* ces prévisions. L'Esprit devenait la machine à moudre l'absolu pour produire une approximation du Réel ! Comme elle était loin maintenant la réalité « objective » des matérialistes de ce début de siècle ! Voilà que la meilleure représentation possible du Réel n'était pas celle émergeant des nombreuses « expériences » du physicien se penchant sur son monde « extérieur », mais celle résultant de l'interrogation de ce physicien sur la manière dont il pense : l'Esprit devenant donc le véritable « moule » de la réalité perçue par nos sens.

Plus possible maintenant de maintenir la dualité cartésienne entre sujet et objet. Illusoire également la thèse selon laquelle le sujet « participe » directement avec son esprit dans l'objet qu'il observe : après Chew, le sujet est *le seul* moule du Réel, le sujet « est » le Réel, c'est *lui-même* qu'il contemple dans le miroir de la Nature, c'est lui-même dont il va dessiner l'image quand il ambitionnera de fournir des « représentations » successives du Réel ; et il ne sera satisfait que quand il constatera que la représentation qu'il propose, entièrement ***engendrée*** par son Esprit, sans référence directe aux mesures numériques expérimentales, est entièrement et numériquement ***vérifiée*** par les mesures expérimentales.

Cette identité profonde entre le sujet pensant et le Réel préconisée par le « bootstrap » en Physique n'était pas cependant sans créer quelques problèmes aux philosophes. On pouvait d'abord se demander pourquoi, si le sujet était ainsi « immergé » dans le Réel, il ne pouvait cependant atteindre qu'à une « approximation » dans sa représentation du Réel. Mais, d'autre part, le sujet pensant ne fait pas que penser, il *sait* aussi qu'il pense : ceci exige à son tour, comme l'indiquent des arguments philosophiques bien connus, que le sujet pensant doit être capable de mettre une sorte de « distance » entre lui et le Réel, de manière à posséder le recul nécessaire pour contempler (au moins par la pensée) les objets du monde plongés dans le Réel, et « savoir » ainsi qu'il observe ces objets, dont éventuellement soi-même en tant qu'objet pensant.

Mes propres recherches sur la Relativité complexe (réf. 1), autant que mes discussions sur ce problème avec des physiciens et des philosophes (réf. 2, 3, 4, 5), me conduisent à proposer les relations suivantes établies par l'Esprit entre le sujet qui observe et le Réel (philosophie systémique du Réel). Comme nous allons le constater, il va falloir en fait considérer le Réel comme constitué d'une *trilogie :* l'Être, l'Ame et l'Esprit.

Il est particulièrement commode, pour formaliser ces relations, d'utiliser ce qu'en théorie des ensembles on nomme les « treillis de Boole », qui font appel à une algèbre définie par les opérations d'union, d'intersection et de complémentation (réf. 6).

Ces opérations peuvent être illustrées au moyen d'un diagramme tel que figuré ci-contre, dit diagramme d'Euler-Venn. Considérons un ensemble de points, tels que ceux enfermés dans le rectangle E. E représente le Tout ou référentiel universel, marqué du chiffre un. Définissons par exemple 3 sous-ensembles, A, B et C, dans ce référentiel universel E, A et B se chevauchant selon la zone hachurée du diagramme. On appelle *union* de A et B la surface (indiquée en pointillé et comprenant la zone hachurée) couverte dans E par A et B : on écrit cette opération :

$$A \cup B$$

qui se lit « A union B ».

1. Diagramme d'Euler-Venn

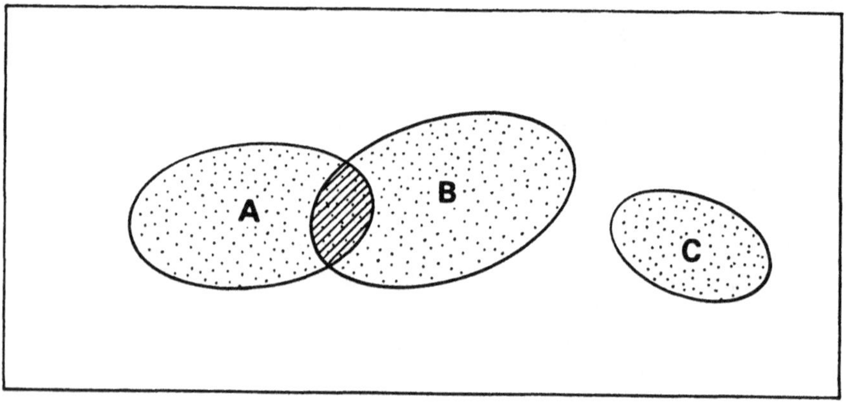

E = I

On appelle *intersection* de A et B, qu'on écrit :

$$A \cap B$$

et qui se lit « A intersection B », la zone hachurée *seule*.

Enfin, on appelle *complément* d'un sous-ensemble quelconque C de E, qu'on écrit $\overline{C}$, qui se lit « non-C », toute la surface de E qui n'est *pas* comprise dans C.

Ces définitions sont en fait évidentes sur le diagramme 1.

Un point défini dans E est dit un *élément* de E. Un point possède une surface nulle (par définition). On peut donc dire aussi que le Tout (référentiel universel 1) est fait d'une *infinité* d'éléments, dont chacun est un point.

Si deux sous-ensembles de E, tels que A et C par exemple, ne se chevauchent pas, nous dirons qu'ils sont *disjoints,* et nous écrirons :

$$A \cap C = \varnothing$$

qui se lit « A intersection C égale ensemble vide ∅ ». On voit, bien entendu, que :

$$A \cup \overline{A} = 1$$

qui se lit « A union non-A égale référentiel universel 1 ». L'union d'un sous-ensemble à son complément forme le Tout.

Ces notions (extrêmement simplifiées) sur les treillis de Boole étant suffisantes pour notre présent propos, nous pouvons maintenant tenter une analyse du Réel en termes de théorie des ensembles. Nous allons commencer par un certain nombre de définitions :

RÉEL : Trilogie formée de l'Être, de l'Ame et de l'Esprit.

ÊTRE : Ensemble universel E, symbolisé par le chiffre 1 (unité).

ARCHÉTYPES : Sous-ensembles de l'Être.

NÉANT : ensemble vide ∅.

ESPRIT : ensemble des relations booléennes dans l'Être (unions, intersections, complémentations) entre archétypes.

Les définitions qui précèdent sont insuffisantes pour constituer un véritable « modèle » du Réel au moyen de la théorie des ensembles en algèbre booléenne : il nous faut encore préciser quels sont les *éléments* de l'Être, et aussi dire « qui » désigne les sous-ensembles de l'Être (archétypes) entre lesquels il existera des relations booléennes. L'Être est l'ensemble universel 1, mais l'ensemble *de quoi,* l'ensemble de quels types d'éléments ? Et ces éléments, quels qu'ils soient, ne faudra-t-il pas dire alors que ce sont précisément *eux* qui « choisissent » les archétypes de l'Être, puisque l'Être est le Tout, et que personne d'autre que les éléments de l'Être ne peuvent intervenir pour fournir à l'Être sa structure, c'est-à-dire l'Esprit ? En d'autres termes il va falloir attribuer aux éléments de l'Être un caractère de « Personne », les rendant capables d'élaborer l'Esprit lui-même. L'Être et l'Esprit constituent seulement des *essences* tant qu'on n'a rien dit sur les éléments de l'Être et leurs propriétés en tant que Personne. Mais, en fournissant moi-même les définitions qui précèdent de l'Être et de l'Esprit, j'ai fait sortir ces concepts de l'essence, je leur ai donné une *existence :* il faut donc bien que quelque chose, ou quelqu'un, ait donné existence à de tels concepts (par mon intermédiaire). Il faut, en d'autres termes encore, qu'il y ait un (ou plusieurs) *référentiels* possibles dans l'Être capables de sortir les archétypes de l'essence pour les faire passer dans l'existence. Ces référentiels, nécessairement *immergés* dans l'Être (puisque l'Être est le Tout), nous les appellerons *les Ames*. Ce sont les *éléments* de l'Être, et comme ils ne sont que des *points de référence,* nous les représenterons dans l'ensemble universel 1 (l'Être) comme des points mathématiques (intersection de deux droites sans épaisseur). Étant donné qu'il y a une infinité de points mathématiques dans l'Être, tel que celui-ci est représenté dans le diagramme d'Euler-Venn, nous dirons donc qu'il y a une infinité d'Ames dans l'Être. Le modèle du Réel va donc être représenté sous forme d'ensembles *infinis* (ce qui, nous le constaterons, permettra d'introduire le concept de « transcendance »).

AMES : éléments de l'Être. Chaque Ame est représentée dans l'Être (ensemble universel 1) comme un point mathématique. L'Ame est un référentiel auquel on peut *rapporter* (pour les nommer) les archétypes, notamment l'ensemble vide ∅ et l'Être lui-même 1.

Mais, en fait, tant qu'au moins une Ame (il y en a une infinité dans l'Être) n'a pas *effectivement* associé au « repère » qu'elle représente des archétypes de l'Être, tout demeure encore dans l'essence, y compris l'Âme. Pour fournir *existence* à l'Ame (et donc donner aussi une existence possible à l'Être et à l'Esprit), *il faut* que l'Ame possède la propriété fondamentale d'être capable *de choisir* les archétypes (les sous-ensembles) de l'Être, afin d'associer ceux-ci au référentiel « personnel » que représente chaque Ame. Exprimé d'une autre manière, il faut que l'Ame soit « personnalisée » pour prendre existence, et puisse ainsi effectuer *un libre choix* d'archétypes dans l'Être, en « créant » véritablement le « contour » (forme) de ces archétypes, ainsi que leurs situations l'un par rapport à l'autre, à son libre choix. Dès qu'un archétype a été ainsi « choisi » par une Ame (à sa fantaisie dirions-nous), c'est-à-dire « nommé » par cette Ame, l'archétype devient *symbole* pour cette Ame :

SYMBOLE : État d'un archétype de l'Être quand il a été choisi par une Ame et associé à celle-ci.

Par « associé » il faut entendre que l'Ame a en quelque sorte « mémorisé » de manière distinctive le symbole qu'elle vient de créer. Ce symbole « n'existe » que par rapport à l'Ame qui lui a donné naissance. Nous appellerons Connaissance cette possibilité que possède l'Ame de créer un archétype dans l'Être et le transformer ensuite en symbole en le « nommant », c'est-à-dire en le distinguant définitivement de tout autre archétype de l'Être.

CONNAISSANCE : Propriété que possède une Ame de s'associer des symboles par libre choix (création) d'archétypes dans l'Être.

Dès qu'une Ame s'est ainsi associé un ou plusieurs symboles, elle se distingue d'*une autre* Ame, qui s'est associé des symboles *différents* puisque, elle aussi, les a *librement* choisis.

L'Ame est donc à la fois « essence » (par son immersion dans l'Être, dont elle est un élément) et aussi « existence » (par le choix des symboles qu'elle s'est associés). L'Ame possède ainsi un double caractère :

- un caractère *universel*, par son essence
- un caractère *personnel* par sa propriété de libre choix (de création) de symboles personnels (Connaissance).

Cette propriété de Connaissance de l'Ame devient donc la source de l'*existence de l'Être*, qui n'était qu'essence sans l'Ame et ses créations de symboles. Mais il reste à donner aussi progressivement existence à la structure booléenne de l'Être, c'est-à-dire à l'Esprit. Partant des symboles qu'elle a librement choisis en les « créant » dans l'Être, l'Ame va donner *progressivement* « existence » à l'Esprit au moyen d'une seconde propriété, que nous nommerons Réflexion.

RÉFLEXION : Propriété que possède l'Ame d'associer entre eux, au moyen de relations booléennes, les symboles que sa Connaissance lui a permis de librement choisir (créer) dans l'Etre.

Nous nommerons Faits (*factum* = fabriqué) ces relations « fabriquées » par une Ame à partir des symboles qu'elle possède :

FAITS : Éléments de l'Esprit élaborés par une Ame à partir de sa Réflexion, en s'appuyant sur les symboles choisis par sa Connaissance *.

L'ensemble des Faits associés à une Ame constitue la *Réalité personnelle* de cette Ame, ou Ego :

RÉALITÉ PERSONNELLE ou EGO : l'Ego d'une Ame est constitué de l'ensemble des Faits (et des symboles dont ils sont issus) associés à cette Ame.

* Il sera clair, pour le lecteur un peu mathématicien, que la production des Faits à partir d'une Réflexion jouant sur les symboles n'est pas autre chose que la déduction de théorèmes par une axiomatique munie d'une certaine logique.

Il y a, d'après cette définition, autant d'Egos qu'il y a d'Ames.

RÉALITÉ : C'est l'ensemble des Réalités personnelles (Egos) de l'ensemble des Ames (c'est-à-dire de l'Être).

La Réalité n'est donc jamais « objective », c'est-à-dire indépendante des Ames : elle est l'ensemble des Réalités personnelles, chacune de celles-ci ayant elle-même sa source dans un acte de pure création (libre choix) de l'Ame concernée.

On notera que la définition qui précède de la Réalité est équivalente à : *la Réalité est la partie existentielle de l'Esprit.*

Et on peut aussi en conclure : le libre choix initial d'archétypes qu'effectue l'Ame dans l'Être conduit à *donner progressivement existence,* d'abord à l'Être lui-même, puis à l'Esprit. Pas d'existence de l'Être ou de l'Esprit sans existence de l'Ame, pas d'existence de l'Ame sans essence de l'Être et de l'Esprit. On est ici devant une *trilogie unitaire :* Être, Ame, Esprit, trilogie que nous avons désignée comme le Réel *.

Comment, s'il n'existe que des Réalités « personnelles », les Ames individuelles arrivent-elles généralement à une sorte de « consensus » quand elles comparent leurs Réalités personnelles ?

Précisément parce que les Ames sont capables de comparer et confronter l'une à l'autre leurs Réalités personnelles, au moyen de deux autres propriétés que nous désignerons comme l'Amour et l'Acte.

L'Amour est la comparaison entre les *symboles* de deux Ames, dans une recherche de symboles *complémentaires* rapprochant la Connaissance de l'Ame d'une Connaissance de l'Être entier. C'est, en somme, ce qu'en algèbre booléenne on appelle la complémentation entre un archétype A et son complémentaire non-A, encore écrit $\bar{A}$:

$$A \cup \bar{A} = 1 \qquad \text{(a)}$$

Mais l'Amour ne porte que sur les rapprochements entre *symboles* (et non entre archétypes directement), le sentiment de plénitude qu'il apporte procure donc un certain « goût » de l'Être, mais ne peut jamais restituer l'Être lui-même. L'Amour approche l'Ame de l'aspect *existentiel* de l'Être, mais ne conduit jamais à l'essence de l'Être ; nous verrons, dans un instant, la différence *de nature* entre l'essence et l'existence, l'essence étant

* On rapprochera, si on le désire, cette trilogie unitaire de la Trinité Père (Être), Fils (Âme), Saint-Esprit (Esprit), qui se retrouve dans la plupart des religions.

une forme qui *transcende* toujours l'existence, et ne se situe notamment pas dans un cadre spatio-temporel.

AMOUR : échange et union entre symboles complémentaires se rapportant respectivement à deux Ames distinctes.

Dans *l'Acte* une Ame compare les Faits de sa propre Réalité personnelle aux Faits des Ames qui l'entourent. S'il y a « intersection » non vide de ces Faits l'acte a lieu (est réussi), au moins partiellement ; si l'intersection est vide, l'Acte ne peut pas avoir lieu (l'Acte échoue).

ACTE : confrontation entre la Réalité personnelle d'une Ame et les Réalités personnelles des Ames qui l'entourent.

Pour bien comprendre ce qu'est l'Acte, il faut pouvoir définir l'Ame telle qu'elle se situe dans son contexte existentiel, et cela dès le niveau *de la Matière :* car il y a naturellement, à côté des actes « psychologiques » bien connus des humains, des actes purement « physiques », c'est-à-dire qui confrontent ma propre Réalité personnelle à celle de la Matière. Cela pose donc directement la question : l'Esprit (ou l'Ame) peut-elle se définir et posséder une forme existentielle dès le niveau des *particules individuelles* de matière ? Il semble que la Physique d'aujourd'hui puisse répondre par l'affirmative *.

Nous compléterons enfin ces définitions en groupant les « interactions » Connaissance et Amour, d'une part, Réflexion et Acte, d'autre part, en deux types distincts : l'Intuition et la Raison

INTUITION : Mise en œuvre par une Ame des relations de Connaissance et Amour.

RAISON : Mise en œuvre par une Ame des relations de Réflexion et d'Acte.

L'Intuition est, aussi bien dans la relation de Connaissance que dans celle d'Amour, une démarche de l'Ame pour tenter d'accéder à la plénitude de l'Être. Dans le libre choix associé à la Connaissance l'Ame ne peut, en effet, pas « nommer » un archétype (c'est-à-dire le définir clairement pour en faire un symbole) sans, simultanément, distinguer cet archétype nommé A de son complémentaire non-A = $\overline{A}$, et, comme nous l'avons vu :

(b) $$A \cup \overline{A} = 1$$

Dans l'Amour, nous avons constaté ci-dessus également

* Voir, ci-dessus, ma propre communication à ce colloque : « La Physique identifie l'Esprit. »

(relation a) que la démarche de l'Ame était, de la même manière, une recherche de la plénitude de l'Être.

Au contraire la Raison, aussi bien dans la Réflexion que dans l'Acte, est confrontation directe entre les symboles associés à une Ame (Réflexion, axiomatique), ou confrontation des Faits propres à une Ame avec ceux de son entourage (Acte, expérience). Ce n'est plus recherche de l'unité entre symboles d'Ames différentes mais recherche de relations toujours plus complexes, par confrontation analytique des symboles et des Faits. On peut encore dire que l'Intuition est effort de l'Ame pour rendre existentielle une part de l'Être, tandis que la Raison est effort de l'Ame pour rendre existentielle une part de l'Esprit. Comme on le voit une nouvelle fois, l'Être, l'Ame et l'Esprit ne peuvent « exister » l'un sans l'autre, nous sommes en présence d'une trilogie unitaire.

L'ensemble des définitions et des commentaires qui précèdent peuvent maintenant être schématisés dans un « modèle » d'ensemble du Réel (diagramme 2 ci-contre).

Voici quelques remarques pour terminer.

1. « Le Un a créé le Deux, le Deux a créé le Trois, puis le Trois a engendré le Multiple », dit le Tao. On ne peut manquer de rapprocher cette pensée venue d'Orient de la trilogie unitaire vers laquelle nous avons été ici conduits, où le Réel est fait de l'Être, l'Âme et l'Esprit intimement liés l'un à l'autre. La Science occidentale a longtemps hésité sur la nature du Réel : tantôt Un (Être seul, théories « unitaires »), le matérialisme voyant ce Un comme fait de la Matière seule, le spiritualisme l'apercevant comme l'Esprit seul ; tantôt Deux, avec les philosophes insistant sur la distinction à faire entre essence et existence, ou entre la substance et la forme ou entre l'Être et l'Esprit. En fait, tout ceci était l'œuvre de la Raison *seule ;* or, il apparaît que la Raison n'a pas su compter jusqu'à Trois, il a fallu que l'Intuition vole à son secours. L'Intuition, pour sa part, n'a pas hésité à faire entrer dans la composition du Réel le chaînon manquant, mais ô combien honni par la Raison pure, à savoir l'Âme. Et on peut, semble-t-il, dire aujourd'hui que le Réel n'est ni Matière pure, ni même Esprit pur (comme je l'ai encore récemment cru moi-même, chantant en chœur avec la Physique contemporaine, voir le début du présent texte). Le Réel ne se caractérise pas non plus seulement par ses deux faces philosophiques fondamentales, l'existence et l'essence. Le Réel est un peu tout ça mais, finalement, rien de tout ça. Il paraît bien être de

2. Treillis de Boole du Réel

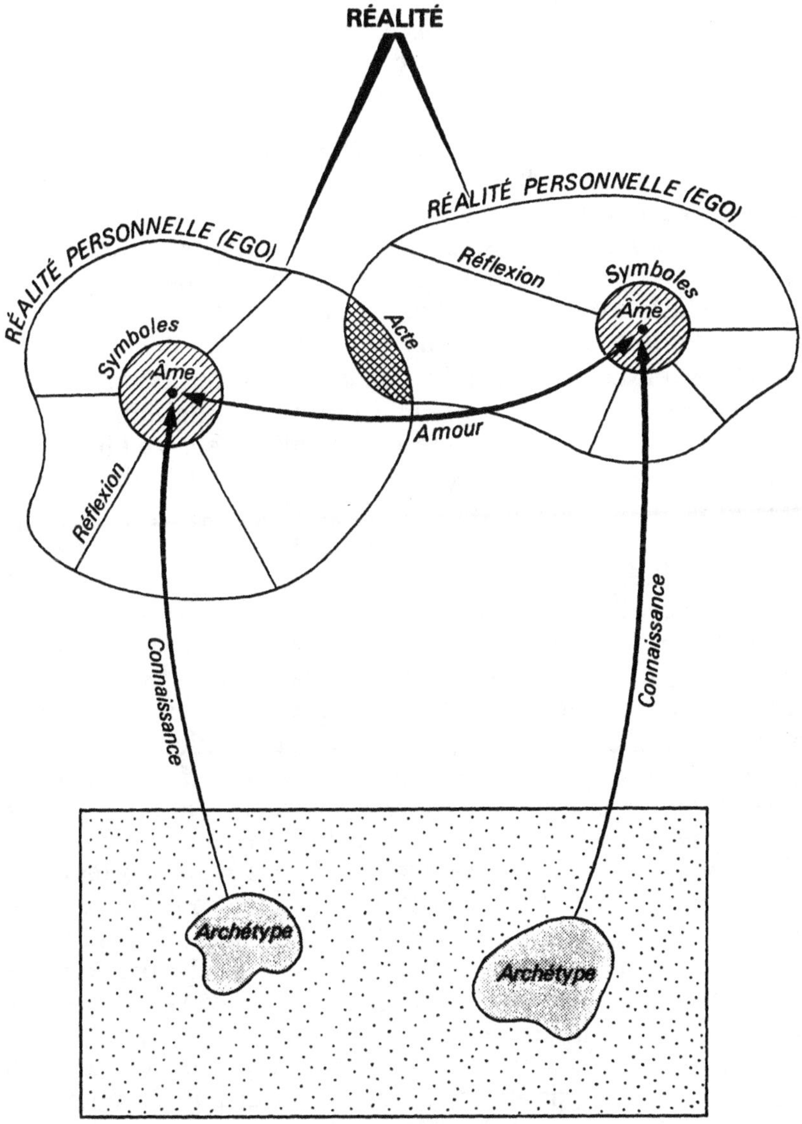

ÊTRE = I

ESPRIT = Structure de l'ÊTRE
(algèbre de Boole entre archétypes)

ÂMES = éléments (ponctuels) de l'ÊTRE

nature *religieuse,* dans le sens étymologique profond de ce mot : il est re-ligieux, c'est-à-dire formé de *relations étroites* entre les éléments d'une trilogie unitaire : l'Être, l'Âme et l'Esprit, accordant à *chacun* de ces trois éléments comme un « dedans » et un « dehors », une essence et une existence, un aspect transcendant et un aspect spatio-temporel.

2. La différence entre la « transcendance » de l'essence et la « réalité » spatio-temporelle de l'existence peut d'ailleurs s'éclairer parfaitement, elle aussi, par des notions empruntées à la théorie des ensembles. Celle-ci nous démontre notamment qu'il y a plus de points sur un segment de droite quelconque qu'il n'y a de chiffres dans l'ensemble des nombres entiers naturels (1, 2, 3,... l'infini). Dans les deux cas le total des éléments composant ces ensembles est infini, mais l'infini des points du segment de droite est « plus grand » que l'infini des entiers naturels, ce sont deux infinis « de nature différente » ; l'infini, dit « continu », du nombre des points sur le bout de droite (ou sur un bout de ligne quelconque) est « transcendant » par rapport à l'infini, dit « dénombrable », des nombres entiers naturels. Or, c'est une différence tout à fait analogue qu'on retrouve entre l'essence de l'Être (ou de l'Esprit) et l'existence de l'une ou l'autre de ces deux entités. Les Faits présents dans la Réalité, qui constituent, comme nous l'avons vu, une part de l'existence de l'Esprit, tout comme les symboles prélevés par l'Âme dans l'Être (part existentielle de l'Être), résultent de déductions ou de choix *successifs,* qui s'égrènent donc nécessairement *dans le temps et l'espace,* au fur et à mesure de leur création. L'infini édifié par les symboles, c'est-à-dire la Réalité existante, repose donc sur un infini *dénombrable* de ces symboles, ou des Faits qui leur sont déduits. Par contre l'Être, qui est l'ensemble des Âmes (« ponctuelles » dans la représentation du diagramme d'Euler-Venn), aussi bien que l'Esprit, qui est l'ensemble des relations formulables entre symboles par un infini *continu* d'Âmes, ont une essence de même nature qu'un infini *continu.* L'essence de l'Être et de l'Esprit est donc *transcendante* par rapport à l'existence de la Réalité. On rapprochera de ce qu'en disent les religions : l'Âme ne peut pas avoir accès à Dieu-essence à travers la Réalité ; elle ne peut rencontrer Dieu qu'à travers sa propre « immersion » dans l'Être, c'est-à-dire en rejoignant, au-delà de son aspect « personnel », son caractère « universel ». C'est là, nous l'avons vu, la démarche de l'Amour.

3. Nous noterons que l'Âme, qui possède une représentation ponctuelle dans notre diagramme 2, n'a pas de « structure » dans l'espace et le temps ; c'est un pur « référentiel », qui ne peut jamais être figuré (même comme un point) dans un modèle « existentiel », étalé dans l'espace et le temps. Le point simulant l'Âme dans le diagramme 2 ne doit donc pas être interprété comme s'il était là « en situation » : depuis la Relativité on sait qu'un modèle peut représenter la Réalité *indépendamment* du référentiel auquel on rapporte la représentation, ici l'Âme. La seule place correcte de l'Âme est une place « transcendante », immergée dans l'*essence* de l'Être, donc sans aucune structure ou localisation d'espace-temps.

4. La Réalité apparaît, dans le modèle du Réel décrit ci-dessus, comme une *libre création* des Âmes : pourquoi, dans ce cas, une part au moins de cette Réalité semble-t-elle obéir à des *lois physiques déterministes ?* Avant de répondre, je voudrais d'abord renvoyer à la communication d'Eugene Wigner, en tête du présent ouvrage (réf. 13) : la Réalité, même la réalité physique, est loin d'être aujourd'hui acceptée en Science comme aussi « déterministe » que l'a cru longtemps la Physique, et cela va maintenant bien au-delà du concept de « probabilisme » introduit par les théories quantiques. Mais le modèle proposé ici pour la structure du Réel, joint à l'idée que chaque particule de Matière serait elle-même dotée d'une « Âme » (dans le sens donné ci-dessus à ce mot, réf. 12), nous invite à aller plus loin encore. S'il existe des lois physiques c'est parce que les Réalités personnelles de *toutes* les particules de Matière possèdent des intersections (Actes) non vides. En d'autres termes, après avoir « librement choisi » leurs symboles dans l'Être (Connaissance), puis construit ensuite leurs Réalités personnelles (Réflexion) ces particules ont, chacune pour leur part, confronté leurs Réalités personnelles respectives au cours d'interactions (Actes), et constaté ainsi que ces Réalités possédaient des Faits *en commun* (ou au moins très proches) : ainsi seraient « nées » ce qu'on désigne comme les « lois » physiques. Mais, si telle est bien la manière dont ces lois ont été engendrées *par la Matière elle-même,* alors ces lois devraient posséder les deux caractéristiques suivantes :

- Les interactions entre Réalités personnelles des particules n'ont aucune raison d'être toutes *rigoureusement* identiques, puisque la part de « Connaissance » intervenant dans l'élaboration de la Réalité personnelle de chaque particule est une *libre création* de cette particule. Il devrait en résulter une notion d'« aléatoire » associée à ce qu'on nomme des « lois », celles-ci ne traduisant que les effets « statistiquement prépondérants » des interactions entre particules. Il est intéressant de comparer une nouvelle fois cette conclusion à la communication d'Eugene Wigner (réf. 13).

• Par ailleurs, comme les Réalités personnelles sont *en continuelle évolution,* on est en droit de s'attendre à ce que lesdites « lois » physiques soient elles-mêmes en évolution dans le temps, voire même dans l'espace. Cette idée importante a été suggérée plusieurs fois depuis le début du siècle, et paraît s'imposer toujours plus en Physique au fur et à mesure qu'on entre dans les détails les plus profonds des phénomènes ; cette possibilité d'une émergence des lois physiques à partir d'un chaos initial des particules de matière à la naissance de l'Univers, il y a quinze milliards d'années, moment où les « lois » n'existaient *pas encore,* est particulièrement clairement exprimée et développée dans une communication privée que m'a récemment transmise (mars 1983) le physicien américain John Archibald Wheeler (réf. 5).

5. Toute la Réalité, y compris la Réalité scientifique, se construit donc à partir de l'Intuition (Connaissance et Amour), puis se précise et se vérifie *seulement ensuite* au moyen de la Raison (Réflexion et Acte). Ceci rend justice à la célèbre opinion d'Albert Einstein (réf. 10), incomprise (encore souvent aujourd'hui) de beaucoup de scientifiques : « Une théorie peut être vérifiée par l'expérience, mais aucun chemin ne mène de l'expérience à la création d'une théorie. » La source authentique de la Réalité physique (la Science) n'est *jamais* le produit direct de l'expérience (Acte) ou du raisonnement (Réflexion), elle est *toujours d'abord* Connaissance et Amour (Intuition par libre création, c'est-à-dire imagination, de symboles inspirés par l'Être). C'est ceci qui rapproche la démarche vraiment « créatrice », en matière scientifique, du travail de l'artiste.

Il n'y a donc pas lieu non plus de tenter de « hiérarchiser » la Raison et l'Intuition, en prétendant, comme on a parfois voulu le faire, que l'Intuition ne serait qu'une forme archaïque de la pensée ; comme le montre parfaitement la communication de Diane Cousineau au présent Colloque (réf. 2), Intuition et Raison sont, en fait, deux pôles *nécessaires* à l'extension de la Réalité, donc aussi au développement de la Science. Et, pas de Faits sans symboles, donc pas de Raison sans Intuition associée.

6. L'épanouissement de l'Esprit (extension de la Réalité) ne peut donc se réaliser sans le jeu de relations qui sont *à la fois* du domaine de la Raison et de celui de l'Intuition. D'où l'idée importante, exprimée dans la communication du Canadien Jean Lerède, de l'évolution souhaitable vers un « humain du double plan », intuitif et rationnel à la fois, qui paraît faire gravement défaut à notre époque de « super-rationalité ».

7. Un point essentiel, pour préciser le présent modèle du Réel, tel qu'il est notamment schématisé dans le diagramme 2, serait naturellement de discerner quel est le porteur « élémentaire » *d'une seule* Âme, compte tenu de la définition adoptée pour l'Âme, et des connaissances actuelles que nous possédons en Physique ou en Biologie. Je me suis efforcé de montrer (réf. 1, 11 et 12) que l'Âme élémentaire devait être associée à un « micro-univers » élémentaire vers lequel conduisent mes recherches sur la Relativité complexe. Ce micro-univers serait celui d'une classe de particules que la Physique désigne comme les « leptons chargés », dont la seule particule « stable » est l'électron ; plus généralement encore, cette Âme élémentaire se retrouverait chez les « quarks », qui entrent dans la structure des hadrons, dont le seul élément stable est le nucléon, le constituant des noyaux atomiques. Toute Matière « stable » (au sens de la Physique) serait donc porteuse d'une Âme (dans le sens du diagramme 2). Il resterait alors à examiner comment un organisme *complexe,* formé de milliards de particules, peut lui-même être considéré comme porteur d'une Âme « complexe », que nous conviendrons d'appeler encore *l'Âme* de cet organisme complexe. Nous avons cherché à réfléchir, dans un ouvrage récent (réf. 11), à cet aspect « organistique » de l'Âme, aspect qui nous concerne naturellement tout particulièrement en tant qu'être humain. Mais ce n'est là que le premier jalon d'une nouvelle discipline de la Psychologie, que j'ai proposé de désigner comme la *Psychologie systémique.* Celle-ci doit progresser, main dans la main, avec la partie de la Physique contemporaine préoccupée elle-même des relations entre matière et esprit, désignée comme *la Psychophysique.*

8. On a remarqué le rôle important que joue, dans ce modèle du Réel, le fait de « nommer » les archétypes, les transformant ainsi en symboles, et permettant alors toute l'élaboration de la Réalité. On retrouve ici une idée sous-jacente dans la plupart des religions, notamment dans l'Ancien Testament. On lit par

exemple, dans la Genèse (réf. 8) : « Le Seigneur Dieu, qui avait façonné de la terre tous les animaux des champs et tous les oiseaux des cieux, décida de les amener vers l'Homme (Adam), pour voir comment il les appellerait ; tout être vivant devait ainsi porter *le nom* que l'Homme lui donnerait... » Attribuer à l'Âme le pouvoir de « nommer », c'est-à-dire de transformer les archétypes en symboles, c'est le premier pas de l'essence vers l'existence, le premier pas vers la mise au monde d'une Réalité existentielle dans laquelle viendront, portés par l'Âme, s'incarner l'Être et l'Esprit.

9. Notons, pour terminer, à quel point la trilogie composant le Réel est *unitaire,* c'est-à-dire forme un « système » où chacun des trois éléments est indispensable *à l'existence* des deux autres. Sans l'ensemble universel de l'Être il n'y a pas d'éléments *distincts* dans l'Être, cette « distinction » étant caractéristique de tout élément d'un ensemble ; donc, sans l'Être pas d'Âmes *individuelles.* Sans Esprit pas de propriétés de l'Âme, donc pas d'Intuition et de Raison, puisque les relations qu'expriment ces propriétés ont toutes leur essence dans la structure de l'Être, c'est-à-dire dans l'Esprit. Sans Âme enfin, pas de repère individualisé pour faire émerger l'existence de l'essence, donc pas de Réalité, tout demeure dans le Néant (ensemble vide $\varnothing$). C'est, en ce sens, que le modèle du Réel que nous avons proposé ici est un modèle *systémique,* c'est-à-dire un système où les parties se définissent et prennent existence au moyen de leurs *relations mutuelles,* et non pas par ce qu'elles « sont ».

RÉFÉRENCES

1. Jean E. CHARON, *L'Esprit et la Relativité complexe,* Paris, Albin Michel. 1983.
2. Diane COUSINEAU, *Mythes et Raison,* Communication au Colloque de Fès, Maroc, mai 1983.
3. Jean LERÈDE, *L'Homme du double plan,* Colloque de Fès, *idem.*
4. Jerzy A. WOJCIECHOWSKI, *L'Écologie de la Connaissance,* Colloque de Fès, *idem.*
5. John A. WHEELER, *On recognizing « Law without Law »*, Communication privée, 25 janvier 1983, à paraître dans l'*American Journal of Physics.*
6. Jean E. CHARON, *L'Être et le Verbe,* Paris, Éditions du Rocher, 1983.
7. Jean E. CHARON, *L'Esprit, cet inconnu,* Paris, Albin Michel, 1977.
8. *Genèse,* 2e récit de la Création.
9. *Nouveau Testament,* Évangile selon saint Jean.

10. Albert EINSTEIN, « Notes autobiographiques », dans *Albert Einstein, Philosopher-Scientist,* New York, Tudor, 1952.
11. Jean E. CHARON, *J'ai vécu quinze milliards d'années*, Paris, Albin Michel, 1983.
12. Jean E. CHARON, *La Physique identifie l'Esprit,* Communication au Colloque de Fès, Maroc, mai 1983.
13. Eugene P. WIGNER, *Les limitations du déterminisme,* Communication au Colloque de Fès, Maroc, mai 1983.

ŒUVRES DE JEAN E. CHARON

OUVRAGES DE PHYSIQUE

Éléments d'une théorie unitaire d'Univers, Éditions de la Grange-Batelière, Paris, et Éditions Kister, Genève, 1962.
Relativité générale, mêmes éditeurs, 1963.
La Crise actuelle de la physique, mêmes éditeurs, 1966.
Cours de théorie relativiste unitaire, Albin Michel, Paris, 1969.
Théorie unitaire : analyse numérique des équations, Albin Michel, Paris, 1974.
Théorie de la Relativité complexe, Albin Michel, Paris, 1977.
L'Esprit et la Relativité complexe, Albin Michel, Paris, 1983.

OUVRAGES DE PHILOSOPHIE SCIENTIFIQUE

La Connaissance de l'Univers, Le Seuil, 1961, prix Nautilus 1962, traduit en espagnol.
Du temps, de l'espace et des hommes, Le Seuil, 1962, traduit en espagnol.
L'Homme à sa découverte, Le Seuil, 1963, traduit en anglais.
De la physique à l'Homme. Denoël (Gonthier), 1965, traduit en espagnol.
Récentes découvertes sur la matière et la vie, Plon, 1966, traduit en espagnol.
L'Être et le Verbe, Planète, Paris, 1965, réédité aux Éd. du Rocher (mai 1983).
Pourquoi la Lune ? Planète-Denoël, 1968, traduit en espagnol.
Les Grandes Énigmes de l'astronomie, Planète-Denoël, 1967, traduit en espagnol.
Les Conceptions de l'Univers depuis 25 siècles, Univers des Connaissances, Hachette, Paris, 1970, traduit en anglais, allemand, italien, néerlandais, espagnol, suédois et japonais, réédité aux Éd. Stock, *25 siècles de cosmologie* (1981).
L'Age de l'ordinateur, Hachette, Paris, 1971, traduit en espagnol.
Treize questions pour l'Homme moderne, Albin Michel, Paris, 1972, traduit en portugais.
L'Homme et l'Univers, Albin Michel, Paris, 1974.

L'ESPRIT ET LA SCIENCE

L'Esprit, cet inconnu, Albin Michel, Paris, 1977, traduit en allemand, italien, portugais, grec et anglais.
Mort, voici ta défaite, Albin Michel, Paris, 1979, traduit en allemand.
Le Monde éternel des Éons (en collaboration avec Christian de Bartillat), Stock, Paris, 1980.
J'ai vécu quinze milliards d'années, Albin Michel, Paris, 1983.
L'Esprit et la Science I. Colloque de Fès (en collaboration), Albin Michel, Paris, 1983.
L'Esprit et la Science II : Imaginaire et Réalité. Colloque de Washington (en collaboration). Albin Michel, 1985.

OUVRAGES D'INFORMATIQUE

Cours d'initiation à l'ordinateur et à la programmation, tomes 1 et 2, édité par l'Institut pratique d'informatique, B. P. 24, 91-Orsay, 1970.
Cours de Cobol, tomes 1, 2 et 3, même éditeur, 1970.

Imprimé en France par Lightning Source
1 avenue Gutenberg
78310 Maurepas

www.ingramcontent.com/pod-product-compliance
Lightning Source LLC
Chambersburg PA
CBHW071409230926
51846CB00001B/40
9782226324245